プラズマ産業応用技術

―表面処理から環境，医療，バイオ，農業用途まで―

Plasma Technologies for Industry Applications

—Applications Extended from Surface Treatment to Environmental, Medical, Biological, and Agricultural Uses—

監修：大久保雅章
Supervisor： Masaaki Okubo

シーエムシー出版

刊行にあたって

本書には，表面処理，環境，医療，バイオ，農業用途まで様々な複合領域で産業応用が拡がっているプラズマ技術の近年の技術開発の進展がまとめられている。企画にあたっては，プラズマ科学技術に造詣の深い，研究開発の第一線でご活躍中の技術者や研究者30名を選定し原稿を依頼した。すなわち，大気圧プラズマや高電圧放電の産業応用技術の近年の進展や動向を知る上で有益な書籍となるように編纂したものである。

プラズマ処理の第1の利点は高温プラズマにより10,000℃を超える超高温を比較的容易に形成できることである。エネルギー変換や溶接技術をはじめとして，ガスタービン翼の耐熱性コーティングに使用される溶射処理やゴミ焼却炉の灰溶融への適用など，多くの成果が得られている。第2の利点は低温プラズマにより形成される電子，イオンおよびラジカルを利用して，低温下で化学反応あるいは生体反応などの励起や促進が可能となることである。各種反応を導く手法は様々であるが，微細加工，薄膜形成，超親水化，環境浄化はもとより，癌の治療や植物の生長促進など従来では考えられなかった応用展開が進んでいる。このように様々な分野に展開しつつあるプラズマ技術であるが，今後はそのメカニズム解明，生成技術，制御技術，診断技術の研究がますます重要となり，これらに関する解説も掲載している。以上の具体的な内容については，本書を紐解いていただきたい。

本書は，プラズマ産業応用技術の近年の研究の進展を明確かつ平易な形で提示するために，わかりやすい記述を目指した総説論文集の形態をとった。実際にプラズマ技術の応用に興味をもっておられる方々から，どのような本を読めば，プラズマ技術を習得できるかと質問を受けることがある。理解のためには，電気工学，機械工学，化学工学，医療工学，材料工学などの広範な知識を必要とするが，高度な内容も含まれるものの，基礎と応用の橋渡しとして，自己完結的な本書は，この質問に対する一つの回答になると考えている。なお，必ずしも読者の当面された課題や興味のある技術が解説されていない可能性があるが，本書の分量を余りにも厚くしないために内容を限定することはやむを得なかった。仮にあまり興味が持てない項目があったとしても，プラズマの将来利用の観点からやはり読んでいただくことを希望する。

本書の企画依頼を受け，はじめに全体の構成と，各章の適切な執筆者の選出を検討した。決定後，編集部と共に分担して原稿を依頼し，原稿が集まった後，全ての原稿に目を通し，最後にまとめとして本巻頭言を執筆して全体が完成した。本書がほぼ当初の予定通りの短期間で出版されるのは，執筆者各位の御協力とシーエムシー出版の新進気鋭の編集者である福井悠也氏の尽力によるところが大きい。本書が多くの技術者に読まれ，産業応用がさらに拡大し，プラズマによる産業革新の実現の一助になることを期待している。

2017年7月

大阪府立大学
大久保雅章

執筆者一覧（執筆順）

大久保 雅章　大阪府立大学　大学院工学研究科　機械系専攻　教授

西山 秀哉　東北大学　流体科学研究所　流動創成研究部門　教授

浦島 邦子　文部科学省　科学技術・学術政策研究所　科学技術予測センター　上席研究官；名古屋大学，東北大学，岩手大学　客員教授

高松 利寛　神戸大学　大学院医学研究科　内科学講座消化器内科学分野　学術研究員

沖野 晃俊　東京工業大学　科学技術創成研究院　未来産業技術研究所　准教授

渡辺 隆行　九州大学　大学院工学研究院　化学工学部門　教授

清水 一男　静岡大学　イノベーション社会連携推進機構　創造科学技術大学院　准教授

浪平 隆男　熊本大学　パルスパワー科学研究所　環境プロセス分野　准教授

水越 克彰　東北大学　金属材料研究所　附属産学官広域連携センター　特任准教授

玉井 鉄宗　龍谷大学　農学部　資源生物科学科　助教

清野 智史　大阪大学　大学院工学研究科　ビジネスエンジニアリング専攻　准教授

堀部 博志　㈱栗田製作所

西村 芳実　㈱栗田製作所　特別顧問

難波 愼一　広島大学　大学院工学研究科　教授

田村 豊　春日電機㈱　コロナ処理技術部　副部長

宮原 秀一　東京工業大学　科学技術創成研究院　未来産業技術研究所　特任准教授；㈱プラズマコンセプト東京　代表取締役

大久保 雄司　大阪大学　大学院工学研究科　附属超精密科学研究センター　助教

山村 和也　大阪大学　大学院工学研究科　附属超精密科学研究センター　准教授

川口 雅弘　(地独)東京都立産業技術研究センター　開発本部　開発第二部　表面・化学技術グループ　主任研究員

油谷 康　日本バルカー工業㈱　研究開発本部　研究部　チーフエンジニア

高島 和則　豊橋技術科学大学　環境・生命工学系　教授

水野 彰　豊橋技術科学大学　環境・生命工学系　名誉教授

川上一美　富士電機㈱　パワエレシステム事業本部　環境ソリューション事業部　産業流通技術部　主幹
宮下皓高　東京都市大学　大学院工学研究科
江原由泰　東京都市大学　工学部　電気電子工学科　教授
金　賢夏　(国研)産業技術総合研究所　環境管理研究部門　主任研究員
寺本慶之　(国研)産業技術総合研究所　環境管理研究部門　主任研究員
尾形　敦　(国研)産業技術総合研究所　環境管理研究部門　副研究部門長
早川幸男　岐阜大学　工学部　化学・生命工学科　次世代エネルギー研究センター　助教
神原信志　岐阜大学　工学部　化学・生命工学科　次世代エネルギー研究センター　教授
竹内　希　(国研)産業技術総合研究所　環境管理研究部門　主任研究員；東京工業大学　工学院　電気電子系　特定准教授
安岡康一　東京工業大学　工学院　電気電子系　教授
村田隆昭　㈱東芝　電力・社会システム技術開発センター　水・環境ソリューション技術開発担当　技術主査
山本　柱　日本山村硝子㈱　環境室　係長；大阪府立大学　客員研究員
黒木智之　大阪府立大学　大学院工学研究科　機械系専攻　准教授
佐藤岳彦　東北大学　流体科学研究所　ナノ流動研究部門　生体ナノ反応流研究分野　教授
中谷達行　岡山理科大学　技術科学研究所　先端材料工学部門　教授
平田孝道　東京都市大学　大学院工学研究科　生体医工学専攻；工学部　医用工学科　教授
高木浩一　岩手大学　理工学部　電気電子通信コース　教授
金澤誠司　大分大学　理工学部　創生工学科　電気電子コース　教授
金子俊郎　東北大学　大学院工学研究科　電子工学専攻　教授
佐々木渉太　東北大学　大学院工学研究科　電子工学専攻
神崎　展　東北大学　大学院医工学研究科　医工学専攻　准教授
栗田弘史　豊橋技術科学大学　大学院工学研究科　環境・生命工学系　助教
松浦寛人　大阪府立大学　研究推進機構　放射線研究センター　教授

目　　次

第1章　プラズマ生成技術と応用機器

第2章　表面処理への応用

第3章　環境浄化への応用

第4章　医療・バイオ・農業への応用

第1章　プラズマ生成技術と応用機器

1　機能性プラズマ流体の流動と応用

西山秀哉*

1.1　はじめに

本節では，プラズマ流体の機能性と流動および産業応用のためのプラズマ流動システムの概念について述べる。次いで，熱源としての熱プラズマ流体による微粒子プロセス，表面処理および化学反応源としての非熱プラズマ流体による燃焼促進や水質浄化の開発技術に有用と考えられる筆者らの応用研究成果を概説する。

1.2　プラズマ流体の機能性とプラズマ流動システム

プラズマ流体は，気体を放電させることにより，電子，正負イオンの荷電粒子やラジカル，または原子，分子から構成される多成分系電磁流体である。大気圧程度の高気圧下では，直流アーク放電，高周波誘導放電，マイクロ波放電による高温高密度の熱プラズマ[1)]は，熱源として用いられ，電磁場効果が顕著な高温電磁流体である。一方，10^{-2}～10^{-5}気圧程度の低気圧下では，直流放電，高周波放電等による低温低密度の熱非平衡プラズマであるが，大気圧下でも誘電体バリア放電，コロナ放電，グロー放電により低温高密度の非熱プラズマ[2,3)]となり，化学種の供給源となる反応性流体である。特に流動性に着目した上述のプラズマ流体は，輸送効果によるプラズマ発生および作用領域の拡大が特徴であり，種々の放電形態や作動ガスの選択性および作動圧に応じて，高エネルギー密度，電磁場応答性，化学的高活性，変物性，光放射等の多くの物理化学的機能性を発現する機能性流体[4,5)]である。例えば，電磁場でローレンツ力によりプラズマジェットを伸縮・安定化させたり，局所的に電子を閉じ込めジュール熱で加熱したり，静電気力により荷電粒子を加減速できる。また，励起種，ラジカル等による化学反応の活性化，さらには，粘性係数，熱伝導率，拡散係数，電気伝導率等の物性値が温度や圧力で著しく変化したり，種々の波長を有する光を放射する。

機能性プラズマ流体を材料プロセス，環境浄化，医療，バイオ，農業等の産業に応用するためには，プラズマ流体をさらに高機能化およびスマート化したプラズマ流動システムの構築[6,7)]が必要である。

図1にプラズマ流動システムの概念図を示す[7)]。プラズマ流動システム構築のためには，2つの方法がある。1つ目は，プラズマ流体と固体微粒子，液滴と気泡との分散混相化，あるいは反応性気体，金属蒸気と混合した時空間ナノ・マイクロスケールでの運動量およびエネルギー交換，

＊　Hideya Nishiyama　東北大学　流体科学研究所　流動創成研究部門　教授

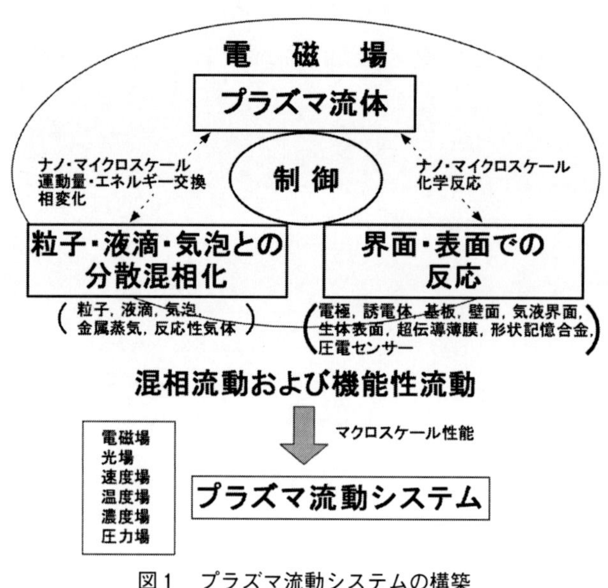

図1　プラズマ流動システムの構築

蒸発・溶融等の相変化，また2つ目は，プラズマ流体と電極，材料表面，薄膜，センサー，生体表面および気液界面で時空間ナノ・マイクロスケールでの表面反応の利用が重要である。すなわち，プラズマ流体とこれら要素間の時空間的なナノ・マイクロスケールでの物理化学的相互作用をスマートに制御することにより，その積分形として電磁場，光場，熱流動場，濃度場，圧力場等の外場に物理化学的に認識・応答・作用機能を有し，マクロスケールの性能を発揮するプラズマ流動システムが構築できる[6,7]。

1.3　熱および熱非平衡プラズマ流体の応用例

1.3.1　プラズマジェットの安定化・定値制御

図2に磁場制御型DCプラズマジェットシステムを示す[8]。プラズマジェットは，プラズマ溶射や材料表面処理および廃棄物溶融等に広く用いられている。これらのプロセスにおいては，放電電流の変動，トーチ内のアーク柱の移動，粉体供給ガスの脈動，乱流，さらには，下流で基板や溶融物質に衝突する際，プラズマジェットに不安定挙動を生じる。したがって，プラズマジェットと物体との相互作用による不安定挙動を抑制したり，高品質の成膜プロセスや表面改質プロセスのためには，外乱に対してプラズマジェットがより安定化し，一定の物理量を維持することが重要となる。

図3に窒化プロセスにおける基板に衝突するアルゴン・窒素プラズマジェットの安定化フィードバック制制システムを示す[8,9]。DCプラズマトーチは2段式で，1段目陽極ノズルでは，弱旋回流を伴ったアルゴン30 SL/minが軸流方向に0.9 kWで放電し，2段目ノズルでは，窒素30 SL/minが接線方向に流入し，5.6 kWで放電する。管路中の背圧は650～1,100 Paで，管路測

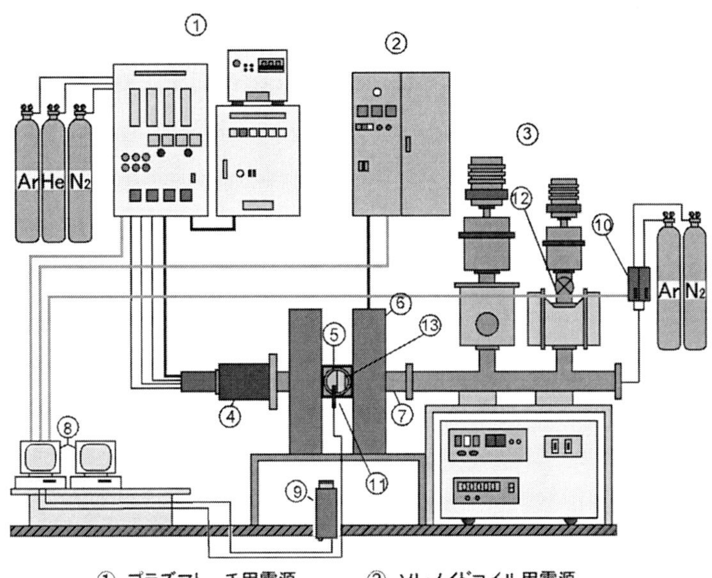

① プラズマトーチ用電源　② ソレノイドコイル用電源
③ 真空ポンプ　④ プラズマトーチ
⑤ 観測窓　⑥ ソレノイドコイル
⑦ 円管流路　⑧ 制御用コンピュータ
⑨ CCDカメラ　⑩ 質量流量計
⑪ 光センサー　⑫ バルブ
⑬ 基板

図２　磁場制御型 DC プラズマジェットシステム

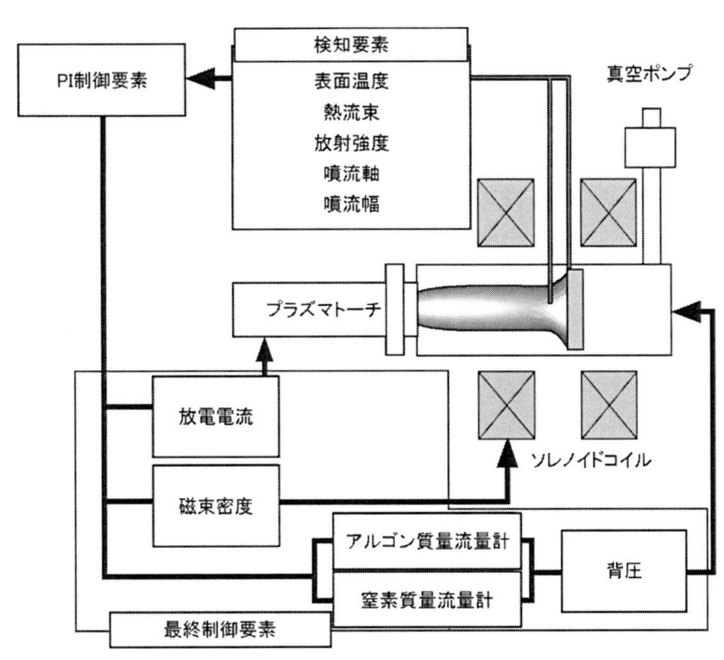

図３　安定化フィードバック制御システム

定部には最大磁束密度 0.44 T 発生するためのソレノイドコイルと熱流束センサーを埋没させた基板が設置されている。制御システムにおいて操作量は，外部磁場と背圧で，制御対象は基板熱流束，プラズマからの放射光，プラズマジェットの軸と幅である。特に検知する物理量は，プラズマジェットからの放射光変動が適している。伝達関数は，PI 制御要素として，次式で表せる。

$$G(s) = K_{p}\left(1 + \frac{1}{T_{I}s}\right)$$

ここで，K_{p}，T_{I}は，それぞれ比例定数，積分時間で，予め PI 制御要素に制御量と操作量の相関を記憶させる。

図 4 に，821.6 nm 窒素原子放射光強度の背圧による PI 制御性能を示す[8)]。放電電流 I_{p} がステップ状に増加した時，背圧操作により基板直前の窒素放射強度が $K_{p}=1,300$，$T_{I}=1.8s$ に対し，オーバーおよびアンダーシュートはあるものの約 0.45 の定値となっている。これは，窒化表面プロセスの高品質化に寄与すると考えられる。

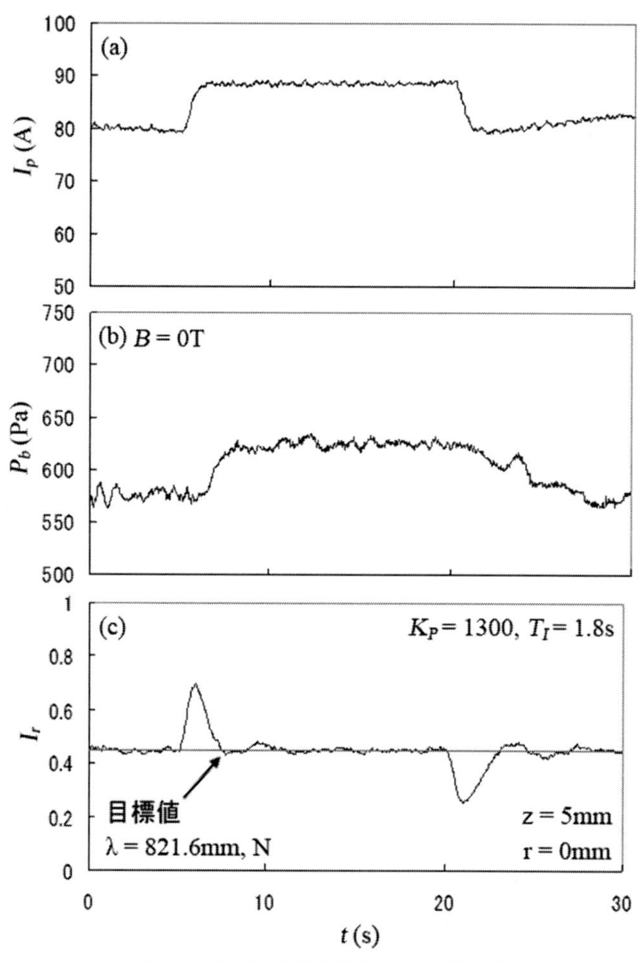

図 4　窒素原子放射光強度の PI 制御性能

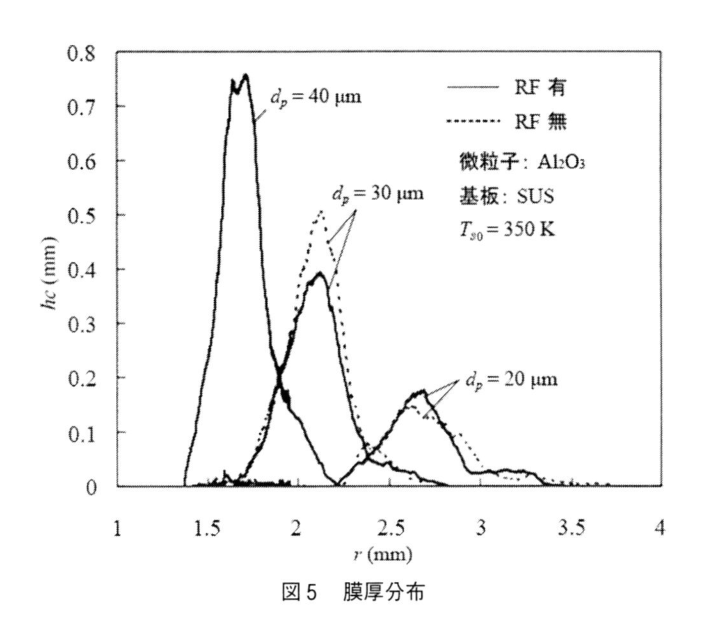

図5　膜厚分布

1.3.2　プラズマ溶射の磁場制御

プラズマ溶射プロセスは，均質で空隙率が小さく基板との接合強度の強い成膜をすることが重要である。成膜プロセスの操作量は，電力，ガス流量，粒子供給条件，基板条件等数多くあり，高品質成膜プロセス制御は，複雑である。プラズマ溶射プロセスは，プラズマ流による微粒子の加速・加熱過程，溶融液滴の基板への衝突によるスプラット変形凝固過程や多数の凝固粒子が基板上で積層する過程で構成され，物理現象の解明や溶射条件の最適化のためには，数値実験が有効である[10)]。電磁流体力学効果を考慮した微粒子プラズマジェットモデルとセラミックスプラット形成モデル，さらに基板上スプラット積層による皮膜形成モデルによる統合モデルがある。なお，粒子径，粒子の融点，粒子衝突速度，粒子衝突温度，基板融点が重要パラメータである。

図5にトーチに高周波電磁場印加による膜厚分布を示す[10)]。作動条件は，DC 10 kW，RF コイル 300 A，13.56 MHz，Ar0.1 g/s，背圧 5×10^4 Pa，20，30，40 μm アルミナ粒子，基板距離 70 mm である。粒径 40 μm は，慣性力で粒子注入部からよりプラズマジェット中心部に貫入し，基板中心近くに成膜する。また，RF 誘導電磁場のジュール熱により飛行粒子が溶融促進され，30 μm では基板上で拡がり，最大膜厚は 30%減少し，40 μm でも十分に成膜する。

1.3.3　ハイブリッドプラズマ流動システム

異種のプラズマを組み合わせ，高機能化を目指したハイブリッドプラズマ流動システムがある。

図6に低電力液相原料注入型 DC-RF ハイブリッドプラズマ流動システムを示す[11,12)]。エネルギー密度が高く，輸送効果の大きな DC アークジェットとプラズマ体積が大きく循環流により反応時間の長い RF プラズマを組み合わせたトーチを有し，微粒子プロセスに用いられる[12)]。DC 陽極ノズル径は 3 ～ 4 mm，DC トーチ外径 38 mm，ガラス管内径 44 mm である。DC 電力は

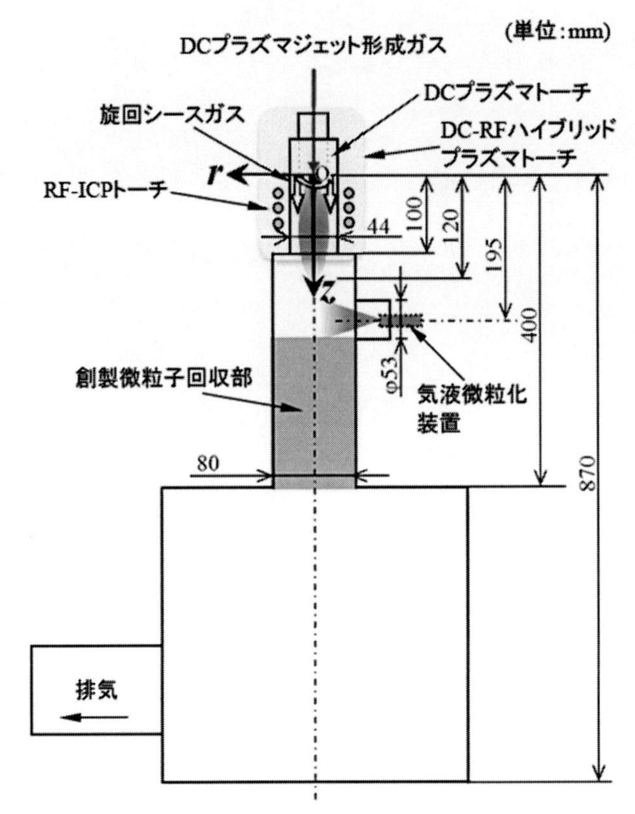

図6　DC-RF ハイブリッドプラズマ流動システム

1.1 kW，RF 電力は 6.6 kW，4 MHz の低電力で，アルゴン，ヘリウムをプラズマ形成ガス，旋回シースガスとして，それぞれ 5 SL/min，20 SL/min，また，プロセス微粒子もトーチ内に供給できる。チャンバー内の作動圧は，13.3〜33.3 kPa である。トーチ下流には，液相原料物質を微粒化噴射するための内外径 0.3 mm，1.2 mm の微粒化装置を設置する。微粒化・蒸発した原料物質であるチタン・テトラブトキシド（TTB　$TiO_4C_{16}H_{36}$）とエタノールの混合液滴は，壁面近傍の逆流により上流の RF プラズマ域まで輸送され，上流のプラズマ領域で蒸気酸化チタン TiO_2 に炭素 C が添加され，C-TiO_2 が創製される。なお，液相原料の供給平均質量流量は 1.6 g/min，供給ガス流量は 6 SL/min である。供給するガス流量比，ガス種の選択，脈動流入力による混合促進，ノズル径や DC 入力と RF 入力を操作することにより，微粒子球形化や反応性微粒子プロセスを多様に制御できる。

図 7 は，液相前駆体プロセスで 200〜400 mm 下流の内壁で収集され，573 K で 2 時間熱処理された C-TiO_2 の可視光域でのメチレンブルーの光脱色特性を示す[11)]。アナターゼ相 TiO_2 の光触媒機能は，メチレンブルー光脱色に有効でないが，促進剤としての炭素添加した C-TiO_2 では，可視光域でより光学的に高活性化する。特に TTB とエンタノールの質量比 11% の C-TiO_2 の脱色割合は，可視光域で純粋 TiO_2 の 10 倍程度である。可視光域でのメチレンブルーの光脱色は，

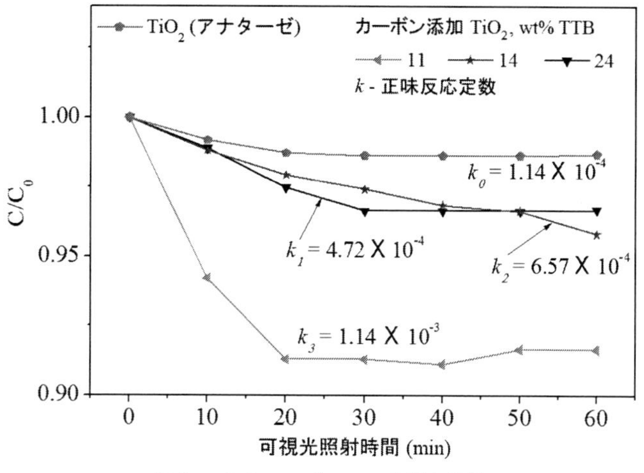

図7　メチレンブルーの光脱色特性

次式で表せる。

$$\ln\left(\frac{C_0}{C}\right) = k_{app} \cdot t$$

ここで，C_0：$t = 0$でのメチレンブルー溶液初期濃度，C：濃度，k_{app}：正味反応定数，t：時間である。

図8に表面処理用DBD支援アークジェットシステムを示す[13]。熱源および電子供給源としての非移行型アークジェットを入力し，ラジカル供給源としての円筒状DBDプラズマを高機能化する。DCノズル径は5 mm，DBD反応炉は内径10.5 mm，厚み1.5 mmの石英管，内外壁に径1 mm銅線を20回巻き付ける。ただし，DBD反応炉は，DCアークからの電気的干渉と熱損

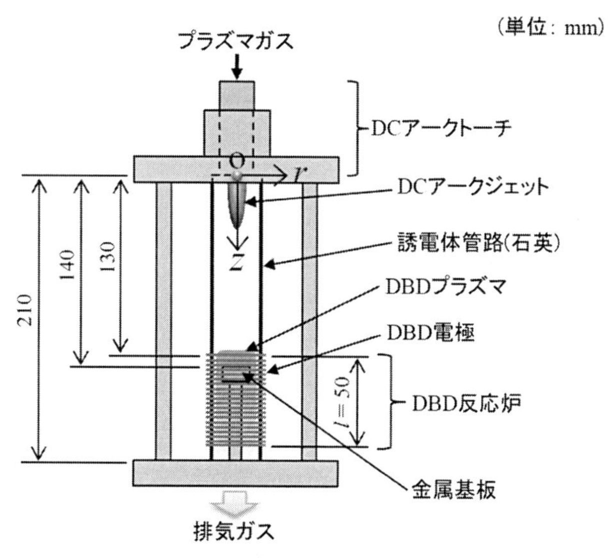

図8　DBD支援アークジェットシステム

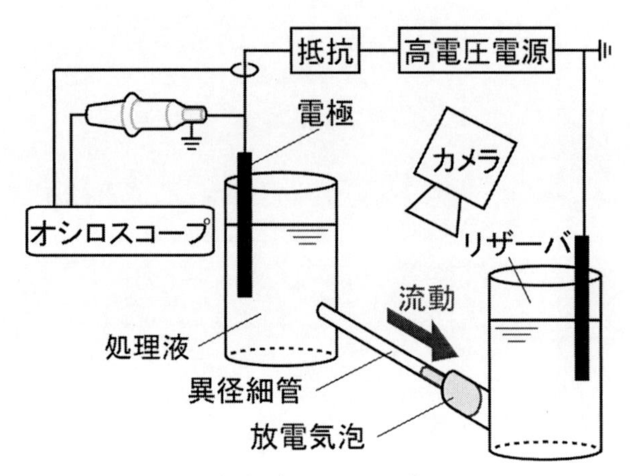

図9　細管内プラズマポンプシステム

傷を最小限にするためにDCトーチから下流130～180 mmに，また，銅基材は140 mmに設置する。DBDプラズマは，内部電極と誘電体石英管の間の環状隙間に生成される。なお，内壁電極の外径は10.0 ± 0.5 mmである。作動条件は，DCアークジェットは24 V，10 A，DBDは6～12 kVpp，50 Hz正弦波，作動圧力は大気圧で，アルゴンガス5 SL/minである。DBD支援アークジェットで10 kVpp印加時は，DCアークジェット単体よりも銅基材の表面エネルギーが127%増加する[13]。これは，DCアークで生成されたイオンと電子がグロープラズマ柱でDBDに有効に輸送されて，金属表面処理のための電荷量が最大になり，DBDプラズマが最も活性化すると考えられる。

1.3.4　細管内プラズマポンプシステム

図9に細管内放電を活用したプラズマポンプシステムを示す[14,15]。システムは，直流高圧電源，回路保護抵抗，リザーバ，電流測定用抵抗から構成される。左右の円筒リザーバは，内径1 mm，2 mmの異径ガラス細管により接続されている。細管内の処理液への通電に伴うジュール熱で沸騰気泡が生成かつ膨張し，放電を伴いながら気泡が収縮した後，再びジュール熱により規則的に気泡が生成する。気泡膨張後，管径差に起因するラプラス圧の差により，気泡は太い管側のリザーバへ排出される。また，放電時にOHラジカルが発生し，処理液を分解しながら，同時に一方向へ輸送できる。

1.4　非熱プラズマ流体の応用例

1.4.1　燃焼促進用DBDプラズマジェット

図10に既存の同軸二重円筒DBDプラズマジェットトーチ[16,17]の耐圧・耐熱性能改良型を示す。電圧は径6.0 mmの中心棒状銅電極に印加し，外側の円筒電極が接地電極である。また，接地電極の内側に内径および厚さが7.5 mm，0.8 mmの石英ガラスを誘電材料として取り付けた。空気は，間隔0.75 mmの中心電極と誘電体間の流路を流れ，トーチからオゾンや活性酸素が流

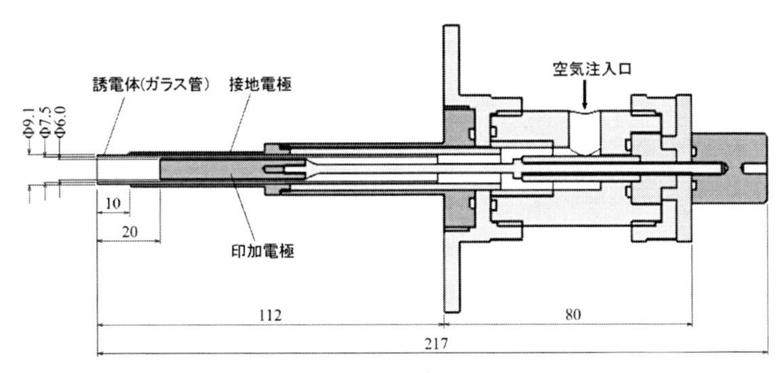

図10　同軸二重円筒 DBD プラズマジェットトーチ

出する構造である。投入電圧は最大 20 kVpp，2.5 kHz，500 V/μs の正弦波と最大 14 kVpp，2.0 kHz，100 V/ns，duty 比 1 %の矩形パルス波である。また，トーチ流量は 6.0 SL/min である。数十 W の低電力で最大約 1,000 ppm の高濃度のオゾンや酸化種を発生させる。二輪車吸気管に装着し，吸気の酸化力が促進され，エンジンのアイドリングおよび低速運転時には，顕著な燃費改善効果が見られる[18]。

1.4.2　微粒子およびミスト DBD プラズマアクチュエータチューブ

図 11 に DBD プラズマアクチュエータチューブを示す[19,20]。管内径は，20 mm のテフロンチューブの誘電体で，管長は 100 mm，厚みは 0.3 mm である。プラズマチューブの内壁および外壁には，幅 5 mm の銅電極テープがそれぞれ 3 mm，4 mm の間隔でらせん状に巻き付けられている。13～17 kVpp，0.5～1.5 kHz の消費電力 1.5 W 程度で交流を印加することにより，管内壁の電極間に沿うように誘電体バリア放電によりイオン風が誘起され，オゾンが生成する。また，電極巻き角が小さい場合は，周方向成分が支配的になり，巻き角が大きくなると軸流成分が大きくなる。すなわち，電極らせん角で管内旋回流のスワール比を変化させ，微粒子搬送量や流

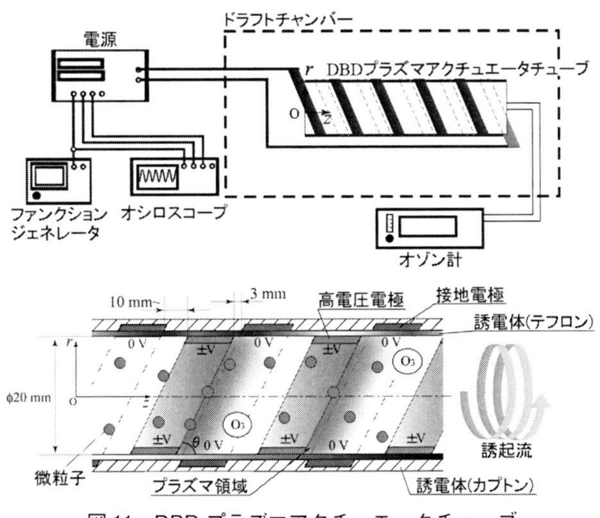

図11　DBD プラズマアクチュエータチューブ

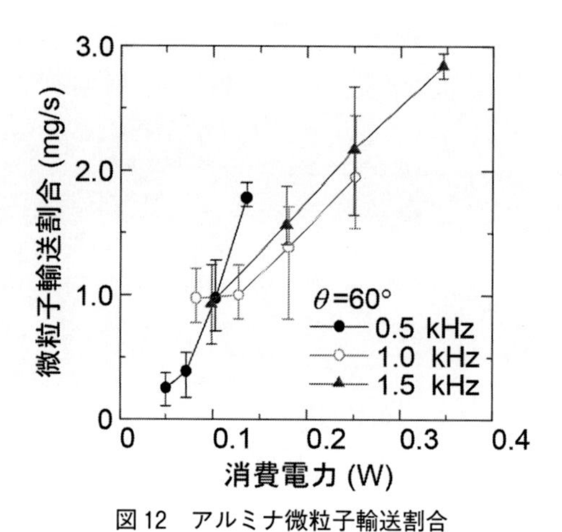

図 12　アルミナ微粒子輸送割合

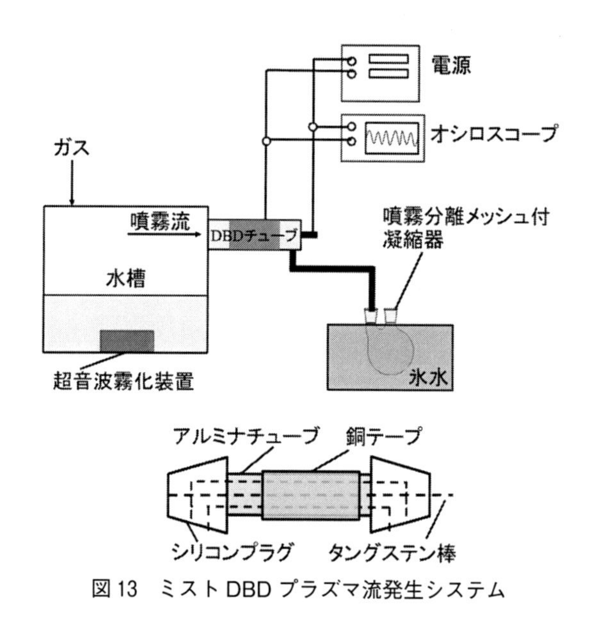

図 13　ミスト DBD プラズマ流発生システム

量が制御でき，発生オゾンにより管内壁や微粒子表面も浄化できる。

図 12 に管内に分散供給された 30 nm のアルミナ微粒子の輸送割合を示す[19]。すべての印加周波数で 30 秒間で 100 mm の輸送距離の粒子輸送割合は，小さな消費電力に対してほぼ直線的に増加する。

図 13 に水処理用ミスト DBD プラズマ流発生システムを示す[21,22]。システムは，主に電源，処理液水槽，超音波霧化装置，同軸円筒型 DBD チューブ，ミストセパレータ，ポンプで構成される。作動ガスとしては，空気，アルゴン，酸素，8 : 2 アルゴン・酸素混合ガスを各 9 L/min 用い，処理液には約 10,000 倍に希釈した酢酸溶液を用いる。処理液を 2 μm のミストにするための超音波霧化装置の消費電力は 17 W，2.4 MHz である。ミスト濃度は，超音波霧化装置の数

や水槽内水位を調整することにより，約0～50 ppmで変化させた。ミストは，DBDチューブに導入され，一度リアクターを通過した後，ミストセパレータ部で作動ガスと分離される。この時のミストの放電空間滞留時間は，約7 msである。また，ミストセパレータは，冷水で冷却されており，気化したミストも凝縮および回収される。

DBDチューブは，内径6 mm，厚さ2 mmのアルミナ製で，高電圧を印加する管中央に径3 mmのタングステン棒，管外壁は接地側の銅電極テープである。リアクターに±10 kVpp，1,000 Hzの交流電圧を印可し，消費電力は，2～8 W程度である。ミスト濃度が10 ppm以下で，安定にDBDが生成され，作動ガスがアルゴン，酸素，アルゴン・酸素混合ガスの場合，酢酸の分解率は約80%である[22)]。

1.4.3　気泡プラズマジェットシステム

図14に水処理用気泡プラズマジェットシステムを示す[23~25)]。導電率の高い処理液の分解効率を高めるためには，多くの気泡で一様かつ強度の高い放電により強酸化力を有するOHラジカルを生成することが必要である。システムは主として，ナノパルス高電圧電源，リアクター，陰極部，陽極部およびガス供給部から構成される。陰極にタングステン棒，陽極に円筒状のステンレスメッシュ，または，ステンレス板を用いる。ステンレス板は，リアクターの水底に，メッシュ円筒は，周方向に一様に電界になるように，陰極のタングステン棒を囲むように設置する。気泡は，陰極棒を中心に内包するガス供給管両側面に10 mmの間隔で5個ずつ開けた直径0.5 mmの小孔から水平に噴出される。ナノパルス電圧の立ち上がり時間は50～75 ns，パルス幅は100～150 nsである。印加電圧は$V=$ 5～9 kV，印加周波数は$f=$1,000～2,000 Hz，アルゴンガス流量は$Q_{Ar}=$2.0 SL/minで，処理液分解は，大気圧・常温下で行った。気泡径が2 mm程度で，気泡内放電が生成し，メッシュ円筒型電極の場合，安定で一様な放電が生成される。

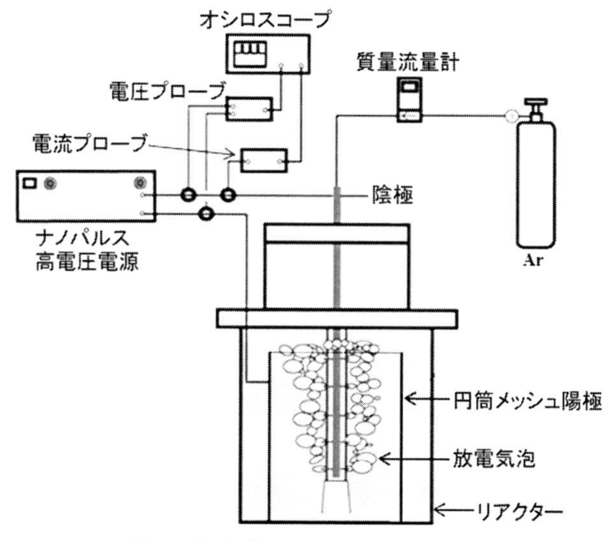

図14　気泡プラズマジェットシステム

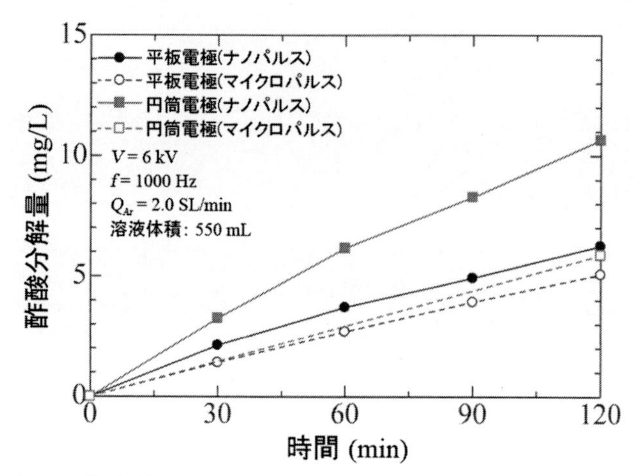

図 15　酢酸分解量のマイクロパルス放電とナノパルス放電の比較

図 15 にナノパルス放電とマイクロパルス放電による酢酸分解量の経時変化を示す[23]。入力印加電圧 V = 6 kV，f = 1,000 Hz，ガス流量 Q = 2.0 SL/min，水溶液体積 550 mL である。ナノパルス放電の場合，マイクロパルス放電に比べ，メッシュ円筒電極では，120 分後に約 2 倍程度の分解量に増加する。投入電力よりも印加電圧の立ち上がり時間が短いため，電子エネルギーが短時間で供給され，OH ラジカルの生成量が多くなることに起因していると考えられる。

文　　献

1) M. I. Boulos *et al.*, *Thermal Plasmas,* **1**, pp. 8–22 (1994)
2) A. Fridman, Plasma Chemistry, pp. 4–9, Cambridge University Press (2008)
3) K. H. Becker *et al.*, Non-Equilibrium Air Plasmas at Atmospheric Pressure, pp. 537–672, Institute of Physics Publishing (2005)
4) 日本機械学会編，機能性流体・知能流体，pp. 48–92，コロナ社（2000）
5) 日本機械学会編，機械工学便覧，基礎編 α 4，流体工学，p. 189，丸善出版（2006）
6) 西山秀哉ほか，実験力学，**7**(3)，pp. 205–212（2007）
7) 西山秀哉，日本機械学会論文集，B 編，**75**(753)，pp. 901–904（2009）
8) H. Nishiyama *et al.*, *Jpn. J. Appl. Phys.*, **45**(10B), pp. 8085–8089 (2006)
9) 西山秀哉ほか，プラズマ制御方法，及びプラズマ制御装置，特許第 3793816 号，2006 年 4 月 21 日登録
10) 佐藤岳彦ほか，溶射，**40**(1)，pp. 9–13（2003）
11) 張柱庸ほか，日本機械学会第 90 期流体工学部門講演会講演論文集，234，pp. 115–116（2012）
12) J. Jang *et al.*, *J. Therm. Spray Technol.*, **22**(6), pp. 974–982 (2013)

13) J. Jang *et al.*, *IEEE Trans. Plasma Sci.*, **43**(10), pp.3688-3694 (2015)
14) S. Uehara *et al.*, *J. Phys. D: Appl. Phys.*, **49**(40), 405202 (10 pp) (2016)
15) 宮岡泰浩ほか，混相流シンポジウム 2016 講演論文集，A122，USB (2016)
16) H. Nishiyama *et al.*, *IEEE Trans. Plasma Sci.*, **36**(4), pp.1328-1329 (2008)
17) 西山秀哉ほか，プラズマ発生装置およびプラズマ発生方法，特開 2009-54359，2009 年 3 月 12 日公開
18) 堤崎高司ほか，エンジン，特許第 5117202 号，2012 年 10 月 26 日登録
19) H. Takana *et al.*, *J. Fluid Sci. Technol.*, **10**(2), 0011 (10 pp) (2015)
20) 高奈秀匡ほか，微粒子搬送装置及びこの装置を用いた微粒子の浄化方法，第 5688651 号，2015 年 2 月 6 日登録
21) T. Shibata *et al.*, *Plasma Chem. Plasma Process.*, **34**(6), pp. 1331-1343 (2014)
22) 柴田智弘ほか，混相流シンポジウム 2014 講演論文集，B322，USB (2014)
23) 石幡一真ほか，日本機械学会第 92 期流体工学部門講演会講演論文集，1304，USB (2014)
24) 西山秀哉ほか，ラジカル発生装置及びそれを用いた浄化方法，第 5866694 号，2016 年 1 月 15 日登録
25) H. Nishiyama *et al.*, *Plasma Chem. Plasma Process.*, **35**(2), pp. 339-354 (2015)

2　プラズマの産業応用に関する技術動向

浦島邦子*

2.1　プラズマ技術とは

2010年の文科省が主催する科学技術週間において，「未来をつくるプラズマ」が取り上げられ，「プラズマママップ」が作成された。

図1にあるように，プラズマを利用した技術は，幅広く身の回りから産業界まで多く存在する。蛍光灯や空気清浄機といった一般家庭用だけではなく，半導体，電子機器，自動車，金属，エネルギー，建築，廃棄物処理といった産業用をはじめ，その特徴を生かして最近では農業や医療分野にも広がっている。

プラズマは，電子温度や粒子の状態に応じて平衡／非平衡プラズマといわれることがある。平衡プラズマは，熱プラズマとも呼ばれ，電子温度は10,000〜15,000度にも達することから，産業としては核融合プラズマや，溶接などに利用されるアークプラズマなどがその例である。一方で，非平衡プラズマは低温プラズマとも呼ばれ，発生が比較的容易なことから，グロー放電やECR放電などで，半導体製造プロセス，排ガスや水，廃棄物処理などに幅広い用途がある。

ここでは産業化された代表的なものをいくつか事例を紹介しながら解説する。

図1　プラズマママップ

出典：一家に1枚 | 科学技術週間　SCIENCE & TECHNOLOGY WEEK；http://stw.mext.go.jp/series.html（2017年6月27日参照）

＊　Kuniko Urashima　文部科学省　科学技術・学術政策研究所　科学技術予測センター　上席研究官；名古屋大学，東北大学，岩手大学　客員教授

2.2　プラズマ技術を利用した産業の歴史

プラズマ技術の産業応用として知られる最も古いものは蛍光灯であろう[1]。1808年，イギリスのHumphry Davyが発明したアーク灯は街路灯に使用された。そして1840年にイギリスの科学者W. R. グローブがプラチナフィラメントの白熱電球を発明し，実用化へとこぎつけた。以降，工業用として有名なものは，1857年にドイツのSiemensにより発明されたオゾン発生装置（オゾナイザー）である。オゾンはその優れた脱臭，殺菌，脱色効果により，上水，下水，工業用水，排水，空気脱臭，プール水，食品分野，海水，パルプ廃水，など様々な処理分野に使われており，各メーカーから用途に合わせた製品が販売されている[2,3]。

20世紀に入り，プラズマ技術は様々な分野で利用されることになったが，特に1970年代以降は多くの製造産業において，プラズマはかかせない技術となった。1980年代には熱プラズマが盛んとなり，アークプラズマによる溶接やごみ処理に関する研究開発が盛んになり，多くの産業用廃棄物処理場や都市ごみ処理場で焼却灰の処理にも利用できる技術としてプラズマを用いた設備が導入された。また，わが国では半導体産業が全盛期だったこともあり，製造に伴うプロセスにプラズマ技術が利用されたエッチングや塗装，ガス除去装置といった製品がたくさん産出された。

そして，1990年代には大気圧プラズマ技術を用いた大気汚染物質除去研究が盛んとなり，日本ではRITE（地球環境産業技術研究機構）の後押しもあったことから国際展開を踏まえて国際チームを結成して，世界でもトップレベルの研究開発が多く提案された。

2000年代に入ると，水処理への応用研究が盛んになった。水中でプラズマを発生することにより，ケミカルを使用せずに殺菌効果が得られ，また不純物除去ができることから，産業化に向けた研究開発が進められた。

2010年代になると，世界各国で医療産業への適用研究が盛んになった。美容分野への実用化が広がっており，またがん治療といった新たな分野への実用化に向けての臨床実験も進んでいることから，再度プラズマ技術への注目が集まっている。

2.3　プラズマを利用した産業

2.3.1　電気集塵機（Electrostatic Precipitator：EP）

石炭を使用する火力発電所や，焼却炉，ボイラー，各種製造工場などから発生する煤塵や鉄粉，オイルミスト，樹脂粉，ガラス粉など多種多様なダストを除去する装置として電気集塵機（EP）が実用化され，広く使われている。EPは米国のCottrellによって，1907年に硫酸ミスト回収用として実用化された。わが国では，1910年代から重工業化が進み，電力需要の増加に伴って工場からの排煙による公害問題も顕在化し始め，EPの導入が検討された。1921年の電気学会誌には，国内で9基のEPが工業用に使用されている記録がある。当所は輸入品であったが，1933年にCottrellの特許権が満了になったことから，以降国内製品が普及した[4]。EPは，大別すると湿式と乾式があり，広い空間内の微細な粒子をとらえることを目的として，火力発電所や化学プラントなどに併設されている。電気集塵機単独での利用よりも，排ガス処理システムの一部として設置されることが多く，総合的にはすすの捕集だけではなく，NO_x や SO_x の除去なども実現できる。

このように100年近くわが国では多くのメーカーによってEPが開発[5,6]されてきたが，ビジネスの多様化や景気の衰退，製造工場の海外進出などに伴い，メーカーも変容してきている。最近は，ライバル企業であった2社が合弁で三菱日立パワーシステムズ環境ソリューション㈱を設立，海外のメーカーに対抗すべくビジネスを展開している。同社は移動式電極を特徴とするEPを販売している。これは，電極を一定の速度で移動させ，定期的にブラシですすを除去する方式や，電極部をハンマーで一定ごとにたたき，電極部が清浄な状態を保てるような工夫がされている。一方で湿式電気集じん装置は，捕集ダストの除去に水を使用する方式で，非常に高いガス清浄度を要求されるプロセスや，乾式電気集じん装置では性能上，集じんが困難な条件にあるガスなどに適している[7]。その他，道路トンネル用のEP[8]や，空調用EPなども実用化されている[9]。

詳細については，別章を参照してほしい。

2.3.2　家庭用空気清浄機

大気汚染や室内空気清浄のために，一般家庭用空気清浄機が広く普及している。日本電機工業会が分析した結果によると，図2に示すように，家庭用の空気清浄機は発売当初は主にすすや花粉などの浮遊性物質の除去が目的であったが，近年はそれに加えて $PM_{2.5}$，ウイルス除去，加湿機能や脱臭機能なども付加され，健康を考慮するだけではなく，快適な生活環境をもたらすことを目的とした製品が販売されている[10]。

市販されているものを一部比較したものを表1に示す。各メーカーともフィルターを用いた除塵が主ではあるが，プラズマを併用することにより除塵効率の向上や脱臭機能も備えているものもある。フィルター交換といったメンテナンスも消費者には選択する際のポイントになることか

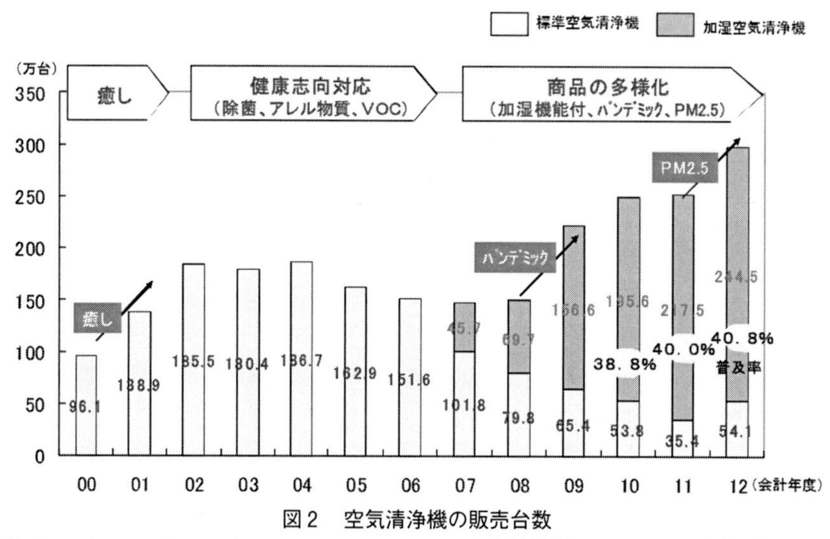

図2　空気清浄機の販売台数

出典：http://www.shanghai.cn.emb-japan.go.jp/life/ 空気清浄機による PM2.5 対策技術(2).pdf

表1　空気清浄機各社性能比較

	B社	D社	H社	M社	P社	S社	T社	Z社
清浄時間（8畳にて統一）	約10分	約10分	約18分	約8分	不明	約8分	約12分	17分
センサー	ダスト／ニオイ	ホコリ・ニオイ	ニオイ	におい／花粉&ダスト	ホコリ（大&小），ニオイ	ホコリ&ニオイ	高感度におい	ニオイ
フィルター	3ステップ HEPA Silent フィルター	プレフィルター／集じんプリーツフィルター（プラズマ集塵機能有）	プレフィルター／アレルオフ・カテキン脱臭フィルター	プレフィルター／抗ウィルス・除菌HEPAフィルター／特殊活性炭フィルター（脱臭）／ナノテクプラチナ脱臭フィルター	プレフィルター／ガラス繊維フィルター／スーパーナノテク脱臭フィルター	HEPAフィルター／洗える脱臭フィルター	プレフィルター／洗える脱臭フィルター／抗花粉・ダニ・抗菌フィルター／HEPAフィルター	アレル物質抑制・ウイルス抑制除菌フィルター
フィルター交換不要期間	約半年間	10年	交換不要／約2年	約8年	交換不要／約10年間／約10年間	約10年／交換不要	約5年	約2年
インバーター	不明	○	×	○	○	○	○	×

カタログから抜粋してまとめたものであるが，同メーカーでも製品によって性能が異なることから，あくまでも一例として参照のこと

ら，フィルターの取り扱いや交換頻度などもメーカーごとに異なる状況がみられる。近年プラズマ技術は，エアコンや冷蔵庫，掃除機，洗濯機などにも搭載され，設置タイプのみならず手軽に持ち運びできるタイプの販売されている。空気清浄機にIoTも搭載され，wi-fiによる制御機能が追加されたものも販売されている[11]。

シャープの「プラズマクラスター」は，プラズマという言葉を一般にも広めることに貢献した。この技術は，プラズマ放電により活性酸素を発生させ，＋と－のイオンを作り，空気中の汚染物質を除去するものである。タバコの臭いや浮遊しているダニの糞や死骸などのタンパク質を切断して除去，アレルゲンの作用を低減，空気中のウイルス除去，浮遊しているカビの細胞膜のタンパク質を切断して分解除去といった効能がカタログに示されている[12]。

パナソニックは，「ナノイー」という特徴で，発生メカニズムは，金属棒の先端を冷却し水分を結露させ，そこに高電圧をかけて超微細な霧状（OHラジカル）が発生することによって，菌やウィルス，花粉，カビ菌などを抑制，さらに肌や髪の保湿効果もあることから美容製品にも適用されている[13]。

ダイキン工業は，電気集塵方式を採用し，カビやダニ，花粉などのアレル物質をプラスに帯電させ，フィルターで除去する空気清浄機を販売している[14]。

空気清浄機に関する国内規格（JIS）・国際規格（IEC/ISO）策定などは，（一社）日本電機工業会（The Japan Electrical Manufacturers' Association：JEMA）で決められている。JEMAは重電から白物家電まで，幅広い製品を取り扱い，電気機械産業における業界団体であり，この会には現在，日本を代表する企業を含む約270社が会員企業となっている。その中で製品に関する統計・技術などの各種委員会が約400近く組織され，大別すると業務関係と技術関係の2つのグループに分けられる。その中に空気清浄機技術専門委員会があり，現在9社がメンバーとなっている。家庭用空気清浄機の規格は1995年に同組織によって制定され，2013年にはPM2.5除去

自主基準も追加された。また，空気清浄機のウイルスに対する除去・抑制性能評価の規格が無かったことから，JEMA では，2011 年に評価基準の統一化，および会員各社の評価／訴求の適正化を図り，2015 年には家庭用空気清浄機の性能測定方法などを規定する JEM1467（日本電機工業会規格）を包含する形で発行した。

しかしながら，これらの商品評価はあくまでもクローズドの環境下でのテスト結果であり，実際の環境にはどの程度の効果があるかは多くの意見があり，正確なことは不明である[15]。

2.3.3 ごみ処理

廃棄物の処理にはごみの減容や焼却物の再資源化，焼却廃熱利用といった目的があり，プラズマ技術は各プロセスに利用されている[16]。

焼却灰の固定化に熱プラズマ技術が導入されている。この技術を利用した都市ごみ灰溶融システムは，1994 年に松山市が導入して現在も稼動している[17]。熱プラズマは高エネルギー密度および高温であることから，処理速度や反応速度が速く，ガスの使用量が少ないことから，過程で生成される排ガス処理システムへの負担が小さい。特に一時期大きな話題となったダイオキシン類や有機ハロゲン類（クロロベンゼンやクロロフェノール類）を分解して無害化することができることが特徴である。

アークプラズマは，放射性廃棄物の溶融処理にも利用されている。低レベルの放射性廃棄物の処理を目的として，敦賀発電所にプラズマ溶融・減容処理設備が設置され，2005 年から稼働している[18]。

その他，フロンやハロン，PCB などの分解にも熱プラズマ技術が利用されている[19]。

2.3.4 表面処理（半導体製造，塗装など）

半導体の製造過程には，薄膜形成（プラズマ CVD），ドライエッチング，クリーニングといったプラズマ技術が利用されている。

1980 年代にわが国では半導体の需要が伸びたこともあり，VLSI の製造プロセスにプラズマ技術が利用され，1990 年代のアモルファス薄膜太陽電池や 2000 年代のマイクロプラズマなどに研究開発が広がり，実用化が進んだ。そして図 3 に示すように，リーマンショックの影響で 2009 年には最低の数字となったが，今後は一定程度の需要が見込まれている。図 4 は，㈳日本半導体製造装置協会が公開している数字をもとに示した半導体製造装置の変遷であるが，台湾の台頭が目立つことから，日本としての今後の動きが注目される[20]。

またプラズマは金属や樹脂の表面改質といったことにも利用され，特徴として均一な処理が可能であり，塗装面の耐用性にも優れていることから，車体や部品の表面処理に利用，実用化されている[21]。

2.3.5 水処理

水の浄化には様々な技術が用いられている。水道水など飲用に適した水や，飲用に適さないが雑用，工業用などに使用される水洗トイレの用水や公園の噴水，そして生活排水や産業排水，雨水などの汚水は，それぞれ質に合わせた工程を経て処理され，最後は河川に排出される。それぞ

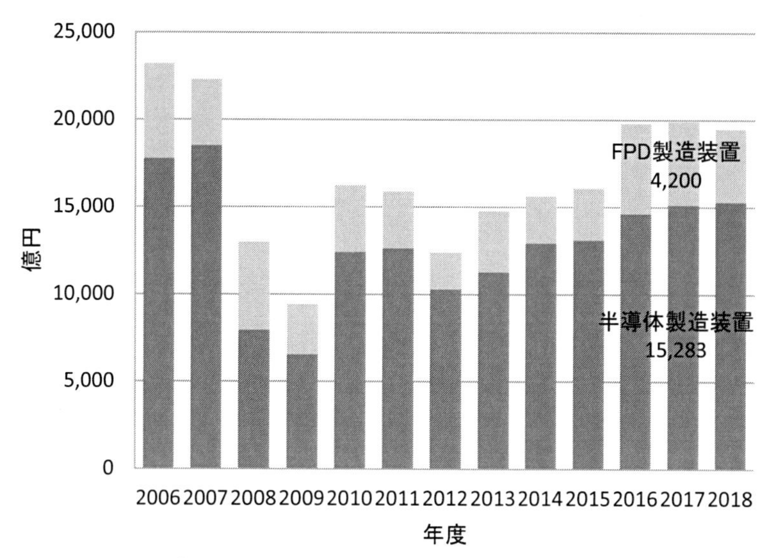

図３　日本国内の FPD と半導体製造装置の販売高推移と見込み
引用元：㈳日本半導体製造装置協会の報告書のデータを元に作成

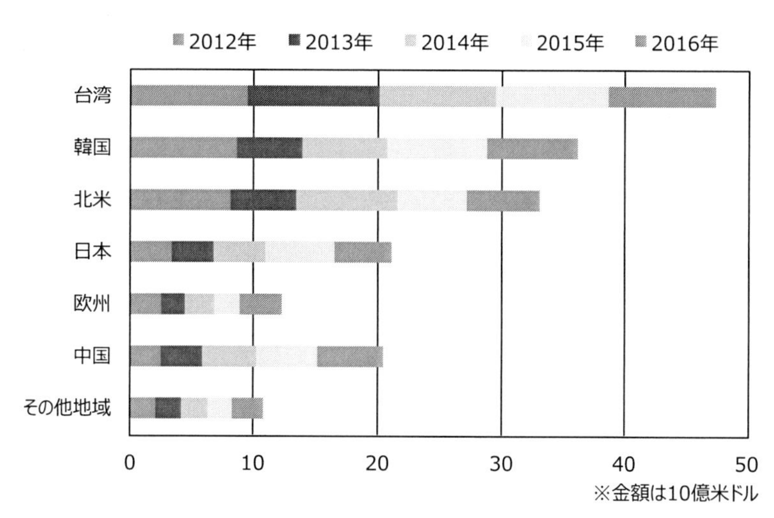

図４　半導体製造装置の地域別市場実績と予測
出典：SEAJ のデータをもとに作成

れの工程に応じて水処理にもプラズマ技術が利用されている。

水道水は，原水をオゾンと活性炭によって処理され，供給されている[22]。また下水は，沈砂池や大きなゴミや砂を除去，その後微生物（活性汚泥）を下水に混ぜて，エアレーションしながら浄化するのが主流である。その後，水の汚染原因となる有機物や窒素・リンをさらに取り除く処理を行う場合があり，最後に最終沈殿池の上澄み水を消毒したのち，下水処理水として河川や海に放流し自然の水循環に戻っていく[23]。

こうした上下水処理に利用されているオゾナイザーは，1857年にドイツのSiemensにより発明された。以降，各社効率向上のために，電極の形状を変化させたり，リアクタの工夫がされ，実用化されてきた。オゾンは強力な酸化力を持ち，殺菌，脱臭などの作用があるため，業務用としては，浄水場をはじめ，食品の殺菌など幅広い分野で利用されている。最近では「室内などの除菌，脱臭」「生成したオゾン水による食品の添加物や農薬の除去」など，様々な効果をうたった家庭用オゾン発生器も販売されている。しかしながら，家庭用のオゾン発生器から排出されるオゾンに関する規制や基準はなく，高濃度のオゾンが大量に発生している場合には，身体への悪影響も懸念される[24)]。

また，近年水中でプラズマを発生させることによる，水処理技術も実用化に向けた研究開発が進んでいる。例えば，配水管の中に存在する貝などの異物を除去する場合，ケミカルを利用すると別の生物への影響が懸念される。そこで，水中で放電することによって異物を定着させない技術として，水中プラズマが注目されている。パルス電源により一定の頻度で水中でプラズマを発生させると，バブルやUVの発生といった現象が見られる。このUVには殺菌効果があり，また衝撃波も発生することから貝は定着できなくなり，ケミカルを使用しないことから環境に良い技術として注目されている[25)]。また同時に藍藻などを効果的に不活化することも可能である。プラズマ処理後の細胞を観察したところ，胞壁と膜構造は残り，細胞内の気胞が消滅することが発表されている[26)]。

このように，衝撃波とUVを同時に発生することのできるパルス放電技術を利用した装置の実用化に向けた研究開発が進められている。

2.3.6 医療

プラズマ医療とは，プラズマを利用して殺菌や消毒，人の細胞を直接治療する方法である。近年急激に研究が進んでいる。2007年に最初のプラズマ医療国際会議が開催，2009年にはプラズマ医療国際学会が設立された。文部科学省科学研究費新学術領域「プラズマ医療科学の創成」[27)]が2012年から実施され，名古屋大学を中心として多くの大学および企業などが理論，実験，装置の開発など，あらゆる方面から実用化に向けて研究をすすめている[28~31)]。海外では，米国のドレクセル大学（ペンシルバニア州フィラデルフィア），ドイツのグライフスヴァルト大学，デュッセルドルフ大学，ボーフム大学，マックス・プランク研究所などで研究をしている。臨床実験研究が世界各国で進められていることから，実用化までそう遠くないと思われる。

2.3.7 農業

昔から雷の多いところでは良質の米ができる，稲の発育がいいといった話を聞く。雷もプラズマの一種であり，こうした現象を農業に適用する研究も盛んになっている。

プラズマ技術は，電場による発芽促進・苗の生育促進，静電散布，除草，静電受粉，菌類の増産，水耕養液の殺菌，種子殺菌，果実の表面殺菌，静電選別，イオン風による乾燥促進，青果物の鮮度保持，農業施設内の除塵などに生かせる[32)]。岩手大学では，プラズマ照射することによってキノコの収量向上，青果物や魚介類の鮮度保持といった研究がされており，実用化が目前である[33)]。

またプラズマ照射することによる農産物や水の殺菌効果も各研究機関から報告されている[34)]。

2.3.8　その他

プラズマ技術は，その特徴から核融合[35)]といったエネルギーや，イオンエンジン[36)]などの宇宙分野のほか，前述したもの以外に自動車産業や包装，ライフサイエンス，テキスタイルなどの産業にも利用されている。実用化に向けた目的に応じたリアクターの開発がキーとなる。

2.4　今後の動向

前述したように，プラズマ技術はいろいろな産業分野で実用化されており，新たな分野への実用化に向けた研究開発が進められている。

特に環境浄化をメイントピックスとした会議として，1992年に第1回非熱平衡プラズマ国際会議（ISNTP，International Symposium on Non-thermal Plasma Technology）が開催され，以降1997年ISNTP-2ブラジル，2001年ISNTP-3韓国，2004年ISNTP-4アメリカ，2006年ISNTP-5フランス，2008年ISNTP-6台湾，2010年ISNTP-7カナダ，2012年ISNTP-8フランス，2014年ISNTP-9中国，2016年ISNTP-10ブラジルで開催された。そして2018年にはISNTP-11がイタリアで開催される予定である。

NISTEP（科学技術・学術政策研究所）の調査[37)]によると，分野によるが研究開発から産業化までに約10年が必要となる。経済活動を活性化させるためには，この期間の短縮化が必要である。そのためにはエネルギー効率やコストなどの問題解決だけでなく，研究開発を産学ともに進めていくことが必要である。よって人材育成も，産業化を進めるためには忘れてはならない。

文　　献

1）野崎智洋，日本機械学会誌，**117**(1148)，434-437（2014）
2）日本オゾン協会，http://www.j-ozone.org/
3）三菱オゾナイザ，三菱電機㈱，
https://www.mitsubishielectric.co.jp/society/ozonizer/technology/index.html
4）三坂俊明，中根偕夫，静電気学会誌，**34**(2)，48-50（2010）
5）富松一隆，三菱重工における電気集塵の歴史と成果，静電気学会誌，**34**(2)，59-61（2010）
6）亀島忠，藤山正彦，永倉健太郎，静電気学会誌，**34**(2)，62-64（2010）
7）三菱日立パワーシステムズ環境ソリューション㈱ホームページ，
http://www.es.mhps.com/products/atmosphere/dustcollection/electrostaticprecipitator/dryelectrostaticprecipitator/index.html
8）江原由泰，片谷篤史，瑞慶覧章朝，静電気学会誌，**34**(2)，72-74（2010）
9）茂木完治，空調用電気集塵装置，静電気学会誌，**34**(2)，75-77（2010）

10) ㈳日本電機工業会，http://www.jspmi.or.jp/system/file/2/75/current_110.pdf
11) ブルーエア，日本原子力発電㈱，http://www.japc.co.jp/news/press/2005/pdf/170422.pdf
12) プラズマクラスター搭載商品，シャープ㈱，http://www.sharp.co.jp/plasmacluster/
13) ナノイー，パナソニック㈱，http://panasonic.jp/nanoe/about/
14) ダイキン工業㈱，http://www.daikinaircon.com/ca/st/index.html
15) 花粉やホコリ・ニオイ等の除去をうたった空気清浄機能の効果，国民生活センター，平成14年3月6日
16) 焼却処理，環境展望台，環境省，http://tenbou.nies.go.jp/science/description/detail.php?id=73
17) 松山市南クリーンセンター，https://www.city.matsuyama.ehime.jp/shisetsu/kankyo/CleanCenter/minami_cc.files/minami_gaiyou25.pdf
18) 日本原子力発電㈱，http://www.japc.co.jp/news/press/2005/pdf/170422.pdf
19) 渡辺隆行，熱プラズマによる廃棄物処理，九州大学大学院工学研究院化学工学部門，http://www.chem-eng.kyushu-u.ac.jp/lab5/Pages/review/plasma-waste.html
20) ㈳日本半導体製造装置協会，http://www.seaj.or.jp/statistics/data/Jan2017SEAJForecast20170112.pdf
21) 日本プラズマトリート㈱，http://www.plasmatreat.jp/industrial-applications/plasma-treatment_automotive-industry.html
22) 高度浄水処理について，東京都水道局，https://www.waterworks.metro.tokyo.jp/suigen/kodojosui.html
23) 下水道のしくみ，国土交通省，http://www.mlit.go.jp/crd/city/sewerage/data/basic/sikumi.html
24) 家庭用オゾン発生器の安全性，独立行政法人 国民生活センター平成21年8月27日
25) 佐藤正之，応用物理，**69**(3)（2000）
26) 勝木ほか，*J. Plasma Fusion Res.*，**87**(4)，268-275（2011）
27) 文部科学省科学研究費新学術領域「プラズマ医療科学の創成」
28) 北野勝久，井川聡，谷篤史，大島朋子，静電気学会誌，**37**(3)，112-116（2013）
29) 佐藤岳彦，静電気学会誌，**37**(3)，127-131（2013）
30) 平田孝道，筒井千尋，金井孝夫，工藤美樹，岩下光利，森晃，静電気学会誌，**38**(4)，165-170（2014）
31) 小野亮，静電気学会誌，**38**(4)，156-164（2014），池原譲，静電気学会誌，**38**(4)，171（2014），吉川史隆，梶山広明，静電気学会誌，**38**(4)，177（2014）
32) 高木ほか，プラズマによる農業応用の基礎，*J. Plasma Fusion Res.*，**90**(9)，534-540（2014）
33) 高木浩一，機械学会誌，**117**(1148)，434（2014）
34) 高井雄一郎ほか，ガスプラズマを用いた農産物の殺菌法の開発，大阪府立環境農林水産総合研究所報告書
35) 核融合とは，京都大学，http://p-grp.nucleng.kyoto-u.ac.jp/fusion/
36) イオンエンジンの可能性にかけて，JAXA，http://www.jaxa.jp/article/special/hayabusa/kuninaka_j.html
37) 横尾淑子，奥和田久美，過去のデルファイ調査に見る研究開発のこれまでの方向性，DISCUSSION PAPER No. 86，2012年9月，http://www.nistep.go.jp/wp/wp-content/uploads/NISTEP-DP086-FullJ.pdf

3　低温プラズマの種類・発生方法と医療分野への応用

高松利寛[*1]，沖野晃俊[*2]

3.1　はじめに

物質の第四の状態といわれるプラズマは，物理・化学的に特徴的な性質を持っており，様々な分野で応用されている。例えば，10,000℃以上の高温を容易に実現できることを利用した廃棄物処理や核融合などへの応用，気体に固有の波長の光を発することを利用した光源や元素分析などへの応用があげられる[1~6]。さらに，減圧下（数百 mTorr 以下）では，気体に電界や磁界を印加することによって，電子は数 eV～数十 eV の高いエネルギーを持ちながら，発生したイオンや気体粒子は，室温と同程度のエネルギー（～0.1 eV）を有するような低温のプラズマが容易に生成できるため，特定の原子や分子を励起・電離することでラジカルなどの化学的反応性の高い粒子を生成し，半導体プロセシングなどの表面処理技術に用いられている[7,8]。

このようにプラズマは極めて広い分野で応用されているが，従来のプラズマ装置は減圧下でプラズマを生成するものが大半を占めていた。しかし，21 世紀に入った頃より，大気圧下で生成するプラズマに関する研究とその応用が急激に注目を集めるようになってきた[9~11]。これは，ガス温度が室温に近い低温プラズマ源の開発が進んだことと，一様で安定な大気圧プラズマを大面積もしくは大容量で生成する技術が大きく進歩したことが原因である[12]。低温の大気圧プラズマは直接手で触れることもできるが，ガス温度が低いだけであって，プラズマ中のラジカルなどは減圧下と比較してむしろ高密度に生成されるため，高い反応性や処理能力を持つ。つまり，減圧チャンバに入れられない大型の物質や生物試料や[13]，熱に弱い素材を連続処理できるようになったことを意味し，プラズマの応用範囲はさらなる広がりを見せている。

3.2　大気圧低温プラズマの発生方法

放電現象の分類において，電流密度の小さいタウンゼント放電やグロー放電と呼ばれる放電形態が低温プラズマ状態を代表しているといえるが，大気圧下でこれらを実現するには，放電空間を小さくすること，ガスがプラズマと接触する時間を短くすること，プラズマが生成されている時間を短くすることなど，電源特性や電極構造に工夫が必要である。以下に，現在までの考案されている主な大気圧低温プラズマの発生方法を記述する。

3.2.1　バリヤ放電プラズマ

一対の放電電極の，一方あるいは両方の表面を誘電体で覆い，両電極間に高電圧を印加して放電を発生させる（図 1 (a)）。電圧を印加すると，一か所に微小な放電が生成されるが，誘電体がコンデンサと同様の働きをするため，誘電体の表面に電荷が蓄積されるとその場所での放電は終

＊1　Toshihiro Takamatsu　神戸大学　大学院医学研究科　内科学講座消化器内科学分野　学術研究員

＊2　Akitoshi Okino　東京工業大学　科学技術創成研究院　未来産業技術研究所　准教授

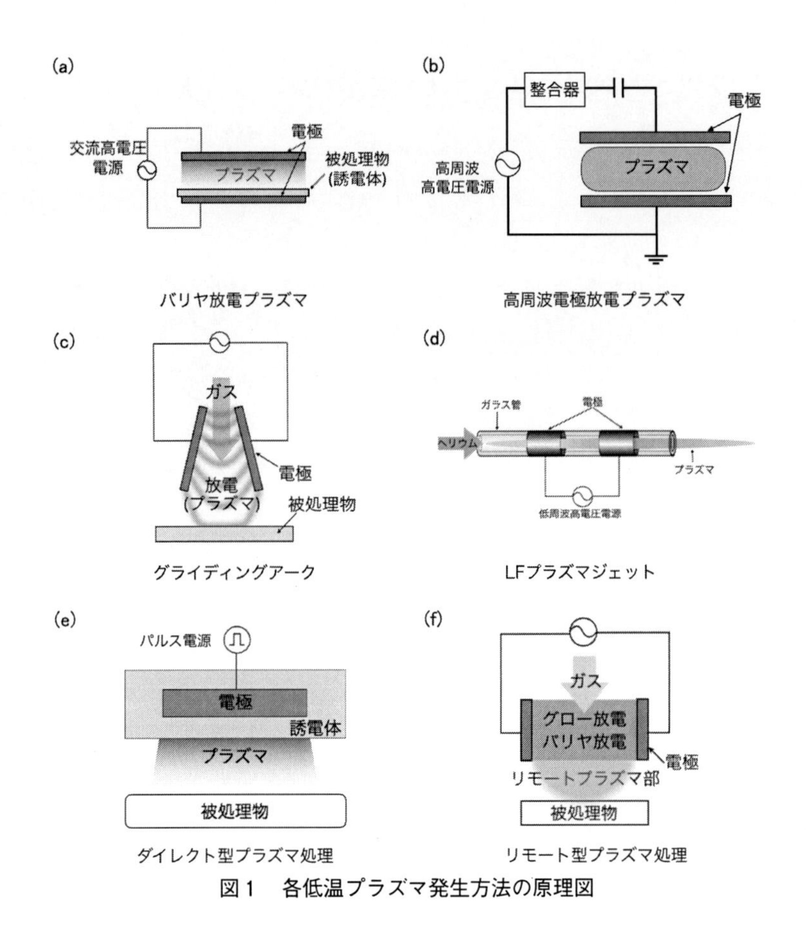

図1　各低温プラズマ発生方法の原理図

了し，別の場所で放電が生成する。一か所の放電はすぐに終了するため，電流密度の高いアーク放電（火花放電）に移行することはない。これを高速に繰り返すため，目で見ると比較的一様でグロー状の放電を広い領域で生成することができる。電極面の全体に電荷が蓄積される前に極性を反転させることで，連続的にプラズマを維持することができる。一つの小さい放電の電流密度は小さいため，プラズマはあまり高温にならず，低温プラズマに分類される。印加する電源の周波数は，50 Hz～数 kHz が使用されることが多いが，小さい放電の周波数は，それよりも高くなる。プラズマのガス温度は，放電電力，ガス種，ガス流速などに依存し，40～200℃程度の装置が多い。

3.2.2　高周波電極放電プラズマ

3.2.1 のバリヤ放電では，比較的低い周波数を使用していたが，この周波数を MHz 以上にすると，生成した放電が電極に達する前に極性が反転し，放電は空間中に生成する（図 1(b)）。電極間隔，放電周波数，ガス流などをうまく調整すれば，大気圧下でも安定な高周波放電を生じることができる場合がある。この放電はバリヤ放電ではなく，低気圧放電と同様のグロー放電になるため，バリヤ放電よりも 1 桁程度高密度なプラズマを生成できる[14]。このため，高い処理効果

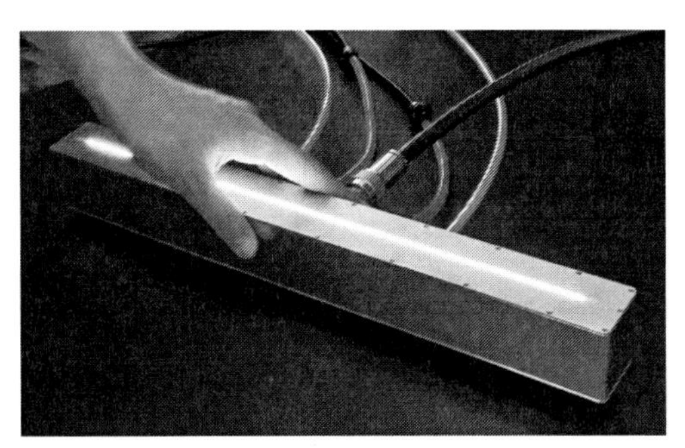

図２　高周波電極放電プラズマ
（写真はプラズマコンセプト東京の許可を得て掲載）

や処理速度が望める。図２のプラズマ装置では，筐体内部の電極間に高周波放電を生成し，幅１mm のスリットからプラズマがカーテン状に吹き出している。プラズマのガス温度は，高周波電力，ガス流量，ガス種などに依存し，30℃から 200℃程度になる。

3.2.3　グライディングアーク

一対の対向電極にパルス的な短時間の高電圧を印加すると火花状の放電が生成される。この放電と直角にプラズマガスを流すと，放電で生成された電子とイオンがガス流で移動するため，次のパルスの放電はガスの移動分だけ下流に生成される。そして，順次，下流側に放電が移動していく（図１(c)）。ある程度の距離になったところで，放電は最初の位置に戻って同様の動きを繰り返す。この放電を処理対象に照射することで表面処理などを行うことができる[15)]。

前述のバリヤ放電とは異なり，厚みのあるものや３次元的な構造物の処理にも適用することができ，高分子材料などの親水性や接着性の改善に広く利用されている。対向電極には棒状の電極を用いて２次元的なプラズマを発生させるものがほとんどであったが，近年では円錐とらせん状の電極を組み合わせることでプラズマ発生面積を広げ，幅広い処理に活用できる装置も発表されている。ただし，放電が被処理物に接触するため，放電損傷が生じる。このため，損傷を好まない表面処理や，生体などへの利用は困難である。放電が間欠的なため，平均的なガス温度は高くならないが，放電部は数百℃以上の高温になるため，単純に低温プラズマとはいいにくい。コロナ放電装置という名称で呼ばれている場合があるが，プラズマ工学的にはグライディングアークがこの放電方式の名称となる。

3.2.4　LF プラズマジェット

図１(d)に示すように内径数 mm のガラス管にヘリウムやアルゴンなどのガスを流し，ガラス管の外側に数 cm の間隔で配置した電極に約十 kV，数 kHz の低周波電力を供給すると，ジェット状にプラズマが生成される[16,17)]。プラズマガス流に沿ってプラズマが進展し，ヘリウムでは大気圧下でも数 cm～数 m の室温程度の低温プラズマが生成できる。このプラズマを高速度カメラで観察するとプラズマが定常的に生成されているわけではなく，弾丸状のプラズマが次々と吹き出していることから，プラズマバレットとも呼ばれている。電源の配置や電力の供給方法を工夫

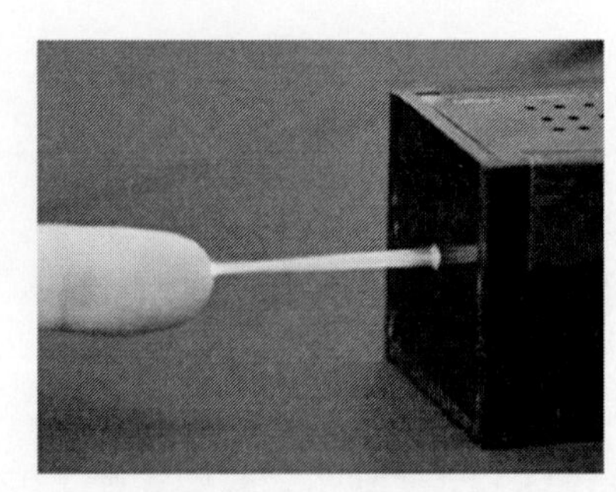

図3　LF プラズマジェット
（写真はプラズマコンセプト東京の許可を得て掲載）

することで，放電損傷がなく，図3のように人体に触れても感電やまったく痛みを感じないプラズマジェットを生成することも可能である。ガスの温度は，室温～50℃程度のものが多い。ガス流を適切に制御すると，ガラス管の外側でも細長いプラズマを発生させることができるため，遠方のピンポイント処理が可能である。

3.2.5　電極放電プラズマジェット

2つの電極間に数 kV の電圧を数十ナノ秒程度のパルス幅で印加して放電を起こすことで，熱平衡状態に達しない低温の大気圧プラズマとなる。誘電体を間に挟む必要がないので，バリヤ放電と比較して電子密度が1桁程度高密度なプラズマを生成できる[18]。さらに，電界が外部に漏れない構造にし，そのプラズマをガス流で吹き出す装置構成とすることで，金属や生体を近づけても外部に放電が生じない処理が可能となる。このため，金属や半導体だけでなく，繊維，紙，生体などへの高密度なプラズマ照射が実現できる。

従来は，金属や樹脂，セラミックなどを機械加工してプラズマ生成部を作成していたため，加工できる構造に制限があったが，近年，金属の 3D プリンター利用できるため，設計の自由度が広がっている。3D プリンターは，樹脂や金属など様々な材質を選択でき，金型の必要がなく，小ロットの部品を比較的低価格（数千円～数万円程度）で作成することができる。3D モデルの設計どおりに機械的に成形されるため，切削や溶接などに比べて加工期間が短いため，装置製作のコストや試作サイクルを大幅に削減できる。また，複雑な冷却流水チャンネルや微小な造形など，従来の切削加工では困難だった構造も造形できるため，今まで実現不可能だったデザインや，微小でかつ実用的なプラズマ生成部の造形が可能になった[19]。図4に示すように，筆者らが 3D プリンターで造形したプラズマ装置は，様々なガス種で低温プラズマを生成できるため，今後は，用途に応じた設計の装置が開発されることが期待できる。

3.2.6　ダイレクト型プラズマ処理

バリヤ放電プラズマを表面処理に用いる場合，図1(a)のように被処理物自体を誘電体として電極間に配置し，プラズマを発生させる場合が多い。この場合，被処理物そのものを誘電体として電極間に配置してプラズマを発生させ，その表面をプラズマ処理する[20]。この方法は，薄くて均一で電気を通さない，ビニールシートなどの処理には適用できるが，金属などの電気を通す対象

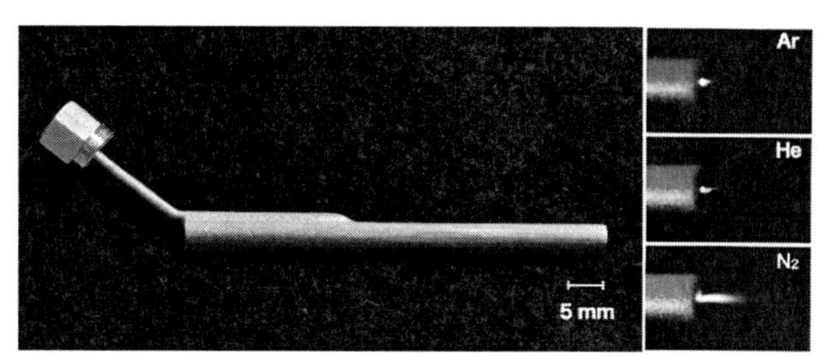

図4　3D プリンターで造形したプラズマ生成部[19]

への適用は困難である。この場合は，図1(e)のように，電極側に誘電体を配置すれば，電気電導性のある物質を処理することができる。このように，プラズマもしくは放電が処理対象に向かって生成する処理方式を，ダイレクト型プラズマ処理もしくはダイレクト方式などと呼ぶ。複雑な形状の物体や，繊維などの3次元構造を持つ対象を処理する場合には，次項のリモート型プラズマ処理を用いる。

3.2.7　リモート型プラズマ処理

リモート型プラズマ処理では，図1(f)に示すように，生成したプラズマをプラズマガスの流れで処理対象に照射する方式であり，様々な装置が開発・市販されている[14,21]。この処理法では，プラズマ生成部（放電部）と表面処理部が離れているため，放電は表面に向かって生じないので，放電損傷が生じることはない。また，処理対象によって放電が影響を受けないため，安定なプラズマ生成と処理が可能である。この方式では，プラズマ中の活性種が表面に衝突することで，表面処理が行われる。活性種の寿命は短いものが多いので，プラズマの照射距離を離すと処理効果は低下する。このため，ダイレクト型プラズマ処理に比べて処理効果が劣る場合がある。

3.3　大気圧低温プラズマの応用とメカニズム

大気圧低温プラズマから生成される活性種を用いることにより，表面親水化による接着性向上，表面付着物の脱離，殺菌，血液凝固，植物の成長促進など様々な効果が報告されている[18,22~24]。さらに，放電損傷のない，手で触れるプラズマも生成可能なため，生体殺菌や手術時の止血などへの応用も検討されており，大気圧プラズマ処理は医療分野からも注目を集めている。以下に上記の効果を及ぼすと考えられている活性種について記述し，大気圧低温プラズマの応用例として，殺菌や止血について紹介する。

3.3.1　大気圧低温プラズマ中で生成される活性種

プラズマから生成される活性種の中でも，特に反応性の高いヒドロキシルラジカル（HO･），一重項酸素（$^1O_2$），オゾン（O_3），過酸化水素（H_2O_2）などが，表面処理や殺菌や止血の効果に関わっていると考えられている。HO･と$^1O_2$は反応性が高いが，液中における寿命はそれぞれナノ秒オーダーとナノ秒～マイクロ秒オーダーであり，直接観測することは難しい。このため，DMPO や TPC といった特定の活性種を捕捉する試薬を用い，電子スピン共鳴（ESR：Electron

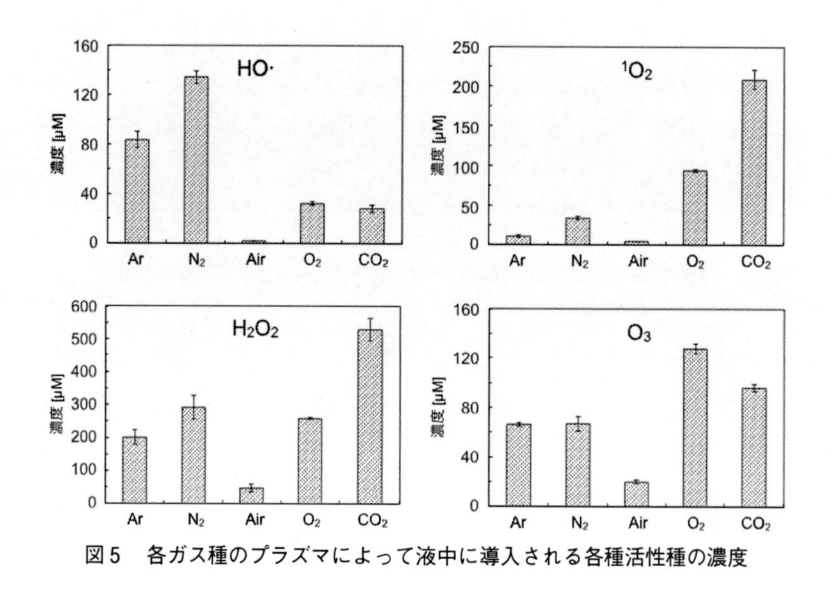

図5　各ガス種のプラズマによって液中に導入される各種活性種の濃度

Spin Resonance）を測定することで定量することができる[25~27]。過酸化水素とオゾンに関しては，固有に呈色反応を示す試薬を用いた吸光光度法で定量測定することが可能である[28]。様々なガス種（アルゴン，窒素，酸素，二酸化炭素，空気）を使用しプラズマを生成させて，それぞれ活性種量を測定した結果を図5に示す。

このように，HO· は窒素プラズマを使用した場合に最も高い濃度で検出され，$^1O_2$ および H_2O_2 は二酸化炭素プラズマを使用した場合に高い濃度で検出され，O_3 は酸素プラズマを使用した場合に最も高い濃度となった。このように，プラズマ化するガスの種類によって生成される活性種の種類や量が異なることが明らかになっている。このため，処理の目的や用途に応じてガス種を使い分けることにより，最大限の効果を引き出すことが可能である。

酸素原子，および水素原子を有していない窒素プラズマから最も高い濃度の HO· が検出される反応経路は，原子化した窒素が試薬の水分子と衝突することにより，水分子を H· と HO· に乖離させ，その状態の HO· が検出されたものと考えられる。その他のプラズマも，図6のような反応過程を経て，各種活性種が生成されていると考えられる。

3.3.2　低温プラズマによる微生物の不活化

大気圧低温プラズマは，様々な細菌やウイルスを不活化でき，熱に弱い材質に処理可能であることや，残留毒性がないこと，低コストで運用できることなど，従来の高温高圧滅菌や薬剤，放射線などを用いた殺菌方法に比べて多くの利点を持つ。このため，農業，食品，医療などの様々な分野で，衛生管理のための新しい殺菌方法として注目されている[29,30]。これまでに様々なプラズマ装置や処理方法が検討され，微生物に対する不活化などが調査されている。最近の報告によると，生成される活性種が殺菌に大きく影響を及ぼすと報告され，中でも原子状酸素や活性酸素種が活発に議論されている[31,32]。

様々なガス種のプラズマを一般細菌である大腸菌（*E. coli*：ATCC25922），緑膿菌（*P.*

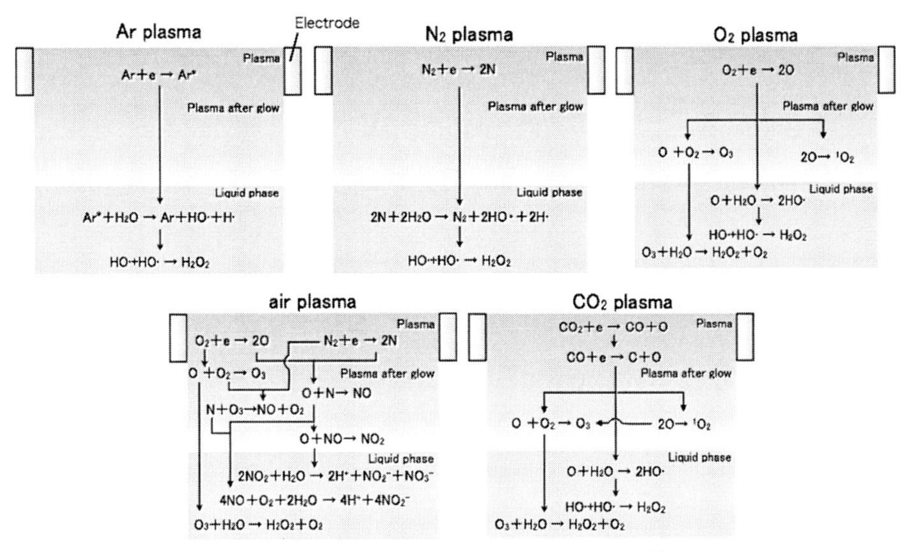

図6　各ガス種のプラズマと水の反応経路[27]

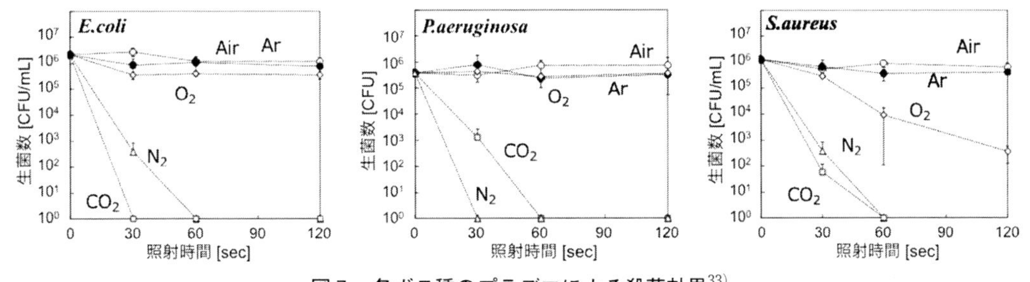

図7　各ガス種のプラズマによる殺菌効果[33]

aeruginosa：ATCC27853)，黄色ブドウ球菌（*S.aureus*：ATCC25923）の菌液に対して照射した結果を見ると，図7のように，いずれの菌種に対しても，窒素プラズマと二酸化炭素プラズマを使用した場合に生菌数が60秒以内に検出下限値以下となり，高い殺菌効果が示されている。3.3.1の活性種測定の結果と比較すると，二酸化炭素プラズマでは $^1O_2$ が，窒素プラズマではHO· がそれぞれ多く生成されており，これらの活性酸素種が殺菌効果に関連していると考えられる。

HO· の効果をなくす消去剤としてDMSO，$^1O_2$ の消去剤としてアジ化ナトリウム（NaN_3），H_2O_2 の消去剤としてカタラーゼ，スーパーオキシド（O_2^-）の消去剤としてスーパーオキシドディスムターゼ（SOD）が知られており[33]，それぞれの抗酸化物質で活性種を消去し，抗酸化物質の有無で活性種が生体に及ぼす影響を調べることができる。これらの活性種の消去剤を菌液に添加し，窒素プラズマおよび二酸化炭素プラズマを緑膿菌に照射すると，図8に示すように，HO· 消去剤を添加すると，それぞれのプラズマの殺菌効果が減少し，$^1O_2$ の消去剤を添加すると，

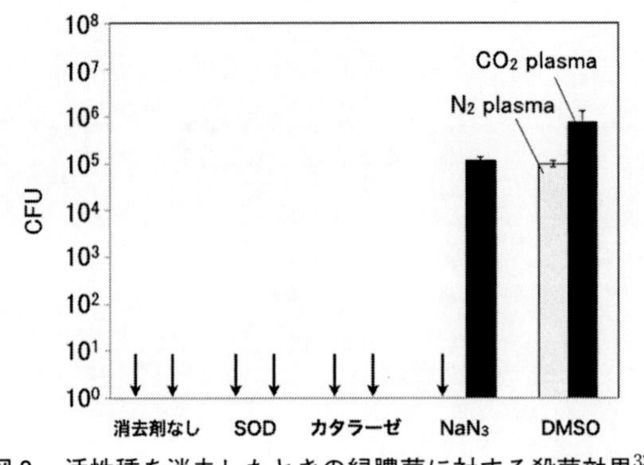

図8　活性種を消去したときの緑膿菌に対する殺菌効果[33)]

二酸化炭素プラズマの殺菌効果のみが減少した。一方，H_2O_2，O_2^- の消去剤を添加した場合は，消去剤を使用しない場合と同等の殺菌効果を示した。従って，これらの結果から $^1O_2$ および HO・が殺菌効果に寄与する活性種として有力であると考えることができる。これらの活性種による殺菌機序は化学的な反応で菌体が損傷することから，抗生物質などを用いた殺菌と違って，臨床上問題となっている薬剤耐性菌は発生しないと考えられる[34)]。それゆえ，医学分野では安全かつ有用な殺菌ツールとして大いに期待できると考えられている。

3.3.3　低温プラズマによる止血

現在，手術時の止血法として，熱凝固法や機械的圧迫法などが用いられている。熱凝固法は，出血部を焼灼して簡易に止血効果を得るものであるが，組織の熱損傷を生じるため，患者への負担が大きくなる。クリップなどを用いた機械的圧迫法は侵襲性の少ない方法であるが，出血点が定まらない湧出性出血の止血や，血管が脆弱な場合の止血に対して使用することは困難である。このような状況の中，2006 年頃から，低温プラズマの照射によって血液凝固が促進されるという結果が報告され，手術の際の止血への応用が研究されるようになっている[24,35〜37)]。止血の機序は，血液に対してヘリウムや空気などの低温プラズマを直接照射することで OH ラジカルなどの活性種が血液凝固因子を刺激して化学的に血液凝固を促進させると考えられている[35)]。そのため，従来の熱凝固法と異なって組織の熱損傷がなく，クリップ法の使用が困難な，出血点が不明な場合の止血に対しても有効である。

ブタの各臓器に対する低温プラズマによる止血効果の調査では，図 9 に示されるように，ブタの胃粘膜や肝臓の組織を傷つけ漏出性の出血部を作り出し，低温プラズマを照射すると，どの条件も 10 秒程度で熱損傷なく血液が凝固することが確認されている[38)]。これらの臓器以外にも止血効果を及ぼすことは可能であるため，外科や内科治療において，処理に適したプラズマ生成部を製作することによって，様々な場面で利用可能となる。

例えば，上部消化管内視鏡（胃カメラ）の鉗子口は内径 3.2 mm 前後であるため，内視鏡下でプラズマを使用するためには，それよりも細いプラズマ装置を作成する必要がある。金属の 3D プリンターを用いれば図 10 のようなプラズマ生成部を造形が可能であり，実際に内視鏡の鉗子

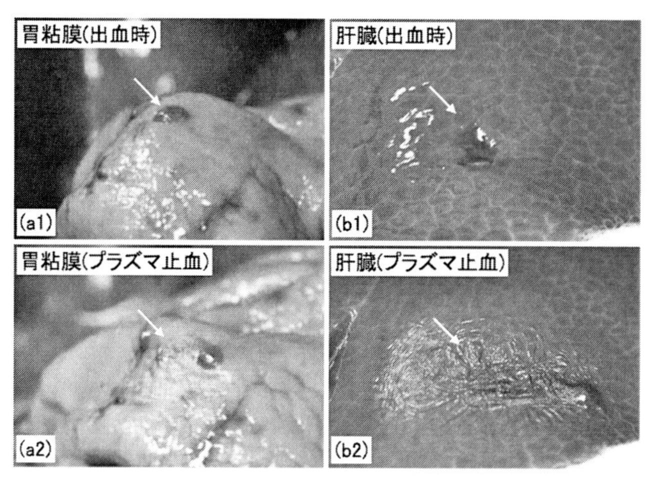

図9　ブタの各臓器に対する低温プラズマの止血効果（左列：胃粘膜，右列：肝臓）
(a1)，(b1)処理前，(a2)，(b2)二酸化炭素プラズマ処理

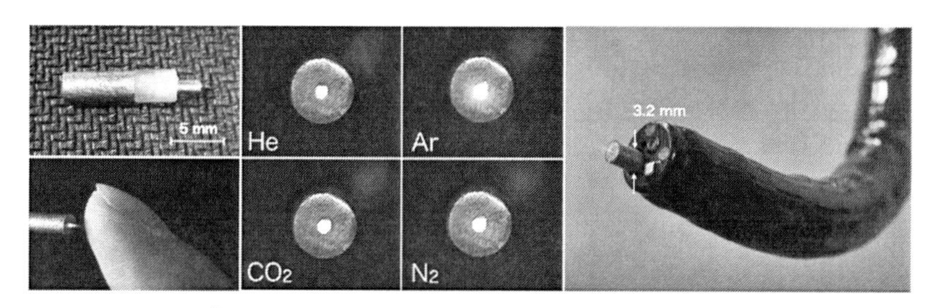

図10　3D プリンターで造形した内視鏡用の微小なマルチガスプラズマ源
鉗子口径 3.2 mm の内視鏡に導入可能（直径 2.8 mm，重さ 0.15 g）[40]

口に導入し，様々なガス種で高強度かつ低温プラズマを安定に生成することができる。特に，二酸化炭素は窒素と比較して 160 倍程度生体吸収性がいいため[39]，生体内では二酸化炭素のプラズマを利用するメリットは大きい。また，金属の 3D プリンターは，出力する体積で価格が決まるため，今回のような小型のプラズマ源は 1 個あたり千円程度の安価で製作でき，使い捨てが可能なため，血液感染などのリスクに気を使う必要がない。

実際の内視鏡下利用の検証としてブタを用いて胃粘膜に出血部を作り，二酸化炭素の低温プラズマを数十秒程度照射した結果，図 11 のように焼灼痕などなく止血できることが報告されている[40]。当然，処理部は熱凝固法による止血よりも治癒が早い。

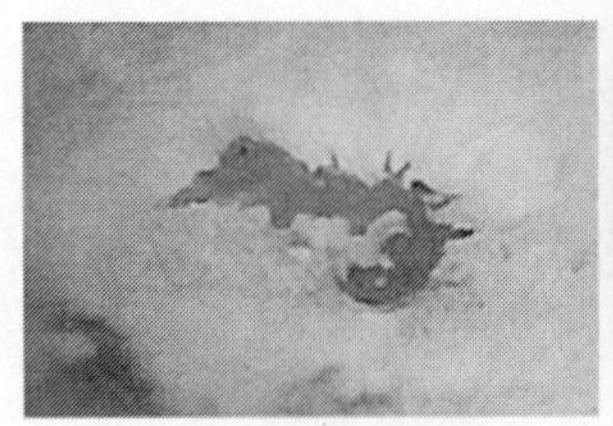
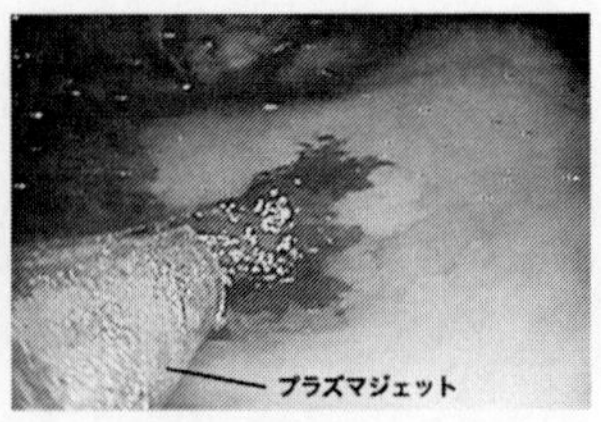

図11　ブタの胃粘膜出血部に対する内視鏡下でのプラズマ処理
(左)処理前，(右)処理後[40]

3.4　おわりに

本稿では，様々な大気圧低温プラズマの発生方法およびその応用に向けた研究の一部を紹介した。ここ数年，大気圧低温プラズマは表面処理などのツールとして広く利用され始めており，高いポテンシャルを持っていることが広く認識されている。しかし，殺菌や止血などの医学応用に関しては，まだ歴史が浅く，殺菌や止血のメカニズムなど未知な部分が多いのが現状である。さらに，プラズマ装置も発展途上なものが多く，本格的な実用化までには幾つかのブレイクスルーが必要と考えられる。しかし，3D プリンターをはじめとした近年の金属や樹脂の加工技術の進歩に伴い，プラズマ装置設計の自由度が急速に増しているため，今後は急速な応用展開が期待できる。

文　献

1）千葉光一ほか，分析化学実技シリーズ　ICP 発光分析，共立出版（2013）
2）宮原秀一ほか，技術シーズを活用した研究開発テーマの発掘，技術情報協会（2013）
3）T. Tamura *et al.*, *IEEE Transactions on Plasma Science*, **39**, 1684-1688（2011）
4）K. Shigeta *et al.*, *Journal of Analytical Atomic Spectrometry*, **30**, 1609-1616（2015）
5）K. Shigeta *et al.*, *Journal of Analytical Atomic Spectrometry*, **28**, 637-645（2013）
6）K. Shigeta *et al.*, *Journal of Analytical Atomic Spectrometry*, **28**, 646-656（2013）
7）行村健，放電プラズマ工学，オーム社（2000）
8）菅井秀郎，プラズマエレクトロニクス，オーム社（2000）
9）飯島徹ほか，初めてのプラズマ技術，森北出版（2011）
10）プラズマ・核融合学会，プラズマエネルギーのすべて，日本実業出版社（2007）
11）高木浩一ほか，プラズマ・核融合学会誌，**79**，1002（2003）
12）沖野晃俊監修，大気圧プラズマの技術とプロセス開発，シーエムシー出版（2011）
13）宮原秀一ほか，バイオフィルムの基礎と制御，NTS（2008）
14）佐々木良太ほか，電気学会論文誌 A，**129**，903（2009）
15）A. Fridman *et al.*, *Progress in Energy and Combustion Science*, **25**, 211-231（1999）

16) 北野勝久ほか，プラズマ・核融合学会誌，**84**，19 (2008)
17) 北野勝久ほか，応用物理，**77**，383 (2008)
18) T. Iwai *et al.*, *Journal of Analytical Atomic Spectrometry*, **29**, 464-470 (2014)
19) T. Takamatsu *et al.*, *AIP Advances*, **5**, 077184 (2015)
20) H. Ayan *et al.*, *IEEE Transactions on Plasma Science*, **37**, 113-120 (2009)
21) T. Takamatsu *et al.*, *IEEE Transactions on Plasma Science*, **41**, 119-125 (2013)
22) T. Iwai *et al.*, *Journal of Mass Spectrometry*, **49**, 522-528 (2014)
23) T. Takamatsu *et al.*, *Plasma Medicine*, **2** (2012)
24) G. Fridman *et al.*, *Plasma Chemistry and Plasma Processing*, **26**, 425-442 (2006)
25) C.-S. Lai *et al.*, *FEBS Letters*, **345**, 120-124 (1994)
26) Y. Matsumura *et al.*, *Chemistry Letters*, **42**, 1291-1293 (2013)
27) T. Takamatsu *et al.*, *RSC Advances*, **4**, 39901-39905 (2014)
28) 川野浩明ほか，新しい大気圧プラズマ装置の開発と液中殺菌技術への応用，ソフト・ドリンク技術資料，pp. 105-118 (2016)
29) M. G. Kong *et al.*, *New Journal of Physics*, **11**, 115012 (2009)
30) M. G. Kong *et al.*, *J. Phys. D. Appl. Phys.*, **44** (2011)
31) K. Oehmigen *et al.*, *Plasma Processes and Polymers*, **7**, 250-257 (2010)
32) K. Oehmigen *et al.*, *Plasma Processes and Polymers*, **8**, 904-913 (2011)
33) T. Takamatsu *et al.*, *PLoS ONE*, **10**, e0132381 (2015)
34) T. Takamatsu *et al.*, *Current Microbiology*, **73**, 766-772 (2016)
35) S. U. Kalghatgi *et al.*, *IEEE Transactions on Plasma Science*, **35**, 1559-1566 (2007)
36) C. Y. Chen *et al.*, *IEEE Transactions on Plasma Science*, **37**, 993-999 (2009)
37) Z. Ke *et al.*, *Scientific Reports*, **6**, 26982 (2016)
38) Y. Nomura *et al.*, 6th International Conference on Plasma Medicine, pp. 178 (2016)
39) H. A. Saltzman *et al.*, *Annals of the New York Academy of Sciences*, **150**, 31-39 (1968)
40) T. Takamatsu *et al.*, 6th International Conference on Plasma Medicine, pp. 48 (2016)

4　熱プラズマの種類，発生方法と応用

渡辺隆行*

4.1　熱プラズマの特徴

プラズマプロセスに用いられる熱プラズマは，電子のみならず原子，分子，ラジカルも1万℃以上の高温を有している。この高温を利用するという観点から，熱プラズマはプラズマ溶射として産業的に広く展開されてきた。他にもプラズマ溶解や製錬，さらにごみ処理で発生する焼却灰を溶融固化するプロセスにおいて活用されている。

熱プラズマはほぼ熱平衡状態にあるプラズマであるが，プラズマからのふく射によって逃げるエネルギーを同じ機構で補うことが難しいので，厳密な意味での熱平衡状態は実現しにくい。ただし各粒子の温度がほぼ等しく，組成も平衡状態に近いプラズマを作ることは比較的容易であり，これを局所熱平衡状態（Local Thermodynamic Equilibrium，LTE）と呼んでいる。

電子が加速される電界の強さや時間に比べて，電子と重い粒子間の衝突頻度が大きい場合に両者の温度がほぼ等しくなってLTE状態となる。プラズマ中の中性粒子，イオン，電子間の衝突によるエネルギーバランスから，プラズマがLTE状態となるための(1)式の関係を得ることができる。

$$\frac{T_e - T_h}{T_e} \sim \left(\frac{E}{p}\right)^2 \tag{1}$$

ここでTは絶対温度，Eは電界の強さ，pは圧力であり，添字eとhは電子と重い粒子を示す。(1)式よりE/pがLTE状態を決める重要な値であることがわかる。E/pの値が小さい場合には電子温度が重い粒子の温度に近づきLTE状態になる。例えば，大気圧におけるアルゴンアークの場合にはE/pの値は1 V/(m・kPa）程度であるのに対し，0.1気圧でのグロー放電ではE/pの値は10^7 V/(m・kPa）程度である。

熱プラズマを用いるプロセッシングの利点としては，プロセスの雰囲気を材料プロセッシングに適した状態として制御できることである。アルゴンを用いた不活性雰囲気に加え，有機系廃棄物の処理に適した空気や酸素による酸化雰囲気，水素を用いた還元雰囲気などを自由に選択することができる。さらにプロセスの迅速なスタートアップやシャットダウンが可能であることも熱プラズマの利点である。また，他のプロセスに比べてガスの使用量が少ないので，排ガスシステムへの負担が小さいことから考えても熱プラズマによる材料プロセッシングには優位性がある。

4.2　熱プラズマの発生方法

熱プラズマを発生するには直流放電，交流放電，高周波放電，マイクロ波放電が用いられる。材料プロセッシングに熱プラズマを用いるには，それぞれの熱プラズマシステムの特徴を理解した上で，適切なシステムを選択することが大切である。

＊　Takayuki Watanabe　九州大学　大学院工学研究院　化学工学部門　教授

4.2.1　直流アーク

直流放電アーク（DC アーク）は実用的かつ工業的な高温熱源であり発生方法が手軽であることから，各種のプロセッシングに広く用いられている。他の高温熱源と比較すると，DC アークは出力の増大が容易であること，設備費が比較的廉価であること，DC アークを発生する装置や技術は確立しており簡単であること，安定な放電を長時間持続できること，被加熱物質の加熱が効率よくできることなどの利点がある。

アーク放電では，電圧は 10～数十 V の低電圧，電流は 100～1,000 A の高電流であることが一般的である。熱陰極から出る熱電子によってアーク放電が持続される。このように電子放出機構において熱電子放出が支配的な陰極を熱陰極という。電子が陰極から飛び出るには仕事関数以上のエネルギーが必要であり，陰極が充分に高温になると内部の自由電子が熱電子として放出される。アークを維持するための熱電子放出の電流密度を得るためには，タングステンのような高沸点金属でさえ融点近傍の高温が必要である。一方，銅などの低沸点金属では沸点以上の高温を必要とするので熱陰極にはなり得ないので，冷陰極として用いることになる。

DC アークには非移行式と移行式がある（図1）。非移行式は陽極部と陰極部の間でアークを発生させる。ノズル部分での熱的ピンチ効果を利用して高温の熱プラズマ流を得ることができるが，プラズマジェットの熱効率は 30％程度である。非移行式アークでは，電極間で発生した高温の熱プラズマを高速のガスで吹き出してプラズマジェットとして用いる。この高速という特徴を活かしているプロセッシングがプラズマ溶射であるが，高速という特徴はプラズマ中での処理物質の滞留時間を短くしてしまうという欠点になってしまう。さらに1万℃程度の熱プラズマの粘度は常温の液体の粘度と同程度になることから，処理物質を細くて高速のプラズマジェットに適切に供給することが困難となり，プラズマジェット中に原料を供給するプロセッシングには適していないことになる。

移行式の場合には陽極部にはわずかの電位しかかけず，ノズルから離れた所に置かれた導電性の物質に主たる正電位をかける。プラズマアークは水冷ノズルと作動気体による熱的ピンチ作用によって高温の熱プラズマ流となる。プラズマアークではノズル下流でもアーク電流が維持され

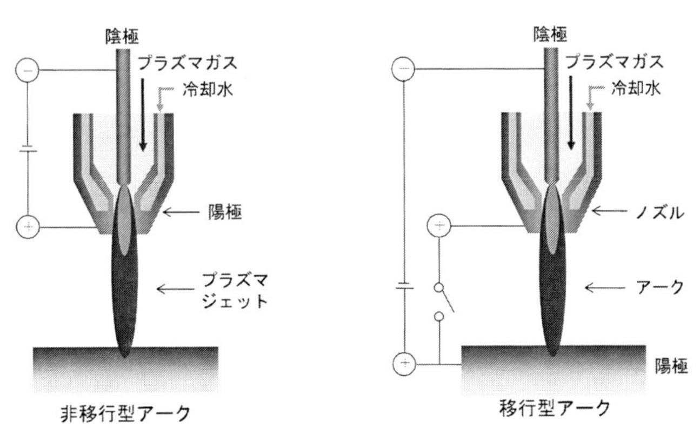

図1　非移行型アークと移行型アーク

るために，アーク電流によるジュール加熱と自己誘導磁場による収縮作用が働く。プラズマアークでは熱効率が70%以上と高いので，プラズマ切断や溶接などに広く利用されている。陽極を金属原料としてアークを発生させて，その金属を蒸発させることによるナノ粒子合成方法はアークの特性を活用した好例であり，産業的にも成功している。

4.2.2 高周波プラズマ

高周波（RF）熱プラズマは無電極放電の一種であり，電極物質が不純物としてプラズマ中に混入しないことが特徴である。RF 熱プラズマは，石英管などの絶縁材でできた水冷トーチの一端にガス導入部を設け，トーチ外部の誘導コイルによりトーチ内のガスをプラズマ状態にするものであり，誘導結合型放電によって熱プラズマを発生する（図２）。

RF 熱プラズマの特色は，大きな直径（５～10 cm 程度）のプラズマであること，ガス流速が DC アークに比べて１桁程度低いことである。そのためにプラズマ内における処理物質の滞留時間を長くすることができる。前述のプラズマジェット内の物質の滞留時間は１ms 程度であるが，RF 熱プラズマの滞留時間は 10 ms 程度なので，プラズマ中の加熱や分解反応の進行を充分行うことができる。さらに各種の反応性ガスを使用して，酸化雰囲気や還元雰囲気を自由に選択することができる。

なお，RF 熱プラズマに供給した原料によって，プラズマが局所的に不安定になってしまう場合がある。RF 熱プラズマの安定性の問題から，原料の供給量が制限されてしまうことがこの方法の本質的な欠点となっている。工業的に用いられている数十 kW 級の RF 熱プラズマで固体原料を蒸発させる場合には，10 g min^{-1} 程度の原料供給でプラズマが不安定になり，この場合はプラズマのエネルギーの 5%程度を利用しているにすぎない。これが RF 熱プラズマの産業応用を妨げている大きな理由である。

4.2.3 多相交流アーク

６相や 12 相などの多相交流放電を用いると，複数のトーチ間に容易に大型のアークを発生させることができる。３相アーク放電は産業的に広く用いられているが，多相交流アークは，放電

図２　高周波誘導結合型プラズマ

図３　多相交流アーク

空間にプラズマが連続的に発生しているので放電状態が常に持続されており，安定した連続放電を得ることができる。多相交流アークは６本または12本の各々の電極に位相の異なる交流電圧を印加することにより，電源周波数によって回転するプラズマを電極間に発生させる新しい熱プラズマ発生方法である。12相の多相交流アークでは位相が30度ずつ異なる交流電圧を12本の電極間に印加することで，図３に示すような大口径のアークを安定に発生させることができる。

多相交流アークは入力電力から熱プラズマへのエネルギー変換効率が高いこと，プラズマ流速が遅いことから処理物質への加熱を十分に行えること，出力の大きいシステムの実現が可能であることなどの利点を有しているため，様々なプロセスで用いることが期待されている。

4.3　溶射

熱プラズマを用いる溶射には，プラズマ溶射とアーク溶射がある。プラズマ溶射は，大気圧あるいは減圧状態の熱プラズマ中に粉体などを注入して，それを溶融粒子として基板上に堆積させて被膜を作製する方法である。プラズマ溶射は経済的に優れ，かつ高速堆積プロセスであり，従来から広く用いられている。しかしCVD法などの成膜プロセスと比較すると膜質が劣ることから，耐熱性や耐食性の強化を目的とした構造用材料への適用が主である。

アーク溶射は連続的に送給される２本のワイヤを電極とし，その先端間に直流アークを発生させ，電極を溶融させる溶射方法である。溶融した電極を圧縮ガスにより吹き飛ばし，溶融粒子を生成し，それを基板に付着および積層することにより溶射被膜を形成する。ワイヤアーク溶射の長所は，電極そのものが溶融するので大量溶射が可能であり，かつエネルギー効率が非常に良いことである。さらにノズルなどにおいて水冷を必要とせず，電気と圧縮空気のみしか必要としないので，運転経費が安いことも大きな長所である。ワイヤアーク溶射によって作製した被膜は，プラズマ溶射と比べて空隙率が高く，また酸化物の割合が高いという欠点がある。電極から発生するヒュームの量が多いことも欠点の一つである。大量のヒュームの発生は材料の損失および作業環境の悪化を引き起こすので，ヒュームの発生機構を調べ，その発生量を低減させることが重要である。

4.4　熱プラズマによるインフライト溶融

インフライト溶融の代表例として，造粒したガラス原料を熱プラズマ中で瞬時に溶解するインフライトガラス溶融がある。現在の複雑な原料溶解過程を1本の熱プラズマで置き換えることが可能となる。溶解時間は原料粒子がプラズマ中に滞留する時間（1s以内）となり，これにより従来の溶解槽体積の大幅な削減が可能となる。この技術は大半のガラス製造プロセスに適用することが可能となり，溶融炉の大幅な小型化と消費エネルギーの大幅な削減が期待できる[1)]。

4.5　熱プラズマによるナノ粒子合成

熱プラズマによるナノ粒子合成は，一つのステップで原料供給からナノ粒子合成までを実現する効率的なナノ粒子量産システムであり，産業的に期待されているプロセッシングである。しかし，要求される粒径や物性を持つナノ粒子を正確かつ大量に生産するには至っていない。プラズマ中でのナノ粒子の合成過程は核生成や凝縮，ナノ粒子間の凝集がmsオーダーで同時に起こり，その制御が難しく困難であることが理由である。しかし熱プラズマでしか合成できない機能性ナノ粒子の合成が可能であることから，実用化へ向けての研究が盛んに行われている。熱プラズマによるナノ粒子は，金属，合金，金属間化合物，酸化物，窒化物，炭化物，ホウ化物，ケイ化物の合成が可能であり，数多くの研究が報告されている。

熱プラズマを用いるナノ粒子合成の方法として最も効率が良く簡便な方法はDCアークを用いた金属や合金のナノ粒子の合成であり，特に1980年代に開発された活性プラズマ－溶融金属反応法[2)]が有名である。水素を用いるナノ粒子合成方法においては，高温のアーク中で解離した水素が溶融金属表面上の境界層内では水素分子に再結合することなく，ラジカルのまま溶融金属に達する。溶融金属の温度域ではラジカルは分子に再結合する方が安定なので，溶融金属に到達した水素ラジカルは直ちに再結合して水素分子になる。この再結合による発熱によって溶融金属が局所的に加熱されることが，ナノ粒子の生成の促進に役立っていると考えられている。高温のアーク中で解離した水素は溶融金属において再結合するだけではなく，金属との水素化物を生成し，これが蒸発現象に大きな影響を与えている。また，水素アークによって溶融金属の蒸発が促進されるのは，水素溶解によって溶融金属の活量が変化することが原因となっている可能性もある。

RF熱プラズマは合金や金属間化合物ナノ粒子の合成に適した方法であり，そのプロセスはDCアークとは大きく異なる。DCアークが主に蒸発過程によってナノ粒子の組成が決定されることに対して，RF熱プラズマの場合には冷却過程においてナノ粒子の組成が決定される。

4.5.1　金属間化合物ナノ粒子の合成と応用

熱プラズマ中に2種類以上の金属粉体を供給すると，蒸発過程を経て，続いてその高温金属蒸気が急冷される。この方法で合金ナノ粒子や金属間化合物ナノ粒子を合成できる。ナノ粒子の組成は原料の高温金属蒸気の核生成温度に依存するが，遷移金属が安定な核を生成するには数十～百程度の過飽和度が必要となるので，この場合の核生成温度は融点近傍まで低下することが多い。金属間化合物の場合には，複数の金属蒸気の凝縮過程という複雑な生成過程を経る。

金属間化合物に加えて，ケイ化物やホウ化物は導電体ナノ粒子としての応用が期待できる。ナノ粒子はその自由電子のプラズマ振動数よりも振動数の低い電磁波を反射するので，赤外線遮蔽膜として用いることができる。この場合にはナノ粒子が密な構造をとる必要がないので，光や電磁波との相互作用を有するナノ粒子合成の展開が期待できる[3)]。可視光の波長よりも小さいナノ粒子による散乱はレーリー散乱が主となるので，粒径が可視光波長の1/4以下の場合には高い透明性を得る特性を利用している。

4.5.2　セラミックスナノ粒子の合成と応用

磁性ナノ粒子は電子機器の部品や，DDS（Drug Delivery System）製剤などに利用されている。NiとFeの混合粉末を原料として，酸化雰囲気のRF熱プラズマによりNiフェライトナノ粒子が合成されている[4)]。同様な方法でMnフェライトやMn-Znフェライトも合成されている[5)]。

光触媒は抗菌，脱臭，大気浄化など様々な分野で応用されている。熱プラズマを用いたTiO_2ナノ粒子の合成は多数の報告例があり，特にアナターゼ相とルチル相の制御が重要となっている。また，光触媒の性能には吸収する光の波長域が重要であることから，様々な金属イオンをドープすることで吸収する光の波長域を高波長側にシフトし，紫外線だけでなく可視光を利用するための研究が行われている[6)]。

誘電体材料は積層セラミックコンデンサなどに使用されている。誘電体粉末をナノサイズにすることによって，誘電率を向上することができることから，熱プラズマによるチタン酸バリウムなどの誘電体ナノ粒子が合成されている[7)]。

リチウム系複合酸化物はLiとその他の金属で構成される複合酸化物で，Liイオン二次電池の電極材料などにおいて，ナノサイズ化して高い反応性や活性を付加させることによる特性の向上が期待されている。特にリチウム系複合酸化物ナノ粒子は，Liイオン二次電池の正極材料および負極材料として利用されており，Liイオンがこれらの材料に挿入･脱離することで，充電と放電を行う。電極材料として求められる性能として，高エネルギー密度，良好なサイクル特性，安全性に加えて低コストなどが挙げられる。負極材の$Li_4Ti_5O_{12}$ナノ粒子[8)]，正極材の$LiMn_2O_4$[9)]，$LiCrO_4$，$LiNiO_4$ナノ粒子[10)]などの合成が報告されている。

4.6　熱プラズマによる廃棄物処理

熱プラズマは環境問題を解決するための先端基盤技術として期待されている。熱プラズマを用いた廃棄物処理システムの代表例としては，多くの自治体に設置されている灰溶融施設がある。灰溶融施設とは，都市ごみ焼却炉から排出される焼却灰や焼却飛灰に含まれる重金属類を不溶化し，ダイオキシン類を分解して無害化するための施設である。灰溶融では，熱プラズマが有する１万℃以上の高温という特徴を活用しており，この高温を利用するという観点から熱プラズマを用いた廃棄物処理技術が広く展開されている。医療廃棄物の処理，低レベル放射性廃棄物の減容化は，熱プラズマを用いた廃棄物処理システムとして工業的に成功した例である。

水蒸気RF熱プラズマによるフロン分解プラント（北九州市のエコタウン）も工業的な成功例である。2000年4月から実証試験が開始され，各種回収フロンの分解性能評価を行い，2004年に商用プラントとして成立した。このプラントの特徴はフロン回収事業所においてフロン分解までのすべてを行うことであり，フロンを移動する際のフロン拡散の危険性の低減や，輸送によるCO_2排出量をなくすことができる。熱プラズマによるフロン分解では，高温での分解プロセスそのものよりも，分解後の低温領域での副生成物の抑制が重要である。

熱プラズマによるPCBの無害化処理として，廃PCBなどを対象としたPLASCON法，およびPCB汚染物を対象としたPEM法とプラズマ溶融炉法が技術認定を受けている。非移行式アークによる大規模なPCB分解として，CSIRO（オーストラリア）が開発したPLASCONプロセスによって三菱化学四日市事業所で保有していた968トンのPCB（濃度約50%）分解の例がある。PCBを熱プラズマによって分解することの利点は，プラズマ溶融炉法のようにドラム缶に封入された多様なPCB汚染物を短時間に一括処理できることにもある。PCBを含む有機物は熱プラズマによって分解されたあと，CO_2，H_2O，HClとなり，無機物は溶融してスラグとなる。

4.7　熱プラズマプロセッシングの課題

熱プラズマの高温という特長を利用する産業応用としては，溶接や溶射があり，最近は廃棄物処理への応用も広がりつつある。熱プラズマを用いるナノ粒子製造でも工業生産技術として成功している例があるが，熱プラズマによって処理対象物を単に溶融あるいは蒸発するだけのプロセッシングがほとんどである。今後は熱プラズマの高温効果に加えて，非平衡効果を活用することによって，工業生産技術につながる材料プロセッシングの新たな展開を拓くための研究が重要である。

文　　献

1） Y. Yao *et al.*, *Sci. Technol. Adv. Mater.*, **9**, 025013 (2008)
2） 宇田雅廣，日本金属学会報，**22**，412（1983）
3） T. Watanabe *et al.*, *Thin Solid Films*, **390**, 44 (2001)
4） S. Son *et al.*, *J. Appl. Phys.*, **91**, 7589 (2002)
5） S. Son *et al.*, *J. Appl. Phys.*, **93**, 7495 (2003)
6） C. Zhang *et al.*, *J. Alloys Compd.*, **606**, 37 (2014)
7） N. Kobayashi *et al.*, *Inter. J. Appl. Ceram. Technol.*, **8**, 1125 (2011)
8） F. Quesnel *et al.*, *Chem. Eng. J.*, **306**, 640 (2016)
9） M. Tanaka *et al.*, *Nanomaterials*, **6**, 60 (2016)
10） H. Sone *et al.*, *Jpn. J. Appl. Phys.*, **55**, 07LE04 (2016)

5　マイクロプラズマの発生方法と応用

清水一男*

5.1　マイクロプラズマとは

本稿ではマイクロプラズマの発生方法とその応用を概説するが，紙面の関係で筆者らの研究グループのトピックを主に紹介する。

さてマイクロプラズマとは何であるか，だが，厳密な定義もないため他稿で紹介されているプラズマと比較した場合，簡単にはプラズマの特性長といった物理的サイズが小さいもの，文字通りμm オーダーサイズのプラズマとして良いだろう。また動作圧力も低圧から大気圧近傍までをカバーすることでその応用先は多岐に渡る（図１）。本稿で紹介するマイクロプラズマ応用は筆者らの研究グループにおける応用であり，他にも数多くの応用分野・研究があるのは言うまでもない[1)]。

先に述べたようにマイクロプラズマは単に物理サイズが小さい，という概念であれば本書で取り扱う他のプラズマと物理サイズが異なる以外に大きく変わることはないのだが，実用上のメリットとして特に記載しておきたいのは，マイクロプラズマ生成における駆動電圧の低減化とそれに伴う電源装置のコンパクト化である。駆動電圧を低減化することで電源ノイズ低減や電源装置類の小型化や電源配線，装置類の絶縁が容易となる。さらに電源回路自体に安価なネオン管点灯用のインバータネオントランスや汎用性の高い半導体素子を利用することも可能となる。こうしたコストメリットは論文誌などでは大きく語られることはないが，実用上の産業応用技術としては重要な指標の一つとなるだろう。次項以降にマイクロプラズマの発生方法について述べていくが，あくまで筆者らの研究グループの研究結果の紹介であり，マイクロプラズマの応用研究の

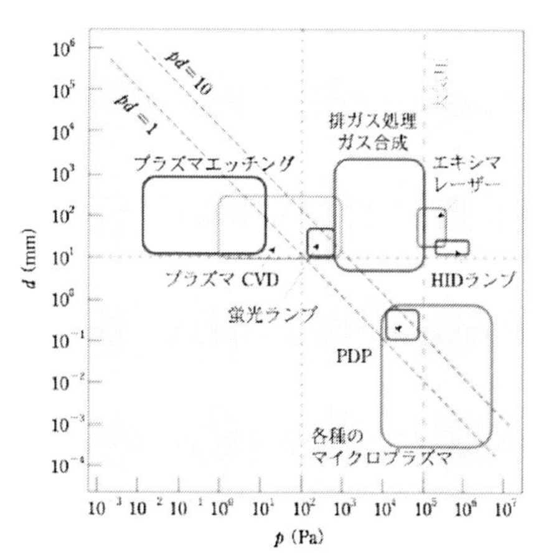

図１　特性長 d とガス圧 p の平面上での各種プラズマ応用技術の位置づけ[1)]

＊　Kazuo Shimizu　静岡大学　イノベーション社会連携推進機構　創造科学技術大学院
准教授

ごく一部に留まることは注意して頂きたい。さらにマイクロプラズマの基礎と応用について詳しく学びたい読者らは橘らの書籍が良い教科書になるので御一読頂きたい[2]。

5.2　マイクロプラズマの発生

筆者らの研究グループで行っているマイクロプラズマ応用研究の取り扱っている圧力領域は一部を除いてほとんどが大気圧下である。減圧下であっても，基本的な発生方法は変わらない。具体的には誘電体バリア放電によるものである。誘電体バリア放電については多くの研究事例や文献[2]があるため，本項では詳しく説明しないが，マイクロプラズマにおける特有な現象としてフィラメント径が細くなる現象を報告している[3,4]。図２に放電ギャップ長を 50～100 μm としたマイクロプラズマ電極系の模式図と実際に生成したマイクロプラズマとフィラメント径の観測例を示す。

また図２に示した放電ギャップ長をマイクロメータオーダーとした空間内に生成したマイクロプラズマ生成に対して，誘電体厚さをマイクロメータオーダーとして，誘電体沿面にマイクロプ

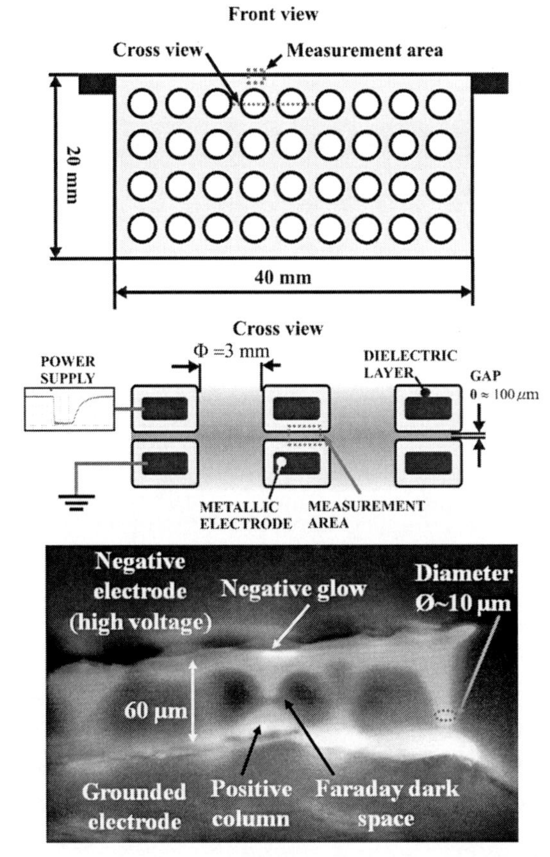

図２　マイクロプラズマ電極模式図（上・中）と生成例（下）
(10% N_2，バックグランドガス：Ar，Vd = 1.2 kV)[4]

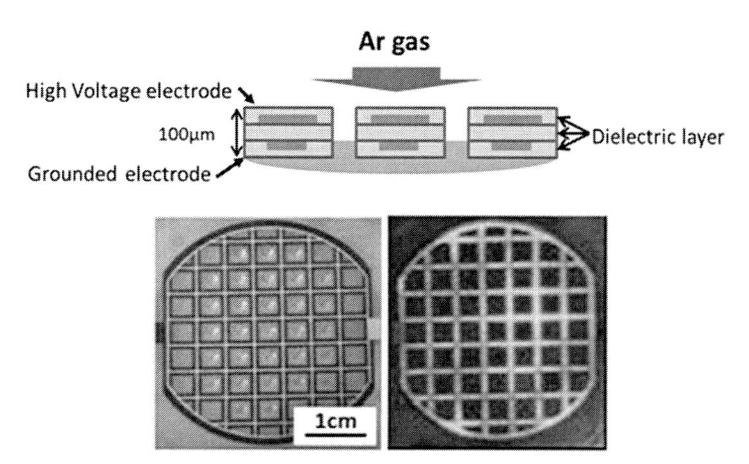

図３　沿面放電型マイクロプラズマ電極の模式図（上）とマイクロプラズマ電極写真（左下）
および放電時写真（右下）（バックグランドガス：Ar，Vd＝880 V）

ラズマ生成した例を図３に示す。誘電体厚みは10～100 μm としており，駆動電圧は数百Ｖ程度であり，先に述べたような安価な汎用電源での駆動が可能である。

5.3　マイクロプラズマ駆動回路について

誘電体バリア放電を維持するためには，誘電体表面に蓄積された電荷をキャンセルするために交流電圧を印加する必要がある。比較的低電圧の交流電圧生成には前項で述べたネオン管点灯用の安価な汎用電源を流用することが実際上には便利であるが，医療分野に適用する場合には被照射物へのダメージレスプロセスが重要であり，マイクロプラズマ生成時の空間的エネルギを精密に制御することも必要である。その場合，印加電圧の波高値，周波数，さらにはパルス化やそのデューティー比などを制御することが望ましい。前項で述べたような半導体素子を用いるのが比較的，安価かつ簡易な手法として現実的である。紙面の関係で残念ながらマイクロプラズマ生成するための数百Ｖ～１kV 程度の交流高電圧の制御回路の紹介はできないが，これらの制御回路によってマイクロプラズマを必要な場所に必要なタイミングで精密に駆動制御することが可能となるのである。

5.4　マイクロプラズマの応用例

本項以降では先に示したマイクロプラズマ応用について筆者らの研究グループによって得られた結果の一部を紹介する。筆者らの研究グループでは低電圧駆動とすることで，実用上において，数 kV 以上の駆動電圧を必要とする高電圧駆動のプラズマより低レベルの電源ノイズ，電源の低価格化，コンパクト化といった特徴を最大限に生かした応用研究を行ってきている。それらは主に次の４分野である。

①　室内空気浄化（殺菌，臭い処理など）[5,6]

② 表面改質（GaN，色素増感型太陽電池など）[7~9]

③ 能動的流体・微粒子制御[10~14]

④ プラズマドラッグデリバリー[15~20]

本項以降のマイクロプラズマの応用事例の紹介は筆者らの研究グループの一部に留まる。特に「④プラズマドラッグデリバリー」については紙面の関係で，割愛せざるを得なかった。本研究および，その他の応用研究については他稿にゆずるとともに，さらに詳しく知りたい読者は参考文献5～20）をぜひ参照されたい。

5.5 マイクロプラズマによる室内空気浄化

室内空気は人々が最も多くの時間を過ごす多種多様な室内空間に依存する。室内空気質に関して全国的な関心が高まってきた要因として人々は実に一日の70～80％の時間を室内で過ごしており，室内の環境に晒される時間が長いのが，大きな要因でもある。こうした背景を元に様々な家電メーカからは高性能フィルタに加えて微弱なコロナ放電によるイオン生成デバイスが空気清浄機として販売されてきており，国内は元より海外でも年々，その需要が高まってきている。

筆者らの研究グループが研究開発を進めているマイクロプラズマでも様々な活性種の効果により，室内空気を模擬した殺菌効果の検証や臭いの元となる化学物質分解を試みているが，紙面の関係で筆者グループの論文を参考を紹介するに留めたい[6,21~26]。

5.6 マイクロプラズマによる表面改質

前項で述べた表面付着菌処理と本項で述べる表面改質およびプラズマドラッグデリバリーはマイクロプラズマ電極で生成された活性種を被処理物（それぞれ大腸菌を塗布した培地，成長前GaN基板，および皮膚）に作用させ，所望のプラズマ処理（それぞれ殺菌，酸化膜除去，薬剤類吸収促進）を得る点では本質的に同等とも言える。被処理物の特性は無機材料から究極の有機材料とも言える皮膚まで幅広いが，それらを研究対象とした表面改質処理に共通な点は，低電圧処理のため被処理物へのダメージを抑制しながら所望の表面処理がなされる点にある。本項では，このマイクロプラズマの特徴を生かした表面改質処理の一例としてサファイア基板上にGaNを再成長するための前処理を紹介する。

GaNは青色LED，青紫色レーザばかりでなくパワー半導体素子への応用が期待される優れた半導体である。しかしながら，GaNは通常サファイア基板上に成長され，サファイア基板とのミスマッチによる転移や酸化膜などが再成長時の原因となり，結晶の大面積化が困難であった。本項ではマイクロプラズマ照射によるGaN界面処理により，GaNを再成長する際の再現性や膜質の改善について報告する。

なお，電極とGaNサンプルは窒素で充満させたボックス内に封入されており，窒素雰囲気中での表面改質を行った。キャリアガスの流量は5 L/min，電極とGaN表面の間隔は1 mmとした。マイクロプラズマの駆動条件は放電電圧750 V，放電電流約150 mA，周波数27 kHzである。

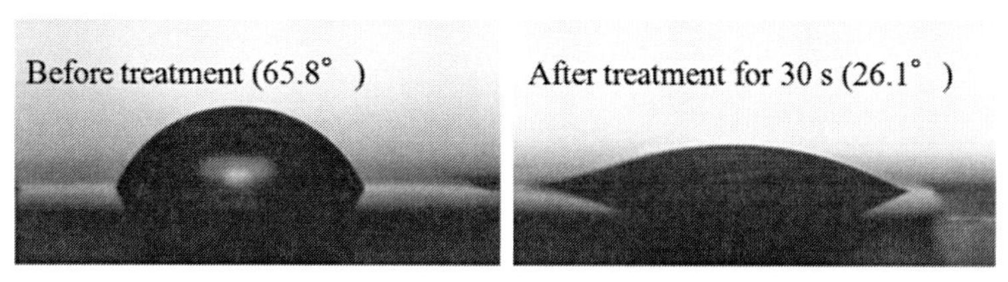

図4　マイクロプラズマ処理前後での接触角画像

図4にマイクロプラズマ処理前後での接触角の画像を示す。マイクロプラズマ処理前のGaN表面の接触角は65.8°であり，処理後では26.1°まで接触角の低下が確認された。これはGaN界面に酸化膜が形成されており，マイクロプラズマで生成されたイオン衝突によるエッチング効果で酸化膜除去がなされた結果である。

マイクロプラズマ照射によるGaN表面の化学結合変化をXPS（島津製作所，ESCA-3400）で評価した結果を図5に示す。

図5よりマイクロプラズマ照射によるN-Ga結合ピークの減少が認められた。これは窒素雰囲気中での実験条件であったため，主にマイクロプラズマにより発生した比較的長寿命である窒素準安定原子がGaN表面の改質に関与しているものと考えられるが，GaN表面のN-Ga結合が切断されたことで，窒素離脱が促進し，GaN表面が窒素欠乏状態になっている可能性がある。窒素欠乏状態のGaNサンプルは再成長の余地があり，さらなる特性改善を行える可能性があるものと考えられる。

次にサファイア基板上でのGaNの再成長時へのマイクロプラズマ表面処理結果を紹介する。

MOCVDで4μm厚に成長したc面GaNテンプレート基板を利用し，その上に[1120]方向のチャネル幅5μm，マスク幅5μmのストライプ状SiO_2マスクを作製した。準備室でその場減圧窒素マイクロプラズマ処理をおこない，引き続き成長室に基板を導入し，基板温度820℃，TMG流量1.5×10^{-6} torr，[NH_3]/[TMG]（V/Ⅲ比）15の条件でGaNのMOMBEによる選択成長をおこなった。

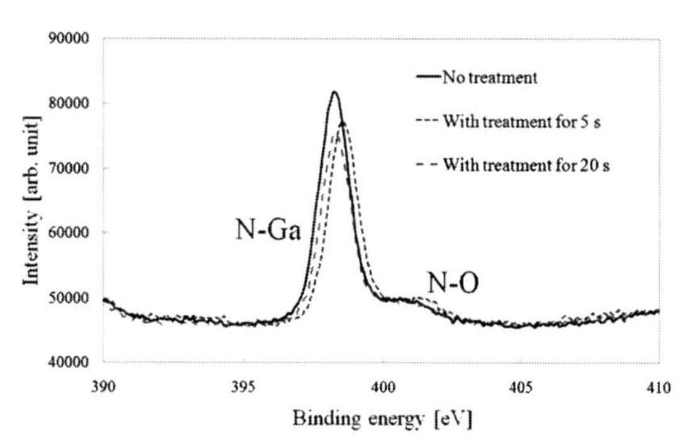

図5　XPSによるGaN表面のN 1sピーク

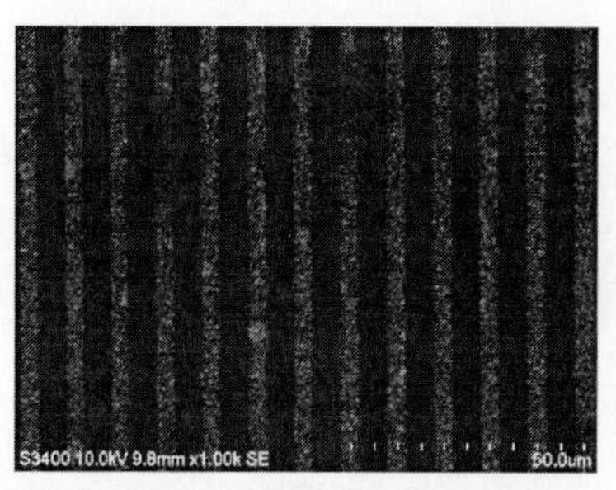

図6　減圧マイクロプラズマ処理なしの場合の MOMBE による GaN 選択成長後の表面 SEM 像

図7　減圧マイクロプラズマ処理ありの場合の MOMBE による GaN 選択成長後の表面 SEM 像

図6および7にマイクロプラズマ処理なし，ありの場合の MOMBE による GaN 選択成長後の表面 SEM 像を示す。図の比較より，成長の均一性がマイクロプラズマ処理による大幅な改善が認められた。すなわち，図6の処理なしの場合のマイクロチャネル上には，まばらな島状成長が生じた，一方，図7のその場減圧窒素マイクロプラズマ処理をおこなった際の成長層は，全チャネルを均一に GaN 層が覆って成長した。さらに，減圧マイクロプラズマ処理の効果を SIMS を用いて検討したところ，処理圧力を 5×10^2 Pa まで低下させた場合，基板界面への残留酸素濃度が 3.2×10^{13} atm/cm^2 と大幅に低減できることが明らかとなった。このことから減圧マイクロプラズマ処理は酸化膜除去の効果を持ち，これが成長歩留まりの大幅な改善につながる可能性が得られた。

5.7　マイクロプラズマによる能動的流体制御

マイクロプラズマ応用として室内空気質制御の可能性を前項で紹介したが，本項以降では生成されるイオンや静電気力による流体と微粒子制御について紹介する。

マイクロプラズマに限らず，一般に大気圧下で生成されたプラズマではイオンなどの荷電粒子が豊富に存在する。静電界中においてはそれら荷電粒子がクーロン力により加速され，中性粒子との衝突により，運動量を伝達することでマクロな気体流れを生じる。すなわちイオン風，コロナ風という現象が起こるのである。これらをより能動的に制御することで，推力や乱流制御の研究がプラズマアクチュエータとして流体力学の一研究分野として行われてきている。

誘電体層を持つバリア放電によるプラズマアクチュエータの研究は 90 年代に Roth ら[27]により提案され，従来の機械式アクチュエータと比較して，①電極と誘電体からなる単純な構造であること，②二次流れの要因となる機械的駆動部を有さないこと，③時定数の短い電気的制御が可能であるなどの特長を有している[28,29]。それゆえ，多くの研究グループにより気体の剥離制御，ノイズ低減などが行われている。また，数値解析的手法も，電界分布の時間平均を仮定する Shyy モデル[30]，電荷分布を仮定して電界を計算する Suzen モデル[31]などの簡易モデルや，イオンの輸送方程式を解く Drift-Diffusion Eqs.[32]，プラズマを粒子として計算する PIC 法[33]など精力

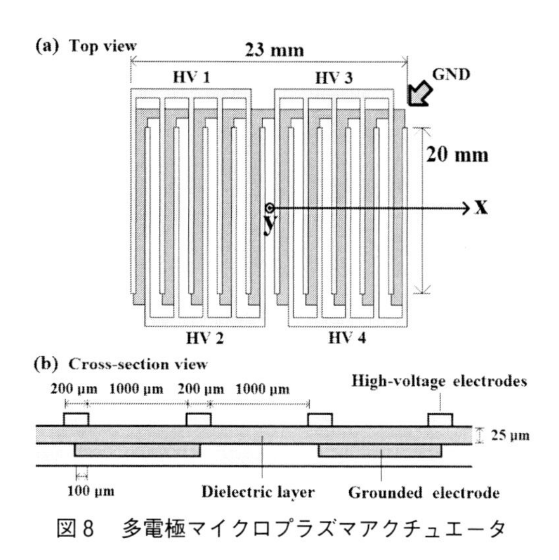

図8　多電極マイクロプラズマアクチュエータ

的に進められている。筆者らの研究グループでは実験および流体シミュレーションによる流れ制御の解析も行ってきている[11,12,34]，それらについては紙面の関係で別の機会に紹介したい。

これらのプラズマアクチュエータの研究は従来，流体力学分野の研究者らによって進められてきたため，推力や早い流速を得る点に主眼が置かれており，結果として5～10 kV 以上の高電圧により駆動される mm スケールのプラズマアクチュエータ[35]がほとんどであった。そのため，低電圧，μm スケールのアクチュエータ構造[36]による気体流れの現象は十分に検証されていない。本項ではプラズマ電極を独立駆動でき，誘起される流れの方向を入力信号により能動的な制御が可能なマイクロプラズマにより，1.5 kV 以下の低電圧で駆動できるマイクロプラズマアクチュエータの特性評価を行った結果を報告する。

流体の能動的制御に用いた多電極マイクロプラズマアクチュエータの構造を図8に示す。25 μm の誘電体フィルムの両面に電極を配置した。下側電極は接地されており，また，下側で放電が生じないよう絶縁処理が施されている。上側の電極は，HV1～HV4 の4つの独立した電極から構成されている。また，水平方向に x 座標を，垂直方向に y 座標を設定した。

各チャネルを独立駆動させるためディスクリート半導体製品を用いた FET スイッチを構築した。この際 FET スイッチを駆動するためのマイクロコントローラは，フォトカプラにより，高電圧回路から絶縁している。正弦波高電圧とマイコン信号の位相は同期させた。制御回路によりマイクロプラズマアクチュエータを駆動させたときの空気の発光写真を図9(a)～(d)に示す。図のように，それぞれの HV 電極1～4を選択的に駆動することで，プラズマ領域を制御することができる。

マイクロプラズマアクチュエータにより発生した空気流れを可視化，測定するための実験装置図を図10に示す。マイクロプラズマアクチュエータを z ステージ上に設置し，周りにトレーサ粒子を分布させた。トレーサ粒子は線香の煙（サブミクロン粒子）を用いた。波長 532 nm の

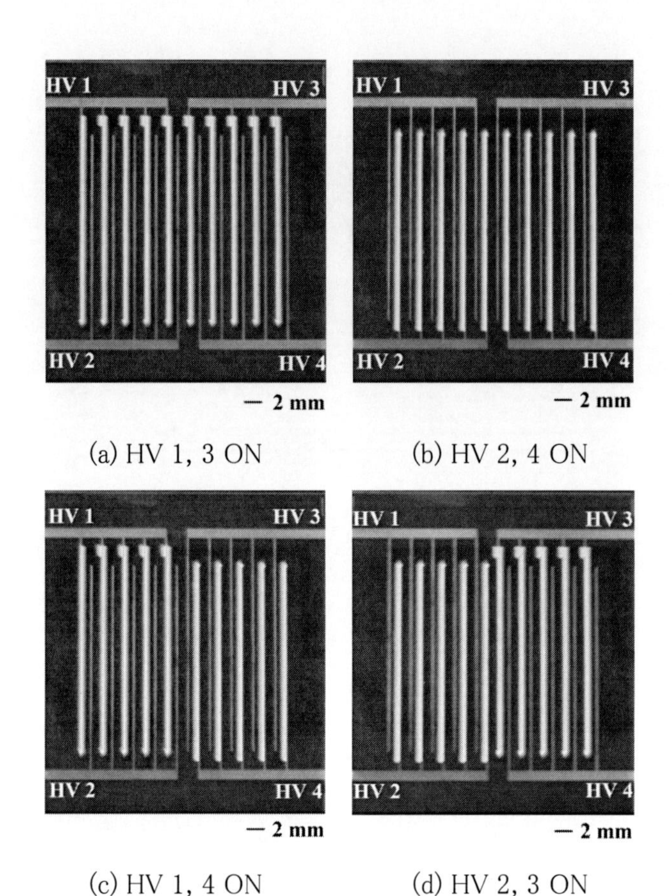

図9　各電極 ON 時のマイクロプラズマアクチュエータの発光の様子（空気中，Vd = 1.3 kV）

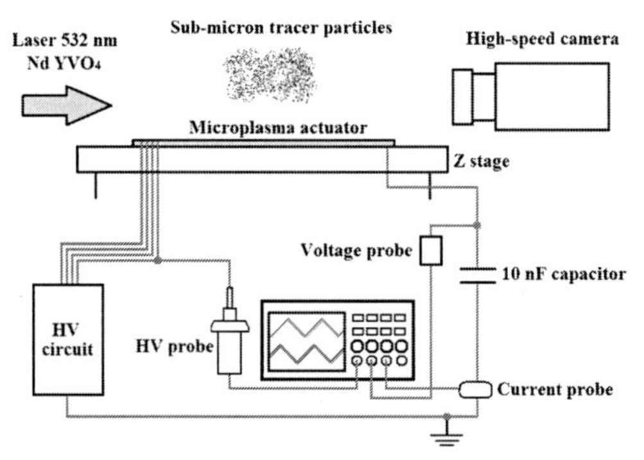

図10　マイクロプラズマアクチュエータによる流れの可視計測実験装置例

Nd YVO_4 レーザを粒子に照射し，散乱光をハイスピードカメラ（Redlake，Motion Scope M3）で撮影することで，気体流れの可視化を行った。

マイクロプラズマアクチュエータに正弦波高電圧（電圧 1.3 kV，周波数 15 kHz）を印加した際に，誘起される気体流れの可視化を行った結果を以下に示す。HV1 と HV3 を駆動した場合

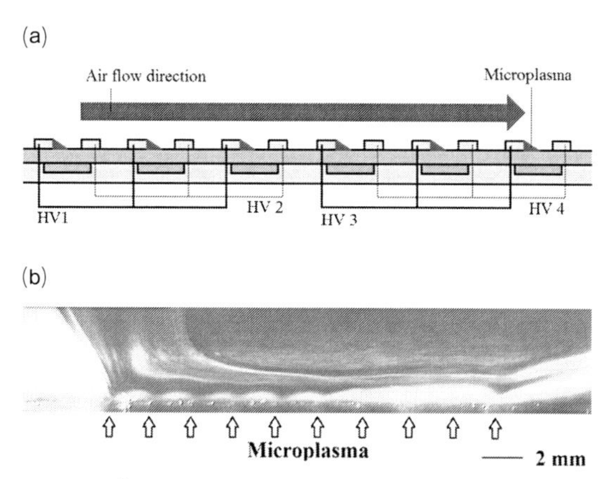

図11　多電極マイクロプラズマアクチュエータによる右向き流れの(a)生成，(b)可視化

(図9(a))，図11(a)に図示するように，右向き流れが得られる。また，右向き流れを可視化した結果を図11(b)に示す。左端のプラズマ領域に向かって広範囲から空気の吸い込みが生じ，右端のプラズマ領域から壁面近傍の狭い範囲への吹き出しが起こっている。また，その間にある個々のプラズマ領域でも空気の吸い込み，吹き出しが観測された。図には示さないが，HV2，HV4を同時駆動した場合には左向き流れが，HV1，HV4を同時駆動した場合には上向き流れが，HV2，HV3を同時駆動した場合には下向き流れが観測されることも御理解頂けると思う[10)]。

多電極マイクロプラズマアクチュエータにより，気体流れの能動的制御を行った例を紹介したが，流れには，慣性力や粘性力が存在するため，瞬時の応答性を持つ電気信号とは異なり，流体の追従に60～80 ms程度の時間を要することも明らかになっている。マイクロプラズマアクチュエータによる詳細な速度ベクトル分布やそれらのシミュレーションによる解析について，興味をお持ちの読者は筆者グループの論文を参照されたい[10～12,34)]。

5.8　マイクロプラズマによる能動的微粒子制御

前項で紹介したマイクロプラズマアクチュエータ型電極であるが，静電気力により微粒子を制御することも可能である。微粒子制御の良く知られた産業応用例として大気環境や室内空気を浄化する手段としての電気集じん機や空気清浄機がある。それらとは反対に静電気力により電極表面に堆積した微粒子を除去することも可能である。

本項ではマイクロプラズマ電極を用いた電極表面上の微粒子除去について紹介する。電極構造は基本的に前項のマイクロプラズマアクチュエータと同じ構造を持っているので，ここでは割愛させて頂き[13,14)]，結果のみの紹介に留めたい。

対象微粒子として粒径38～53 μm（ガラスビーズA），63～75 μm（ガラスビーズB），90～106 μm（ガラスビーズC）の3種類のガラスビーズ（不二製作所，ソーダ石灰ガラス）を用いた。図12にそれぞれの微粒子を光学顕微鏡（Leica，model DM IL LED）を用いて撮影した写真を示す。ガラスビーズは球形であり，ガラスビーズ60 mgをマイクロプラズマ電極表面上

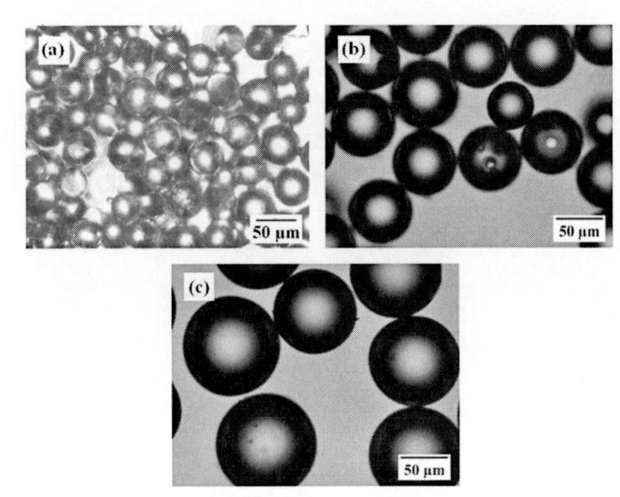

図12　ガラスビーズの顕微鏡写真：粒径(a) 38～53 μm，(b) 63～75 μm，および(c) 90～106 μm

に撒き，電圧を印加した際の微粒子の振る舞いの観測を行った。印加した正弦波高電圧の電圧値は 1 kV に固定し，周波数を 10 Hz～10 kHz の間で変化させ，各周波数における振る舞いを観測した。

マイクロプラズマ電極に正弦波高電圧を印加することで電極表面上のガラスビーズの除去を行った。電極表面上にガラスビーズ A，B，C の 3 種類を撒き，電圧値を 1 kV に固定し，周波数を 10 Hz から 10 kHz まで変化させ，振る舞いの様子を観察した結果を図 13 に示す。

印加した正弦波高電圧の電圧値は 1 kV に固定し，周波数を 10 Hz～10 kHz の間で変化させ，各周波数における振る舞いを観測したところ，高周波数になるにつれてガラスビーズの除去が低下しているのが認められた。これはガラスビーズの運動が高周波数における高速な電圧の極性変換に追随できないためと考えられる[37]。

またガラスビーズの粒径が大きくなるにつれ，除去が低下し始める周波数の値が小さくなる傾向も認められた。定性的ではあるが，微粒子の帯電量はその微粒子の表面積（半径の 2 乗）で決まる一方，微粒子 1 粒あたりの重力は微粒子の半径の 3 乗に比例して大きくなるため，粒径が大きくなるにつれて，帯電により発生するクーロン力を重力が上回ることによって差が生じたものと考えられる。

本項で紹介した誘電体微粒子ばかりでなく，銅，タングステンといった金属導体微粒子についても同様の現象が認められた。XPS による分析より，それらの金属微粒子表面にわずかに酸化膜の形成が認められた。酸化膜は一部の導電性酸化物以外は，その電子配置が安定であり，電子が自由に移動できない。そのため酸化膜が形成されたことで導体微粒子といえどもあたかも誘電体微粒子のように帯電し，結果として誘電体微粒子と似た振る舞いをしたと考えられる。

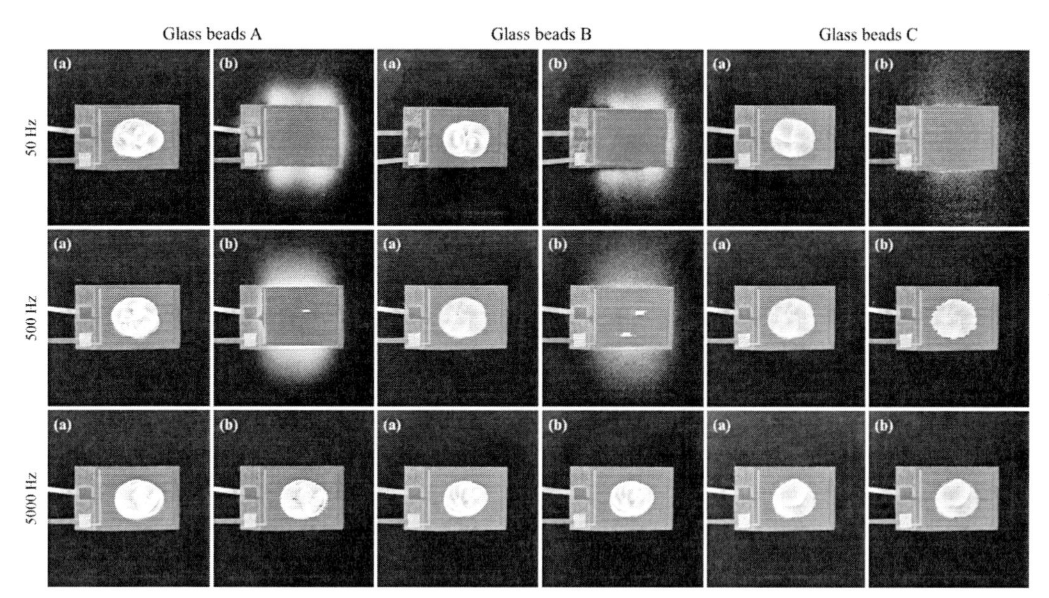

図13　電圧印加による微粒子除去の様子　(a)電圧印加前，(b)電圧印加後

5.9　まとめに代えて

マイクロプラズマの発生方法と応用について紙面の許す限りではあるが，筆者グループの研究結果を紹介させて頂いた。多種多様なプラズマ産業応用分野の中で，マイクロプラズマは文字通り，小さな一技術分野ではあるが，その応用先は本稿で紹介したように多様である。紙面の関係で詳細データおよび参考文献を多く示すことは叶わなかったので，興味をお持ちの読者はぜひ橘の著作１，２)や筆者グループの参考文献を読んで頂き，大気圧マイクロプラズマに興味をお持ち頂けるよう祈念して，本稿「マイクロプラズマの発生方法と応用」の最後の言葉としたい。

謝辞

本稿で紹介した研究内容は静岡大学の筆者グループ所属の大学院生・卒業生および他大学との共同研究による成果を含んでいる。研究費については文部科学省・科学研究費補助金による支援を受けたものである。この場を借りて御礼を申し述べておきたい。

文　　献

1)　橘邦英，応用物理，**75**(4)，pp. 399-411 (2006)
2)　橘邦英，石井彰三，寺嶋和夫，白藤立，マイクロプラズマ基礎と応用，オーム社 (2009)
3)　M. Blajan and K. Shimizu, *Appl. Phys. Lett.*, **101**, 104101 (2012)
4)　M. Blajan and K. Shimizu, *IEEE Transaction on Plasma Science*, **40**, pp. 1730-1732 (2012)

5) 清水一男，クリーンテクノロジー，**25**(2)，pp. 10-17 (2015)
6) 金森正樹，M. Blajan，清水一男，静電気学会誌，**33**(1)，pp. 32-37 (2009)
7) 清水一男，M. Blajan，野間悠太，成塚重弥，電気学会論文誌 A，**132**(3)，pp. 270-271 (2012)
8) K. Shimizu, Y. Noma, M. Blajan and S. Naritsuka, *Jpn. J. App. Phys.*, **51**(8), 08HB05 (2012)
9) Y. Suzuki, Y. Kusakabe, S. Uchiyama, T. Maruyama, S. Naritsuka and K. Shimizu, *Jpn. J. App. Phys.*, **55**(8), 081002 (2016)
10) 水野良典，M. Blajan，米田仁紀，清水一男，静電気学会誌 (*J. Inst. Electrostat. Jpn*)，**39**(1)，pp. 15-20 (2015)
11) K. Shimizu, Y. Mizuno, M. Blajan and H. Yoneda, *IEEE Trans. on Ind. Appl.*, **53**(2), pp. 1452-1458 (2017)
12) M. Blajan, Y. Mizuno, A. Ito and K. Shimizu, *IEEE Trans. on Ind. Appl.*, **53**(3), pp. 2409-2415 (2017) DOI 10.1109/TIA.2016.2645160
13) 清水一男，伊藤暁彦，マリウス ブラジャン，ヤロスラヴ クリストフ，米田仁紀，静電気学会誌，**41**(1)，pp. 22-26 (2017)
14) K. Shimizu, A. Ito, M. Blajan, J. Kristof and H. Yoneda, *Jpn. J. App. Phys.*, **56**(1S), 01AC03 (2017)
15) K. Shimizu, K. Hayashida and M. Blajan, *Biointerphases*, **10**(2), 029517 (2015)
16) K. Shimizu, A. N. Tran, K. Hayashida and M. Blajan, *J. Phys. D: Appl. Phys.*, **49**(31), 315201 (2016)
17) K. Shimizu, A. N. Tran and M. Blajan, *Jpn. J. App. Phys.*, **55**(7S2), 07LG01 (2016)
18) J. Kristof, H. Miyamoto, A. N. Tran, M. Blajan and K. Shimizu, *Biointerphases*, **12**, 02B402 (2017)
19) K. Shimizu, *Plasma Medicine*, **5**, Issues 2-4, pp. 205-221 (Apr., 2016)
20) K. Shimizu and J. Kristof, Advanced Technology for Delivering Therapeutics, Edited by S. Maiti and K. J. Sen, Chapter 6, pp. 111-136, Intech OpenAccess Publisher (May, 2017)
21) K. Shimizu, Advanced Air Pollution, edited by F. Nejadkoorki, Chapter 26, pp. 509-534, Intech OpenAccess Publisher (2011)
22) K. Shimizu, Y. Kurokawa and M. Blajan, IAS Annual Meeting, (IAS 2015), 2015-EPC-0512 (2015)
23) K. Shimizu, Y. Komuro, S. Tatematsu and M. Blajan, Pharm. Anal. Acta, **S1**(001) (2011)
24) 清水一男，クリーンテクノロジー，**24**(1), pp. 43-49 (2014)
25) 清水一男，空気清浄，**56**(6), pp. 9-14 (2014)
26) K. Shimizu, Current Air Quality Issues, edited by F. Nejadkoorki, Chapter21, pp. 471-488, Intech OpenAccess Publisher (Oct., 2015)
27) J. R. Roth and X. Din, 44th AIAA Aerospace Sciences Meeting and Exhibit, AIAA 2006-1203 (2006)
28) K. P. Singh and S. Roy, *J. Appl. Phys.*, **103**(1), 013305 (2008)
29) M. Neumann, C. Friedrich, J. Kriegseis, S. Grundmann and J. Czarske, *J. Phys. D: Appl. Phys.*, **46**(4), 042001 (2013)
30) W. Shyy, B. Jayaraman and A. Andersson, *J. Appl. Phys.*, **92**, 6434 (2002)
31) Y. B. Suzen, P. G. Huang, J. D. Jacob and D. E. Ashpis, 35th AIAA Fluid Dynamics

Conference and Exhibit, Fluid Dynamics and Co-located Conferences, AIAA 20015-4633 (2005)
32) T. Unfer and J. P. Boeuf, *J. Phys. D: Appl. Phys.*, **42**(19), 194017 (2009)
33) G. I. Font, S. Jung, C. L. Enloe and T. E. McLaughlin, 44th AIAA, Aerospace Sciences Meeting, AIAA 2006-167 (2006)
34) M. Blajan, A. Ito, Y. Mizuno, J. Kristof and K. Shimizu, the 10th Conference of the French Society of Electrostatics, (SFE2016), pp. 2-15 (2016)
35) E. Moreau, C. Louste, G. Touchard and J. Electrostat, *Journal of Electrostatics*, **66**(1-2), pp. 107-114 (2008)
36) J. C. Zito, R. J. Durscher, J. Soni, S. Roy and D. P. Arnold, *Appl. Phys. Lett.*, **100**(19), 193502 (2012)
37) H. Kawamoto and T. Shibata, *Journal of Electrostatics*, **73**, pp. 65-701 (2015)

6　パルスパワーを用いた非熱平衡プラズマ形成とその応用

浪平隆男*

6.1　はじめに

パルスパワーとは，電気エネルギーを時空間的に圧縮することで得られる，非常に高いピークを有する極短時間の電力である。このパルスパワーを繰り返し放電電極へ印加することで，非熱平衡プラズマが連続的に形成され，オゾン生成や排ガス処理，排水処理などの応用研究が展開されている。また，パルスパワーによる非熱平衡プラズマの形成の特徴としては，直流電力や交流電力によるプラズマ形成が，放電電極へ常に電力を供給しているのに対して，パルス電力によるプラズマ形成は，放電電極等へ間欠的に電力を供給しているため，熱損失が小さくなり，また，大電力であるため，大容積のプラズマが形成できる，などが挙げられる。

本稿では，パルスパワーによる放電様相からそれによる非熱平衡プラズマ形成及びそのプロセスについて，ここ20年ほどに蓄積された知見を紹介する。

6.2　典型的なパルス放電様相の経時変化

図1には，中心電極径1 mm及び外部電極径76 mm，長さ10 mmを有する同軸円筒電極へ，時間幅250 nsのパルス電圧を印加した際の，印加電圧及び放電電流を示す。なお，図1において，印加電圧の立ち上がり開始時間を0 nsとしている。図1より，250 nsのパルス電圧印加時間は，3つの領域に分けることができることができる。それは，①0～35 nsの電圧及び電流ともに増加している領域，②35～150 nsの電圧及び電流ともに一定となる領域，③150～250 nsの電圧が減少するとともに，電流が増加する領域，となる。

図2には，図1の印加電圧及び放電電流時の同軸円筒電極内における放電様相を，軸方向より，

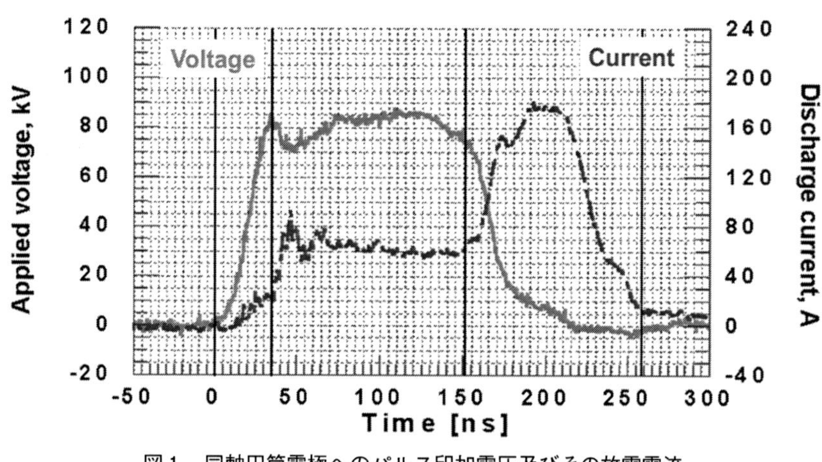

図1　同軸円筒電極へのパルス印加電圧及びその放電電流

* Takao Namihira　熊本大学　パルスパワー科学研究所　環境プロセス分野　准教授

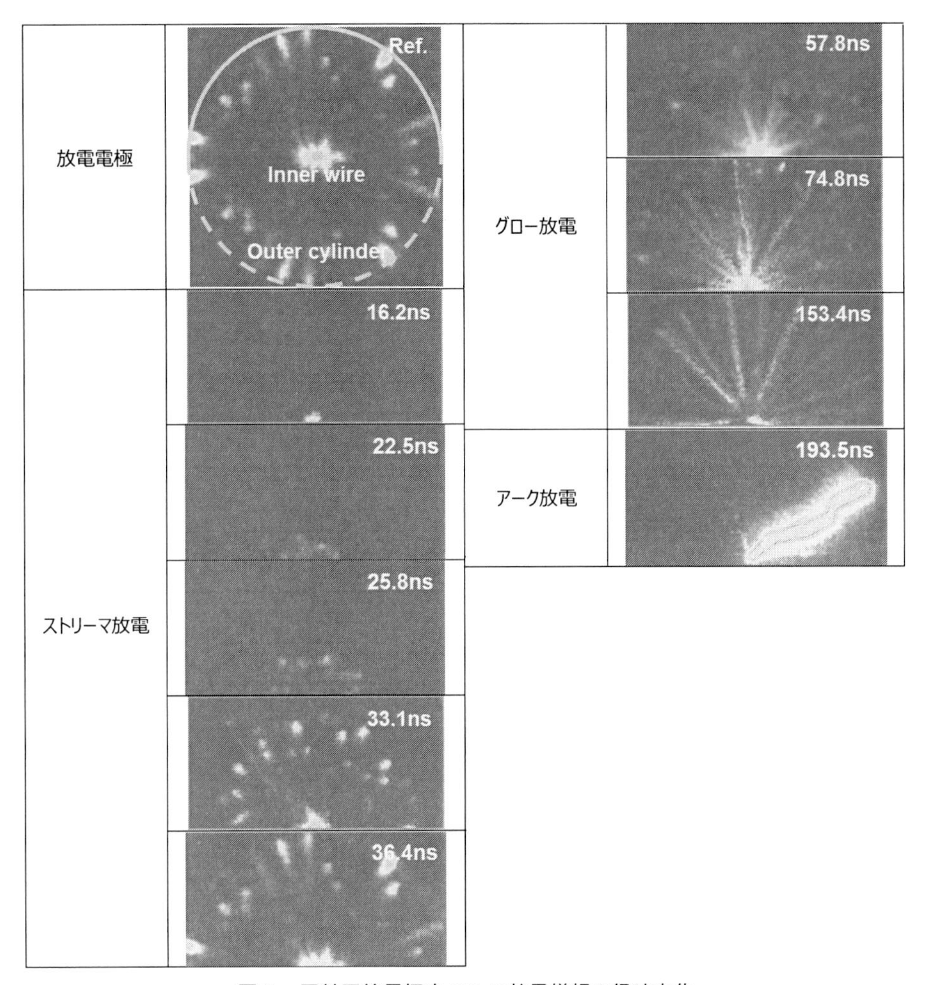

図2　同軸円筒電極内パルス放電様相の経時変化

高速ゲート付ICCDカメラにて撮影したフレーミング像を示す。なお，図2において，各フレーミング像の露光時間は，200 ps固定であり，各フレーミング像の右上に示される時間は，露光開始時間であり，これは，図1の時間と一致している。また，各フレーミング像は，異なる放電時のものではあるが，パルス放電の再現性は良好なため，連続フレーミング撮影像として扱うことが可能である。

図2において，Ref.像は，軸方向からの典型的な放電電極像を示しており，中心に直径1 mmの線電極が，その外周に直径76 mmの円筒電極が配置されていることが確認できる。なお，放電は電極内へ均一に発生しているため，各露光開始時間のフレーミング像は上方半分のみを示している。

図2より，印加パルス電圧の立ち上がりから16.2 ns程度経過後，中心電極近傍にて放電発光が確認され始める。これは，一般的に，ストリーマヘッドと呼称される先端に高い電界を形成す

る空間電荷群からの発光であり，以降，そのストリーマヘッドが後方へプラズマ柱を形成しながら，外部円筒電極へ向けて進展し，最終的に，印加パルス電圧の立ち上がりから36.4 ns程度経過後，外部円筒電極へ到達していることが確認できる。このストリーマヘッドの内部電極から外部電極へ到達するまでの放電様相は，「ストリーマ放電」と定義することができ，これはストリーマヘッドの形成するプラズマ柱が電極間を短絡することと同様である。なお，ストリーマヘッドは，中心電極近傍にて，円周上に複数形成されるため，ストリーマ放電も同軸円筒電極内にて，勿論，複数形成されることとなる。また，25.8 ns及び33.1 ns，36.4 nsの撮影像において，中心電極近傍へ，再度，放電発光が確認されるが，これは，ストリーマヘッドの進展初期，即ち，ストリーマヘッドと中心電極間隔が狭い（16.2 ns及び22.5 nsの撮影像）際に，ストリーマヘッドの有する高い電界により緩和されていた中心電極の電界が，ストリーマヘッドの進展とともに，その緩和が解消され，再度，高電界となり，ストリーマヘッドが再形成・進展したことに起因する（これは電極間距離が長い際に発生する特有の現象である。）。

このストリーマ放電以降，放電様相は，複数のストリーマヘッドの形成したプラズマ柱中を比較的大きな電流が流れる「グロー放電」へと遷移する（典型的な放電撮影像は，図2中の露光開始時間57.8，74.8，153.4 nsのものとなる。）。しかしながら，この複数のグロー放電は，長い時間安定して継続することは無く，各グロー放電のプラズマ不安定性等のために，徐々に，集約していくこととなり，最終的には，1本の非常に輝度の高い「アーク放電」へと集約されることとなる（典型的な放電撮影像は，図2中の露光開始時間193.5 nsのものとなる。）。

よって，図1と図2を関連付けると，図1にて定義した，時間領域①は「ストリーマ放電」形成時間，時間領域②は「グロー放電」形成時間，時間領域③は「アーク放電」形成時間と一致していることが確認できる。なお，各放電形成時間における単位長さ当たりの同軸円筒放電電極インピーダンスは，ストリーマ放電形成時に3.5 kΩ/cm，グロー放電形成時に1.2 kΩ/cm，アーク放電形成時に約50 nsで1.2 kΩ/cmから0.0 kΩ/cmへと減少する。

パルス放電による非熱平衡プラズマプロセスの形成には，ストリーマ放電からグロー放電，アーク放電へと遷移するパルス放電様相において，熱平衡プラズマであるアーク放電への遷移を抑止する必要があり，その実現方法は放電電極へ印加するパルス電圧の時間幅短縮であることは容易に想像できる。ちなみに，図1及び図2の放電条件であれば，パルス電圧の時間幅を150 ns以下とすることで，パルス放電による非熱平衡プラズマの形成が可能であると予想される。

6.3 汎用パルス放電[注1)]による非熱平衡プラズマの形成[1〜4)]

6.2より，中心電極径1 mm及び外部電極径76 mm，長さ10 mmを有する同軸円筒電極においては，時間幅150 ns以下のパルス電圧を印加することで，アーク放電へ遷移することなく，

注1）ここでの「汎用パルス放電」は，磁気圧縮パルス電源など，全固体パルス電源で得られる立ち上がり時間数十ns程度を有するパルス電圧を電極へ印加した際に形成される放電のことを指す。

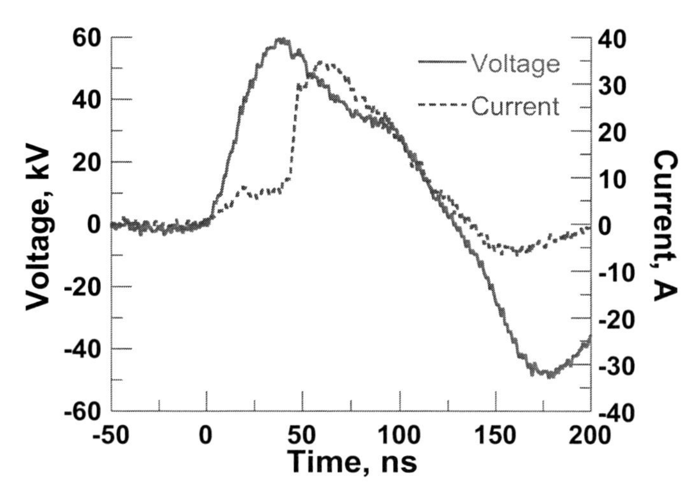

図3　非熱平衡プラズマ形成のために印加したパルス電圧及びその放電電流

ストリーマ放電及びグロー放電で構成される非熱平衡プラズマを形成することが可能であることが明らかとなった。ここでは，実際に，図3に示す時間幅120 nsを有するパルス電圧を同様の同軸円筒電極へ印加した際の放電様相を確認した。なお，図3において，印加電圧の立ち上がり開始時間を0 nsとしている。図3より，120 nsのパルス電圧印加時間は，2つの領域に分けることができることができる。それは，①0～50 nsの電圧及び電流ともに増加している領域，及び，②50～120 nsの電圧及び電流ともに減少する領域，となる。

図4には，図3の印加電圧及び放電電流時の同軸円筒電極内の放電様相を，軸方向より，高ダイナミックレンジストリークカメラにて撮影した結果を示す。なお，図4において，Ref.像の赤枠がストリークカメラの露光位置となっており，その経時変化がストリーク像として撮影されるため，撮影されたストリーク像の上端及び下端は，放電電極の円筒電極内側面及び線電極表面と合致する。ここではストリーマヘッド形成後（図3における15 nsと一致する。）の放電様相撮影像を示している。

図4より，先ず，中心線電極近傍にてストリーマヘッドが形成され，それが外部円筒電極へ向かって進展・到達する，「ストリーマ放電」が発生している（①の時間領域に相当）ことが確認できる。なお，この「ストリーマ放電」時において，ストリーマヘッドがある程度進展した際に，中心電極近傍へストリーマヘッドが再形成され，それが外部電極へ向けて進展していることも確認できる。次に，放電様相は，ストリーマヘッドの形成したプラズマ柱へ，ストリーマヘッド進展時と比較してより大きな電流が流れる「グロー放電」へと遷移している（②の時間領域に相当）。しかしながら，6.2とは異なり，ほどなくして印加パルス電圧が立ち下がるため，放電様相は「アーク放電」へ遷移することなく，「グロー放電」で収束していることが確認できる。

よって，図3及び図4より，「ストリーマ放電」から「グロー放電」，「アーク放電」と遷移するパルス放電では，当然ではあるが，そのパルス持続時間による様相遷移の制御が可能であり，

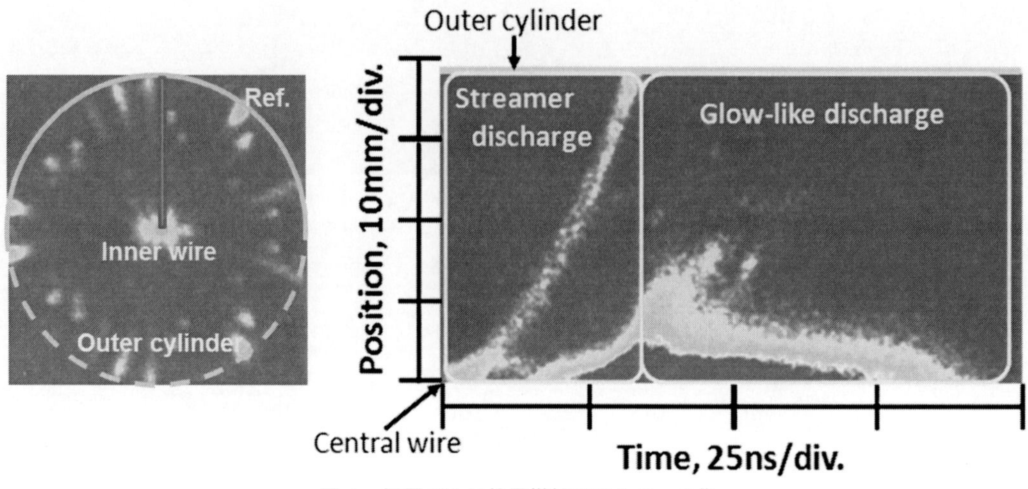

図4　汎用パルス放電様相のストリーク像

「ストリーマ放電」及び「グロー放電」にて形成される非熱平衡プラズマ，並びに，「アーク放電」にて形成される熱平衡プラズマの発生を自由に選択できることが確認できた。

6.4　汎用パルス放電形成非熱平衡プラズマによるプラズマプロセス[5~7)]

汎用パルス放電形成非熱平衡プラズマも，直流コロナ放電や交流誘電体バリア放電などにより形成される非熱平衡プラズマと同様に，オゾンの生成や排気ガスの処理，ガス燃料の改質など，多くの応用が探求されている。パルス放電形成非熱平衡プラズマプロセスの特徴としては，大雑把はあるが，直流や交流と比較して，印加電圧のデューティー比が小さく，プラズマ中に生成されるイオンへエネルギーを与えにくいため，熱損失が小さくなり，結果として，プロセスのエネルギー効率が高くなることが挙げられる。

汎用パルス放電形成非熱平衡プラズマによるプロセスの一例として，模擬排ガス（窒素 N_2 希釈の一酸化窒素 NO：200 ppm 及び酸素 O_2：5%，水分 H_2O：3%含有ガス）を処理した際の，印加電圧及び放電電流を図5に，その NO 処理能力を図6に示す。ここでは，時間幅 40 ns 及び 60 ns，80 ns，100 ns，120 ns を有するパルス電圧を，前述模擬排ガスを流している中心電極径 1 mm 及び外部電極径 76 mm，長さ 500 mm を有する同軸円筒電極へ繰り返し印加している。先ず，図5より，40～120 ns までの各時間幅を有するパルス電圧が放電電極へ印加され，結果として，同様の時間幅を有する放電電流が流れていることが確認できる。6.2 及び 6.3 にて述べたように，ストリーマヘッドがプラズマ柱を形成する「ストリーマ放電」と形成されたプラズマ柱に電流が流れる「グロー放電」では，そのプラズマインピーダンスが大きく異なるため，図5において，電圧印加後，電圧－電流特性が，正特性から負特性へと転換する印加電圧がピークを迎えた時間が，「ストリーマ放電」と「グロー放電」の境界，即ち，中心電極から発進したストリーマヘッドが外部電極へ到達した時間と考えられる。そのため，図5より，各パルス幅にて形成さ

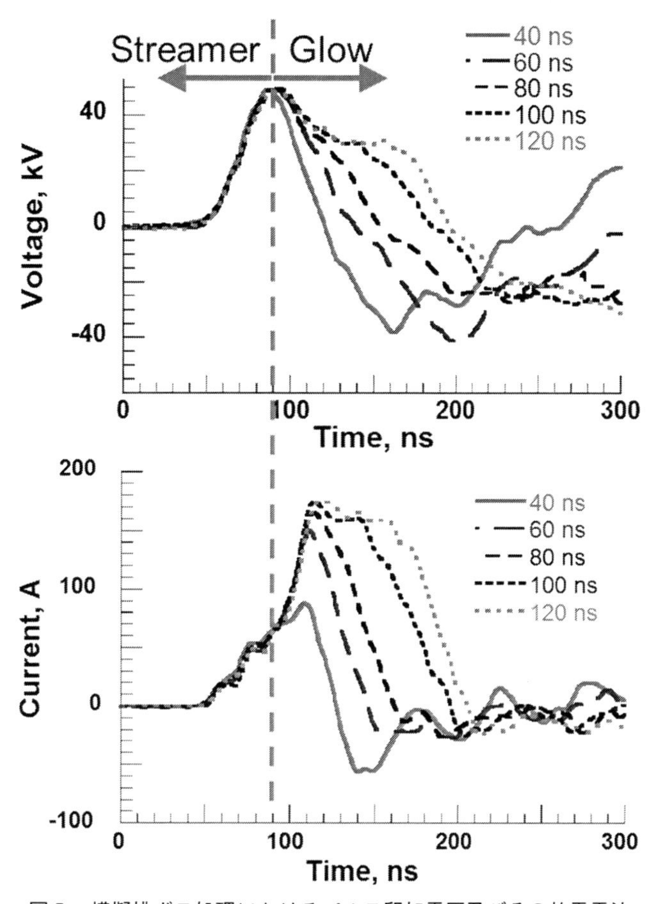

図5　模擬排ガス処理におけるパルス印加電圧及びその放電電流

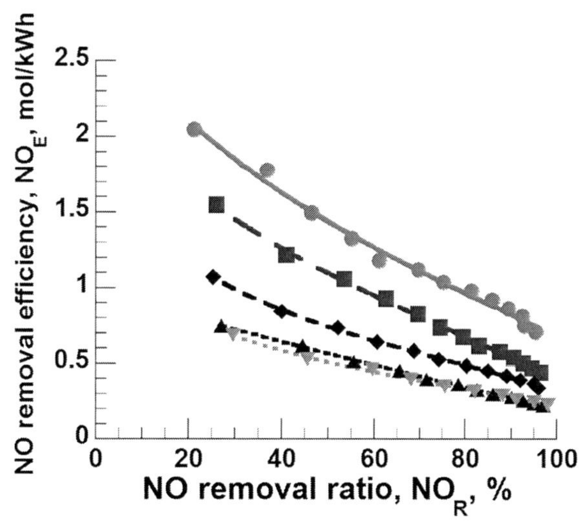

図6　模擬排ガスにおける NO 処理能力

れる非熱平衡プラズマは，同様の「ストリーマ放電」とそれぞれの時間幅に応じた継続時間を有する「グロー放電」とで形成されていることが分かる。次に，図6より，全パルス幅にて，NOの処理が進む（高処理率になる）とともに，NO処理エネルギー効率が低下し，また，パルス幅が長くなるとともに，NO処理エネルギー効率が低下することが確認できる。前者は，NOの処理が進む（NOの数量が減少する。）ことで，非熱平衡プラズマ中へ生成されたNO処理反応を誘起する窒素ラジカルNや酸素ラジカルO及びオゾンO_3などの化学的活性種と処理対象であるNOの反応率が低下することに起因しており，また，後者は，パルス幅が長くなる，即ち，「グロー放電」継続時間が長くなったことに起因している。なお，「グロー放電」時に，非熱平衡プラズマの温度が徐々に増加するということが報告されており，長パルス幅におけるNO処理エネルギー効率の低下は，「グロー放電」時の熱損失の増加のためということになる。

6.5 ナノ秒パルス放電[注2]による非熱平衡プラズマの形成とそのプラズマプロセス[8~11]

6.4において，「グロー放電」時の熱損失が確認されており，その損失の排除，即ち，パルス放電を「グロー放電」への遷移させることなく，「ストリーマ放電」にて収束させることが，プロセスをより高いエネルギー効率へ昇華させるカギであると考えられ，その実現のために，近年，汎用パルス電圧と比較して，立ち上がりが非常に急峻なパルス電圧を発生できるナノ秒パルス電源が開発された。

図7には，6.4の模擬排ガス処理と同条件にて同軸円筒電極へ印加されたナノ秒パルス電圧及びその放電電流を示す。図7より，2 nsの立ち上がり及び立ち下がり時間，並びに，5 nsの時

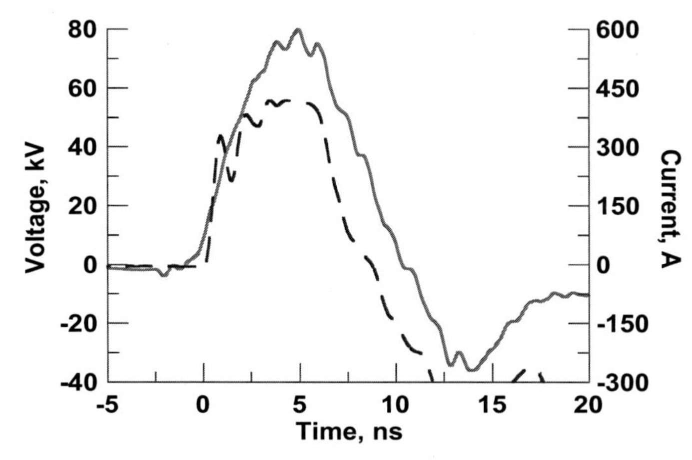

図7　同軸円筒電極（内径：1 mm，外径：76 mm，長さ：500 mm）へ印加されたナノ秒パルス電圧及びその放電電流

注2）ここでの「ナノ秒パルス放電」は，数十ns程度の立ち上がり時間を有するパルス電圧による汎用パルス放電に対して，数nsの立ち上がり時間及び持続時間を有するパルス電圧による放電を意味する。

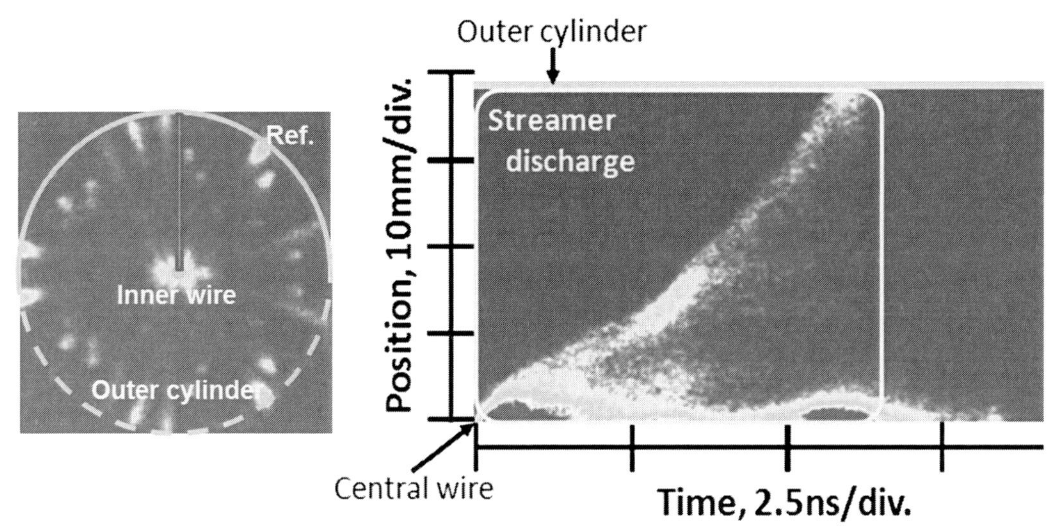

図8　ナノ秒パルス放電様相のストリーク像

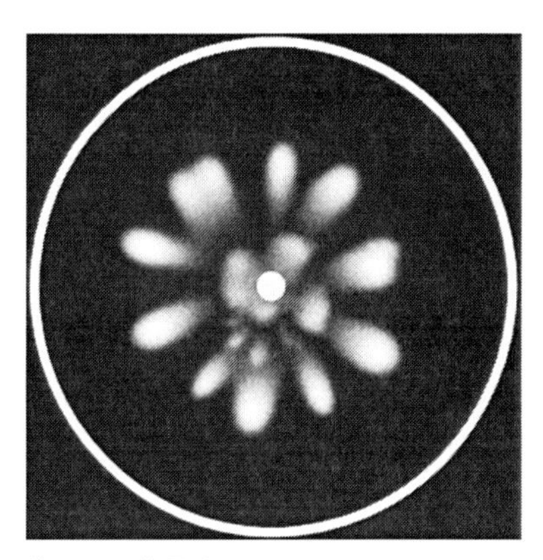

図9　ナノ秒パルス放電時ストリーマヘッドのフレーミング像

間幅，約80 kVの最大値を有するパルス電圧が，同軸円筒電極へ印加されるとともに，約450Aの放電電流が流れていることが確認できる。図8には，6.2及び6.3の放電様相観測と同条件にて同軸円筒電極へ約100 kVの最大値を有するナノ秒パルス電圧を印加した際のストリーク像を示す。図8より，ナノ秒パルス放電においても，汎用パルス放電と同様に，先ず，ストリーマヘッドが中心電極近傍へ形成され，それが外部円筒電極へ向けて進展し，到達していること（ストリーマ放電）が確認できる。しかしながら，以降，6.3とは異なり，印加パルス電圧が急激に立ち下がるため，放電様相は「グロー放電」へ遷移することなく，収束していることが確認できる(再形成されたストリーマヘッドは確認できる。)。これより，ナノ秒パルス放電は，開発目的のとおり，「ストリーマ放電」のみで形成される非熱平衡プラズマであることが確認できた。

図9には，ナノ秒パルス放電時に撮影された中心電極と外部電極間進展中ストリーマヘッドの

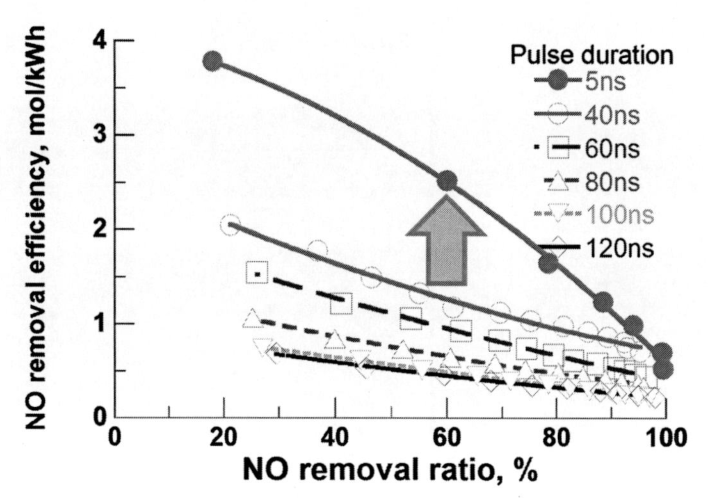

図 10　ナノ秒パルス放電及び汎用放電の NO 処理能力

フレーミング像を示す。図 9 より，6.2 の図 2 に示された汎用パルス放電時のストリーマヘッド（25.8 ns 及び 33.1 ns の撮影像）と比較して，ナノ秒パルス放電時のストリーマヘッドは，その幅が大きく，かつ，数密度が小さいことが確認される。一般的に，ストリーマヘッドの形成する電界の強度とストリーマヘッドの幅には相関があることが知られており，ナノ秒パルス放電時のストリーマヘッドは，汎用パルス放電時のそれと比較して，より高いエネルギーを有する高速電子を生成できるものの，その空間均一性が低下していることが予想される。

図 10 には，6.4 の模擬排ガス処理と同条件にて実施したナノ秒パルス放電の NO 処理能力を示す。なお，図 10 には，理解を助けるために，図 6 の汎用パルス放電の NO 処理能力も示している。図 10 より，ナノ秒パルス放電の NO 処理エネルギー効率は，汎用パルス放電と同様に，NO 処理率の増加とともに低下しているものの，その値は，汎用パルス放電（40 ns）のものの約 2 倍となっている。これより，「ストリーマ放電」のみで形成されるナノ秒パルス放電は，汎用パルス放電と比較して，熱損失が非常に小さくなっていることが予想される。また，ナノ秒パルス放電は，より高いエネルギーを有する高速電子を生成できるため，これが化学的活性種の高効率生成へ寄与していることも考えられる。

図 11 には，他のプラズマプロセスの例として，汎用パルス放電とナノ秒パルス放電のオゾン生成能力を示す。図 11 より，オゾン生成においても，NO 処理と同様に，全てのパルス幅にて，高生成オゾン濃度時に，その生成エネルギー効率が低下するものの，ナノ秒パルス放電のオゾン生成エネルギー効率は，汎用パルス放電のそれを凌駕していることが確認できる。

6.6　パルスパワーを用いた非熱平衡プラズマ形成とその応用の今後[12,13]

パルスパワーによる非熱平衡プラズマの形成とそのプロセス開発は，エネルギー効率の観点より，6.2 から 6.5 にて述べてきたように，より短い時間幅を有するパルスパワーによる放電形成

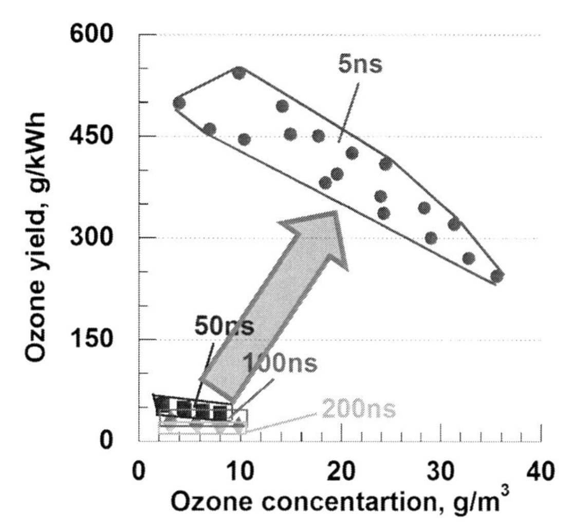

図11　ナノ秒パルス放電及び汎用放電のオゾン生成能力

とその利用へと進んでおり，今後，sub-ns から ps に至る短パルス電源の開発及びそれによる高効率プラズマプロセスの実現が大いに期待される。また，立ち上がり時間の急峻化に伴い，プラズマプロセスの肝要であるストリーマヘッドも，高電界強度化や高進展速度化など，その特性が大きく変化しており，短パルス放電は，物理的にも非常に興味深い現象となっている。

文　　献

1) T. Namihira, D. Wang, S. Katsuki, R. Hackam, H. Akiyama, *IEEE Transactions on Plasma Science*, **31**(5), 1091-1094 (2003)
2) 高木浩一，浪平隆男，電気学会誌，**126**(12)，784-787 (2006)
3) 浪平隆男，王斗艶，松本宇生，岡田翔，秋山秀典，電気学会論文誌 A，**129**(1)，7-14 (2009)
4) D. Wang, S. Okada, T. Matsumoto, T. Namihira, H. Akiyama, *IEEE Transactions on Plasma Science*, **38**(10), 2746-2751 (2010)
5) T. Namihira, S. Tsukamoto, D. Wang, S. Katsuki, R. Hackam, H. Akiyama, Y. Uchida, M. Koike, *IEEE Transactions on Plasma Science*, **28**(2), 434-442 (2000)
6) 岡田翔，王斗艶，浪平隆男，勝木淳，秋山秀典，電気学会論文誌 A，**130**(9)，825-830 (2010)
7) S. Okada, D. Wang, T. Namihira, S. Katsuki, H. Akiyama, *Japanese Journal of Applied Physics*, **50**(8), 08JB06-1-5 (2011)
8) D. Wang, T. Matsumoto, T. Namihira, H. Akiyama, *Journal of Advanced Oxidation Technologies*, **13**(1), 71-78 (2010)
9) T. Matsumoto, D. Wang, T. Namihira, H. Akiyama, *IEEE Transactions on Plasma Science*, **38**(10), 2639-2643 (2010)

10) D. Wang, T. Namihira, H. Akiyama, *IEEE Transactions on Plasma Science*, **39** (11), 2268-2269 (2011)
11) D. Wang, T. Namihira, H. Akiyama, *Journal of Advanced Oxidation Technologies*, **14** (1), 131-137 (2011)
12) T. Matsumoto, D. Wang, T. Namihira, H. Akiyama, *IEEE Transactions on Plasma Science*, **39** (11), 2262-2263 (2011)
13) T. Matsumoto, D. Wang, T. Namihira, H. Akiyama, *Japanese Journal of Applied Physics*, **50** (8), 08JF14-1-5 (2011)

7　流水中における放電プラズマ発生システムの開発と応用

水越克彰*1，玉井鉄宗*2，清野智史*3，堀部博志*4，西村芳実*5

7.1　水中での放電によるプラズマの生成

高い繰り返し周波数で，パルス状高電圧を印加すると，水中に配置した電極間に「炎」を灯すことができる。この水中の「炎」の正体は気体，液体，固体に続く物質の第4の状態，つまりプラズマである。雷やオーロラは自然界におけるプラズマであることが知られている。他方，コピー機や集塵機，アーク溶接など多方面でプラズマが利用されている。

プラズマの発生法としてはマイクロ波など様々な方法が知られるが，筆者らは放電を用いている。発生に要する電流の大きさによって，コロナ，グロー，アーク放電などにプラズマは分類される。これらの放電プラズマは，気相での発生が一般的である。その一因としては水の絶縁破壊電圧の大きいこと，つまり気相中での絶縁破壊電圧が数kVであるのに対し，液相の場合はそれよりも2，3桁大きな電圧が必要でその発生が容易ではないことがまず挙げられる。気流中の放電プラズマに水を吹き込む，あるいは水面と水上の電極間で放電を起こすなど，水を対象としたプラズマプロセッシングが模索されているが，本質的な水中でのプラズマの発生は，気相での研究に比較すると報告例が少ない。

これに対し，冒頭でも述べたが高い繰り返し周波数で，パルス幅の短い高電圧を水中の金属電極対に印加すると，水中の電極間にプラズマを発生させることが可能となる。このようにして発生するプラズマを「ソリューションプラズマ」（以下，SP）と称する場合がある。この方法では，電圧を印加した水中の電極対近傍の水がジュール熱によって加熱・沸騰し，電極間に生じた水蒸気の気泡の中にプラズマが発生する[1)]。高周波パルスで電圧を印加することで，プラズマが安定化し，水の電気分解が抑制される。

図1は8mMのドデシル硫酸ナトリウム（界面活性剤，以降SDSと表記），および塩化金酸（$HAuCl_4$）を含む水溶液中で，タングステン線を電極にプラズマを発生させた際の水素，酸素，窒素の濃度の経時変化である。プラズマ処理は大気雰囲気で反応容器を密閉して行った。プラズマ処理時間に伴い，水素濃度は急速に高まり，大気中の酸素および窒素は漸減した。プラズマは電極間の水蒸気泡中に生じるため，水分子が分解される。分解によって生じるHやOH，Oはプラズマの発光スペクトルから確認できるが，窒素に由来する発光は見られず，プラズマの内部

＊1　Yoshiteru Mizukoshi　東北大学　金属材料研究所　附属産学官広域連携センター　特任准教授

＊2　Tesshu Tamai　龍谷大学　農学部　資源生物科学科　助教

＊3　Satoshi Seino　大阪大学　大学院工学研究科　ビジネスエンジニアリング専攻　准教授

＊4　Hiroshi Horibe　㈱栗田製作所

＊5　Yoshimi Nishimura　㈱栗田製作所　特別顧問

は水蒸気が大部分を占めていることが分かる。したがって酸素の発光は大気中の酸素分子ではなく水分子の分解に由来すると考えるのが妥当である。水の分解で生じた酸素は活性酸素種（ROS：Reactive Oxygen Species）としてプラズマ処理水に含まれ，溶存する大気と反応するため，プラズマ処理後の水にはこの反応によって生じた硝酸や亜硝酸が少量含まれる。水中プラズマで発生するROSの詳細は後述する。

7.2　水中プラズマによる金属ナノ粒子の生成

図1で用いた塩化金酸を含む水溶液中でプラズマを発生させると，溶液が金錯体に由来する黄色から赤紫色に変化した。この溶液の吸収スペクトルに見られる530 nm付近のピークは金ナノ粒子の表面プラズモン共鳴吸収であり，プラズマ処理によって，金イオンが還元され，ナノ粒子が生じたことを示す。同様に，塩化パラジウムナトリウム（Na_2PdCl_4）や塩化白金酸（Ⅳ）（H_2PtCl_6）を含む水溶液でのプラズマ発生においても，金と同様にナノ粒子の生成を示す溶液の色の変化，吸収スペクトルが確認できた。図2に生成したナノ粒子の電子顕微鏡像を示した。

ここで関心がもたれるのは還元のメカニズムである。斉藤らは，印加する電圧と金イオンの濃度が金ナノ粒子の生成に及ぼす影響について報告している[1]。彼らはSPによって水分子が分解されて発生した水素ラジカルが金イオンを還元すると結論している。他方，SPで生じた電子のナノ粒子生成への寄与[2]や，電極間の距離と仕事率（Duty Ratio）が生じる粒子の粒径や粒径の

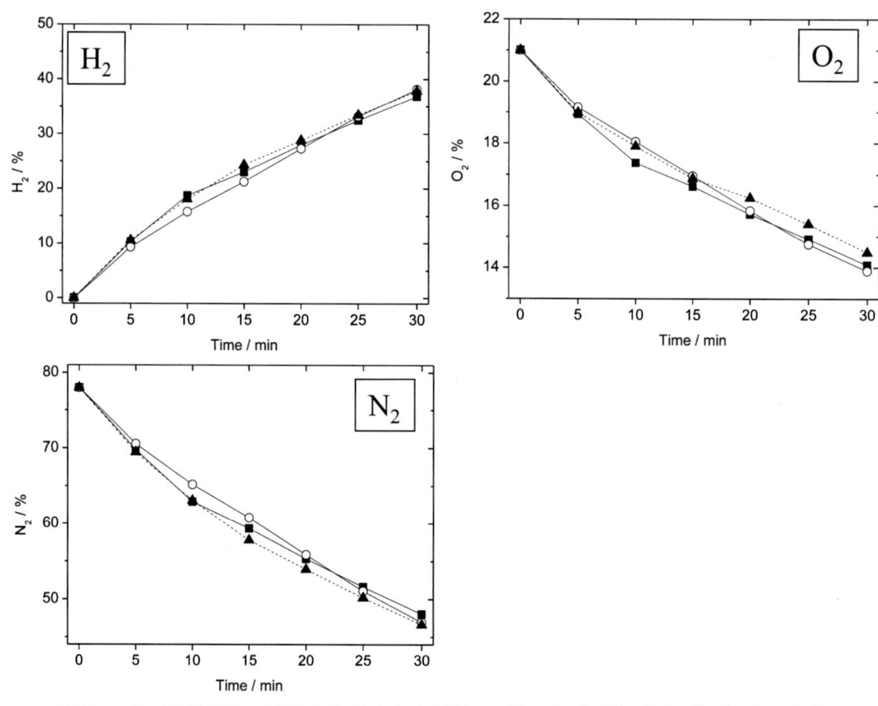

図1　8 mM ドデシル硫酸ナトリウム水溶液のプラズマ処理に伴うガス組成の変化
■ Au(Ⅲ) = 0 mM，○ Au(Ⅲ) = 0.2 mM，▲ Au(Ⅲ) = 1 mM

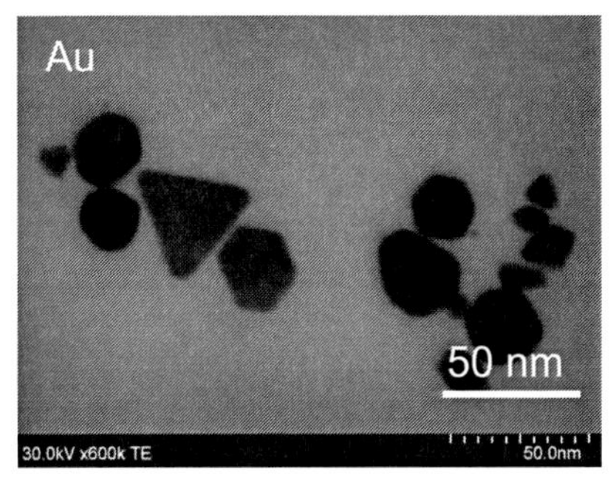

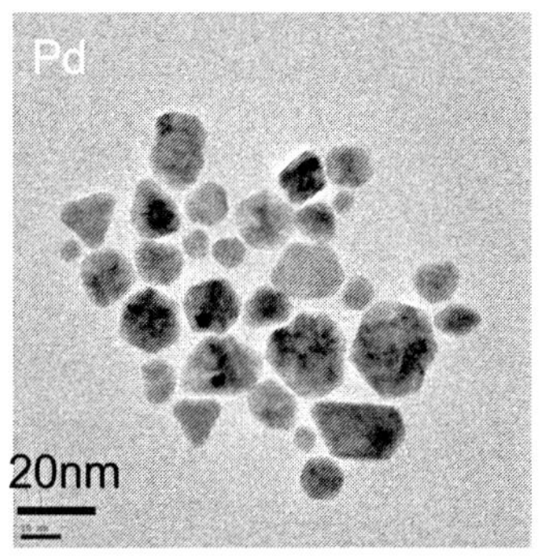

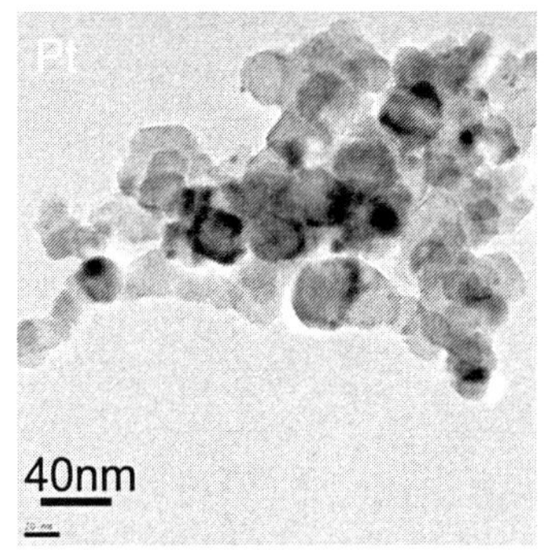

図2　水中プラズマによって貴金属イオンの還元で得た金，パラジウム，および白金ナノ粒子の電子顕微鏡像

分布に影響を及ぼすとの報告もある[3,4]。

これに対し，筆者らは生成したナノ粒子の保護剤として添加した界面活性剤（ここではSDS）に注目した。SDSを含まない系（つまり塩化金酸の水溶液）に比べて，SDSを含む系では金ナノ粒子の還元速度が大きくなり，SDS濃度が高いほどその効果が大きくなった[5]。このことは，SDSの還元への関与を示す。

非常に類似した機構のナノ粒子の生成法に超音波還元法が知られる。高出力の超音波を水中に照射すると，音波は疎密波であるが故に微小な気泡が照射場中に発生し，圧壊する（いわゆる音響キャビテーション）。気泡の圧壊は瞬間的に起こり，その内部は高温・高圧なプラズマ状態であると考えられ，これを利用したソノケミカル（Sonochemical）な反応が研究されている。上述のプラズマ照射系と同様に，塩化金酸水溶液への超音波照射では金イオンの還元が非常に遅いことに対して，SDSを添加するとイオンの還元は大幅に加速した[6]。また超音波照射後の反応溶液にはCO，メタンなどが生じることから，SDSが超音波で分解され還元種に変換され，それによって共存する貴金属のイオンが還元されると考える[7]。キャビテーションとプラズマの融合技術については7.6項にて紹介する。

超音波還元，水中プラズマ，いずれも水分子が分解されるが，生じる水素ラジカルのイオン還元への寄与が大きくないのは共通である。図1に示した水素の発生濃度は共存する塩化金酸の濃度に依存しないことからもそのように考えることができる。SDSなどの有機化合物を含む溶液中でのプラズマ発生でも超音波のときと同様にCOやCO_2が発生することから，超音波反応場と水中プラズマは非常に類似した水中の励起反応場であると考える。

ここまでに述べた金属ナノ粒子の製法は，イオンを還元するいわゆるボトムアップな方法である。生成物のサイズや形状の制御が可能であるため，ナノ粒子合成法の多くはこのボトムアップ法に分類される。上述の水中プラズマや超音波を用いたイオンの還元では必要な還元剤をその場で発生させているが，一般的な方法では還元性の試薬を添加しての合成となる。また完全に還元が完了しない状態では，未反応のイオンが溶液中に含まれる。つまり保護剤の他，還元剤，未反応イオンと混合された状態でナノ粒子が得られる。用いる還元剤や貴金属塩は毒性や腐食性を有するものが多く，清浄なナノ粒子を得るには精製などの後処理が必要な場合がある。

これを解消し得る水中プラズマ独特のナノ粒子調製法として，プラズマ発生用の金属電極からナノ粒子を発生させる方法がある。このトップダウンによる粒子発生はスパッタリングやプラズマエネルギーによる電極の気化によると考えられている[8]。還元剤が不要で未反応の金属イオンは共存せず，かつ原料が金属線であり安全な合成法である。上記還元法と比べ反応時間が短いことなどメリットが多い反面，生成物の粒径や形状の制御には改善の余地がある。

7.3 プラズマによる有機化合物の分解と活性酸素種の発生

貴金属イオンの還元・ナノ粒子の生成において水中プラズマによるSDSの分解が重要であることは既に述べた。このような有機物の分解を利用したプラズマによる水質浄化に関する研究が進められている[9]。分解の効率は分解対象となる物質の性質によって大きく異なる。例えば揮発性の物質（アルコールなど）を含む水中でプラズマを発生させると，揮発性物質がプラズマ内に取り込まれ激しく分解される。揮発性有機物のプラズマ内での分解は，プラズマの発光スペクトルに見られるスワンバンドなどから容易に確認ができる。これに対して，揮発性の低い化合物の場合プラズマの内部での濃度は低く，プラズマ内で直接的に分解されにくい。図3に合成洗剤の成分であるドデシルベンゼンスルホン酸ナトリウム（DBS）水溶液の吸収スペクトルを示した。プラズマ処理時間の経過とともに，225 nm付近の吸収が減衰したが，これはDBS分子の芳香環の構造変化に対応し，プラズマでの水分子の分解で発生したOHラジカルの酸化作用に起因すると考える。

水のプラズマ処理に伴う酸化種の発生は，鉄(Ⅱ)イオンやヨウ化物イオンの酸化を利用した比色分析[10]，ペルオキシダーゼおよびアミノアンチピリンを用いた比色分析[11]で確認できた。また水分子の分解によるOHラジカルの発生は，プラズマの発光スペクトルにおける $A^2\Sigma^+ - X^2\Pi$ (0, 0) band (309 nm)[12] の他，スピントラップ・電子スピン共鳴法[5]やテレフタル酸を用いた蛍光分析によっても確認できた。さらにチタンを用いた比色法によって，プラズマ処理水に過酸化水素が含まれることも確認できている[13]。

OHに代表されるROSは酸化作用を有し，上述の有機物の分解や微生物の殺菌などに応用可能である。その一方で，ナノ粒子の作製においては，生成したナノ粒子とROSの反応について考慮する必要がある。Hoらは銀ナノ粒子が過酸化水素と反応し酸化溶解することを確認し，生

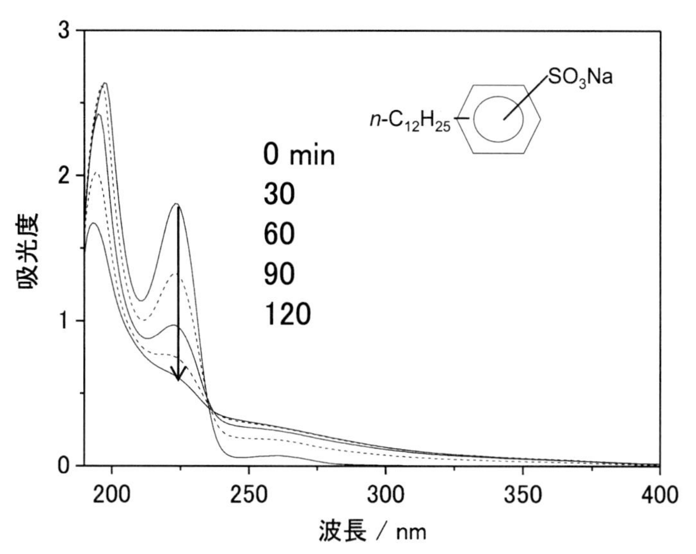

図3　水中プラズマ処理に伴うドデシルベンゼンスルホン酸ナトリウム（DBS）水溶液の吸収スペクトルの変化

じた銀イオンの生体細胞への影響について報告している[14]。筆者らもプラズマ銀電極よりトップダウン法で得た銀ナノ粒子分散溶液の黄色が，生成後徐々に退色することを確認している。このようなROSと銀との作用を制御することができれば，徐々に溶け出る銀イオンを殺菌に用いることも可能と考える。また銀ナノ粒子の溶解による形状やサイズの制御も期待できる。ROSは，水中プラズマや水への超音波だけでなく，水への放射線の照射，水中での光触媒反応などでも発生するため，ROSを制御することはこれら水中励起場を扱う上で重要と考える。

7.4　フロー式プラズマの開発

水中プラズマは上述したように水中の新しい励起反応場として様々な用途への利用が期待できる。しかし，既存の水中プラズマプロセスは基本的にバッチ式であり，大量の水を処理することは困難である。大型の反応容器を用いたとしても，電極間に発生するプラズマコアの体積がそもそも小さいため，その効果が反応容器中の溶液全体に及ぶには相応の時間を要する。電極間距離を広めるとプラズマ発生に必要なエネルギーが増すため合理的とはいえない。電極対・電源を複数用いるなど大量水処理への試みがなされている。

大量の水を処理するためにはフロー式のプラズマ水処理装置の開発が望ましい。しかし上述した電極近傍での水の加熱沸騰がプラズマ発生には必須であることから，大量の水を連続的にプラズマ発生部に供給すると，プラズマを安定的に維持することが困難となる。

これら水中プラズマの実用化を阻む要因を解決すべく，栗田製作所を主体に流水中でプラズマを点灯する技術を開発した。図4にプラズマ発生部を示した。本図において，処理水は上から下へ流れ，その流速は現状毎分10L程度で運転している。流路を狭めることでオリフィス部が減圧され，その結果，側面の入口から大気が吸いこまれ，電極間に吹き出される。これによって流

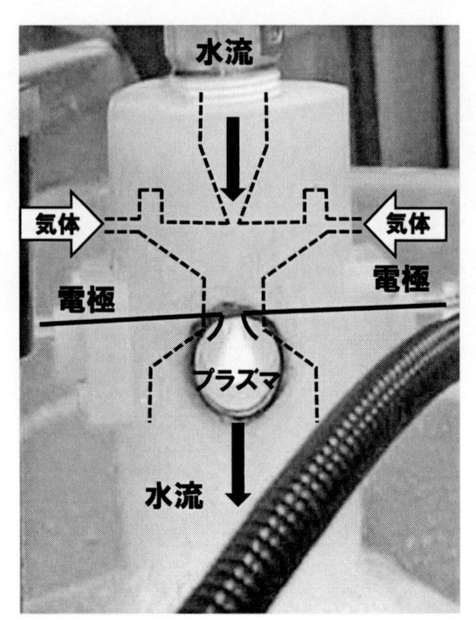

図４　フロープラズマ発生部の外観と構造
電極は高周波パルス電源に接続されている。

水の絶縁破壊電圧を低減することができる。電極近傍の水が加熱され生じた水蒸気内でプラズマを発生させる従来のバッチ式では，プラズマ内部は水蒸気で満たされていることは既に述べた。対して，フロー式プラズマでは，吸気された大気中でプラズマが発生するため，プラズマ内に窒素が含まれることが発光スペクトルより確認できた[12)]。

流水中に安定的に点灯可能であることに加え，このフロー式プラズマでは，処理対象である水がポンプなどによってプラズマコア部に強制的に誘導される。反応性の高いOHラジカルや発光中の紫外線の効果はプラズマ近傍に限定されるので，静水中の電極間のプラズマに処理対象が到来するのを待たねばならないバッチ式のプラズマに比べて，フロー式プラズマは高い反応効率が期待できる。

純水をフロー式プラズマで処理することによって，処理水の電気伝導度は高くなり，pHは低下した。これらは大気中の窒素分子がプラズマで分解されて生じた硝酸イオンおよび亜硝酸イオンに起因する。これらの生成は段階的に起こり，まず亜硝酸が発生し，その後硝酸が生じる。また硝酸と亜硝酸濃度の和は処理時間とともに直線的に増加しており，プラズマ発生部では大気中の窒素が一定の速度で固定化されることが分かる。30 Lの水を毎分8 Lの流速で120分間循環させたところ，約1 mMの硝酸イオン，約0.4 mMの亜硝酸が生じた[12)]。

このようにフロープラズマ処理水には植物の栄養となる硝酸を多く含むため，水耕栽培の培養液や液体肥料として農業用途での利用を目指し研究を進めている。プラズマによる大気窒素の固定化は自然界でも起こっており，雷による窒素の固定化は年間に数百万トンに及ぶが[15)]，この窒素固定化反応を人工的に行うことによって，安定して窒素栄養を植物に供給することが可能とな

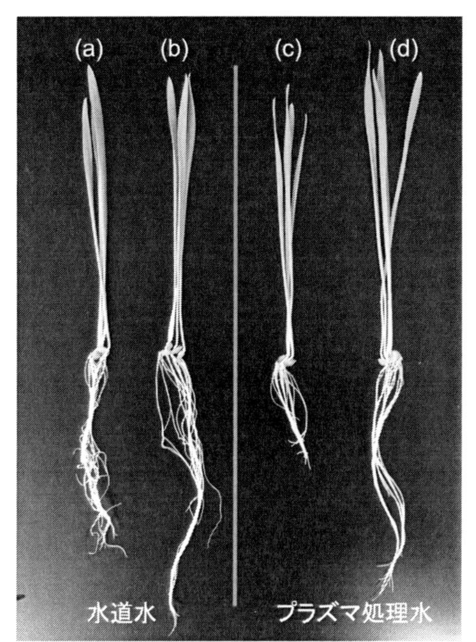

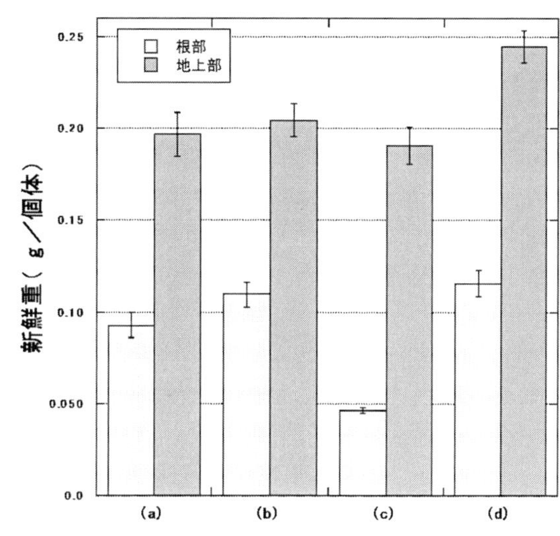

図5 （左）水道水（a, b）およびプラズマ処理水（c, d）で栽培したオオムギ（播種後8日目）
いずれもカリウムイオン濃度4.2 mM, pHを6.0に調整してある。(b, d）にはEDTAを0.1 mM添加した。
（右）栽培したオオムギの地上部と根部の重量

る。亜硝酸は植物の光合成を阻害するという報告もあるが[16]，オオムギを用いてその生育を調べたところ，0.1 mM程度であればその成長を阻害しないことが分かった。フロープラズマ処理水には硝酸，亜硝酸とともにROSも含まれる。比較的長期間酸化性を示すことから，ROSを過酸化水素と仮定し，同様にオオムギの生育への影響を調べた。10 ppmより低濃度であれば，過酸化水素のオオムギへの生育阻害はほぼ見られなかったが，これは植物細胞が有する酵素peroxidaseによる分解によると考える。これら以外の植物の生育の阻害因子としては，溶液中の金属イオンが挙げられる。後述する銀イオンのような例外もあるが，真鍮配管など金属配管やタングステン電極などは成長を阻害する金属イオンの発生源となる。事実，過酸化水素および亜硝酸の発生を抑制し，塩基を加えpHを6に調整した硝酸イオンを含むプラズマ処理水を用いた場合，オオムギの生育は水道水使用時に比べて顕著に劣った。しかし，プラズマ処理水にキレート剤を添加し，金属イオンをマスクしたところ，プラズマ処理水はオオムギの成長を促進する効果を示した（図5）。

生成したナノ粒子を溶解し，植物の生育を妨げるROSであるが，これらにも様々な用途が期待できる。例えば農業においては，播種前の種子の活性化（休眠打破）や殺菌に過酸化水素を用いると，発芽率が格段に向上することが知られる。またOHラジカルも殺菌には有効で，例えば大腸菌などの菌類の細胞膜を形成するリン脂質を酸化分解することが知られる[17]。

より長期的な殺菌作用を有する水を作製するには，プラズマ発生電極に銀を用い，その一部を

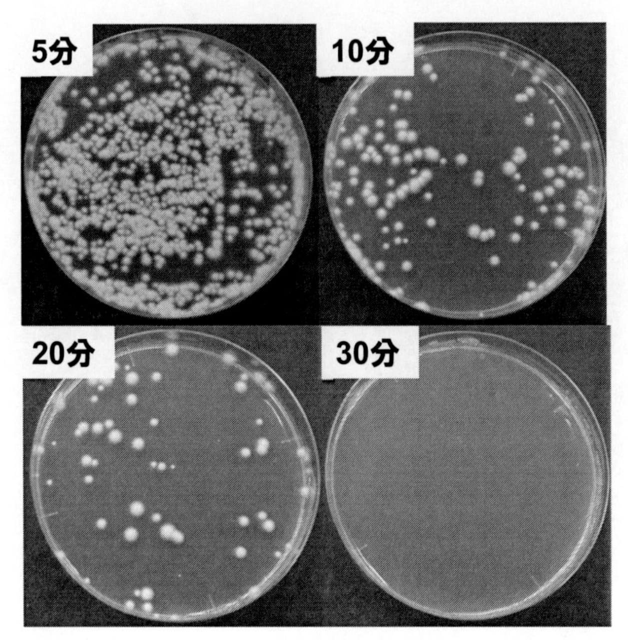

図6　プラズマ処理水（2.9 ppm Ag × 10 mL）に接種した白癬菌（*Trichophyton mentagrophytes*）
30分で生菌が死滅（< 10）した。

処理水に取り込むことが有望である。つまり前述のトップダウン・ナノ粒子合成法の応用である。銀イオンが抗菌性や抗カビ性を発現することは古くから知られている。その原理については，活性酸素発生，酵素障害，細胞分裂停止など諸説あり，いまだ定説はないものの，デオドラント用のスプレーなどに利用され，安全性は広く認知されている。銀は農業分野においても農薬としても実用化されているが[18]，その一方で，オオムギの根においては，銀イオンがカリウムイオンの取り込みを著しく阻害するとの報告もあり[19]，プラズマ処理水での今後の検証が必要である。銀を含むプラズマ処理水の殺菌に関しては，30分浸漬で真核細胞である白癬菌量が検出限界以下まで減少することを確認した（図6）。農業にならび衛生分野での実用を視野に更なるエビデンスを蓄積中である。

7.5　海水など電気伝導度の高い水のプラズマ処理

ここまでは淡水や比較的電気伝導度の低い水中でのプラズマ発生について述べた。その一方で，海水のように高濃度の電解質を含む水溶液の水処理に対する潜在的な需要が存在する。例えば，水産物の陸上養殖における海水浄化・殺菌が一例として挙げられる。陸上養殖は海洋や河川より取水し，汚れた水を排出する掛け流し式と閉鎖循環式に大別できる。このうち閉鎖循環式は，内陸部などでも実施可能で立地条件に制約がなく，汚水排出による環境汚染が避けられ，病原体の侵入による疾病の懸念が少なく，水温の調節とそれに伴う魚介類の成長速度の調製が可能である。このように閉鎖循環式陸上養殖は気候，災害，疫病の影響を受けにくく，海産物安定供給の切り札と目される。その一方で，水質の維持が必要である[20]。

また船舶のバラスト水の問題も看過できない。バラスト水中の水生生物が，本来の生息地ではない海域に移入・繁殖することによる生態系への悪影響を懸念し，国際海事機関は2004年に「船舶バラスト水規制管理条約」を採択した。ここでも海水の浄化，特に殺菌が重要となる。

フロー式プラズマの殺菌効果を検証すべく，まず予備実験として，塩化ナトリウム水溶液中でのプラズマ発生を試みた。電気伝導度の高い水溶液中でのプラズマ発生は一般に容易でないが，電極の配置と電極に送り込む気・液の比率を最適化することで，安定的なプラズマ発生が可能となり，海水相当の電気伝導度を有する0.5 M塩化ナトリウム水溶液（$4.90\,\mathrm{S\,m^{-1}}$）中でもフロー式プラズマを安定的に点灯できることを確認した。塩化ナトリウムの濃度が高いほど，発生する過酸化水素の濃度が低くなったが，これは水のプラズマ分解で生じたOHラジカルが，塩化物イオンとの反応で消費されたためと考える。

次に，フロー式プラズマを用いて天然海水を処理し，海水中に含まれる一般細菌に対する殺菌効果について検証を行った。放電の繰り返し周波数が高いほど殺菌作用は顕著であり，200 kHzの周波数で9 Lの天然海水を30分間プラズマ処理したところ，菌数は約9,000分の1に減少した。海水中ではOHラジカルなどROSの発生が少ないため，殺菌作用は菌類とプラズマが直接接触することでもたらされたと考える[21]。

海水に限らず，多量の電解質を含む高電気伝導度の工業廃水浄化にも本技術は適用可能と考える。

7.6　キャビテーションとプラズマの融合による材料プロセッシング

水中での放電プラズマの発生においては，電極間に気相を発生させ，あるいは導入し，絶縁破壊電圧を低減することが重要であることは既に述べた。バッチ式反応では電極近傍における水の沸騰で生じた電極間の水蒸気，フロー式反応では流水のベンチュリ効果によって電極間に導入された大気が絶縁破壊低減に寄与する。タービンポンプで得た気・液の混合物を放電電極間に導入することも有効である。

これらと異なるアプローチとして，キャビテーションの利用も有望である。超音波を用いた音響キャビテーションについては7.2項で述べたが，水中に高出力超音波を照射すると，音波は疎密波ゆえに，加圧と減圧が水中に周期的に伝播し，減圧下では超音波照射水中に微小な気泡が発生する。気泡の発生は超音波の照射下に限ったことではなく，オリフィスからの高圧での水の射出や，船舶のスクリューのような水中でのブレードの高速回転でも瞬時に圧力が低下することにより微小気泡が生じることが知られる。

図7は，共著者の西村らが機械式キャビテーション混練機「ジェットペースタ」（日本スピンドル製造社製）とプラズマを融合させ，固体粉末，繊維を分散・スラリー化することを目的に開発したキャビテーション－プラズマ装置である[22]。混練機の本来の役割は試料を混合しスラリー化することであるが，ここに組み込まれたローターが高速回転し，キャビテーションによって生

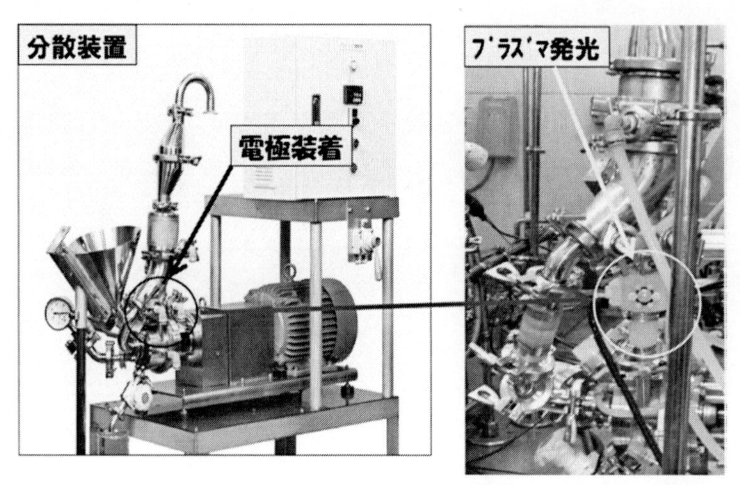

図7　(左) キャビテーション－プラズマ装置の外観と (右) プラズマ発生部

じた微小気泡が膨張・収縮することで，凝集した粉末や繊維の分散化がより促進される。これをプラズマ発生装置と組み合わせ，生じた気泡を電極間に誘導することにより絶縁破壊電圧が低減され，安定的なプラズマの発生が可能となった。

ローター，キャビテーション，プラズマの効果が三位一体となったこのキャビテーション－プラズマシステムは，酸化チタンやカーボンナノチューブの水への分散性向上に有効であることを確認している。本キャビテーション－プラズマ装置の大きな特長は，前述のフロー式プラズマ同様，大量の試料を連続的に処理することが可能で生産性に優れる点である。需要の拡大が確実なリチウムイオン電池の電極材料のスラリー化などの材料創製の分野での実用化が期待される。

7.7　おわりに

本稿では水中での放電プラズマの発生から，それを利用したボトムアップおよびトップダウンでのナノ材料の創製，水質浄化や殺菌，さらには農業や衛生分野への応用，海水の殺菌まで，最近の筆者らの研究成果について紹介した。バッチ式で可能であったナノ粒子の合成など材料に関するプロセッシングは，フロー式プラズマやキャビテーション－プラズマの開発で実用に近づいたと考える。このような材料プロセスの他，農業，衛生分野で本技術を利用するには，プラズマ処理によって水中に生成する ROS だけでなく，硝酸，亜硝酸の生成量，電極の溶解を制御する必要がある。プラズマに取り込むガスの組成や放電の条件，あるいは電極の材質を最適化し，目的に応じた組成のプラズマ処理水を得ることが実用上必須であると考える。

先例にとらわれず，プラズマのより多様な可能性を引き出すべく産学官一体となって今後も取り組んでいきたい。

謝辞

海水の殺菌効果の評価結果は，片山化学工業研究所との共同研究の成果である。またキャビテーション－プラズマ分散装置は，平成26年度兵庫県COEプログラム推進事業の支援を受けて，兵庫県立大学／日本スピンドル製造㈱／㈱栗田製作所／㈱大日製作所／㈲プラスが共同で開発した。

文　　献

1) N. Saito *et al.*, *Thin Solid Films*, **518**, 912 (2009)
2) (a) Y. K. Heo *et al.*, *Phys. Scr. T*, **139**, 014025 (5 pp) (2010); (b) S. M. Kim *et al.*, *Mater. Lett.*, **62**, 4354 (2008)
3) Y. K. Heo *et al.*, *Met. Mater. Int.*, **17**, 431 (2011)
4) Y. K. Heo *et al.*, *Met. Mater. Int.*, **17**, 943 (2011)
5) Y. Mizukoshi *et al.*, *Sci. Adv. Mater.*, **6**, 1569 (2014)
6) Y. Nagata *et al.*, *Radiat. Res.*, **146**, 333 (1996)
7) Y. Mizukoshi *et al.*, *Ultrason. Sonochem.*, **8**, 1 (2001)
8) G. Saito *et al.*, *J. Appl. Phys.*, **116**, 083301 (8 pp) (2014)
9) K. Yasuoka *et al.*, *Plasma Sources Sci. Technol.*, **20**, 034009 (2011)
10) S. Koda *et al.*, *Ultrason. Sonochem.*, **10**, 149 (2003)
11) 慶田雅洋ほか，日本農芸化学会誌，**55**，483 (1981)
12) Y. Mizukoshi *et al.*, *Chem. Lett.*, **44**, 495 (2015)
13) R. M. Sellers, *Analyst*, **105**, 950 (1990)
14) C.-M. Ho *et al.*, *Chem. Asian J.*, **5**, 285 (2010)
15) 川島博之ほか，環境科学会誌，**15**，281 (2002)
16) K. Suzuki *et al.*, *Plant Cell Physiol.*, **54**, 1769 (2013)
17) P.-C. Maness *et al.*, *Appl. Environ. Microbiol.*, **65**, 4094 (1999)
18) https://www.mishimakosan.com/octcloth/
19) D. Coskun *et al.*, *J. Exp. Botany*, **63**, 151 (2012)
20) http://www.maff.go.jp/j/shokusan/sanki/pdf/251010si1.pdf
21) 水越克彰ほか，化学工学会第82年会講演要旨集，講演番号L113 (2017)
22) 浅見圭一ほか，日本スピンドル　技報，**55**，10 (2016)

8　分光計測によるプラズマ診断

難波愼一*

8.1　可視域におけるプラズマ分光

一般に，プラズマからは赤外から可視・紫外，真空紫外，X 線域までの幅広い波長域に及ぶ電磁波が放射される。そのため，光の計測はプローブ計測をはじめとする他の診断法よりも遙かに古くからプラズマの状態を調べるために用いられてきており，プラズマ分光学という一大分野を築いてきた。なかでも原子・分子構造を扱う量子論の発展に最も大きな影響を与えたのは間違いないであろう。

さまざまな波長を持つ光の中で，紫外・可視分光は特殊な光学素子を用いずに行うことができるため，プラズマの特性評価のために頻繁に採用されている。実際，バルマーが最初に水素放電において離散的なスペクトルを観測したのも可視域であった。また，大気圧プラズマからは中性原子や低電離イオンからの発光が支配的となるが，遷移波長の多くが紫外・可視域となるため，紫外・可視分光は安価且つ強力な診断ツールとして活用されている。なお，プラズマからは真空紫外線（波長 200 nm 以下）や軟 X 線も大量に放射されるが，大気分子や窓での吸収，高い反射率を持つ鏡がないことなどが理由でプラズマ診断は核融合プラズマやレーザープラズマのような高温高密度プラズマに制限される。したがって大気圧プラズマ診断には通常用いられることはないのでここでは割愛する。

本節ではプラズマを特徴づけるパラメータの内，最も重要な温度と密度を受動可視分光法で決定する方法を述べる。プラズマの産業応用を専門とする方でも，可視分光器さえあれば何とか温度・密度を決定できるようにまとめた。また，診断法の適応範囲，実際に測定する上での注意点についても紹介する。なお，レーザー分光による電子温度・密度計測法も近年飛躍的に計測技術が進展した。時間的にも空間的にも急激に変化するプラズマの特性を高い時空間分解能で調べることができるという利点があるが，計測装置は複雑・高価となり，高い専門的知識が必要となるという欠点もある。詳しくは専門書を参照されたい[1]。

8.2　受動分光による温度・密度計測

8.2.1　ドップラー拡がりによる原子・イオン温度計測

原子やイオンの温度を決定する最も簡単な手法はスペクトルのドップラー拡がりを計測することである。プラズマ中の重粒子（中性原子・イオン）速度分布が後述のマクスウェル・ボルツマン速度分布則で表すことができる場合，発光スペクトルの半値全幅 $\Delta\lambda_D$ は以下の式で与えられる[2~7]。

＊　Shinichi Namba　広島大学　大学院工学研究科　教授

$$\Delta\lambda_D(\mathrm{nm}) = 2(\ln 2)^{1/2}\frac{\lambda_0}{c}\sqrt{\frac{2k_BT}{M}} = 7.16\times10^{-7}\lambda_0\sqrt{\frac{T}{A}} \tag{1}$$

ここで，λ_0はスペクトルの中心波長(nm)，Mは原子質量，cは光速，k_Bはボルツマン定数，T[K]は重粒子温度，Aは質量数である。この式は各々の原子・イオンが分布関数で決まる速度でランダムな運動することで中心波長がドップラーシフトし，それを統計的に扱うことで簡単に導出することができる。

もし，スペクトルの拡がりを引き起こす他の要因がない場合にはこの関係式から中性原子・イオン温度を決定することが可能となる。

$$T\,[\mathrm{K}] = 1.95\times10^{12}A\left(\frac{\Delta\lambda_D}{\lambda_0}\right)^2 \tag{2}$$

ただし，分光器には自然幅と呼ばれる不確定性原理で決まるスペクトル拡がりやスリット関数で決まる拡がり（装置幅）が必ず存在し，排除できない。したがって，本手法が使えるのはこの2つの拡がりよりも十分ドップラー拡がりが大きい場合となる。一般に，自然幅は十分に狭いため無視することができるが，装置幅は使用する分光器の焦点距離，スリット幅，回折格子の特性などで決まるものであり，その定量評価には専門知識が必要となる[8)]。簡単な方法としては，実際に観測しているスペクトル波長に近いレーザー光（拡がり幅は自然幅のみ含まれる）を計測することにより，用いる観測系特有の装置幅$\Delta\lambda_{\mathrm{instrum}}$を見積もることが可能となる。

なお，装置幅をガウス関数と仮定し，観測されたスペクトル幅を$\Delta\lambda_G$とすればガウス関数同士のたたみ込みになるので，

$$\Delta\lambda_G = \sqrt{\Delta\lambda_{\mathrm{instrum}}^2 + \Delta\lambda_D^2} \tag{3}$$

したがって，実効的な$\Delta\lambda_D$が求まり，原子・イオン温度を決定することが可能となる。

8.2.2　ボルツマンプロット法による電子温度計測

ある系においてその状態を特徴づける温度をTとし，熱平衡状態にあるとする。この時，プラズマには統計力学，量子論から以下の4つの平衡式が成立することが知られている。

(1)　プランクの熱放射式

輻射に関しては熱平衡では黒体放射となり，放射されるエネルギー密度は周波数νの関数として以下のプランクの式で表される[9)]。

$$u(\nu)\mathrm{d}\nu = \frac{8\pi h\nu^3}{c^2}\frac{1}{e^{h\nu/k_BT_R-1}}\mathrm{d}\nu \tag{4}$$

ここで，hはプランク定数，T_Rは放射温度である。後述するようにプラズマがこの分布を持つには光学的に厚いと見なせるような超高密度プラズマ（例えばレーザープラズマの初期），あるいは，空間スケールの大きいプラズマ（例えば太陽など）を発生させる必要がある。したがって，完全な熱平衡プラズマを実現するのは困難となる。それに対し，次の3つの平衡式は十分衝突が起これば容易に成立する。

(2) マクスウェルの速度分布

比較的密度の高いプラズマを発生させると衝突過程によって平衡状態が維持される物理量がある。まず，粒子速度分布$f(\nu_x, \nu_y, \nu_z)$に関してはよく知られているようにマクスウェルの式が適用できる[10]。

$$f(\nu_x, \nu_y, \nu_z) = \left(\frac{m}{2\pi k_B T}\right)^{3/2} \exp\left[-\frac{m(\nu_x^2 + \nu_y^2 + \nu_z^2)}{2k_B T}\right] \tag{5}$$

ここで，mは電子質量，Tは系の温度である。これはドップラー幅を導出する際にも用いられる。ただし，バリア放電などの大気圧プラズマや非平衡プラズマなどでは高エネルギー粒子成分が微量含まれており，これがプラズマ発生や維持，発光に大きく寄与する場合があるので，温度が2成分からなるプラズマとして近似することもしばしば行われている。

(3) ボルツマン則

原子・イオンの励起準位間の数密度分布は以下のボルツマン則に従う[2,7]。上準位u，下準位lとすると，数密度の比は，

$$\frac{n_u}{n_l} = \frac{g_u}{g_l} \exp\left(-\frac{E_u - E_l}{k_B T}\right) \tag{6}$$

となる。ここで，g_u, g_lはそれぞれ準位u，lの統計的重率，E_u, E_lはそれぞれ準位u，lの励起エネルギーである。

(4) サハ・ボルツマンの式

最後に紹介するのがサハ・ボルツマンの式で，Z価イオンのi準位と$Z+1$価イオン（基底状態）の数密度比を表すものである[2,4,5,7]。まず，サハの式は各イオンの数密度を与える式であり，Z価イオンですべての準位の数密度の和をn_z ($n_z - \sum_i n_z(i)$) とすると，

$$\frac{n_{z+1} n_e}{n_z} = 2\left(\frac{2\pi m k_B T_e}{h^2}\right)^{3/2} \frac{B_{z+1}}{B_z} \exp\left\{-\frac{I_z(1)}{k_B T_e}\right\} \tag{7}$$

である。ここで，n_{z+1}は$Z+1$価イオンの基底状態密度，$I_z(1)$はz価イオンのイオン化ポテンシャル，T_eは電子温度である。また，B_z，B_{z+1}はそれぞれZ価，$Z+1$価の分配関数で，B_zについてはz価イオンi準位のイオン化ポテンシャル，統計的重率をそれぞれ$E_z(i)$，$g_z(i)$とすると以下の式となる。

$$B_z(T_e) = \sum_i g_z(i) \exp\left\{-\frac{E_z(i)}{k_B T_e}\right\} \tag{8}$$

この式と(6)式のボルツマンの式より，Z価イオンのi準位と$Z+1$価イオンの数密度比を表すサハ・ボルツマンの式，

$$\frac{n_e n_{z+1}(1)}{n_z(i)} = \frac{2 g_{z+1}(1)}{g_z(i)} \left(\frac{2\pi m k_B T_e}{h^2}\right)^{3/2} \exp\left(-\frac{I_z(1) - E_z(i)}{k_B T_e}\right) \tag{9}$$

が得られる。なお，高密度ではイオン化ポテンシャルの低下が生じるが，ここでは無視する[2,4,7]。

今，(9)式が成立するプラズマを考えると，系の温度 T_e を与えると Z 価イオンの i 準位密度は電子密度と $Z+1$ 価イオン密度の積に比例することになる。このような系を局所熱平衡と呼ぶ。なお，電子温度と重粒子（中性原子，イオン）温度が等しいこと，あるいは，空間的に微小領域を考え，その中では熱平衡が成立することを局所熱平衡とする定義も場合もあるが，ここでは分光計測からプラズマを診断するのが目的なので，Griem らが提唱した，“ある準位に対して(9)式が成立するか否か”で定義する[4,11]。

前述のように，局所熱平衡も粒子間の衝突過程により維持される。(9)式から明らかなように自然対数内の $I_z(1)-E_z(i)$ は高励起準位ほど小さくなる。もちろん，(9)式は系の温度 T_e に大きく依存するが，一般に準位が高い状態（つまり簡単に電離できる準位）では局所熱平衡が容易に成立する。この高励起準位は熱平衡になりやすいという性質は，電子温度を決定する際に役立つ。なお，局所熱平衡の成立条件については[4,11]に詳細な議論がある。

スペクトル強度 I は遷移の上準位密度 n と自然放射の遷移確率 A に比例するため，ここでは便宜上 $I=nA\cdot h\nu$ とおく（強度や輝度についての分光量については文献を参照されたい[2,7]）。したがって，準位 i から準位 j への光遷移強度を I_{ij}，準位 k から準位 l への光強度を I_{kl} とすると，２つのスペクトル線強度比（ピーク値ではなくスペクトル分布に対する積分値）は以下で与えられる。

$$\frac{I_{ij}}{I_{kl}} = \frac{n_i A_{ij} h\nu_{ij}}{n_k A_{kl} h\nu_{kl}} = \frac{A_{ij} g_i \nu_{ij}}{A_{kl} g_k \nu_{kl}} \exp\left(-\frac{E_i - E_k}{k_B T_e}\right) \tag{10}$$

ここで，準位密度 n_i，n_k に(6)式のボルツマン則を用いた。A，g，ν は遷移で決まる定数であるため，各スペクトル強度 I を計測することにより電子温度 T_e が求められる（実際の分光計測の際には相対的な光学系の感度較正が必要）。

ではヘリウム原子の発光線に対してこの線強度比法から電子温度を決定する例を見てみることにする。図1はアークジェットヘリウムプラズマからの発光スペクトル例である[12]。特徴的な2つのシリーズ（2^1S-n^1P，2^3P-n^3D）からなるスペクトルは矢印で示してある。(10)式に示したように，局所熱平衡となる高励起準位では自然対数的にスペクトル強度が減少する特徴がある。図2にはボルツマンプロットと呼ばれる横軸に励起エネルギーを，縦軸には換算占有密度（n/g）としてプロットしたときの結果を示す。この直線の傾きより，電子温度を 0.24 eV と決定することができる。なお，この手法が適用できるのは一般に，電子密度が約 10^{13} cm^{-3} 以上で，比較的高い励起準位までのスペクトルが計測できる場合である[4]。温度の精度を高めるにはできるだけ高い準位までのスペクトルを計測すればよい。

8.2.3　連続スペクトル放射を用いた電子温度計測

図1のスペクトルには輻射再結合に伴う連続スペクトルも観測されている（グレーで示した領域）。輻射再結合とは光電離の逆過程で，A^+ イオンが光を放出して電子と再結合する。

$$A^+ + e \rightarrow A^* + h\nu \tag{11}$$

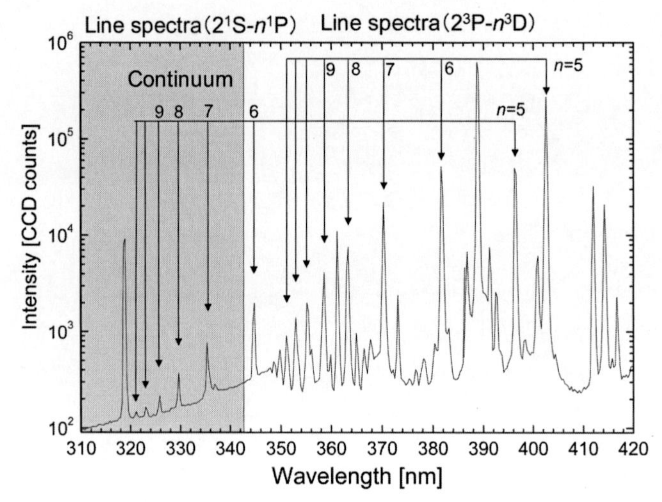

図1　ヘリウムアークジェットヘリウムプラズマからの発光

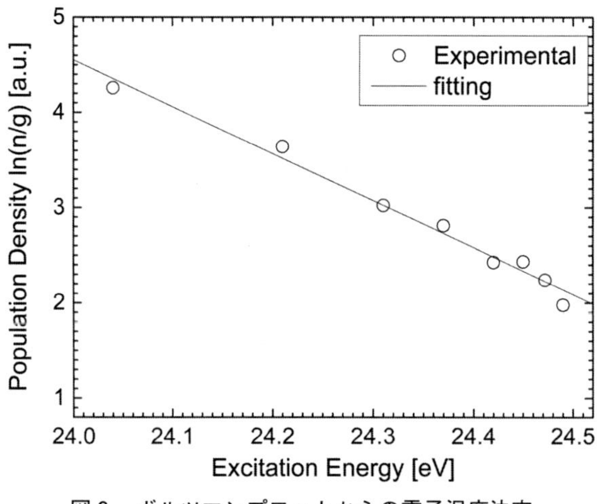

図2　ボルツマンプロットからの電子温度決定

電子は連続的な速度分布を有するため，当然このスペクトルも連続的となり，その放出係数εは周波数の関数として

$$\varepsilon(\nu) = \frac{h^7}{8\pi^{9/2}m^3e^6}\frac{\nu^3}{c^2}\frac{g}{g_z}\sigma(\nu)n_e n_z\left(\frac{E_H}{k_BT_e}\right)^{3/2}\exp\left[\frac{1}{k_BT_e}(\chi - h\nu)\right] \tag{12}$$

で与えられる[2,4,13]。ここで，$\sigma(\nu)$は光電離断面積，g，g_zはそれぞれ中性原子 A と A^+ イオンの統計的重率，E_Hは水素原子のイオン化ポテンシャル，χは A 原子のイオン化ポテンシャルである。

図3には図1の連続スペクトルに着目したプロットを示す。横軸は放出される光エネルギーを，縦軸は$\ln(\varepsilon/\sigma\nu^3)$である。こうするとプロットの傾きが⑿式の温度$k_BT_e$の逆数となるため

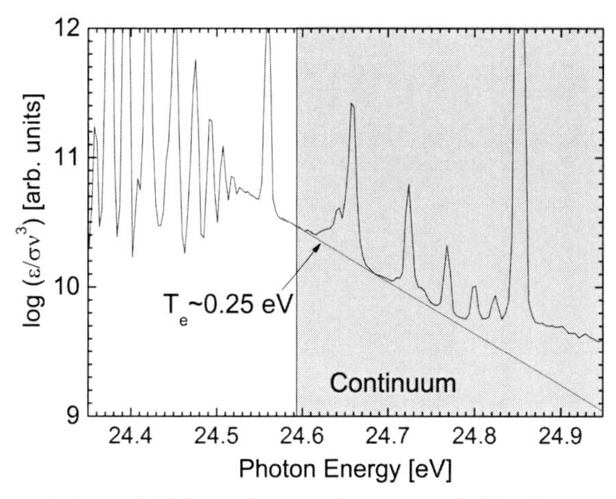

図３　輻射再結合連続スペクトルからの電子温度決定

便利である。したがって，連続スペクトルを計測することにより電子温度を決定することができ，図３の例では電子温度は0.25 eVと評価された[12)]。ここでも当然，観測波長域の光学系の感度を補正する必要がある。

8.2.4　シュタルク拡がりによる電子密度計測

量子力学によると，原子内の電子は電場が存在する時にはシュタルク効果によりエネルギーがシフトする[2~7,9)]。これはシュタルクシフトと呼ばれており，水素原子では方位量子数が縮退しているため１次のシュタルク効果，それ以外の原子では２次のシュタルク効果が支配的となる。プラズマ中の電場はマクロ電場とミクロ電場からなり，例えば直流高電圧放電において電極近傍に形成される高い電場によるものはマクロ電場である。一方，高密度プラズマ中には多数の荷電粒子が存在するため発光原子は各々の粒子からクーロン力を受けるが，これがミクロ電場として発光スペクトルに影響を及ぼす。ミクロ電場によりスペクトルはクーロン力に応じてシュタルクシフトするが，周りの荷電粒子の位置や衝突頻度を統計的に扱うとスペクトルは拡がりとして観測される。これはドップラー拡がりと同じ考えである。したがって，このミクロ電場によるスペクトル拡がりをシュタルク拡がりと呼び，この幅からプラズマの密度を決定することができる[2~4)]。

水素原子については先に述べたように，１次のシュタルク効果となるため，10^{13} cm^{-3}以上のプラズマに対してシュタルク幅から電子密度を決定することができる。ここで，シュタルク幅の温度に対する依存性が比較的小さいバルマーβ線（H-β）に対するシュタルク幅（半値全幅）は以下の式で近似できる[13)]。

$$\Delta\lambda_S^H(\mathrm{nm}) = 1.26 \times 10^{-11} n_e^{0.68} \tag{13}$$

この式で密度の単位はcm^{-3}とした。一般に，スペクトルの形状はローレンツ分布で表すことができ，シュタルク幅を計測すれば電子密度を決定することができる。

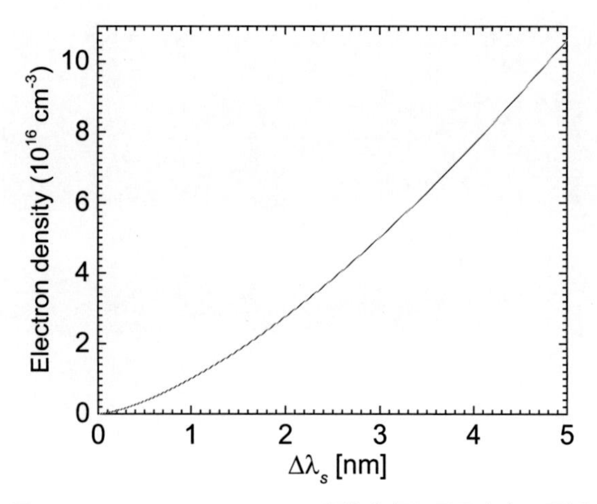

図4　シュタルクスペクトルの半値全幅と電子密度の関係

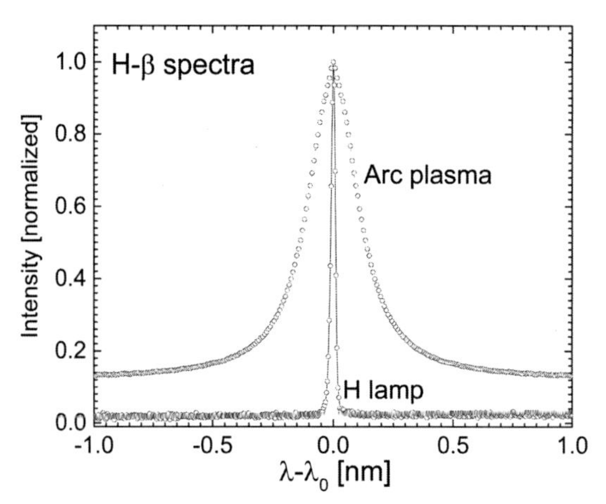

図5　アークプラズマにおける H-β 線スペクトル
水素ランプからの発光線も参考のためプロットしてある

一方，He などの原子に対するシュタルク幅 $\Delta\lambda_S$ は，

$$\Delta\lambda_S\,(\mathrm{nm}) = 2 \times \{1 + 1.75 \times 10^{-4}\, n_e^{1/6}\, \alpha\,(1 - 0.068 n_e^{1/6} T_e^{-1/2})\}\, w_e\, n_e \tag{14}$$

で与えられる[2~4]。ここで，α，w_e はそれぞれイオン拡がりパラメータ，電子衝突に起因する拡がりの半値全幅を表しており，いくつかの原子スペクトルについては値がまとめられている[3,4]。注意すべきことは，シュタルク効果以外にもスペクトル形状に影響を与える要因がある場合には観測スペクトルをデコンボリューション処理し，シュタルク成分のみを抽出する必要がある点である[14]。

図4に H-β シュタルク幅と電子密度の関係を，図5には実際の熱プラズマから放射された H-β 線のスペクトル例を示す。参考のために水素ランプ（低密度プラズマ）で得られた結果も

示すが，熱プラズマではスペクトルがかなり拡がっているのが分かる。ガウス型の装置関数を別途計測し，フォークト関数からシュタルク幅を求めたところ，電子密度は，$2\times10^{16}\,\mathrm{cm}^{-3}$ 程度であった。

8.3　発光線強度比法による電子温度・密度計測

プラズマ中の素過程に関するすべての反応断面積や速度係数が既知であれば，考えているイオン種の励起準位密度を決定することができる。このような数値計算法は，衝突輻射モデルと呼ばれている。水素原子において任意の主量子数 p の励起準位密度 $n(p)$ に対する時間変化は電子温度と密度の関数であり，以下の式で与えられる[5,15,16]。

$$\frac{\mathrm{d}}{\mathrm{d}t}n(p) = \sum_{q<p}C(q,\ p)n_e n(q) - \{[\sum_{q<p}F(p,\ q) + \sum_{q>p}C(p,\ q) + S(p)]n_e + \sum_{q<p}A(p,\ q)\}n(p) + \sum_{q>p}[F(q,\ p)n_e + A(q,\ p)n(q)] + [\alpha(p)n_e + \beta(p)]n_z n_e \tag{15}$$

ここで，$C(p,\ q)$，$F(p,\ q)$は電子衝突励起と脱励起の速度係数，$A(p,\ q)$は自然放出係数，$S(p)$は電子衝突電離速度係数，$\alpha(p)$は三体衝突再結合速度係数，$\beta(p)$は放射再結合速度係数である。現実的には準定常近似（Quasi Steady State：QSS）が成立する場合が多いため，左辺の時間微分は無視できる。したがって $p\geqq2$ では(15)式は連立方程式となり，数値計算で励起準位密度を決定することができる。スペクトル強度は前述のように $I=nA\cdot h\nu$ であるから，計測と数値計算でのスペクトル強度を比較し，その一致で電子温度・密度が推測できる。

プラズマ診断への応用に際しては，例えば電子温度を決定する際には，温度に敏感に応答する光学遷移を選択し，さらにスペクトル線強度比で比較するのが便利である。また，感度較正の手間を考えると線強度比のペアはできるだけ近い波長の遷移対とする方が楽である[17,18]。

8.4　輻射輸送

高密度プラズマでは放出された光が再吸収される確率が高くなる。特に共鳴線と呼ばれる基底状態への光学遷移は再吸収されやすく（光学的に厚いプラズマ），励起準位密度の分布に大きな影響を与える。したがって，8.3項で示した線強度比法による電子温度・密度決定には自己吸収の効果を適切に取り扱わなければならない。また，吸収係数はスペクトル線中心で最も大きくなるため，スペクトル形状からシュタルク幅・積分値を評価する際にも注意が必要となる。ここでは輻射輸送の具体的な式を示し，光学的に厚い高密度プラズマに対してスペクトル形状がどのように歪められるのかについて説明する[2,7,12]。

位置 x_0 から放射された光が x 点に到達した時の分光放射輝度 $I'(\nu,\ x)$ は輻射輸送の式，

$$\frac{\mathrm{d}I'(\nu,\ x)}{\mathrm{d}x} = \varepsilon(\nu,\ x) - \kappa'(\nu,\ x)I'(\nu,\ x) \tag{16}$$

を解くことにより求めることができる[2,5,7,12]。積分すると，

$$I'(\nu, x) = \int_{x_0}^{x} \varepsilon(\nu, x') \exp\left[-\int_{x'}^{x} \kappa'(\nu, x'')\mathrm{d}x''\right]\mathrm{d}x' \tag{17}$$

ここで，$\varepsilon(\nu, x)$，$\kappa(\nu, x)$はそれぞれ分光放出係数，誘導放射を考慮した吸収係数である。この(17)式を解くことができれば，位置xにおけるプラズマ表面からの分光輝度が求まる。実際の計測の際にどの程度吸収が生じるのかをあらかじめ把握しておくことは重要であるが，(17)式を解くのはさまざまな仮定が必要となり，容易ではない。また，衝突輻射モデルに吸収の影響を組み込む際に逐次，(17)式を解くのは賢明ではない。そこで近似的に自己吸収の影響を表すパラメータとして導入されたのが optical escape factor Λである。以下では，遷移の上下準位のラベルをそれぞれk，iとし，このΛを具体的に求める[19]。

Optical escape factor Λの定義は，B_{ik}，B_{ki}をそれぞれ吸収係数，誘導放出係数とすると，

$$\Lambda_{ik}(\boldsymbol{r})A_{ki}n_k(\boldsymbol{r}) = A_{ki}n_k(\boldsymbol{r}) - \frac{4\pi}{c}\left[B_{ik}n_i(\boldsymbol{r}) - B_{ki}n_k(\boldsymbol{r})\right]\bar{I}(\boldsymbol{r}) \tag{18}$$

右辺第1項目は吸収がない場合の自然放射による遷移数，第2項目が誘導放射を考慮した吸収による光学遷移の減少分である。したがって，Λは実効的な自然放射遷移確率と見なせる。吸収が有る場合にはスペクトル強度は$I = \Lambda \cdot nA \cdot h\nu$であるから，高密度の極限（光学的に厚い）で$\Lambda = 0$となり，黒体放射となる。一方，低密度では$\Lambda = 1$だから吸収がない場合（光学的に薄い）に対応する。

ここで，$\bar{I}(\boldsymbol{r})$は$I(\nu, \boldsymbol{r}, \boldsymbol{j})$を位置$\boldsymbol{r}$での$\boldsymbol{j}$方向への単位立体角，単位周波数当たりの分光放射輝度とすると以下の式で表される。

$$\bar{I}(\boldsymbol{r}) = \frac{1}{4\pi}\int \mathrm{d}\Omega \int \mathrm{d}\nu\, P_{ki}(\nu, \boldsymbol{r})\, I(\nu, \boldsymbol{r}, \boldsymbol{j}) \tag{19}$$

Pはスペクトルの形状を表しており，規格化されている。

$$\int_{\mathrm{line}} P_{ki}(\nu, \boldsymbol{r})\,\mathrm{d}\nu = 1 \tag{20}$$

プロファイルPを用いると(16)式のε，κ'は，

$$\varepsilon_{ki}(\nu, \boldsymbol{r}) = \frac{h\nu_{ki}}{4\pi} n_k(\boldsymbol{r}) A_{ki} P_{ki}(\nu, \boldsymbol{r}) \tag{21}$$

$$\kappa'_{ik} = \left(1 - \frac{n_k(\boldsymbol{r})\, g_i}{n_i(\boldsymbol{r})\, g_k}\right)\kappa_{ik}(\nu, \boldsymbol{r}) \tag{22}$$

$$\kappa_{ik}(\nu, \boldsymbol{r}) = \frac{h\nu_{ki}}{c} n_i(\boldsymbol{r}) B_{ik} P_{ki}(\nu, \boldsymbol{r}) \tag{23}$$

以上より，発光位置$\boldsymbol{r}_0$（観測点ではない）での$k \rightarrow i$遷移に対するΛ_{ki}は，

$$\Lambda_{ik}(\boldsymbol{r}_0) = 1 - \frac{1}{n_k(\boldsymbol{r}_0)}\frac{1}{4\pi}\int \mathrm{d}\Omega \int \mathrm{d}\nu\, \kappa'_{ik}(\nu, \boldsymbol{r}_0) \int_{\boldsymbol{r}}^{\boldsymbol{r}_0} \mathrm{d}\boldsymbol{r}'\, n_k(\boldsymbol{r}') P_{ki}(\nu, \boldsymbol{r}') \exp\left[-\int_{\boldsymbol{r}'}^{\boldsymbol{r}_0} \mathrm{d}\boldsymbol{r}''\kappa'_{ik}(\nu, \boldsymbol{r}'')\right] \tag{24}$$

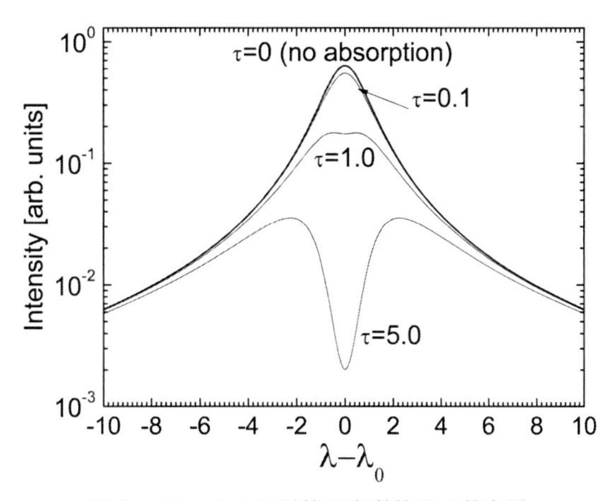

図6　スペクトル形状の光学的深さ依存性

となる。

この式を解くためにはどのような特徴のプラズマを計測対象とするのかに大きく依存する。ここでは代表的な仮定として以下の3つを取り上げる。まず，球対称，軸対称，平面プラズマといったプラズマ形状を仮定する。次に，電子温度・密度，各準位密度の空間分布についての情報も必要となる。例えば，空間一様，相似形，相関がない，といった密度分布を仮定する。最後の仮定がスペクトル形状で，ガウス分布，ローレンツ分布，フォークト分布のうち，どれが適切であるのかを決めなければならない[20]。なお，粒子輸送コードとカップルさせて解く手法を採用するのであればこれらの仮定は原理的には不要となる。

今，軸対称均一プラズマで，スペクトル形状がローレンツ分布の場合を考える。この時のΛは，

$$\Lambda_{ik} = \frac{2}{\pi}\int_0^\infty \mathrm{d}x \int_0^1 \mathrm{d}t \frac{1}{1+x^2} \exp\left[-\frac{\tau}{\sqrt{1-t^2}}\frac{1}{1+x^2}\right] \tag{25}$$

となる[21]。ここで，τは光学的深さであり，f_{ik}を振動子強度，λ，$\Delta\lambda$をそれぞれ遷移波長とスペクトル幅，Lをプラズマ長とすると次の式で定義される[14]。

$$\tau = \frac{e^2}{mc^2} f_{ik}\left(1 - \frac{n_k(\boldsymbol{r}_0)\, g_i}{n_i(\boldsymbol{r}_0)\, g_k}\right) \frac{\lambda^2}{\Delta\lambda}\int_0^L n_i(\boldsymbol{r}_0)\,\mathrm{d}x \tag{26}$$

図6に光学的深さτの関数としてスペクトル形状がどのように変化するのかを示す。高密度プラズマやスケールが大きなプラズマではτが大きくなり，中心波長部の強度が徐々に減少し，$\tau=5$では大きくくぼむ構造となる。特に明確なくぼみがない$\tau=1$付近の条件においてスペクトル幅を評価する際には，スペクトル幅に大きな誤差が生じるので注意が必要である。

8.5　分子分光による振動・回転温度計測

これまでに紹介してきたのは中性原子や低電離イオンを対象としたプラズマ診断であった。しかしながら，大気中の窒素や酸素，さらには水素やシリコンを含む分子性ガスをプラズマ化し，

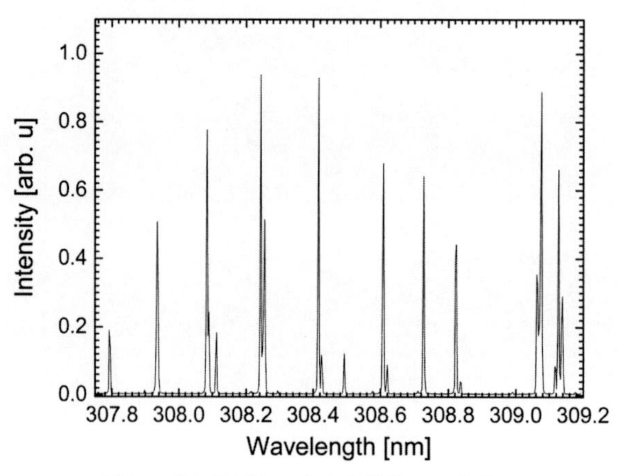

図7　OH ラジカルからの発光スペクトル

反応性の高いラジカル発生やプラズマの高いエネルギー密度場を産業応用する研究も精力的に行われている。例えば，空気清浄機などでは空気中に含まれる水分子を解離させ，OH ラジカルを発生させるものがある。このラジカルを効率良く生成するためにプラズマが用いられている。反応率は温度に大きく依存するため，分子の振動・回転温度を正確に知ることはラジカル応用する上で極めて重要な課題である。一般に，分子は原子・イオンと比較して遙かに多くのスペクトルが出現し，その規則性は複雑であるため，その理解には量子化学の知識が必要になる。したがって，ここでは分子スペクトルから内部エネルギーの情報を取り出すことのみに着目し，分子軌道や選択則といった詳細な理論は専門書を参照されたい[9,22)]。

図7は OH ラジカル A-X 遷移（308 nm 付近）の紫外域スペクトルを示す。このスペクトル強度分布をシミュレーションから得られるものと比較することにより振動・回転温度を決定することができる。用いたコードは LIFBASE という無料でダウンロードできるものである[23)]。ここでは振動・回転温度が等しいと仮定することにより，ガス温度 750 K を得ることができた[14)]。もちろん，より詳細な分子分光を行えば，振動と回転の温度を独立に決めることも可能である。なお，振動・回転準位間の遷移は極めて接近しているため，一般に高分散型の分光器が必要となる点に注意されたい。

文　献

1）D. H. Froula, S. H. Glenzer, N. C. Luhmann Jr, J. Sheffield, Plasma Scattering of Electromagnetic Radiation, Academic Press (2011)

2）R. W. P. McWhirter, edited by R. H. Huddlestone, S. L. Leonard, in Plasma Diagnostic

Techniques, Academic Press, New York (1965)
3) H. R. Griem, Spectral Line Broadening by Plasmas, Academic, New York (1974)
4) H. R. Griem, Plasma Spectroscopy, McGraw Hill, New York (1964)
5) T. Fujimoto, Plasma Spectroscopy, Oxford University Press (2004)
6) N. Konjević, *Phys. Rep.*, **316**, 339 (1999)
7) 山本学，村山精一，プラズマの分光計測，日本分光学会，学会出版センター
8) 大塚正元，核融合研究，**55**，21 (1986)
9) B. H. Bransden, C. J. Joachain, Physics of Atoms and Molecules, John Willy & Sons, New York (1983)
10) F. F. Chen, Introduction to Plasma Physics, Plenum Press, New York (1974)
11) 藤本孝，杉山征人，福田国弥，核融合研究，**27**，1 (1971)
12) S. Namba, N. Yashio, K. Kozue, K. Nakamura, T. Endo, K. Takiyama, K. Sato, *Jpn. J. Appl. Phys.*, **48**, 116005 (2009)
13) M. A. Gigosos *et al.*, *Spectrachimica Acta Part B*, **58**, 1489 (2003)
14) S. Namba, T. Yamasaki, Y. Hane, D. Fukuhara, K. Kozue, K. Takiyama, *J. Appl. Phys.*, **110**, 073307 (2011)
15) T. Fujimoto, J. Quant, *Spectrosc. Radiant. Transfer*, **21**, 439 (1979)
16) M. Goto, T. Fujimoto, NIFS Data 43, National Institute for Fusion Science, Gifu, Japan (1997)
17) S. Sasaki, M. Goto, T. Kato, S. Takamura, NIFS-DATA-49, National Institute for Fusion Science, Gifu, Japan (1998)
18) S. Sasaki, S. Takamura, S. Watanabe, S. Masuzaki, T. Kato, K. Kadota, *Rev. Sci. Instrum.*, **67**, 3521 (1996)
19) M. Otsuka, R. Ikee, K. Ishii, J. Quant, *Spectroc. Radiat. Transfer*, **21**, 41 (1979)
20) 大塚正元，核融合研究，**44**，447 (1980)
21) S. Namba, R. Nozu, K. Takiyama, *J. Appl. Phys.*, **99**, 073302 (2006)
22) G. Herzberg, Molecular Spectra and Molecular Structure: Spectra of Diatomic molecules Vol. 1, D. Van Nostrand, New York (1950)
23) J. Luque, D. R. Crosley, "LIFBASE" Database and Spectral Simulation Program (Version 1.9), SRI International Report Mp 99-009 (1999)

第2章　表面処理への応用

1　コロナ処理による表面改質技術

田村　豊*

1.1　はじめに

プラズマを工業用途に使用しているものは様々であるが，最も歴史が古く，かつ汎用的に利用されている技術にコロナ表面改質装置がある。

改質の対象物は，一般的には高分子材料であるが，最近は金属箔や不織布といった材料にも利用されている。

コロナ処理装置は装置の導入にあたり，設計の自由度が高いこと，生産ラインにおける高速処理が可能でネック工程にならないこと，動力源が商用電源のみで化学施設が不要なことなど，その簡便さが工業用途に普及している一因と言える。

当社は50年に亘りコロナ処理装置あるいはプラズマ処理装置を各方面に提供してきた。

当初はフィルム成膜業界・印刷業界・ラミネート業界が主流で限られた業界が多かったが，1987年にいわゆる，大気圧グロープラズマ（APG）の発表[1]によりプラズマの分類化が整理（図1）され，かつ論文や業界紙などに広く取り上げられたことで，その認知度が高まり，今では幅広い業界に普及している。

歴史の長いコロナ処理装置において今更の感もあるが，電源装置や電極構造など，電気・機械両面での更新を繰り返すなかで数十年前の装置とは改質の様相も異なったものになっている。

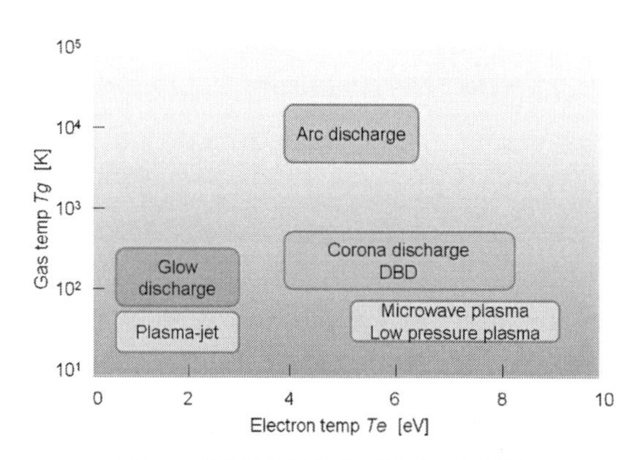

図1　ガス温度によるプラズマの分類

＊ Yutaka Tamura　春日電機㈱　コロナ処理技術部　副部長

1.2　コロナ処理装置の構成

1.2.1　コロナ処理装置の構成

高分子表面改質用途としては，フィルム基材 Roll to Roll 状のものが一般的である。

図2にコロナ処理装置の構成を示す。基本構成としては，①処理ステーション，②高周波電源装置，③高圧トランス，④排気装置，で構成される。

高圧トランス・ステーション間は高電圧が印加するため，安全上，配管などで保護している。

1.2.2　導入事例

図3に印刷やコーティング前処理のライン配置を示した。印刷やコーティングでは塗工直後にフィルムが階上の乾燥装置を流れることから，コロナ放電が下面から照射するように電極配置するのが一般的である。

もうひとつの事例として，図4にラミネート前のコロナ処理の配置を示す。

図は粘着加工をされた基材Bと基材Aを貼り合わせるラインで，電極配置は逆に上面側に配置される。

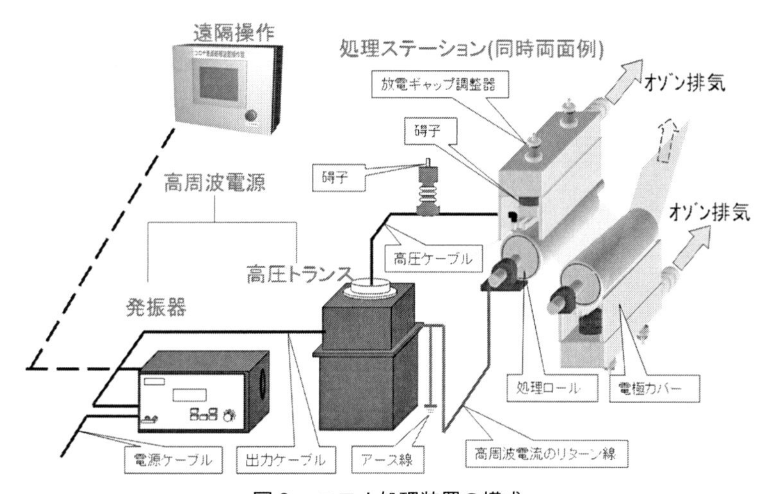

図2　コロナ処理装置の構成

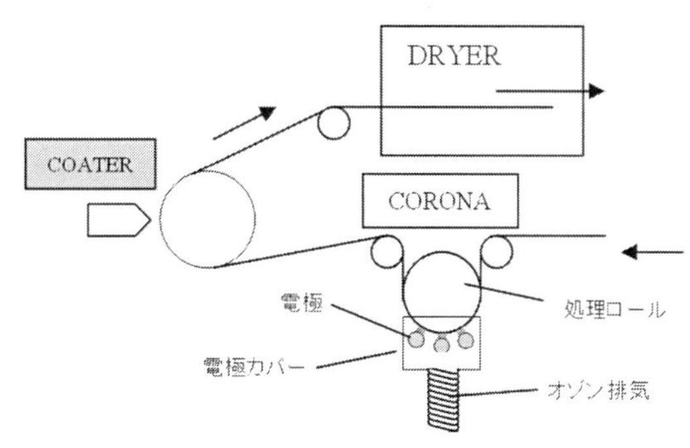

図3　コーティング前コロナ処理例

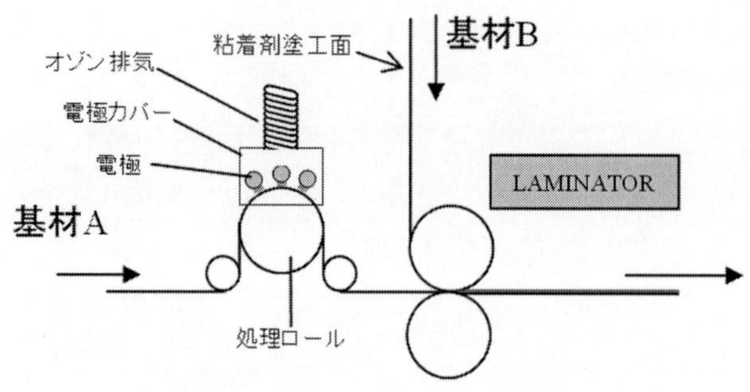

図4　ラミネート前コロナ処理例

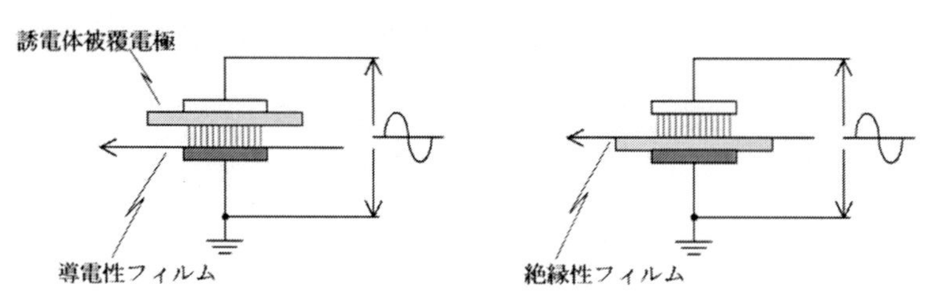

図5　電極の構成

このように放電の方向，放電の長さ，電極の本数などステーション側は，設計上の自由度が高く，既存の古いラインであっても設置スペースさえ確保できれば後付けが可能である。

電極カバーは安全面のためと，発生するオゾンが外部に漏れないようにするために設置される。

1.2.3　放電部の構成

放電部は電極と処理ロールで構成される。放電と処理ロールの間隙はおよそ1.5～2.0 mmが標準である。

熱非平衡状態を連続的に発生させるために，周波数の高い交流電源と，電極側には誘電体を設けなければならない。図5に電極構成のモデルを示す。

誘電体を対極側に設ける構成では絶縁性のフィルムに用いられる。誘電体を電極側に設けることで導電性のフィルムや金属への処理が可能になる。

1.3　表面の改質効果

1.3.1　接触角・ぬれ張力[2)]

図6はPETフィルムの改質効果を接触角ならびに，ぬれ張力で判定したグラフである。横軸は「放電量」という単位面積当たりのコロナ照射量になる。

水準の違いは，前項の誘電体材質差およびコロナ照射密度（W/cm^2）差で改質の違いをみたものである。

照射量に応じて改質度が上昇しているが，ある照射量以上で飽和域に達している様子が伺える。

高分子フィルムではこのような傾向になり，フィルムに応じて，誘電体材質や照射密度を含め

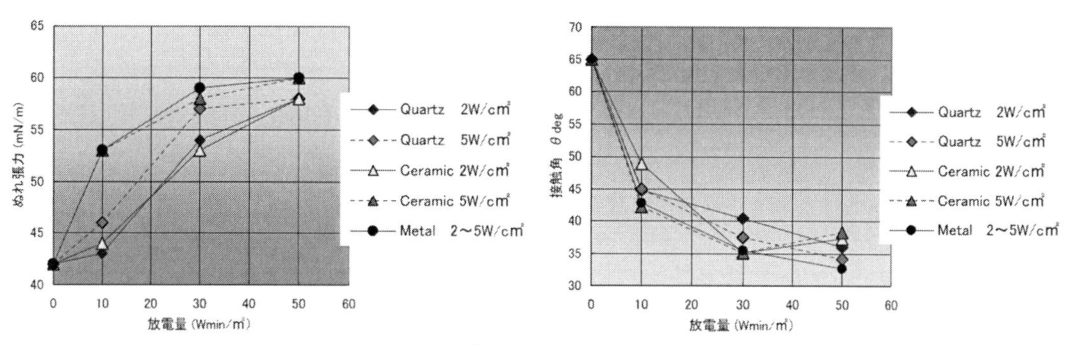

図6　PETの改質判定（接触角・ぬれ張力）

た適正な照射量を決定する必要がある。

一度，特性を把握しておけば工業用途での再現性がかなり正確に確保することができる。

1.3.2　化学的改質

コロナ処理によって高分子表層に親水性が付与されるが，図7にPETフィルム，図8にPPフィルムの表面分析（XPS）結果を示す。

大気中でのコロナ表面改質では，酸素由来の官能基が導入される。

一方，放電雰囲気をガスで置換することで表面に導入される化学結合にも変化が現れる。図9はPETフィルムを窒素置換雰囲気でコロナ照射したときのN1sスペクトルを示す。

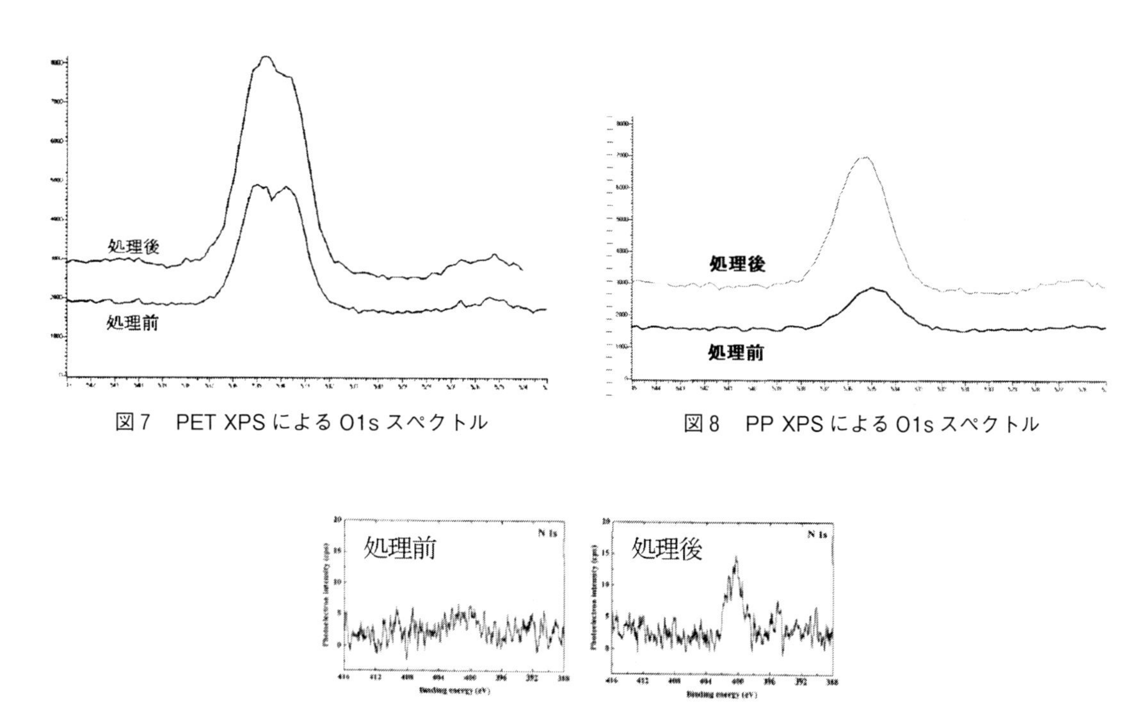

図7　PET XPSによるO1sスペクトル

図8　PP XPSによるO1sスペクトル

図9　窒素雰囲気でのコロナ処理
PET XPSによるN1sスペクトル

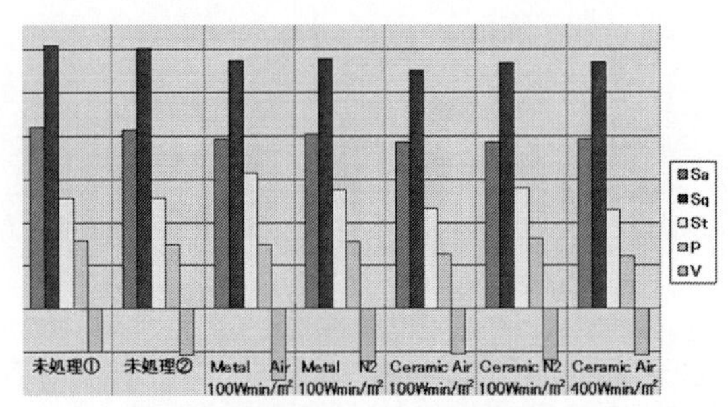

図10　表面粗さ（3次元，面粗さS）

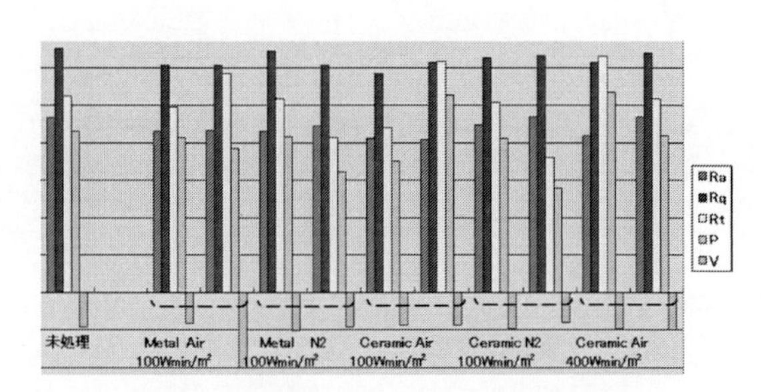

図11　表面粗さ（2次元，断面粗さR）

窒素由来の化学結合成分がピークとして現れている。

1.3.3　物理的改質

物理的改質とは高分子表面がコロナ表面改質によって凸凹になるエッチング効果を指すもので，元来，減圧下でのプラズマではこれら効果があることが知られている。減圧下プラズマでの数十秒～数分と長時間照射によってもたらされる効果が，常圧下でしかも照射時間が数十mS～数百mSと極めて短時間の照射でも得られるのかを，PETフィルムで検証を行った。

検証条件は電極が金属電極と誘電体電極・雰囲気を大気中とN_2置換の組み合わせで，コロナ照射量は100 Wmin/m^{2}と400 Wmin/m^{2}通常の10倍と40倍に相当する照射量を与えた。

測定は光学式表面性状測定器（分解能0.1 nm）で計測した。

検証結果を図10に面粗さ，図11に断面粗さの比較データとして表わす。結果，表面粗度の指標となるSa・Raを比較して差がでなかった。コロナ表面改質では，化学的改質が支配的であることを表わしている。

1.4　経時変化

コロナ表面改質における経時変化についてふれておく。経時変化とはコロナ改質後に表面状態が時間経過とともに見掛け上，特性が徐々に元に戻っていく現象である。図12にPETフィルムの経時変化を接触角・ぬれ張力で測定した結果をまとめる。

それぞれ，改質直後から分→時間→日→月で経過による変化を表わしている。

保管形態は枚葉保管とロールに巻いた状態の2種類を比べた。念のため，未処理品の変化も計測に加えている。

結果，ロール状であれば4カ月経過でも接触角35→47°，ぬれ張力62→57 mN/mと未処理状態の60°，42 mN/mに比べて効果が維持されているが，枚葉状態のものは接触角35→67°，ぬれ張力62→44 mN/mと未処理状態あるいはそれ以上に状態が変化している。

特筆すべきは，本来，変化がない筈の未処理材であっても枚葉放置しておくと全く別の界面状態になってしまう点である。

改質品であっても未処理品であっても空気中にさらしておくと，湿度・コンタミ・揮発性有機

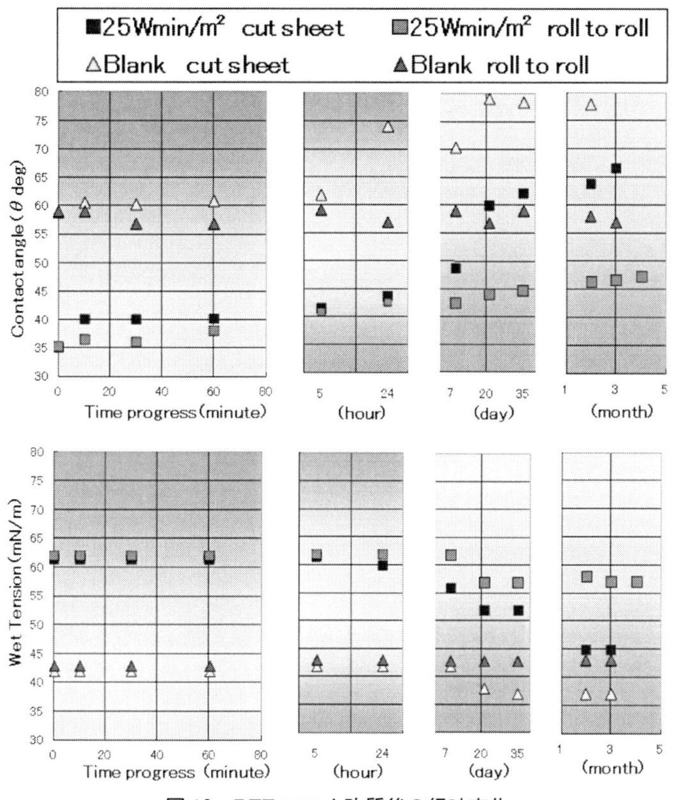

図 12　PET コロナ改質後の経時変化

物の影響を受けてしまう。

これらは例えば生産時のロット検証で切り出したフィルムで長時間のロール製品を表現できないということになる。

また，研究開発などでは，フィルム業者からカットシートサンプルを取り寄せる場面も多い。時間が経過して未処理の状態が変化すると処理特性も変わるので注意を要する（図 13）。

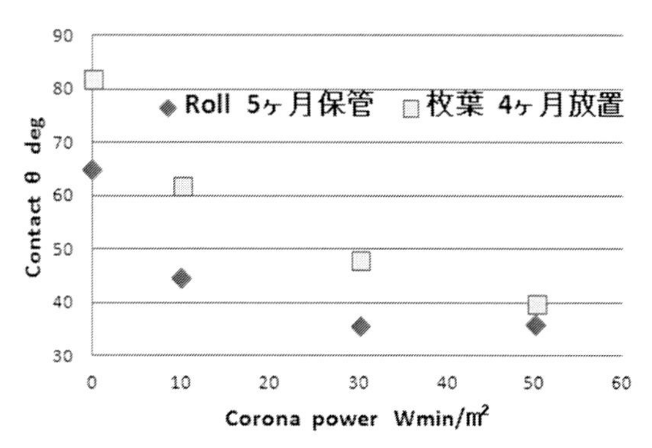

図 13　同一 PET で未処理の接触角が異なるときの特性差

実験検証などでは極力ロール品を利用し，保管もロールに巻いた状態が望ましい。

コロナ処理装置では図3，図4でも示したようにインライン配置（処理直後に次工程）が最も効果的に利用できる配置であるが，実際の現場ではコロナ処理が別工程になる例も多い，このようなアウトライン使用でも，フィルム別に経時変化の動きを掴んでおけば管理は十分に可能である。

また，用途によって常に処理直後の状態が必要ではなく，ある程度効果が維持されていれば製品や後工程に支障がない事例も多い。

本稿ではPETフィルムを紹介したが，フィルムによってはロール状態でも経時変化が速いものも存在する。原料に低分子成分が添加剤として多く含まれる場合はロール状保管でも，フィルム内部から改質表面に浮きでて官能基を閉じてしまう場合がある。それでも，未処理までは戻ることはない。

1.5　金属箔への処理

電極間の誘電体を電極側に配置することで，金属など，導電性基材への処理が可能になる。

金属箔といってもアルミ・銅・SUSなど種類も多く，製法や前処理も様々で，処理特性にも違いがある。金属は表面が活性なので親水性が良好な状態と思われるが，実際には高分子フィルム以上に界面は疎水状態になっているものが多い。図14はアルミ箔へのコロナ処理特性になる。

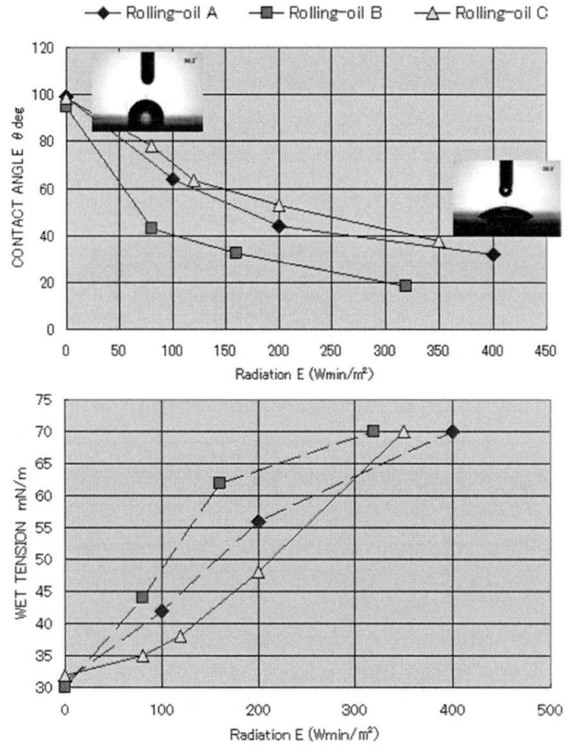

図14　誘電体電極によるアルミ箔への処理効果

未処理で接触角100°，ぬれ張力32 mN/mとかなりの疎水面といえるが，製造工程で利用する圧延油が残渣として残っているためである。コロナ処理でこれら有機残渣を除去することで，界面が活性状態になる。

グラフから圧延油の残渣量の違いによって特性が異なることがわかる。金属では高分子とは違い照射量によって最後は水がぬれる状態まで活性面が得られる。アルミ箔は最近電池材料としてコロナ処理が利用されている。

1.6　不織布への処理

不織布へのコロナ処理について紹介する。不織布では改質評価をいかにして定量的に判断するかが難しいところであるが，図15のようにぬれ張力試薬を用いて改質後の不織布に滴下すると改質度に応じて試薬が浸み込みだす境界が現れる（図では35 mN/mは液滴が残るが34 mN/mでは浸み込んでいる）。

図16に不織布のコロナ処理特性を示す。基材はPPスパンボンドで目付20 gを用いた。試薬の含浸状態は片面処理より両面処理の方が良い結果になる。基材両面から放電を照射することで繊維の改質範囲が広がるためと推測できる。

不織布へのコロナ処理では放電密度との関係に注意が必要になる。図17に放電密度別のコロナ処理特性を示す。放電密度の上昇に従って含浸特性が悪くなっていく状況がわかる。

不織布繊維の溶着が関連しており，ある密度に達すると基材に溶着によるキズが発生する。

不織布のコロナ処理では，放電面積を広げた状態で処理しなければならない。

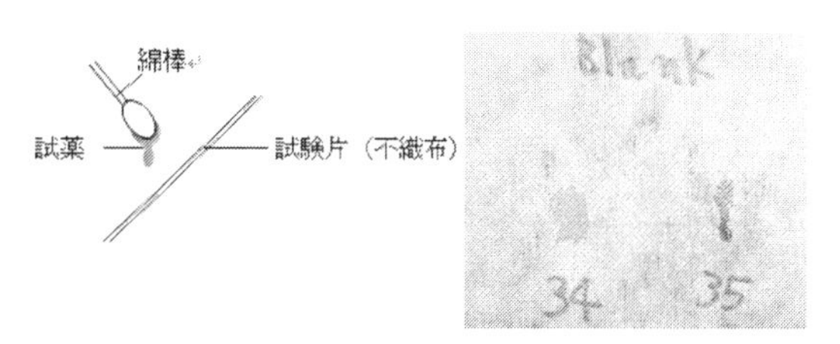

図15　不織布での改質評価方法

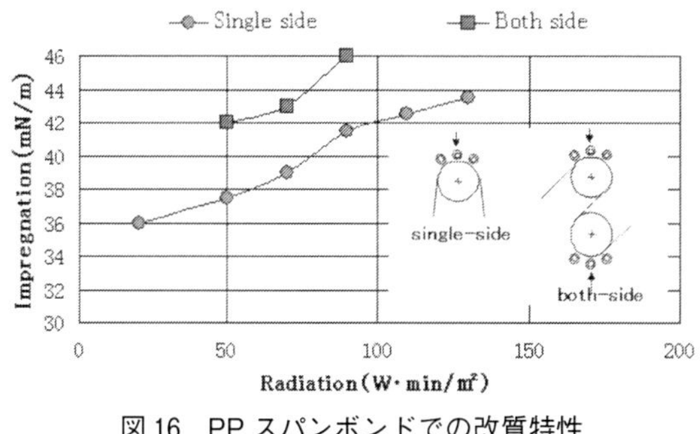

図16　PPスパンボンドでの改質特性

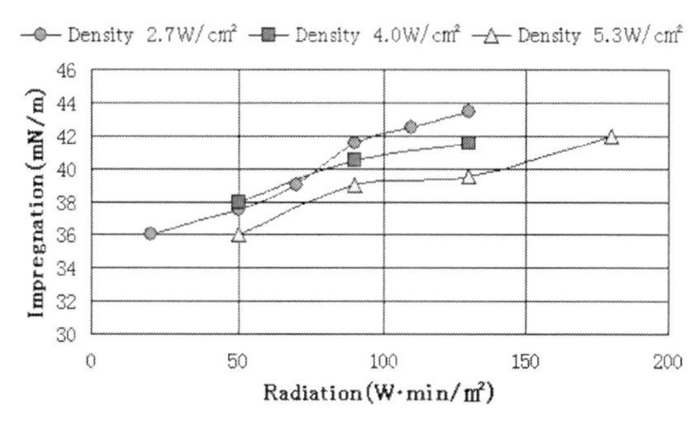

図17　PPスパンボンド　放電密度との関係

不織布の業界は幅広く，材質，製法も多岐に渡る[3]。紹介したPPスパンボンド不織布は生産量の多い基材ではあるが，その他，全て不織布に当てはまるものではない。しかし，傾向性としては同様の特性が得られるものと期待できる。

1.7 おわりに

コロナ表面改質では導入時の検討および検証が重要になる。

検討に当たっては，できれば基材の種類・接着剤や塗工液などを含めた思索が望まれるが，実際には，まず機能性重視で，次に密着性の確保になることが多く，検証時点では基材などの変更ができないケースがほとんどである。

また，検証に当たっては，生産ラインでの再現性を念頭に，その指標となる正確な測定データが重要になる。

今後のコロナ表面改質におけるデータ収集の参考になれば幸いである。

研究開発部門では，もっと安価にかつ手軽にコロナ表面改質を評価したいとの要望も多く，その要求に応えるべく，「コロナ表面改質評価装置 TEC.4AX」（図18）を販売し，好評を得ている。仕様は次の通りである。

・寸法：500 mmW × 380 mmD × 400 mmH

・重量：18 kg

・出力：100 W（電圧～8 kVp）

・速度：0.5～6 m/min（往復回数処理可能）

・電極：誘電体電極

・電源：100 V（コンセント付）

・被処理基材：A 4サイズ

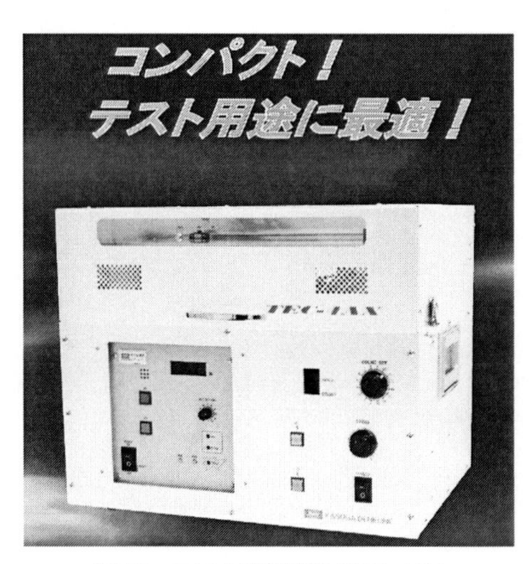

図18　コロナ評価装置 TEC-4AX

手軽に持ち運びができ，電源も100Vコンセントから供給，電極は誘電体電極を採用，絶縁性基材，導電性基材両方に対応できる。

コロナ処理，検証ツールとして紹介する。

文　　献

1) S. Kanazawa, M. Kogoma, S. Okazaki, T. Moriwaki, in Proc. 8th Int. Symp. On Plasma Chemistry (Tokyo), 3, p. 1389 (1987)
2) JIS K 6768, JIS R 3257
3) INDA 米国不織布工業会，不織布便覧

2　大気圧プラズマ表面処理装置の開発

宮原秀一[*1]，沖野晃俊[*2]

2.1　はじめに

照明用途以外には役に立たない技術と揶揄された20世紀初頭とは状況が一変し，21世紀の昨今ではプラズマはハイテクの代名詞と言えるようになってきた。アーク灯で光源として使われ始めたプラズマが真空管の中で電子の動きを制御するために使われるようになり，現在では半導体の製造現場で超微細加工を施す刃物として，あるいは次世代のエネルギー源を生み出するつぼとして使用されるようになった[1,2]。しかし，こうした産業応用に用いられているプラズマ源は，そのほとんどが減圧下で生成するものであるため，制御性は高いものの，プラズマの密度が低く粒子同士の衝突頻度が少ないことから，反応速度が制限されていた。また，減圧環境に耐えられる素材，あるいはプロセスにしかプラズマ処理を用いることができなかった[3,4]。

近年，こうした欠点を克服するプラズマとして，減圧環境ではない，大気圧下で生成されるプラズマが注目を集めている。プラズマの歴史を紐解いてみると，意外に古くから大気圧プラズマが産業に応用されている。例えば，高温の直流プラズマジェットは金属の切断，溶接や廃棄物の分解処理などに，高周波誘導結合プラズマやマイクロ波誘導プラズマは微量元素分析用のイオン源や励起源として使用されてきた[5,6]。一方，低温のプラズマは，針電極などを用いたコロナ放電は表面改質や静電気除去やガス分解処理などに，グライディングアーク放電はプラスチックなどの表面改質に使用されてきた[7]。これらの大気圧プラズマは，照射対象に熱や放電の損傷を与えるものであったため，応用先が限定されていた[8,9]。

今世紀に入った頃から，プラズマバレットと呼ばれるLF（Low Frequency）プラズマジェット[10]などの低温で，かつ放電損傷を与えない大気圧プラズマ装置が開発されたため，様々な分野への応用が始まっている[11]。産業応用を考えた場合，大気圧プラズマは以下のような長所を持つ。

① 真空容器や吸排気設備を必要としないため，低コストである。

② プラズマを処理対象物に直接照射できるため，連続処理が可能である。

③ 真空容器に入れられない，自動車や飛行機などの大型物体や液体への適用が可能である。

④ 室温程度のプラズマが開発されたため，生体，紙，繊維など，熱に弱い物質へも適用可能である。

①や②はもちろん重要であるが，③や④のような，従来の低気圧プラズマでは不可能であった処理を実現できる意味は極めて大きい。

こうした「室温程度の温度を持つ大気圧プラズマを用いた処理」の中で，最も産業応用が進んでいる例が表面処理分野である。例えば，物質にプラズマを照射すると，表面に付着した汚れ

＊1　Hidekazu Miyahara　東京工業大学　科学技術創成研究院　未来産業技術研究所　特任准教授；㈱プラズマコンセプト東京　代表取締役

＊2　Akitoshi Okino　東京工業大学　科学技術創成研究院　未来産業技術研究所　准教授

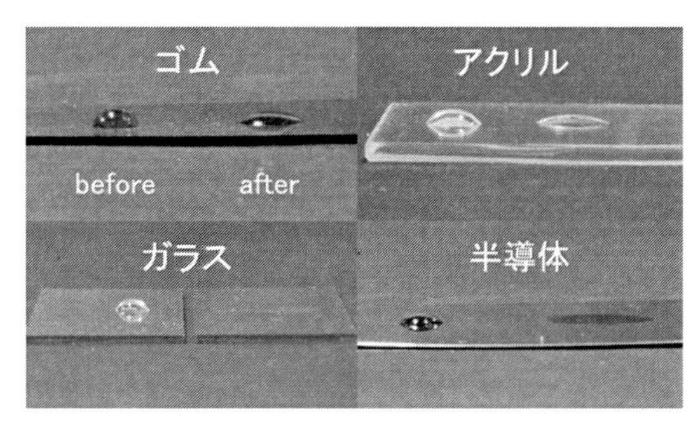

図１　プラズマを１秒間照射して親水化された表面
左が処理前，右が処理後

（有機物）が，プラズマ中で生成される活性種によって気化除去される[12]。その結果，物質の表面は原子レベルでクリーニングされる。さらに，プラズマ化するガスの種類によっては，表面に水酸基やカルボキシル基などの親水基が付与される場合もある。これらの作用により，図１のように物質の表面は親水化される。つまり，水をはじかなくなるため，接着性や塗装性が向上することになる。

その処理の簡便さの一方で，大気圧下で所望のプラズマを安定に生成するのは容易ではない。プラズマは，プラズマ化したい気体が満たされた空間に電界，光，熱，衝撃波など，高いエネルギーを集めれば生成できるが，工業的には一般に放電が用いられている。放電によるプラズマ生成では，気体中に強い電界を印加し，絶縁破壊を生じさせることでプラズマを得る。このとき，各種ガスの電極間距離および気圧と絶縁破壊を始める最低の電圧との関係をグラフにしたパッシェン曲線では，大気圧下では多くのガスの絶縁破壊電圧が数十 μm 程度で最低になる。これはつまり，大気圧下で比較的容易に放電を生じさせるためには，電極間距離（＝プラズマの体積）を数十 μm 程度に保たなくてはならないことを意味する。したがって，プラズマの産業応用で想定される規模のプラズマを発生させるために，電極間距離を数 mm～数 cm まで広げようとすると，プラズマの安定生成が容易ではなくなってしまう。このため，現在までに開発されている多くの大気圧プラズマ装置では，安定なプラズマを生成しやすい，ヘリウムやアルゴンをプラズマガスに用いたもの，もしくは，特定のガスの利用に絞った装置になっている。さらに，プラズマの温度はそれほど制御できるものではなく，放電の出力やガス流量を調整することで，間接的かつおおまかに制御されてきた。

2.2　新しい大気圧プラズマ装置

現在，多数の大気圧プラズマ装置が国内外の企業から市販されている。しかし，これまでに開発されている大気圧プラズマ装置の多くは，特定のガスのプラズマしか生成できない，照射対象は電気を通さない絶縁体に限定される，比較的高温なため熱に弱い物質には照射できない，などの問題点を有していた。

そこで筆者らは，一つの装置で各種のガスや混合ガスを自由に大気圧プラズマ化できる「マルチガスプラズマ」，電気を通す物質や生体にも安全にプラズマを照射できる「ダメージフリープラズマ」，プラズマの温度を任意にコントロールできる「温度制御プラズマ」などを開発してきた。本稿では，これらのプラズマを始めとした，新しい大気圧プラズマ装置について紹介する。

2.2.1 マルチガスダメージフリープラズマジェット[13)]

室温程度のプラズマ温度を有する従来の大気圧プラズマ装置では，比較的プラズマ化しやすいヘリウムやアルゴンなどをベースにしたガスしか使用できないものが多かった。筆者らの開発したマルチガスプラズマジェットでは，ヘリウム，アルゴンのほか，酸素，窒素，二酸化炭素，ネオン，空気などやそれらの任意の混合率のガスをプラズマ化することができる。ガスの種類を変えると生成される活性種が変わるため，プラズマの性質も大きく変化し，表面処理の効果や殺菌効果も変わる[14,15)]。つまり，生成される活性種の種類や比率を，使用するプラズマガスの種類や混合比で制御することが可能となった。これにより，例えば，照射対象を酸化させたい場合には酸素を，窒化させたい場合には窒素を使用することができる。また，マルチガスプラズマではコーティングの原料ガスも使用できるため，一つの装置で様々なガス種を利用できる長所は大きい。図2に開発したマルチガスプラズマジェットの写真を示す。

マルチガスダメージフリープラズマジェットは，プラズマヘッド部の内部に配置された一対の電極間に数 kHz～40 MHz の高周波または数 kV のパルス電圧を印加することで，安定した大気圧プラズマを生成する。接地された筐体の直径 1 mm 程度の穴からプラズマが吹き出すため，金属や生体を近づけても放電損傷を与えることがない。プラズマのガス温度は，出口から 1 mm の位置で 30～60℃程度である。このため，図3のように金属や半導体だけでなく，繊維，紙，プラスチックなど様々な物質に大気圧プラズマを安全に照射することができる。人体に直接照射することもできるので，医療分野などへの応用も期待されている[16)]。

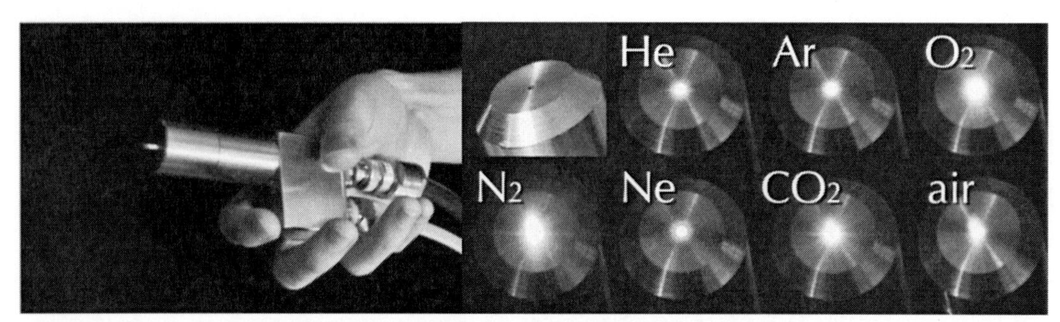

図2　マルチガスダメージフリープラズマジェット
写真はプラズマコンセプト東京の許可を得て掲載

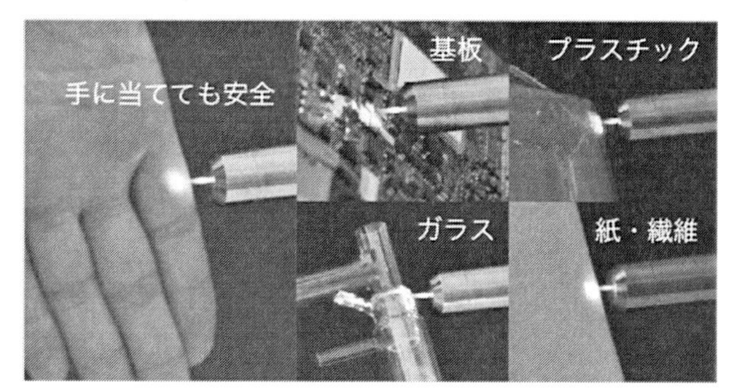

図3　様々な物質にプラズマを照射できる[17)]
写真はプラズマコンセプト東京の許可を得て掲載

2.2.2　平面処理用リニア型ダメージフリープラズマ[18)]

近年，リニア型の大気圧プラズマ装置が開発・市販され，フラットパネルの洗浄などに利用されている。通常，これらの装置は移動のできない据え付け型の装置であったが，筆者らは高周波マッチング回路を工夫して，同軸ケーブルで安定に高周波を供給できる，コンパクトな装置を開発した。図4の装置では，細長い筐体の中でプラズマを生成し，長さ335 mm×幅1 mmのスリットからカーテン状にプラズマを吹き出すため，平面の処理が可能である。

装置は830 gと軽量で，手に持ってプラズマ照射をすることも可能である。また，筐体が接地されているため，図4のように手を近づけても放電損傷は生じない。最近では，マルチガスかつダメージフリーで，様々な形状のプラズマを生成する技術も確立できたので，今後の応用が期待される。図5の（左）では250 mm × 90 mmの均一な面状のプラズマを生成し，（右）では50 mm × 50 mmの平面に開けられた複数の細孔からプラズマを噴出している。

2.2.3　大気圧マルチガスコロナ

一対の電極を並行ではなく一方を狭めて配置し，ここに高電圧を印加すると，間隔の狭い箇所で放電が生じる。ここに電極間隔が広がる方向へと大気圧のガス流を送ると，放電が気流により

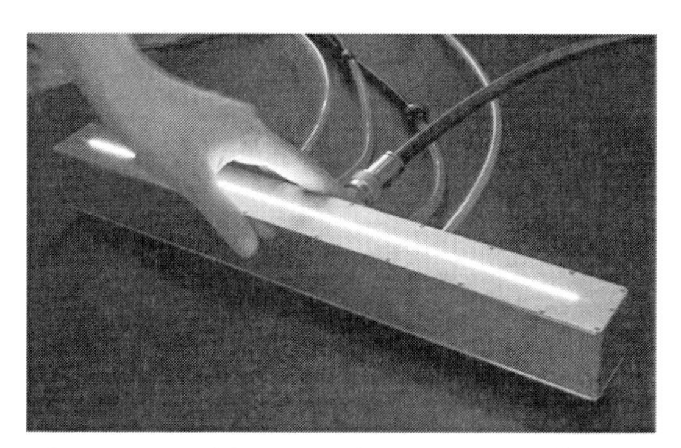

図4　335 mm幅のリニア型ダメージフリープラズマ
写真はプラズマコンセプト東京の許可を得て掲載

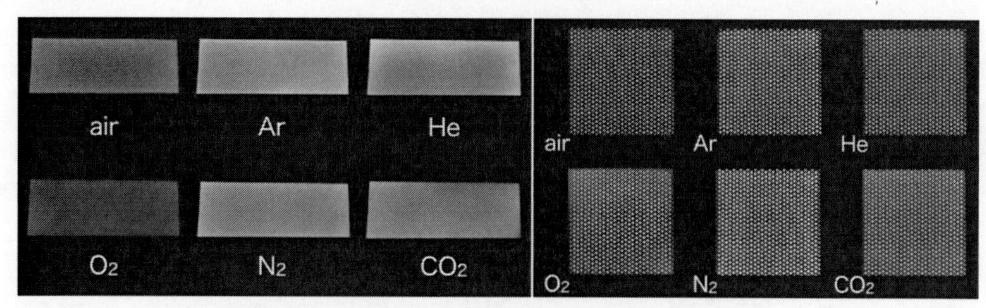

図5　新しいマルチガスダメージフリープラズマ
写真はプラズマコンセプト東京の許可を得て掲載

吹き流され直線状の長いプラズマが生成する[7]。電極間隔が広い部分にプラズマが達すると，放電が維持できなくなるためプラズマが自動的に消滅する。すると再度電極間隔の一番狭い箇所で放電が生じる。この動作を繰り返し，断続的に得られるアーク放電をプラズマ処理に用いるのがコロナプラズマ装置である。こうして得られる大気圧プラズマは，プラズマ理工学におけるコロナ放電ではなく，アーク放電の一種であることから，グライディングアークプラズマと呼称が改められつつある。大気圧コロナ装置は空気でプラズマを生成でき，装置構成も簡単なことなどの特徴がある一方で，原理的にダメージフリー化することが困難で，照射対象に放電損傷を与えるため，高分子材料などの親水性向上や接着性の改善など，限られた用途に用いられている。

筆者らは，供給する電力をパルス状に変調することで，様々な種類のガスをプラズマ化できるマルチガスコロナプラズマ発生装置の開発にも成功した（図６）。マルチガス化することにより，これまでの空気コロナプラズマでは密着性の向上が難しい，高密度ポリエチレン同士を発泡エポキシ接着剤で接合できるようになるなど，コロナプラズマの応用先が急速に広がりつつある。

2.2.4　大気圧マルチガスマイクロプラズマ[20]

近年，マイクロプラズマ，ナノプラズマと呼ばれる小型のプラズマが注目を集めている[21,22]。明確な定義はないが，少なくとも一方向の長さが数 μm～数 mm であるプラズマをマイクロプラ

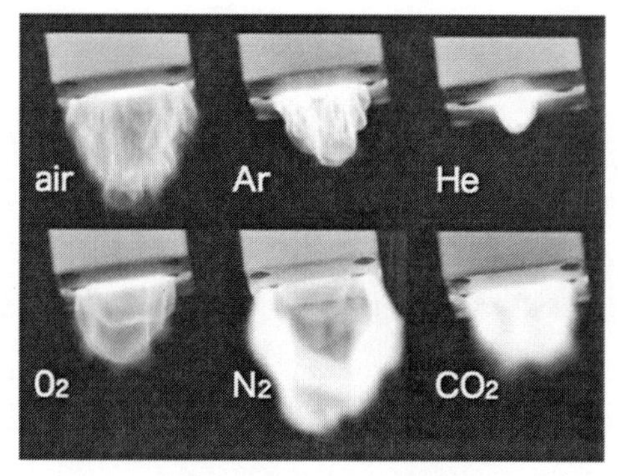

図６　大気圧マルチガスコロナプラズマ[19]
写真はプラズマコンセプト東京の許可を得て掲載

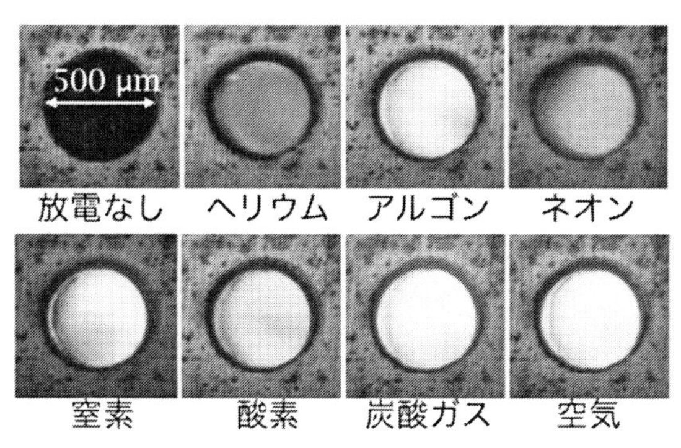

図7　マルチガスマイクロプラズマ源
写真はプラズマコンセプト東京の許可を得て掲載

ズマ，数μm以下のものをナノプラズマと呼んでいる。マイクロ・ナノプラズマは一般的に説明されるプラズマ固有の特性の他に，微小化による，空間的微小性，時間的微小性，非平衡性，省エネ性，高プラズマ密度などの特長を有する。また，単体では小型であるが，二次元，三次元的に自由に配列することが可能であるため，実質的な大型プラズマ源を構成することが可能である。これに加えて，大気圧下での生成が容易であることから，様々な分野への応用が期待されている。従来のマイクロプラズマはヘリウムかアルゴンを用いたものがほとんどであったが，筆者らは高電圧短時間パルスで放電を生成し，低電圧長時間のパルスでプラズマを維持することでマルチガスマイクロプラズマ源の開発に成功した[23]。図7に写真を示す。前述のマルチガスプラズマ源と同様，様々なガスで大気圧プラズマを生成できる。さらに，このマイクロプラズマ源はパルスで100 kW相当のエネルギーを印加できるため，より高いエネルギー密度を実現できる。このため，高周波を用いた大気圧プラズマでは生成できなかった，DLC薄膜の生成に成功している。また，電源を含めて小型であるため，モバイル装置を含めた様々な応用が期待できる。

2.2.5　マルチガス高純度熱プラズマ

本プラズマ源は，プラズマに印加する電力を，電極を通じてではなく，コイルを通じて供給する，誘導結合方式のプラズマ源である。電極を使用しないため，きわめて高純度な熱プラズマを生成できるが，一般的にはアルゴンもしくは特定のガスしか使用できなかった。筆者らは大気圧プラズマの安定生成にはプラズマトーチ内のガス流が重要であることを明らかにし，各種ガスのプラズマを安定に生成する方法を開発し，大気圧マルチガス高純度熱プラズマ源を製作した[24〜26]。この装置では図8のように，40 MHzの高周波を用いて250 W〜1 kW程度の低い出力で，アルゴンのほか，ヘリウム，窒素，酸素，二酸化炭素，亜酸化窒素，空気など様々な気体を，ガス温度約1,500〜6,000℃の高温高密度プラズマ化することができる。

様々なガスでプラズマを生成でき，その中に液体，固体，気体を直接導入できるため，それぞれのプラズマ処理にとって理想的な原子・分子組成の熱プラズマを生成することが可能になる。筆者らは，このプラズマ源を用いて，大気圧下での高速半導体プロセシング[27]，液体・気体の直

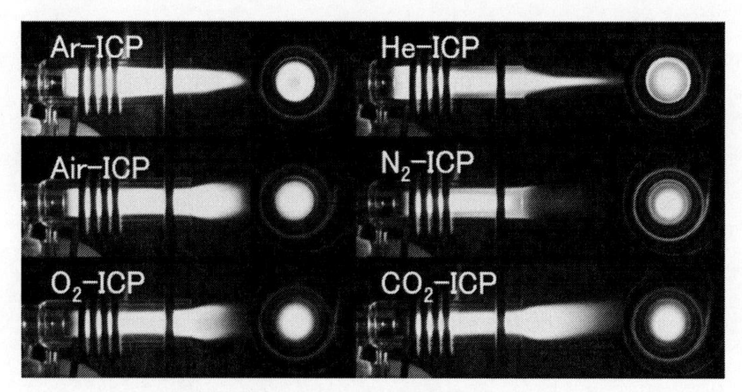

図8　大気圧マルチガス高純度熱プラズマ
写真はプラズマコンセプト東京の許可を得て掲載

接分解処理，ナノ粒子製造，表面酸化処理，単一細胞中の全元素高感度分析[28~30]，有害ガスの高効率分解処理[31]などの研究を行っている。例えば，ガス分解を行う場合，従来はアルゴンなどのプラズマ化しやすいガスで熱プラズマを生成し，その中に分解したいガスを少量混合して分解処理していた。これに対してマルチガスプラズマでは，分解したいガス自身でプラズマを生成して分解処理できるため，分解効率やランニングコストを大幅に改善させることが期待できる。医療用麻酔ガスの分解処理では，触媒法など従来のガス分解法の5倍以上の分解効率を達成している[31]。

2.2.6　温度制御プラズマ[32,33]

近年，低温プラズマと呼ばれる，室温に近いプラズマが様々な分野で利用されているが，気体中で放電を生じることで生成するため，気体の温度は必ず放電前よりも高くなっていた。このため，プラズマの温度は放電の強さによって変化する。つまり，プラズマの温度を上げたくない場合には，放電電力を低く制御していた。しかしこの場合，プラズマによる処理効果も同時に低下してしまった。まず，一般的なプラズマ装置の装置構成を図9に示す。室温程度のプラズマガスが使用されるため，必然的に室温以上のプラズマが生成されることになる。

これに対し，筆者らが開発した温度制御プラズマでは，放電前のガスの温度をあらかじめ制御することで，プラズマの温度を制御することが可能である。装置構成の例を図10に示す。この

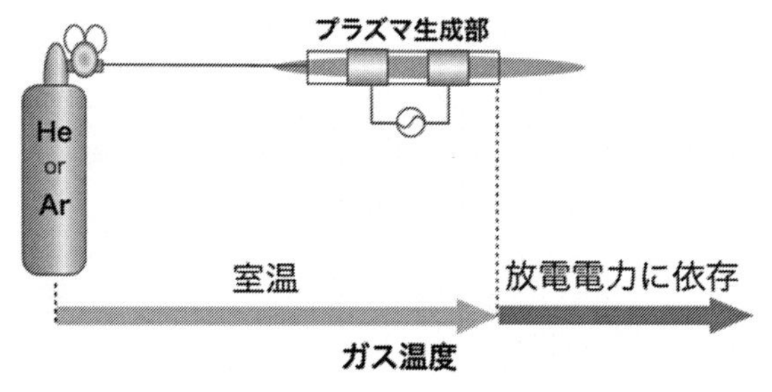

図9　温度制御のないプラズマの構成

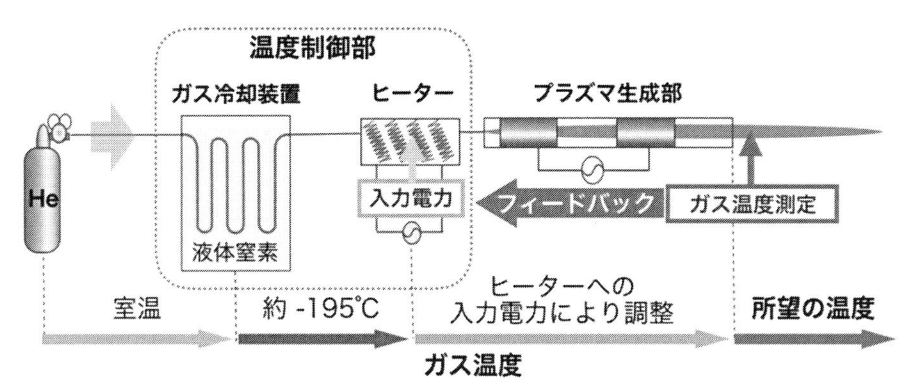

図10　開発した温度制御プラズマの構成

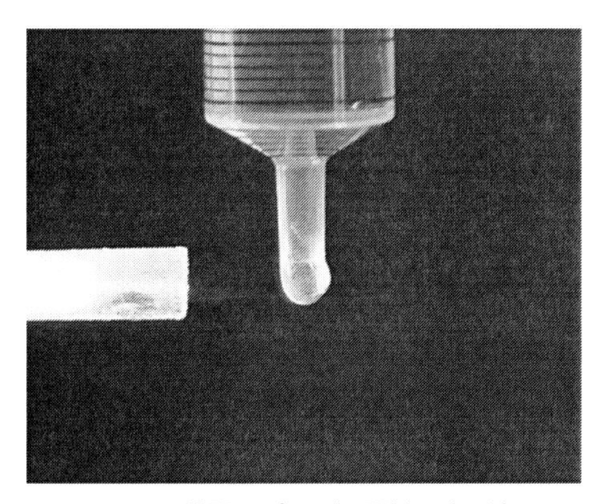

図11　10秒間のプラズマ照射で水が氷る

システムでは，ボンベから供給されたガスを液体窒素などを用いたガス冷却装置によって冷却したのち，ヒーターによって加熱してからプラズマを生成する。生成されたプラズマの温度をモニタリングしてプラズマ生成前のガス温度を制御することで，プラズマの温度を精密に制御できる(特許第4611409号)。試作した装置では，−90～150℃の範囲で，±1℃以内の精度で温度制御された大気圧プラズマを生成することに成功した。図11では，零下のプラズマ照射で水が凍っている。

これにより，照射対象物の耐熱温度以下にプラズマ温度を制御したり，目的の化学反応に最適な温度のプラズマを生成することなどが可能となった。たとえば，人体にプラズマを直接照射して殺菌や治療を行う場合，タンパク質の変性を避けるために40℃程度以下のプラズマを生成すればよい。このように，温度制御プラズマは工業応用だけでなく，医療，農業，衛生分野などへの応用において重要なツールとなる。

2.3　大気圧プラズマを用いた表面処理

現在，基板実装の分野では製品の小型化や性能向上に伴って，接着性の向上や酸化膜除去が課

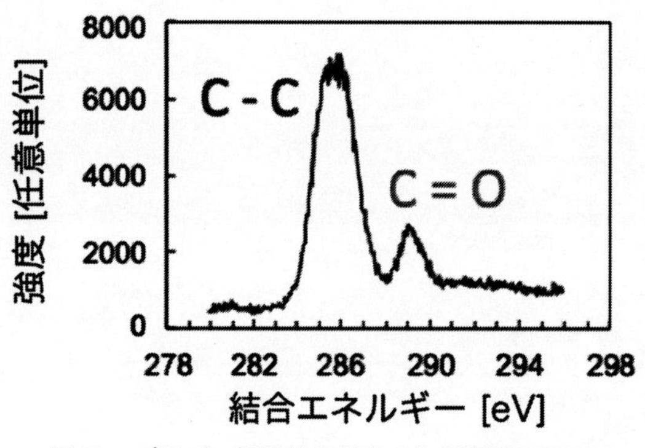

図 12　プラズマ処理前のポリイミド表面の XPS

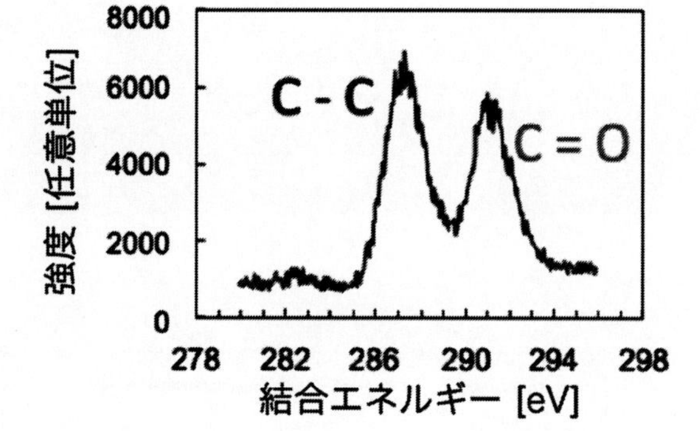

図 13　プラズマ処理後のポリイミド表面の XPS

題となっている。例えば，フレキシブル基板材料であるポリイミドフィルムは疎水基を有するため接着性が乏しく，また鉛フリーハンダの導入に伴い，銅配線との接合強度や電気伝導度の低下が問題になっている。従来は溶剤を用いたウェットな表面処理でこれらを解決していたが，廃液処理や腐食，劣化リークといった問題がみられた。このため，ドライなプロセスで表面処理が可能な大気圧プラズマへの期待が高まっている。

2.3.1　表面の親水化処理

2.1 項に記述したように，大気圧プラズマの照射によって処理対象の表面を親水化処理することができる。今回は，ポリイミドフィルムと銅板の親水化実験を行った結果を紹介する[15]。

水の接触角を 30° 以下に減少できることを親水化の基準としてガス種やガス混合比率の最適化を行った結果，ポリイミドでは窒素 100%のプラズマを用いて 300 mm/sec，銅板では 10%の酸素を混合したアルゴンプラズマで 100 mm/sec の速度で親水化処理することに成功した。X 線光電子分光法（XPS）を用いてポリイミドの表面分析を行った結果，図 12 および図 13 に示すように，プラズマ処理によって親水基である C=O が増加することを確認した。これにより，親水化は表面に付着した有機物の除去に加えて，親水基の付与も関与していることが示唆された。

2.3.2　銅酸化膜の還元処理

プラズマに水素を混合すると水素ラジカルが発生して還元雰囲気が作れるため，酸化膜還元処理が実現できそうであることは容易に予想される。しかし，これまでの報告では処理に数分を要するなど，実用的な還元速度を実現するのは容易ではなかった[34]。

従来の実験ではアルゴンプラズマの発生後に水素を混合していたが，2.2.1 に記述したマルチガスプラズマジェットでは，水素混合アルゴンをプラズマ化できるため，高密度な水素ラジカルの生成が期待できる。その結果，5%の水素を混合したアルゴンプラズマを用いて 200 mm/sec の高速な還元処理を実現した。処理前後の銅板表面をレーザーラマン顕微鏡および XPS で分析し，処理後には CuO ピーク強度が大幅に低下していることを確認した。処理前後の銅板断面を透過型電子顕微鏡で観察した結果，図 14 および図 15 に示すように酸化膜厚は 10 nm から自然酸化膜程度の 2 nm 以下にまで減少できていることを確認した[35,36]。

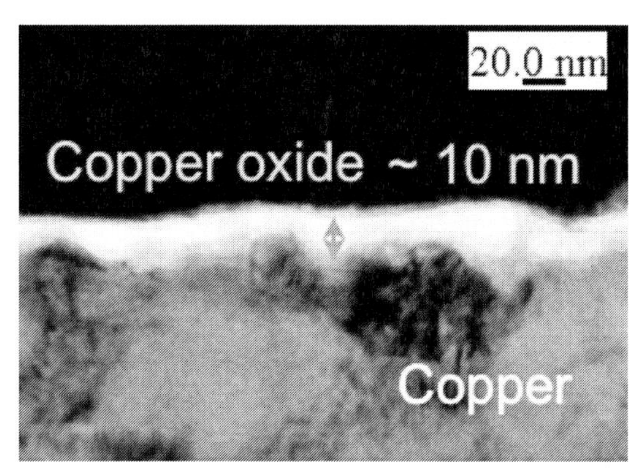

図14　プラズマ処理前の銅板断面

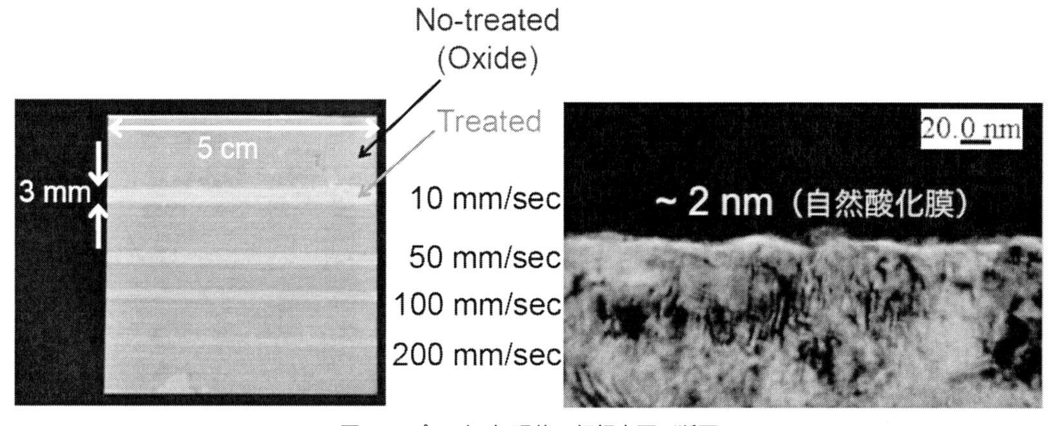

図15　プラズマ処理後の銅板表面／断面

この結果より，2011年に報告されている値[34]の100倍以上となる，1,600 nm/secの深さ方向の還元速度を実現できていることが明らかとなった。

2.3.3　半導体レジストの剥離

マルチガス高純度熱プラズマ源の特長は，反応性の高いプラズマを高密度で生成でき，また生成されるプラズマは極めて高純度である点にある。こうした化学場は様々な用途に活用できると考えられるが，本稿では半導体製造時に問題となっている，炭化変異を生じたレジストを高速に除去する手段として，マルチガス高純度熱プラズマ源を用いる研究を行った。

図16の左側がフォトレジストの主原料であるノボラック樹脂，右側が半導体製造過程でリンイオンを多量に打ち込んだ後の炭化層である。ノボラックはイオン注入前は二次元構造であるが，イオン注入後はリンが単分子層の間に入り，リンを介した架橋構造を取る[37]。このため，従来用いられていた化学的処理法や減圧酸素プラズマでは分解が困難であり，140℃の硫酸・過酸化水素水の混合液に浸漬後，オゾンガスによる酸化処理過程を経て，600秒以上かけて剥離を行っている。

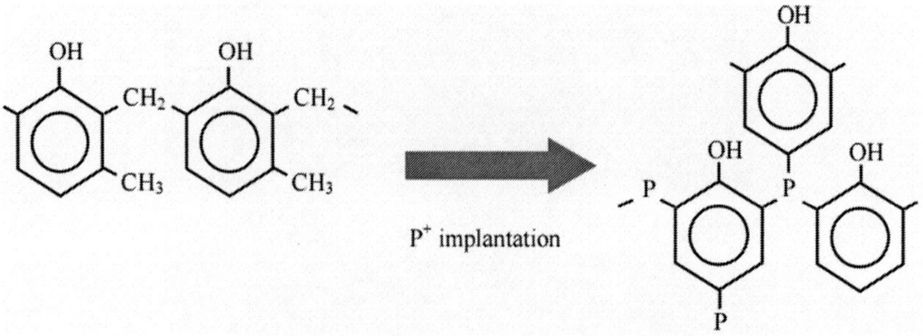

図 16　イオン注入によるレジストの変質

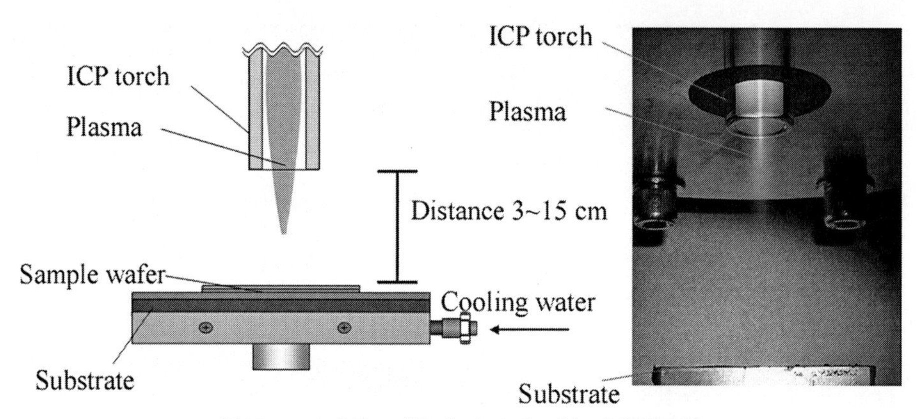

図 17　マルチガスプラズマによるレジスト剥離実験

一方，高エネルギーを持つ酸素原子であればこれらの炭化層が分解できることが確認されているが，減圧酸素プラズマでエッチングされたウェハ表面の残渣を観察すると，ドーパントが酸素と反応し，酸化物となって残ってしまう。そこで，酸素プラズマ以外のエッチング法として，減圧水素プラズマによって剥離する方法が考案された[38]。この水素プラズマによる剥離であれば，ウェハ上に残渣が残らず炭化層を剥離できることが確認されているが，剥離速度が遅いなどの問題がある[38,39]。炭化レジストを剥離する主体粒子は高エネルギー活性種であり，この密度が高いほど剥離速度が速まると考えられる。ところで，大気圧下で生成されるプラズマは高密度であるため，大気圧プラズマ中で発生する大量の高エネルギー活性種を炭化レジストに照射すれば，低気圧プラズマによる処理に比べて，高速な剥離が期待できる。本研究では，酸素もしくは水素を混合した大気圧マルチガスプラズマを炭化レジストに照射する実験を行った（図 17)。

プラズマ生成ガスとして酸素ガスを 8 L/min，酸素混合アルゴンプラズマは，酸素ガス 1 L/min をアルゴンガス 8 L/min に混合したものを用いた。また，トーチ先端からシリコンウエハの距離は 4 cm，プラズマ照射時間は 120 秒とした。それぞれのプラズマを炭化レジストに照射した後の(A)SEM 写真と(B)模式図を図 18，19 に示す。

酸素プラズマおよび酸素混合アルゴンプラズマの照射を行った場合，いずれも炭化したレジス

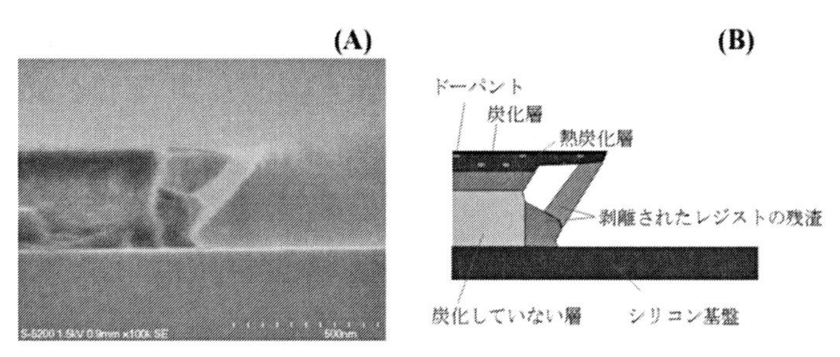

図18　酸素プラズマ照射後の炭化レジストのSEM写真および模式図

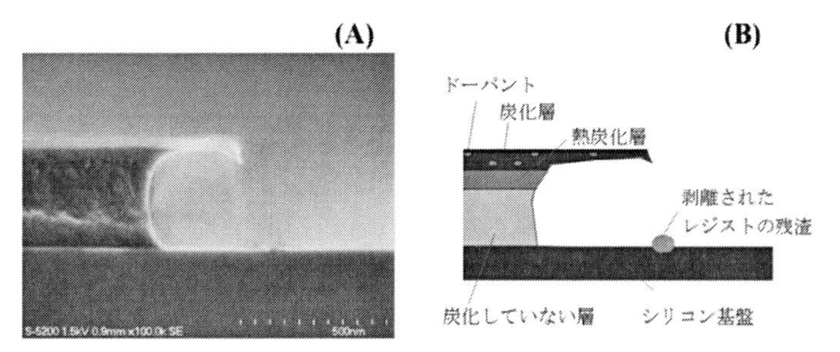

図19　酸素／アルゴン混合プラズマ照射後の炭化レジストのSEM写真および模式図

図20　He/H_2プラズマを照射した炭化レジスト

ト上面は剥離されず，側面からの剥離が生じていることが観測された。

そこで，ヘリウムプラズマに最大30%の水素を添加し，水素活性種を発生させて炭化レジストに照射した。図20に照射時間ごとのSEM写真を示す。30秒の照射では変化は観測できなかったが，120秒照射したレジストでは，上面，側面でほぼ同じ厚みが剥離された。さらに，照射時間を240秒，300秒と増やすと，炭化層が完全に剥離された。また，酸素プラズマとは異なり，残渣は観測されなかった。これは，高エネルギーの水素単体がリンを含む三次元網目構造を還元的に破壊し，加えて，架橋の中心元素であるリンが水素と反応して室温では揮発性であるリン水素化物に変化したため，残渣としてウェハ表面に残留しなかったためと考えられる[40]。このときの剥離速度は600 nm/minとなり，この結果は，従来の薬液処理と比較して約20倍，減圧酸素プラズマによる処理の約4倍，減圧水素プラズマの処理の約2倍の速度であった。

2.4 低温プラズマを用いた表面付着物分析

物体の表面をプラズマでクリーニングした際，表面に存在していた付着物はどこに行ってしまうのか？ 筆者らは，この疑問を分析に応用する試みを行っている。その一例が，犯罪やテロ対策の分野で，皮膚や衣服などの表面に付着した微量な薬物などを高感度に分析できる装置の開発である。例えば，化学兵器用剤は微量であっても行動不能性や致死性を示すため，オウム真理教団による一連の無差別テロ事件などで使用されて多数の被害者を出した。また直近では，2013年のシリア内戦でも化学兵器用剤の使用が疑われたが，残留した化学物質の同定には数日以上を要し，二次被害も生じた。これらの事件で使用されたサリンやVXは神経ガスの一種であり，化学兵器用剤の中で最も毒性が高く，被曝者は筋繊維収縮を制御できなくなって呼吸筋麻痺により死亡する。化学兵器用剤の被害を最小限に抑えるためには，テロ発生現場で，被害者の皮膚や土砂などの環境試料などから迅速に化学兵器用剤の痕跡を検知し，対策を講じることが重要である。化学兵器用剤の現場検知には，Ion Mobility Spectrometry（IMS）検知器が主に用いられるが，IMSは試料を気化して装置に導入する必要があるため[41,42]，固体表面に付着した化学兵器用剤の痕跡の検出には不向きである。我が国では2020年に東京オリンピックが開催されることもあり，テロ対策の一環として人の肌や衣服を含む固体表面に残留した化学兵器用剤の超高感度な分析方法が求められている。

現在，固体表面に付着した物質の分析には，レーザーアブレーション—ICP質量分析法（Laser Ablation–Inductively Coupled Plasma Mass Spectrometry，LA-ICPMS）や二次イオン質量分析法（Secondary Ion Mass Spectrometry，SIMS）などが広く使用されている。LA-ICPMSはレーザーを固体表面に照射し，付着物を主に微粒子として脱離する。脱離された微粒子はアルゴンまたはヘリウムを用いてICPMSまで送り，質量分析する。しかし，この手法では付着物だけでなく固体表面も破壊されるため，固体表面の付着物のみの分析や，生体などの熱に弱い基材上に存在する付着物の分析は困難であった。一方，SIMSは固体表面に一次イオンビームを照射し，試料表面から放出される二次イオンを質量分析計へ導入することで，試料表面付着物の質量分析を行う。SIMSは表面付着物の超高感度分析が可能であるが，高真空下で動作するため，生体表面などへの適用は困難であった。

そこで，生体皮膚などの損傷を嫌う表面の付着物を非接触でサンプリングする方法として，筆者らの研究室では2009年に大気圧プラズマソフトアブレーション法（Atmospheric Plasma Soft Ablation，APSA，特許5581477号）[43,44] を提案し，装置を開発してきた。この手法は，図21に示すように，低温かつ高密度なプラズマを試料表面に照射し，主にラジカルとの反応で付着物を脱離させ，かつ大気中の水分子からプロトンを生成し，付着物に付与して質量分析を行うもので

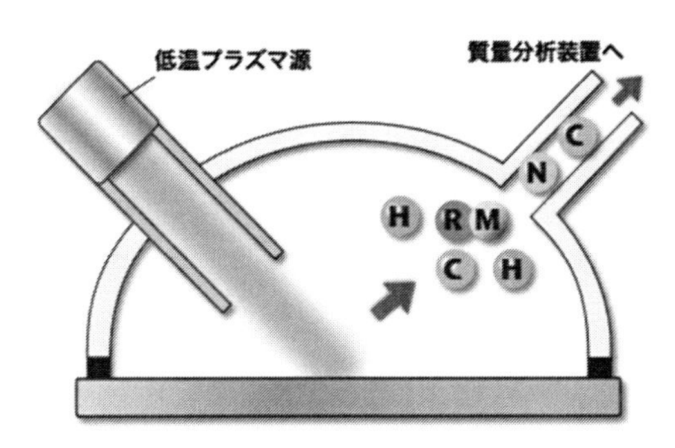

図21　大気圧プラズマソフトアブレーション法

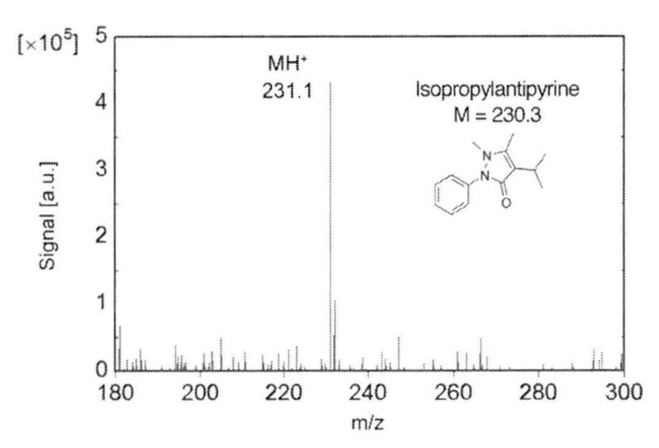

図22　指表面に付着したイソプロピルアンチピリンの質量スペクトル

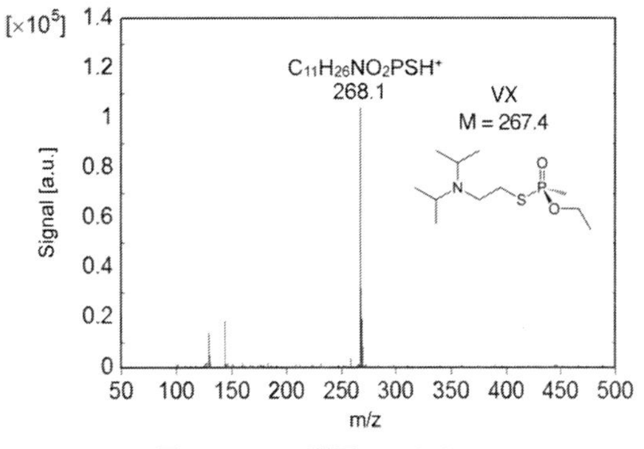

図23　VXの質量スペクトル

ある。室温程度の大気圧プラズマを使用するため，表面に熱などの損傷を与えず，かつ表面付着物のみを選択的に脱離させることができる。

APSAの分析性能を調べるため，イソプロピルアンチピリン（M = 230.3）のメタノール溶液（50 ppm）を10 μL人差し指の先端に滴下し，十分に乾燥させたものにヘリウムプラズマを照射した。結果を図22に示す。指に熱や放電の損傷を与えることなく，指表面に塗布したイソプロピルアンチピリンにプロトンが付与されたm/z = 231.1の質量信号を検出することに成功した。次に，APSAを用いて化学兵器の検出実験を行った。試料には，オウム真理教団によるテロ事件にも使用され，難揮発性で簡易分析が難しいVX（M = 267.4）をテフロン上に1 μg付着させたものを用いた。結果を図23に示す。試料の壊裂によるフラグメントが少ない，比較的シンプルな質量スペクトルが得られ，検出下限は0.09 pmolであった。化学兵器の検知感度としては最低致死濃度の1/100が求められているため，VXでは12 nmolを検知できる必要があるが，0.09 pmolは十分な値である。先ほどの結果と比較すると，十分な分析感度が得られている。また，催涙剤であるCNガス，神経ガスであるタブン，びらん剤である窒素マスタード3を検出した結果，それぞれ19，0.32，0.07 pmolの検出下限値を達成しており，十分な分析感度が得られている。このように，提案したAPSAは化学兵器の検出器としての実用化が期待できる[45,46]。

2.5 おわりに

照明用途に用いられていたプラズマが，産業用の重要なツールとして様々な分野で利用されるまで100年以上の歳月がかかった。大気圧プラズマが微量元素分析や産業廃棄物の熱分解以外の分野への応用が本格化したのは今世紀に入ってからである。筆者らの開発したマルチガスプラズマ装置は，多種のガスを自由にプラズマ化できる大気圧プラズマ装置である。それぞれの処理に適したガスでプラズマを生成し，その中に所望の材料を導入できることから，大気圧CVDや材料合成への本格的な応用が期待できる。筆者らはこれらの装置を利用して，表面処理，微量元素分析，殺菌，止血，半導体プロセシング，有害ガスの分解処理などを研究しているが，次のプラズマの100年に向けこれらの他にも新しい大気圧プラズマの応用が広がることを期待している。

東工大沖野研究室：http://www2.es.titech.ac.jp/okino/

プラズマコンセプト東京：http://www.pc-tokyo.co.jp/

文　　献

1) 菅井秀郎，プラズマエレクトロニクス，オーム社（2000）
2) 行村建，放電プラズマ工学，オーム社（2008）
3) 飯島徹穂，近藤信一，青山隆司，初めてのプラズマ技術，工業調査会（1999）
4) プラズマ・核融合学会，プラズマエネルギーのすべて，日本実業出版社（2007）
5) 松下宗生ほか，溶接学会論文集，**30**，77（2012）
6) 沖野晃俊監修，大気圧プラズマの技術とプロセス開発，シーエムシー出版（2011）
7) Yu. D. Korolev, O. B. Frants, N. V. Landl, V. G. Geyman, A. A. Enenko, 6th IWEPAC, p. 16 (2010)
8) 岡崎幸子，小駒益弘，静電気学会誌，**15**(3)，222-229（1991）
9) 高木浩一，藤原民也，朽久保文嘉，プラズマ・核融合学会誌，**79**，1002（2003）
10) 北野勝久，谷口和成，酒井道，高木浩一，浪平隆男，服部邦彦，プラズマ・核融合学会誌，**84**(1)，19-28（2008）
11) 野崎智洋ほか，プラズマ・核融合学会誌，**79**，1016（2003）
12) 福田和浩，近藤慶和，大石清，戸田嘉朗，*KONICAMINOLTA TECHNOLOGY REPORT*，**1**，35-38（2004）
13) 沖野晃俊，佐々木良太，永田洋一，重田香織，岩井貴弘，宮原秀一，プラズマ・核融合学会誌，**86**，40-42（2010）
14) 川野浩明，高松利寛，松村有里子，宮原秀一，岩澤篤郎，沖野晃俊，ソフト・ドリンク技術資料，**178**，105-118（2016）
15) 宮原秀一，柴田萌，大下貴也，高松利寛，沖野晃俊，化学工学論文集，**39**(4)，372-377（2013）
16) T. Takamatsu *et al.*, *AIP Advances*, **5**, 077184（2015）

17) ㈱プラズマコンセプト東京ホームページ：http://www.pc-tokyo.co.jp/index.html
18) 佐々木良太，熊谷航，宮原秀一，嶋田隆一，堀田栄喜，沖野晃俊，電気学会論文誌 *A*, **129**(12)，903-908（2009）
19) マルチガスコロナ：http://www.pc-tokyo.co.jp/adcorona.html
20) 沖野晃俊，宮原秀一，分光研究，**56**(6)，266-276（2007）
21) 橘邦英，寺嶋和夫監修，マイクロ・ナノプラズマ技術とその産業応用，シーエムシー出版（2006）
22) K. H. Becker, K. H. Schoenbach, J. G. Eden, *J. Phys. D: Appl. Phys.*, **39**, R55-R70（2006）
23) Y. Nagata, H. Miyahara, E. Hotta, A. Okino, 2008 Winter Conference on Plasma, p. 31, Th04（2008）
24) A. Montaser（ed.）, Inductively Coupled Plasma Mass Spectrometry, Wiley-VCH（1998）
25) 沖野晃俊，石塚博明，野村雄二，嶋田隆一，分析化学，**43**(5)，377-382（1994）
26) H. Miyahara, A. Okino, Y. Mizusawa, T. Doi, M. Watanabe, E. Hotta, 31st FACSS, 197（2004）
27) 景安泰千，瀧本和靖，熊谷航，宮原秀一，渡邊正人，堀田栄喜，沖野晃俊，電気学会プラズマ・パルスパワー合同研究会，PST-06-71（2006）
28) 宮原秀一，重田香織，中島尚紀，永田洋一，沖野晃俊，分析化学，**59**，363-378（2010）
29) 沖野晃俊，佐々木良太，永田洋一，重田香織，岩井貴弘，宮原秀一，プラズマ・核融合学会誌，**86**，40-42（2010）
30) 宮原秀一（分担），製品中に含まれる（超）微量成分・不純物の同定・定量ノウハウ，技術情報協会（2014）
31) T. Tamura, Y. Kaburaki, R. Sasaki, H. Miyahara, A. Okino, *IEEE T. Plasma Sci.*, 1684-1689（2011）
32) 沖野晃俊，宮原秀一，特許第4611409号
33) T. Oshita, T. Takamatsu, R. Sasaki, N. Nakashima, H. Miyahara, A. Okino, Plasma Conference 2011, p. P22036-P（2011）
34) 松森正史，中塚茂樹，小塩哲平，光嶋隆敏，森迫勇，パナソニック技報，**57**(2)，91-95（2011）
35) 沖野晃俊，宮原秀一，中島尚紀，*Material Stage*，**12**(7)，57-60（2012）
36) 柴田萌，平位英之，高松利寛，佐々木亮太，宮原秀一，沖野晃俊，電気学会プラズマ研究会，PST-11-035（2011）
37) 藤村修三，超LSI技術16 デバイスとプロセス その6，工業調査会，pp. 257-261（1992）
38) A. Hand，レジスト剥離プロセスで課題となる選択性，Semiconductor International，（2006）
39) 廣瀬全孝編集，次世代ULSIプロセス技術，リアライズ理工センター（2000）
40) S. Fujiwara, J. Konno, K. Hikazutani, H. Yano, *Jpn. J. App. Phy.*, **3**, 227-233（1989）
41) Y. Seto, M. Kanamori-Kataoka, K. Tsuge, I. Ohsawa, K. Matsushita, H. Sekiguchi, T. Itoi, K. Iura, Y. Sano, S. Yamashiro, *Sensors and Actuators B,* **108**(1-2), 193-197（2005）
42) K. Cottinghem, *Anal. Chem.*, **75**(19), 435A-439A（2003）
43) T. Iwai, A. Albert, K. Okumura, H. Miyahara, A. Okino, *J. Anal. At. Spectrom.*, **29**, 464-470（2013）
44) T. Iwai, K. Kakegawa, K. Okumura, M. Kanamori-Kataoka, H. Miyahara, Y. Seto, A. Okino, *J. Anal. At. Spectrom.*, **49**, 522-528（2014）
45) 掛川賢，相田真里，沖野晃俊，電気学会誌，**135**(4)，226-229（2015）

46) T. Iwai, K. Kakegawa, M. Aida, H. Nagashima, T. Nagoya, M. Kanamori-Kataoka, H. Miyahara,Y. Seto, A. Okino, *Anal. Chem.*, **87**(11), 5707-5715 (2015)

- 大下貴也，川野浩明，小林智裕，宮原秀一，沖野晃俊（分担），高機能性繊維の最前線～医療，介護，ヘルスケアへの応用～，シーエムシー出版（2014）
- 宮原秀一，製品中に含まれる（超）微量成分・不純物の同定・定量ノウハウ，技術情報協会（2014）
- 宮原秀一，日本分析化学会編，分析化学実技シリーズ　ICP 発光分析，共立出版（2013）
- 宮原秀一，技術シーズを活用した研究開発テーマの発掘，技術情報協会（2013）

3　熱アシストプラズマ処理によるフッ素樹脂の表面改質

大久保雄司[*1]，山村和也[*2]

3.1　はじめに

重くて高価な「金属」や硬くて加工性が乏しい「セラミックス」から，軽くて廉価で成形加工性に優れる「合成樹脂（プラスチック）」への置き換えが進んでおり，身の周りには合成樹脂を用いた製品が溢れている。プラズマ処理は，この合成樹脂のバルクの性質を維持したまま表面の性質のみを改質でき，インクの濡れ性・印刷性向上や接着剤の密着性向上の目的で幅広く利用されている。高機能樹脂の開発と用途拡大とともに，プラズマ処理も実用性が改善されており，その用途はますます広がっている。

1970年代までは，低圧下でのプラズマ処理が一般的であったが，岡崎氏・小駒氏らの先行研究[1,2]により，現在は大気圧下でのプラズマ処理も一般的になっている。低圧下でのプラズマ処理では，大気圧から一度減圧（真空脱気）しなければならず，真空容器（チャンバー）と真空排気系（真空ポンプ）が必要であり，電子レンジを使用するように，処理対象物をチャンバー内に入れて1回ずつ処理するバッチ式となってしまう。一方，大気圧下でのプラズマ処理では，時間のロスが大きい減圧工程を省くことができるため処理効率が大幅に向上し，真空装置も不要となる。さらに，当初は高価なHeガスでしか大気圧プラズマ処理できなかったが，現在はパルスプラズマ方式により，He以外の廉価な汎用ガスでも安定な大気圧プラズマ処理が可能になっている[3]。また，メートル幅のフィルムに対してRoll to Rollでの高速処理も可能となっており，スループット性も大幅に向上している[3]。

このように，素晴らしい発展を遂げてきたプラズマ処理であるが，表面改質を不得意としている合成樹脂がいくつか残されている。筆者らの研究グループでは，その中の一つであるフッ素樹脂を対象として研究を進めており，特に異種材料との密着性向上を目的として，プラズマ処理条件と改質効果の関係を調査している。本稿では，メルト系フッ素樹脂であるテトラフルオロエチレン－パーフルオロアルキルビニルエーテル共重合体（PFA）と非メルト系フッ素樹脂であるポリテトラフルオロエチレン（PTFE）に対して，プラズマ処理する際の圧力と試料表面温度が密着性に及ぼす影響について解説する。

3.2　フッ素樹脂

フッ素樹脂の密着性が低い要因は，フッ素樹脂に含まれるフッ素原子とC－F結合の性質による。フッ素原子のファンデルワールス半径は水素原子に次いで小さいためにC－F結合距離は短くなり，炭素原子とフッ素原子の相互作用が大きくなることで結合エネルギーが大きくなる[4]。

＊1　Yuji Ohkubo　大阪大学　大学院工学研究科　附属超精密科学研究センター　助教
＊2　Kazuya Yamamura　大阪大学　大学院工学研究科　附属超精密科学研究センター　准教授

つまり，C－F 間が強固な結合となるため，化学的に極めて安定である。そして，C－F の分極率が小さく，隣に原子や分子が近づいても C－F の電子雲が動きにくいため，優れた誘電特性を示し，異種材料との間に働くファンデルワールス力も極めて小さくなる。よって，フッ素樹脂に水や油が近づいても相互作用がほとんど働かず水や油が自ら球体になろうとする力の方が大きいため撥水撥油性を示す。接着剤や異種材料が近づいた場合も同様で，フッ素樹脂との相互作用が小さいため，密着性は極めて乏しくなる。

PTFE は「$-CF_2-CF_2-$」の繰り返し構造であり，C－C 結合が連結した主鎖が螺旋構造を取っており，主鎖を覆うようにフッ素原子が隙間なく配置している[4]。樹脂の中では結晶性が高く，見た目は白色であり，フッ素樹脂の中でも最も高い耐薬品性・耐熱性・非粘着性を示す。PFA の基本構造は，PTFE に似た構造をしているが，側鎖の一部に酸素原子を介してパーフルオロアルキル基 Rf が導入されており，側鎖の長さが異なるため PTFE に比べて結晶性が低く，見た目は透明である。エチレン－テトラフルオロエチレン共重合体（ETFE）やポリフッ化ビニリデン（PVDF）は，側鎖の一部が水素原子に置換した構造になっており，PTFE や PFA と比較すると耐熱性や耐薬品性は劣るが密着性は良くなる。実際に，接着剤を介した密着試験によってプラズマ処理されたフッ素樹脂同士の密着性が評価され，密着強度は PVDF ＞ ETFE ＞ PFA ＞ PTFE の順になることが報告されている[5]。

最も密着性の低い PTFE に対して，様々なガスを用いてプラズマ処理がおこなわれており，処理条件，表面化学組成の変化，表面形状の変化，濡れ性の変化については詳細に調査されているが，密着性に関する報告はない[6～9]，または，密着性に関する報告はあるが，その密着性は不十分である[10～13]。現状として，PTFE に対しては，金属 Na を含む薬剤を使用したウエットプロセスが工業的に利用されている[14,15]。しかし，本薬剤は悪臭を有しており，人体に有害である。また，廃液が生じて環境負荷が大きいことも問題となっている。よって，クリーンかつ安全で環境に優しい代替処理，つまり，ドライプロセスでの表面改質が切望されている。

3.3　プラズマ処理中の圧力の影響

筆者らの研究グループでは，ドライプロセスの一つであるプラズマ処理によりフッ素樹脂の表面を改質し，密着性を向上することを目的としている。本項ではプラズマ処理中の圧力が密着強度に及ぼす影響について紹介する。

ガス置換型のプラズマ処理装置を使用し，PFA シート（ネオフロン AF-0100，ダイキン工業製）に対して圧力を変えてプラズマ処理をおこなった。真空ポンプで約 10 Pa まで減圧した後に，He ガスを所定の圧力になるまで導入することでプラズマ処理中の圧力を調整した。今回は，圧力が低い条件として 1,300 Pa を，圧力が高い条件として大気圧（約 101,300 Pa）を処理条件として改質効果を比較した。プラズマ処理後にアミノ基を有するグラフト剤（アミノエチル化アクリルポリマー，NK-100 PM，日本触媒製，以下 AEAP と略す）の水溶液に浸漬し，PFA シートにアミノ基をグラフト化した。次に，AEAP をグラフト化した PFA シートを無電解銅めっき

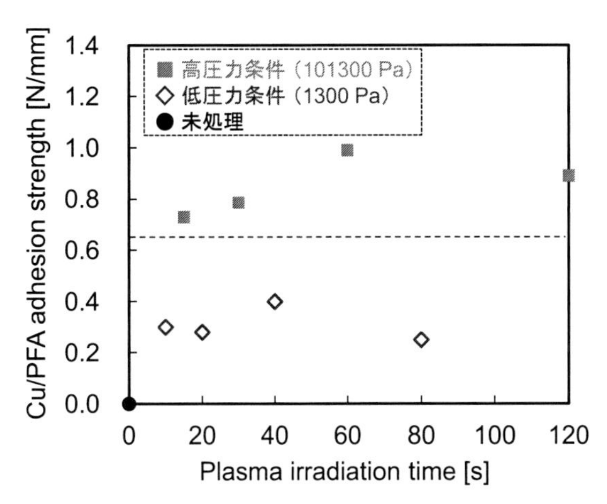

図1　圧力を変えてプラズマ処理したPFAシートと無電解銅めっき膜との密着強度

(奥野製薬工業製）し，接着剤（二液混合型エポキシ接着剤AV-138とHV-998，ナガセケムテックス製）を介して90°剥離試験することで密着性を評価した。

図1に圧力を変えてプラズマ処理したPFAシートと無電解銅めっき膜との密着強度を示す。点線はプリント配線板の製品規格値である0.65 N/mmを示している。プラズマ処理中の圧力によって密着強度が大きく異なることがわかる。低い圧力でプラズマ処理した場合，密着強度は0.4 N/mmを超えることはなく，製品規格値を常に下回っている。一方，大気圧下でプラズマ処理した場合は，低圧でプラズマ処理した場合と比較して概ね2倍以上の密着強度を示し，製品規格値を常に上回っている。最適条件では約1.0 N/mmを示しており，非常に高い密着強度が得られている。

プラズマ処理によりPFAシートに生成したラジカルの形態と量を比較するため，電子スピン共鳴（ESR）測定をおこなった。図2に圧力を変えてプラズマ処理したPFAシートのESRスペクトルを示す。いずれも332～337 mTにおいて過酸化物ラジカル（C－O－O$^{\bullet}$）を示すピークが検出されており，プラズマ処理時間の増加にともなってピーク強度が増加している。圧力の違いによって大きく異なる点は，スペクトル形状である。低い圧力でプラズマ処理した場合，スペクトル形状が約334 mTを中心とした点対称になっている。このスペクトル形状から，プラズマ処理により主鎖であるC－C結合が切断されて生成した主鎖切断型のラジカル（末端鎖ラジカル）が支配的であると言える（図2(a)参照[16]）。一方，大気圧下でプラズマ処理した場合は，非対称なスペクトル形状をしており，このことからC－F結合が切断されて生じた側鎖切断型のラジカル（中鎖ラジカル）の割合が多いことがわかる（図2(b)参照[16]）。このESR測定結果と密着強度測定結果より，図3のモデルが考えられる。低い圧力でプラズマ処理した場合は，主鎖を切断してしまったため脆弱層が形成され，密着強度の低下を招く原因となったと言える（図3(a)参照）。一方，大気圧プラズマ処理では側鎖を切断してラジカルを生成しているため，PFAシートに対するダメージを低減した上で官能基の生成とグラフト層が形成されており，高い密着強度が得ら

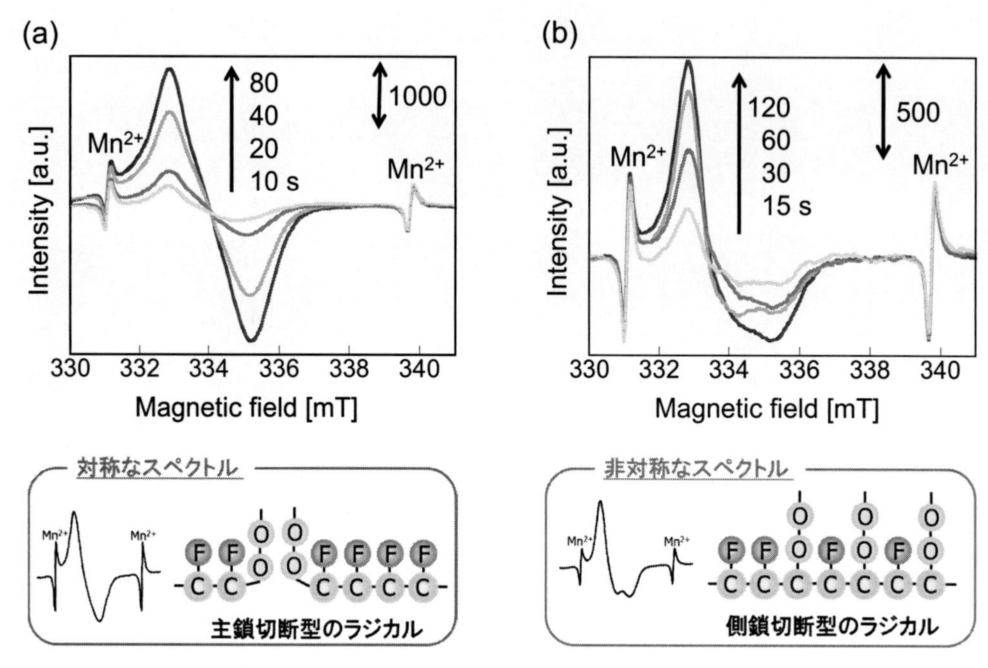

図2　圧力を変えてプラズマ処理したPFAシートのESRスペクトル
(a)低圧力条件（1,300 Pa），(b)高圧力条件（101,300 Pa）

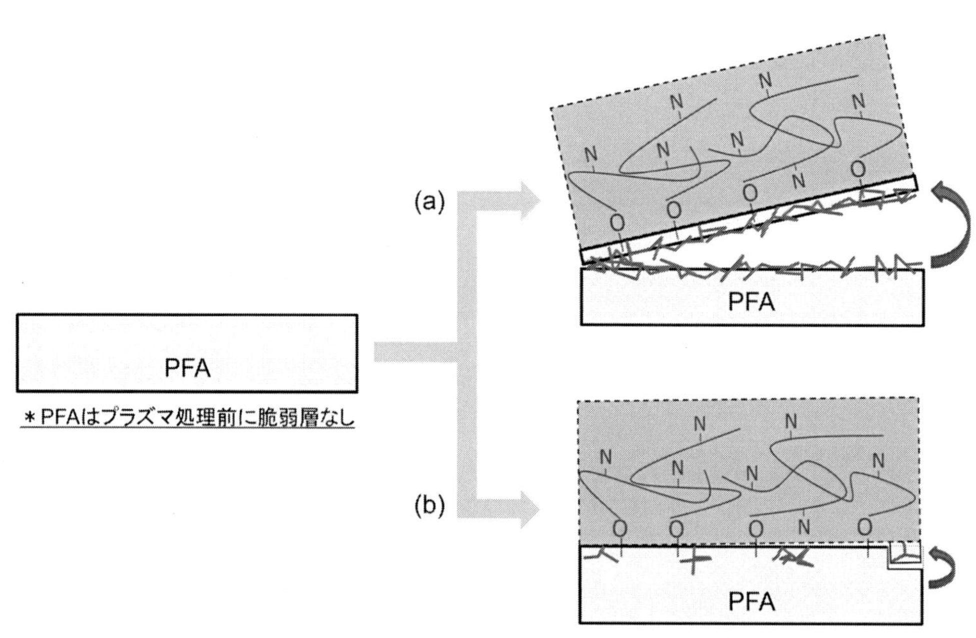

図3　圧力を変えてプラズマ処理したPFAシートの剥離試験時の概念図
(a)低圧力条件（1,300 Pa），(b)高圧力条件（101,300 Pa）

れたと言える（図3(b)参照）。プラズマ処理による脆弱層形成の有無が，密着強度が大きく異なった要因と考えられる。

3.4　プラズマ処理中の試料表面温度の影響

本項ではプラズマ処理中の試料表面温度が密着強度に及ぼす影響について紹介する。樹脂にプラズマ処理する場合は，熱による膨張やダメージ（焦げなど）を懸念し，なるべく低温でプラズマ処理することが一般的である。よって，プラズマ処理中に加熱することは常識に反しているが，筆者らはプラズマ処理中にあえて加熱し，プラズマ処理中の表面温度がPTFEの密着性向上における重要な要因であることを見出した。そのきっかけは，無電解銅めっき膜の密着強度がPFAシートとPTFEシートで大きく異なり，その要因を追求したことによる。前項でPFAシートに対してプラズマ処理する場合は，脆弱層を形成しないように大気圧下でプラズマ処理することが重要であることを示した。PFAシートに対して60 sの大気圧プラズマ処理後にAEAPをグラフト化すると，Cu／PFAの密着強度が約1 N/mmを示した。一方，PTFEシート（ニトフロンNo. 900 UL，日東電工製）に対して40 sの大気圧プラズマ処理後にAEAPをグラフト化すると，Cu／PTFEの密着強度は0.15 N/mmとなり，処理時間を160 sまで増加すると0.56 N/mmまで増加したが，さらに処理時間を1,200 sまで増加しても密着強度はほとんど変化しなかった（0.58 N/mm）。そこで，PFAとPTFEの物性などを調査し比較した。表1にPFAとPTFEの比較表を示す。注目すべき点は，表面形状と製造方法である。PFAシートは溶融成形法で作製されているため，表面が非常に滑らかである。一方，PTFEシートは融点以上に加熱しても完全に溶融しないため，粉末を圧縮成型して押し固め，円柱のバルク体を作製後に切削加工によってシート状に加工されている。その結果，表面には多数の切削痕や穴が存在する。つまり，PTFEにはプラズマ処理する前から脆弱層が存在している。よって，単にプラズマ処理し

表1　PFAとPTFEの物性および製造方法の比較

略称	構造式	色	表面形状	製造方法
PFA	$-(CF_2-CF_2)_m-(CF_2-\underset{\underset{O-R_f}{\mid}}{CF})_n-$	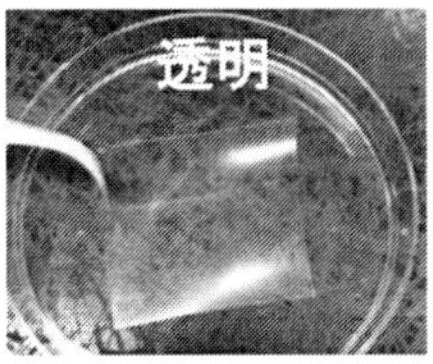 透明	 10 μm	溶融成形法（押出成形法）
PTFE	$-(CF_2-CF_2)_n-$	 白色	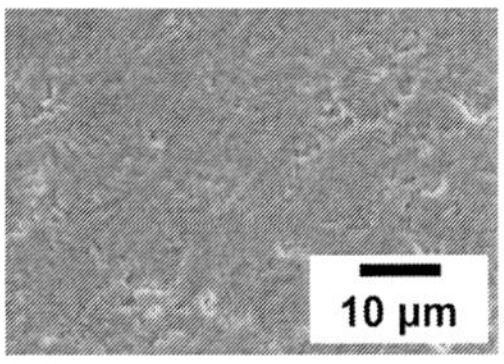 10 μm	圧縮成型法 ↓ 切削加工

＊ R_f：パーフルオロアルキル基

て表面を改質しただけでは官能基などが導入されて濡れ性などは変化しても密着性が改善されないことが十分に考えられる。そこで，筆者らは，プラズマ処理により表面改質するだけでなく脆弱層の修復も同時におこなう必要があると考えた。そして，その役目を担ったのが「熱」であった。

プラズマ処理中の樹脂表面の加熱方法として「①プラズマ処理時の投入電力の増加」と「②ヒーターによる外部加熱」の2種類があるが，本稿では前者の方法について紹介する。プラズマ処理中の表面温度をデジタル放射温度センサー（FT-H40K，キーエンス製）により測定した。25 W，50 W，65 W と投入電力を増加すると，表面温度が約 90℃，170℃，260℃と上昇することを確認した。表面が高温に加熱されていない従来のプラズマ処理条件を想定し，プラズマ処理中の PTFE 表面温度が 90℃となる 25 W の条件を低温プラズマ条件とし，表面温度が 260℃となる 65 W の条件を熱アシストプラズマ処理条件（表面が高温に加熱されているプラズマ処理条件）とした。前項と同様に，プラズマ処理後に AEAP をグラフト化し，無電解銅めっき膜を作製して，接着剤を介して 90° 剥離試験することで密着性を評価した。低温プラズマ処理時の Cu/PTFE 密着強度 0.58 N/mm に対して，熱アシストプラズマ処理時の Cu/PTFE 密着強度は 1.9 N/mm となり，製品規格値の3倍近い値を示した[17]。密着強度が大幅に向上した要因を調査するため，表面硬さ・表面組成・表面形状を比較した。X 線光電子分光装置（XPS, Quantum-2000，アルバック・ファイ製）を使用し，官能基の有無から表面組成の変化を評価した。ナノインデンター（ENT-2100，エリオニクス製）を使用し，最大押し込み荷重（40 μN）をかけたときの圧子の押し込み深さにより表面硬さを評価した。走査型電子顕微鏡（SEM，G2 Pro，Phenom-World B. V. 社製）を使用し，表面形状の変化を比較した。

図4に表面組成の比較結果（XPS スペクトル）を示す。プラズマ処理することで3つの大きな変化が見られる。一つ目は，CF_2 を示すピーク強度が減少していることである。プラズマ処理により C−F 結合が切断されていることがわかる。二つ目は，酸素由来の官能基（O−C=O，C=O，C−O）が存在していることである。C−F 結合が切断されて生成したカーボンラジカルと空気中の酸素および水分が反応して過酸化物ラジカル・カルボキシル基・水酸基などが形成して

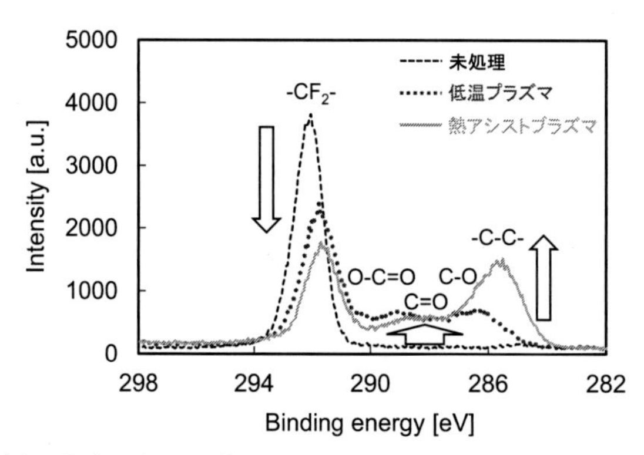

図4　試料表面温度を変えてプラズマ処理した PTFE シートの XPS スペクトル

いると考えられる。三つ目は，C－C結合を示すピークが増加していることである。C－F結合が切れて生成したカーボンラジカル同士が反応し，C－C架橋反応が起こったと考えられる。これらの結果から図5のように，カーボンラジカルの一部が架橋し，残りの一部に酸素由来の官能基が導入されたと考えられる。そして，低温プラズマ処理と熱アシストプラズマ処理を比較すると，酸素由来の官能基を示すピーク強度はほとんど変わらないが，CF_2を示すピーク強度が減少し，C－C架橋を示すピーク強度が増加している。つまり，高温でプラズマ処理するほど架橋反応が進みやすくなったと推察される。

図6に表面硬さの比較結果（荷重－押し込み深さ曲線）を示す[17]。未処理PTFEの最大押し込み深さは141 nmであるが，低温プラズマ処理したPTFEの最大押し込み深さは120 nmであり，押し込み深さが減少している。熱アシストプラズマ処理したPTFEの最大押し込み深さは101 nmまで減少し，さらに押し込み深さが減少している。同じ押し込み荷重（40 μN）にもかかわらず，押し込み深さが浅くなっているということは，表面が硬くなっていることを意味している。プラズマ処理中のPTFE表面温度が高くなるほど，表面が硬くなることが明らかになった。比較実験として，単にPTFEシートを250℃以上に加熱してナノインデンターで測定したところ，押し込み深さは未処理PTFEとほとんど変わらなかった。これらの結果より，単に加熱しても脆弱層は修復されず，プラズマ処理中にPTFE表面を加熱することで脆弱層が修復さ

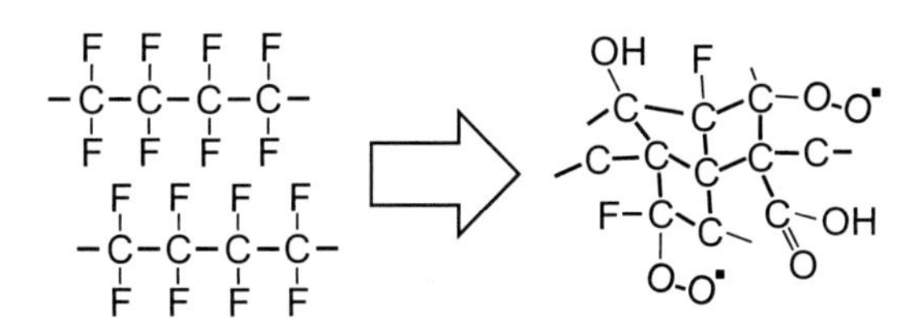

図5　熱アシストプラズマ処理による架橋反応モデル図

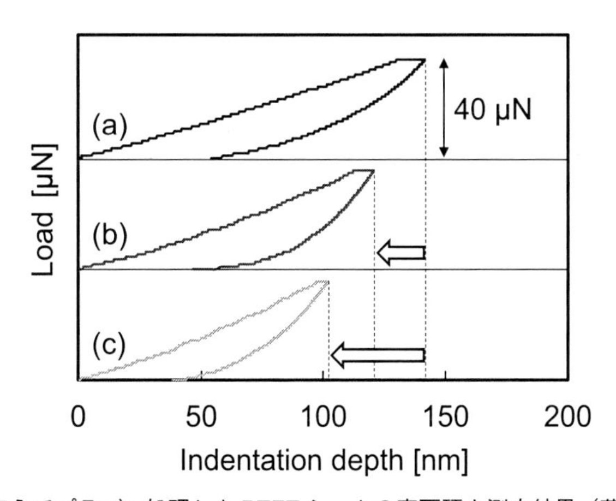

図6　試料表面温度を変えてプラズマ処理したPTFEシートの表面硬さ測定結果（荷重－押し込み深さ曲線）
(a)未処理，(b)低温プラズマ処理条件（約90℃），(c)熱アシストプラズマ処理条件（約260℃）

れることが明らかになった。図7に熱アシストプラズマ処理前後の電子顕微鏡像（反射電子像）を示す。熱アシストプラズマ処理すると切削痕がなくなっており，このことからも脆弱層が修復されていることがわかる。

XPS，ナノインデンター，SEMの結果より，図8のようなモデルが考えられる。PFAシートと異なり，PTFEシートにはプラズマ処理する前から脆弱層が存在するため，図8(a)のように低温プラズマ処理すると脆弱層が改質層の下に残ってしまい，無電解銅めっき膜／PTFE界面の密着性は向上するが，PTFE表層の脆弱層中で破壊が起こるため密着強度の増加が制限されてしまう。一方，熱アシストプラズマ処理すると，図8(b)のように，脆弱層が修復した上で官能

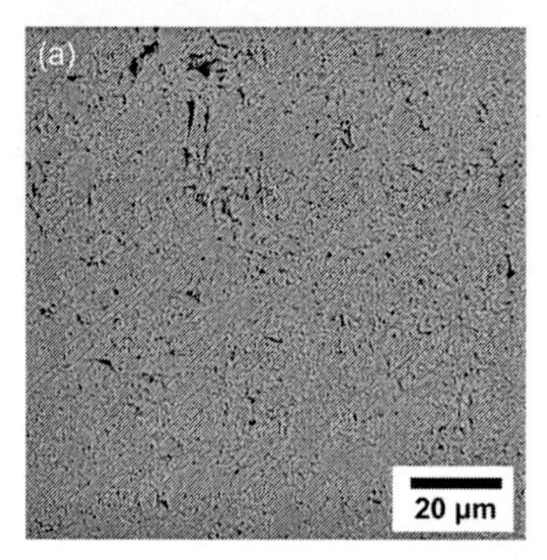

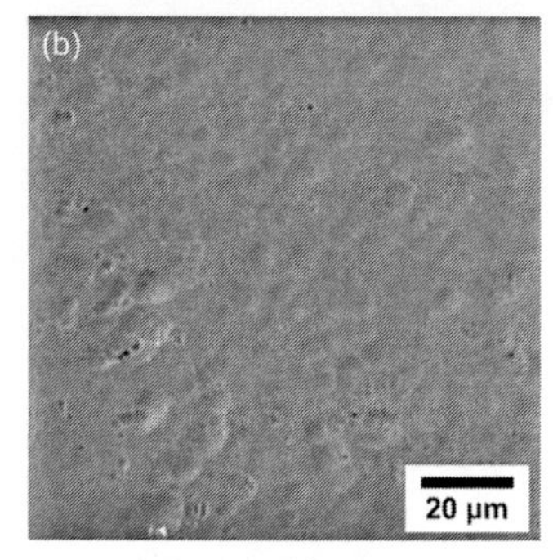

図7　熱アシストプラズマ処理前後のPTFE表面の電子顕微鏡像
(a)処理前，(b)処理後

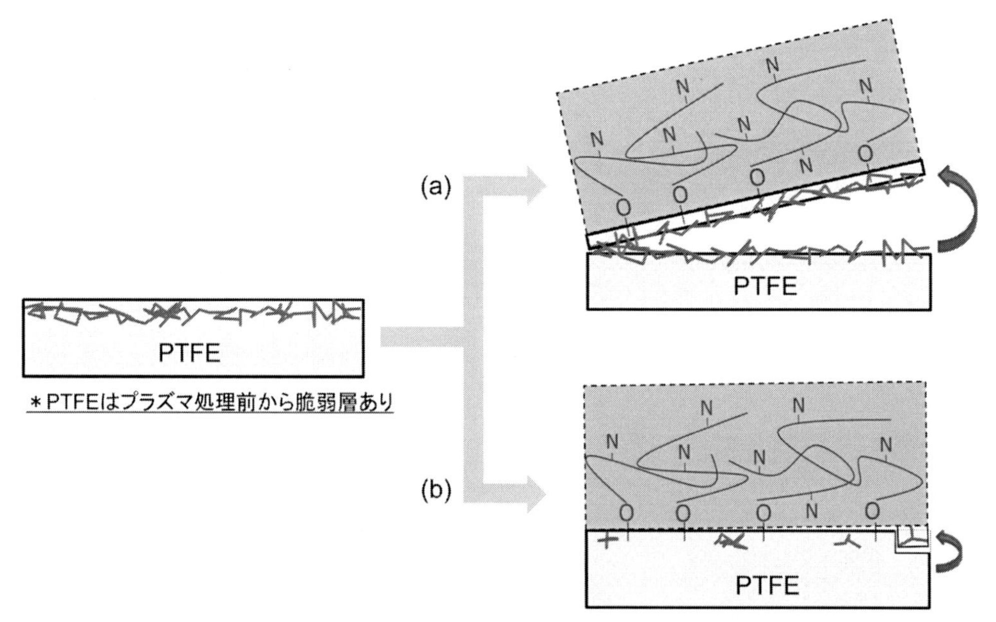

図8　試料表面温度を変えてプラズマ処理したPTFEシートの剥離試験時の概念図
(a)低温プラズマ処理条件（約90℃），(b)熱アシストプラズマ処理条件（約260℃）

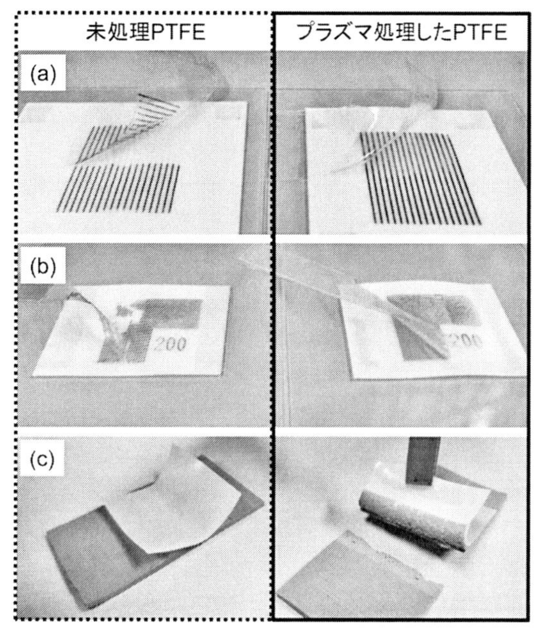

図9　PTFEと異種材料との接着例
(a)インクジェット法による銀インク配線パターニング，
(b)スクリーン印刷法による銅ペースト配線パターニング，(c)ブチルゴム

基が導入されるため，PTFE中の表層剥離が抑制され密着強度が飛躍的に向上したと考えられる。

図8のモデル図から推察されるように，PTFEに対する熱アシストプラズマ処理は下地を強固にした上で表面改質するため，被着対象物は無電解銅めっき膜に限定されず，様々な異種材料へと適応可能である。図9にPTFEと異種材料を接着した成果を示す。現在，無電解銅めっき膜だけでなく，銀インク，銅ペースト，ブチルゴム，天然ゴムなど，様々な材料との強力接着に成功している。特に銀インク（日油製）や銅ペースト（日油製）においては，PTFEシートに上に金属配線を直接パターニングできており，実用化に向けて大きく前進している[18]。今後，被着対象物はますます増加すると予想される。

3.5　おわりに

PTFEの密着性が他のフッ素樹脂よりも乏しい要因は，切削加工時に脆弱層が導入されてしまうためであり，大気圧下で熱アシストプラズマ処理すると，表面改質だけでなく脆弱層の修復も起こるため，PTFEの密着性が大幅に向上することを紹介した。本技術は接着剤フリーで密着性を大幅に改善できるため，接着剤の混入が懸念される医療・食品分野への応用が見込まれる。また，表面粗さを増加することなく密着性を向上できることから，プリント配線板への応用も期待される。筆者らは，本技術によるフッ素樹脂と異種材料の接着剤フリー接着が従来技術の代替はもちろん新たな用途へ展開されることを切に願っている。

文　献

1) S. Kanazawa *et al., J. Phys. D: Appl. Phys.,* **21**, 838 (1988)
2) 岡崎幸子ほか，大気圧プラズマの技術とプロセス開発，p. 1，シーエムシー出版 (2011)
3) 湯浅基和，機能材料，**34**(10)，22 (2014)
4) ダイキン工業編，ダイキン　フッ素樹脂ハンドブック―改訂版― (2009)
5) 嶋谷秀諭ほか，機能材料，**34**(10)，31 (2014)
6) M. E. Ryan *et al., Macromolecules,* **28**, 1377 (1995)
7) D. J. Wilson *et al., Surf. Interface Anal.,* **31**, 385 (2001)
8) N. Vandencasteele *et al., Plasma Process. Polym.,* **2**, 493 (2005)
9) N. Vandencasteele *et al., Surf. Interface Anal.,* **38**, 526 (2006)
10) N. Inagaki *et al., Macromolecules,* **32**, 8566 (1999)
11) W. C. Wang *et al., Plasmas Polym.,* **7**, 207 (2002)
12) K. Ooka *et al., Key Eng. Mater.,* **523-524**, 262 (2012)
13) Y. Hara *et al., Current Appl. Phys.,* **12**, S38 (2012)
14) J. T. Marchesi *et al., J. Adhesion,* **39**, 185 (1992)
15) M. Okubo *et al., IEEE Trans. Ind. Appl.,* **49**, 1715 (2010)
16) Y. Momose *et al., J. Vacuum Sci. Tech. A,* **10**, 229 (1992)
17) 大久保雄司ほか，表面技術，**70**(10)，551-556 (2016)
18) 大久保雄司ほか，エレクトロニクス実装学会誌，**19**(2)，127 (2016)

4　プラズマ表面処理の動向と医療用ゴム接着技術への応用

大久保雅章*

4.1　はじめに

材料の表面を親水化し接着性の向上を図る，あるいは撥水膜の密着性を向上させ撥水性の向上を図る有力な手法として，放電を使用する「コロナ放電処理」と「プラズマ処理」が知られている。時々，「(コロナ）放電処理」と「プラズマ処理」の相違は何か？との質問を受けることがある。プラズマは電離ガスを表しており，放電は現象あるいは手段を意味しているので厳密には比較困難だが，筆者は，プラズマと放電の示す範囲は不等号で表すとプラズマ>放電，つまり，プラズマは放電を内包すると説明している。すなわち，プラズマは放電以外の方法（加熱，レーザー，燃焼など）によっても形成できるが，電気エネルギーで形成される放電が最も有力かつ容易な手段である。ただし，現実には表面処理の分野では，後述する図1のような大気圧下で高電圧が印加された少なくとも一方が先鋭電極（一方は誘電体で被覆バリアされていても良い）の間に被処理材料を通過させることにより，その材料の表面を改質するのが「コロナ放電処理」と呼ばれている。一方，ガスとして電離しやすいHeやArを使用することで，コロナ放電は一様な電離状態であるグロー放電に変化するが，この状態を「プラズマ処理」と呼んでいる。さらには，図2のように電極間（無電極の場合もある）にアルゴンやヘリウムなどの電離しやすい希ガス

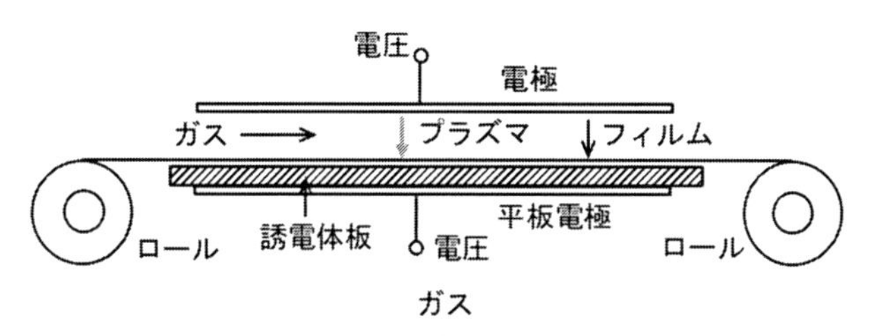

図1　コロナ放電処理の電極系の例

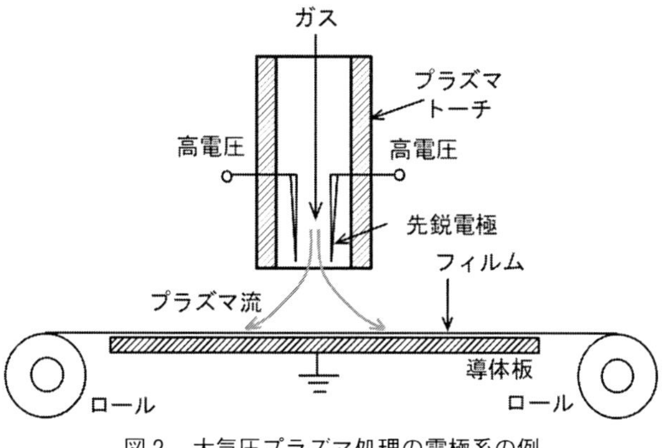

図2　大気圧プラズマ処理の電極系の例

*　Masaaki Okubo　大阪府立大学　大学院工学研究科　機械系専攻　教授

(場合によっては空気も可能) を通過させ，発生するプラズマジェットを対象物に作用させることにより表面改質する方法を「プラズマ処理」と呼ぶことも多い[1,2]。

本稿では，初めにプラズマ表面処理技術の動向を述べ，次に応用の一例として，図2の様な電極系を用いて筆者のグループで行われている医療器具への応用に向けた，フッ素樹脂 (テフロン) の接着性改良のための大気圧プラズマ複合表面処理の試作と医療用ゴムの接着性能の試験結果を紹介する。

4.2 プラズマ表面処理プロセスの動向

4.2.1 誘導結合型 RF プラズマによる表面処理

初めに各種プラズマ表面処理プロセスの動向を解説する。図3は誘導結合型ラジオ周波数 (RF, Radio Frequency, ～MHz, 商用周波数の例として 13.56 MHz) のプラズマにより，真空下で材料の表面処理を実施するシステムの概略図である[3]。高周波電源により駆動され，リアクターへの電力の供給の整合をとるための整合器 (マッチングボックス) が備え付けられている。この種のプラズマリアクターでは，リアクターは通常真空ポンプにより減圧され，プラズマを安定な状態に保つ必要がある。誘導結合型リアクター (ICP, Inductively Coupled Plasma) と呼ばれる図3のようなシステムは CVD (Chemical Vapor Deposition) の成膜に幅広く使用されている。

4.2.2 DLC プラズマ表面処理

鹿毛は近年話題となっているガラスびん並みの低い酸素透過性 (容器あたり 0.001 mL/day) をもつ PET ボトルの内面 DLC (Diamond-Like Carbon) を実現するプラズマ装置を紹介している[4]。DLC は真空プラズマで対応する表面処理プロセスの代表であり，大気圧下では原料ガスの爆発の危険性もあり対応は難しい。文献4)によると成膜プロセスは以下の手順となる。

① PET ボトルと相似した形状の金属性のチャンバー内に PET ボトルを収納する。

② 内部を約 0.1 torr (=0.13 kPa) に減圧する。

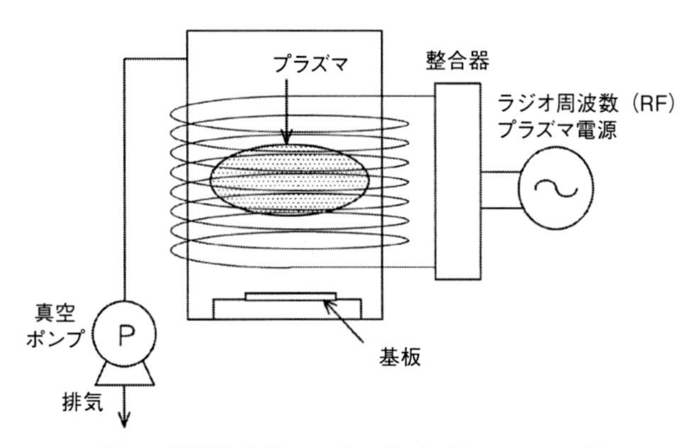

図3　誘導結合型 RF プラズマ処理システムの例

③　ガス導入管から炭化水素ガス（アセチレンなどを供給する）

④　チャンバーに高周波電力（13.56 MHz）を印加すると炭化水素ガスがプラズマとなり，イオンやラジカルがPETボトルの内面に衝突する。

⑤　その結果，PETボトルの内面上に均一且つガスバリア性の高いDLC膜が形成される。

このPETボトルは従来ガラスびんでなければ使用できなかったワインの容器として，製品化され，市場で販売が行われている。

4.2.3　プラズマによる触媒表面処理

プラズマ表面処理は触媒の生成にも使用される。Chenaら[5]は，触媒の表面処理のために，石英管にアルゴン，酸素，二酸化炭素のいずれか，あるいは混合ガスを流し，マイクロ波（～GHz，1 kW）電源と導波管を利用して低気圧（1,830～2,670 Pa，10～20 Torr，流量2～4 slm（毎分標準リットル））でプラズマ流を形成し，触媒の改質処理を行った。下流の容器内に封入された酸化チタン（TiO_2）に硝酸ニッケル（$Ni(NO_3)_2$）溶液を含有させたペレット（直径約6 mm）にプラズマ流を照射して，$Ni(NO_3)_2$をプラズマ分解させ，NiO/TiO_2触媒を形成する。このアルゴンプラズマで表面処理した触媒は二酸化炭素の一酸化炭素へのプラズマ還元に利用できる。その結果，処理エネルギー効率はプラズマ単独処理の場合に比べて2倍程度に向上するという結果が得られている。

4.2.4　その他のプラズマによる表面処理の動向

以上のように，大量生産にも適している大気圧プラズマ処理であるが，電極間に高い電圧を適切に印加する技術，すなわち静電気工学が重要性を帯びてくる。静電気工学の分野で再び近年注目を集めているのがエレクトロスピニング法である。紡糸ノズルの中のポリマー溶液に高電圧を印加して，直径サイズ数nmのナノファイバーと材料表面に形成し表面処理を行う。また，微粒化とナノテクノロジーを関連して古くから知られているエレクトロスプレープロセスも再検討されてきている[6]。

表面処理は自動車の部材接着にも幅広く使用されつつある。近年の自動車の燃費向上策の1つとして，車体の軽量化が求められている。その手法は様々で，現在，多くの自動車メーカーが開発を進めているが，その1つに自動車部品の樹脂化が挙げられている。ただし非常に品質に厳しい自動車部品の樹脂化は，樹脂の中でも耐熱性，耐薬品性に優れるエンジニアリングプラスチックの適用が中心となっている[7]。プラスチックと自動車部品の主体である金属は接着剤で接合することになる。その際の前処理としてプラズマ表面処理は重要な手法となる。

その他の研究動向を以下に紹介する。主としてテフロンで構成されている医用部材（内視鏡，透析機チューブなど）は従来主としてかしめや圧着により接合されていたが，接着接合に向けた開発が行われている。冠動脈ステント治療に用いられるバルーンカテーテルを有するステントの表面をDLCで処理したDLCステントは，高い生体適合性と安全性が示唆され，製品化されている[8]。スポーツシューズは，ある種のポリマーやゴム素材を接着剤で接着し，手作りで作る高付加価値製品の1つであるが，接着剤やUV処理ではどのようにしても接着できない材料がある。EVA（Ethylene-Vinyl Acetate Copolymer，エチレン酢酸ビニル共重合体）は難接着性材料の代表的なものであるが，プラズマ処理後に接着剤を用いることで高強度接着が可能となる。また，プラズマ照射により，生体やたんぱく質上の低温殺菌が可能になることが明らかにされている[9]。また，生体上に発生したある種のガン，メラノーマの処理に有効であることが確認されつつある[10]。さらには，航空機用材料の接着の前処理にプラズマが利用されている[11]。

次項では，樹脂の接合における大気圧プラズマ表面処理に関して，通常の従来型プラズマ処理，および筆者らが開発改良した大気圧プラズマグラフト重合処理（プラズマ複合処理またはプラズマハイブリッド処理の一例）の原理と具体的な手法を，実施例を含めて紹介する[1,2,12,13]。

4.3 プラズマ処理とプラズマグラフト重合処理

4.3.1 プラズマ処理の電極系の例

「はじめに」で言及した図1および図2は2種類の典型的なプラズマ処理によるフィルム表面処理装置の電極系を示しており，その詳細をさらに説明する。図1は，一対の電極の少なくとも一方の電極が誘電体板でバリアされているバリア放電型処理系であり，希ガスなどが充満する電極間にパルスなどの非定常電圧を印加し，プラズマが形成され，ロールで搬送されるフィルムが通過し，表面が処理される。フィルムは一方の電極近傍あるいは電極間の中央付近を通過し，基本的にフィルムの両面が処理される。この種の方式（容量結合型電極方式）は，比較的古くから知られており，様々な樹脂フィルムの表面処理に適用されているが，電極間距離が数mm～数cmの範囲に制限されるがため，立体物や大物の処理は困難であるものの，フィルム・シートのような形状のものでは比較的大面積の処理が可能である。

一方，図2は，希ガスなどが通過する先鋭電極間にパルスなどの非定常電圧を印加し，プラズマジェットが形成され，そのジェットの噴出先をロールで搬送される樹脂フィルムが通過し表面が処理される。この場合，ジェットが衝突する片側表面のみが処理される。このプラズマ方式の表面処理への利用は，比較的新しいものの幾つかの製品が知られている。この方式ではプラズマジェットを使用するため，立体物や大物の処理が可能であるが，大面積を処理するには，トーチを処理面の大きさや，あるいは形状に応じて移動させたり，トーチを複数配置するなどの対応が必要となる。以下，本項では，主として図2のようなプラズマ電極系を用いた結果を紹介する。

4.3.2 プラズマ表面処理とプラズマグラフト重合処理の効果

一般的に，コロナ処理やプラズマ処理を樹脂，ポリマー，ガラス，金属の表面に対し施すことにより，それら材料表面は，多くの場合，顕著に親水化し，接着性が向上する。その理由は以下の通りである。大気圧プラズマ放電により発生した高エネルギー電子（1～10 eV程度）の作用により，材料表面の結合（金属の場合は表面の酸化層または油膜）の主鎖や側鎖が解離してラジカルとなる。他方，空気や水分などの雰囲気ガスの分子も解離しラジカルとなる。この2種類のラジカル同士の再結合反応により，材料表面にヒドロキシル基（－OH），カルボニル基（>C＝O），カルボキシル基（－COOH）などの親水性官能基が形成される。その結果，表面の自由エネルギーが大きくなり，他の材料との接着・接合が容易になる。しかしながら，処理後，被処理材料をそのまま大気中に放置しておくと，官能基を含むセグメントの樹脂内部への潜り込みなどにより，効果が数日～1週間程度で殆ど消滅することが知られている。さらに，PTFE（Polytetrafluoroethylene）を代表とするフッ素樹脂など，表面の化学的反応性の低い樹脂に関しては，プラズマ処理による親水化はほとんど発現しない。

以上のことから，プラズマによって得られた効果が，消滅することなく，恒久的に持続する処理が望まれてきた。その処理の一例として，二重結合などの不飽和結合を有するモノマー（例えば，アクリル酸 $CH_2=CHCOOH$ など）を，減圧下でプラズマを照射することにより活性化した被処理材料（主に樹脂やポリマー）の表面に次々と重合させ，つぎ木状の機能性膜を形成する「プラズマグラフト重合」が知られている。筆者らは恒久的表面処理方法であるこの技術に着目し，多くの場合大気圧以下の減圧下で行われていた当該技術を，大気圧プラズマを利用して高効率に行う「大気圧プラズマグラフト重合」の技術を確立し，繊維やフッ素樹脂フィルムの表面処理に適用してきた。このようにモノマーや塗料などの液体薬液とプラズマ処理を並行して行う恒久的表面処理方法を，筆者は「プラズマ複合（プラズマハイブリッド）表面処理」と名付けている。4.3.3では，この技術の一例である「大気圧プラズマグラフト重合処理」の原理と処理方法，実施例について紹介する。

4.3.3　大気圧プラズマグラフト重合と接着性向上の原理

二重結合を1つ有する親水性のアクリル酸モノマーを用いたPTFEへのプラズマグラフト重合を例にとると，その原理は以下の反応式にまとめられる。

大気圧プラズマ印加（プラズマ電子によるフッ素樹脂表面とモノマーのラジカル化）：

$$R - F \rightarrow R\cdot + F\cdot \tag{1}$$

$$CH_2 = CHCOOH \rightarrow CH_2 - C\cdot HCOOH \tag{2}$$

グラフト重合（親水膜の形成）：

$$R\cdot + n(CH_2 - C\cdot HCOOH) \rightarrow R-(CH_2 - CHCOOH)_n- \tag{3}$$

ここでRはC，H，O，Fからなるフッ素樹脂の主鎖であり，R·，F·，$CH_2-C\cdot HCOOH$ は不対電子・を有するラジカルである。反応式(1)においてPTFEでは主鎖におけるC－C結合などの切断もありえるが，C－F結合の切断の方が起こりやすく，そちらが主となる。大気圧プラズマにより発生する電子（エネルギー～5 eV，数密度～10^{17}個/m^3）がモノマー蒸気と材料表面に衝突し，共有結合が切断されラジカルとなり，反応が進行する。最終的には反応式(3)により，フッ素樹脂表面に親水性のグラフト重合膜 $-(CH_2-CHCOOH)_n-$ が形成され，表面の接着性向上が実現する。表面のカルボキシル基がXPS（X-ray Photoelectron Spectroscopy）による表面分析の結果，カルボキシル基（－COO－）が検出されている。

従来技術である低気圧プラズマグラフト重合では，発生する電子のエネルギーは比較的大きいが密度は低く，プラズマ形成のために真空容器や真空ポンプなどの減圧装置が必要である。それに対し筆者らは一貫して，形成されるラジカルの濃度が高い大気圧プラズマを使用する方法を開発してきた。本技術は接着性能向上率が高く，大気圧下で処理可能であるため生産ラインへの組み込みが容易であり生産性が高い。さらには有害ガスや重金属溶液を使用しない低環境負荷処理法であることが利点となる。

4.3.4 大気圧プラズマグラフト重合装置の概要

図4に筆者のグループが開発したA4サイズのフッ素樹脂フィルム（厚さ300 μm～10 mm程度まで）の表面処理が行えるプラズマグラフト重合処理装置（実機プロトタイプ）の概略図とフッ素樹脂フィルムの表面処理の様子を示す。装置全体は図の点線で示すドラフトチャンバー内に設置されている。アクリル酸モノマー液（和光純薬工業製，純度98質量%）で満たされたステンレスの容器が，アクリル製チャンバー内で蒸気発生器として温度調整器付プレートヒータで加熱されている。液体モノマーは一定温度（60℃前後）に維持され，チャンバー内で気化し蒸気（濃度～5,000 ppm）となる。一方，純度＝99.99%の工業用アルゴンボンベガスがプラズマ形成ガスとして使用され，流量 Q でプラズマトーチ（詳細は図2参照）に流入する。後の処理例では Q＝30～50 L/min で変化させている。プラズマトーチ内部には一対の先鋭ワイヤ状電極があり，その間にパルス変調交流高電圧（20 kHz，24 kV）が印加され，いわゆるグライディングアーク放電を形成する。放電の写真を図5に示す。この放電により形成された大気圧低温プラズマジェット（温度80℃以下）が搬送装置（コンベヤ）上に固定されたフィルムサンプル表面に作用し，表面処理が行われる。アルゴン＋アクリル酸蒸気の雰囲気で，反応式(1)～(3)より，蒸気をプラズマでラジカル化させながら同時に樹脂のフッ素結合を切り，グラフト重合を行う。アクリル酸蒸気が電離して，緑色のプラズマジェットが形成されることが特徴である。サンプルをコン

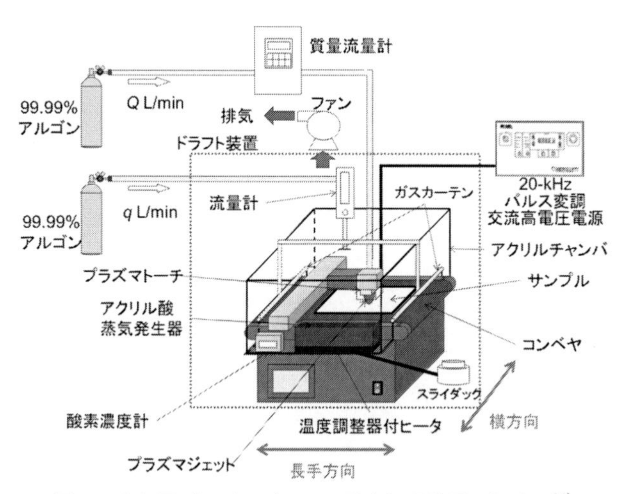

図4　大気圧プラズマグラフト重合処理装置の概略図[14]

図5　フッ素樹脂フィルムの表面処理の様子
（移動式プラズマトーチと先端で発光しているプラズマ）

ベヤで長手方向に移動させながらプラズマトーチが横方向に移動し，A4サイズフィルムの全面を処理する。なお，プラズマトーチを陽圧アルゴン雰囲気に保つため，アルゴンガスをアクリルチャンバ内にも流しており，さらにはフィルム搬送出入口での空気の流入を防ぐため，出入口において吹き出し式ガスカーテンを形成している。その合計流量は $q = 20$ L/min 程度である。なお，酸素はグラフト重合に悪影響を与えると言われているので，実験前にアクリルチャンバ内の酸素を除去する。そのため，アルゴンガスでのパージを十分に行う。チャンバー内には酸素濃度計を設置し，処理時の酸素濃度0%を確認している。本装置では，アクリルチャンバ内にアクリル酸蒸気発生装置を設置することで高濃度（~5,000 ppm）で一様なアクリル酸蒸気雰囲気でフッ素樹脂フィルムの表面処理を行うことができ「蒸発拡散方式」と名付けている。

4.3.5　フッ素樹脂フィルムのブチルゴムに対する接着性向上と応用例[2,12]

次にフッ素樹脂フィルムのブチルゴムに対する接着性向上とフッ素樹脂フィルム－ブチルゴム複合体の試作について説明する。図6は試作した複合体がガスケット部材として利用可能な医療用ゴム製品であるプレフィルドシリンジ（薬液充填済み注射器）を示す図である。プレフィルドシリンジとは薬液の取り違えを防止するために薬液が予め充填された状態で流通する注射器であ

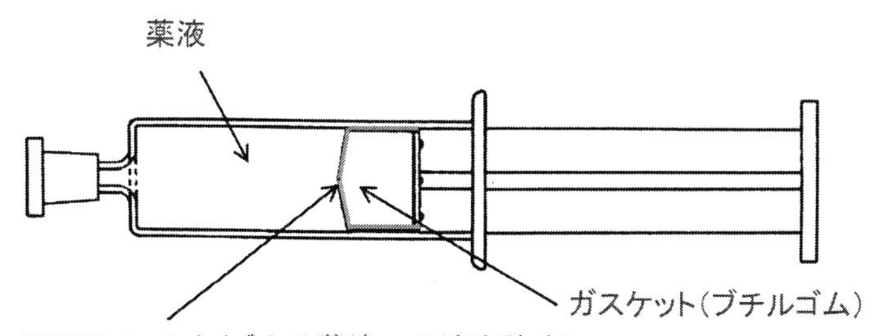

図6　ゴムとPTFE複合体の応用例：プレフィルドシリンジ

る。図に示すように，このプレフィルドシリンジはシリンジ用ガスケットを有し，その表面は薬液と長時間接触することから，ゴムの薬液への溶出を防止する必要がある。そのためにガスケット表面をPTFEフィルムで保護することが考えられるが，両者の密着性を確保するために本処理が適用される。なお，PTFE表面の動摩擦係数は0.04～0.08と極めて低く，片側表面処理によるスムースなピストンの作動が可能となることも利点である。以上の目的により，PTFEフィルムの表面をプラズマ複合処理することで，ゴムとの接着性向上を検討した。

4.3.6 フッ素樹脂フィルムのブチルゴムに対する接着性向上の加硫（架橋）および接着の方法

フッ素樹脂フィルムとゴムとの加硫（架橋）接着は，これらを接触させた状態で所定の時間に渡り，熱と圧力を加え，ゴムの架橋を行いながらフッ素樹脂フィルムと接着させる。なお，生ゴムに対する今回の架橋処理では硫黄を架橋剤としては使用しないが，習慣により架橋を「加硫」と呼ぶこともある。架橋接着を行う時間と温度は，未架橋ゴム配合の架橋への必要に応じて設定が行われる。本試作では前記の表面改質フッ素樹脂フィルムの上でゴム材料を加熱温度130～180℃，処理時間5～90 minの各種条件で架橋成形した。架橋剤として2－ジ－n－ブチルアミノ－4，6－ジメルカプト－1，3，5－トリアジン（$C_{11}H_{20}N_4S_2$，三協化成製）を含む未架橋ゴムシート（ハロゲン化ブチルゴム，厚さ2 mm）を準備した。未加硫ブチルゴムをステンレス製金型（縦100×横100×溝深さ1.95 mm）の一方に入れ，その上にアクリル酸モノマーによりプラズマ複合表面処理されたPTFEフィルムを処理面がゴムに接するように置き，もう一方の金型で挟み，ホットプレス器のプレス間に設置した。剥離試験機のチャックに固定するのに必要な挟みしろは，未処理のPTFEフィルムをゴムと処理済みPTFEフィルムの間に挟むことで確保した。なお，接着に際し，ゴムに含まれる架橋剤以外に接着剤は一切使用していない。

4.3.7 フッ素樹脂フィルム－ブチルゴム複合体の剥離試験と試験結果[12)]

温度150℃，処理時間40 min，処理圧力1.6 MPaにて架橋成形を行ったフッ素樹脂フィルムとブチルゴムの複合体に対して，剥離試験を行った結果を説明する。剥離試験はJIS K 6854を参考に実施した。4.3.6の処理で得られた複合体を幅25 mm，長さ50 mmに切り，ゴム部とフィルム部を各々剥離試験機のチャックに固定し，100 mm/minの速度で剥離し，引張強度を測定した。剥離の初期段階ではゴムの伸びが観察されるが，最終的には非常に強い接着により，被着材破壊が発生した。

引っ張り試験の結果の一例を図7に示す。グラフの横軸はクロスヘッドの動いた距離であり，縦軸は荷重である。図より，最大荷重やPTFEの伸びを読みとることができる。図7より，最大点荷重（25 mm幅のサンプル1 mm幅あたりの最大荷重）は3.88 N/mmでそのときの伸びは77.6 mmであった。また，2 N/mmを超えたあたりからゴムが剥がれ始め，最終的にゴムの方が破断し，被着材破壊が発生した。その他2回の反復試験を実施したが，最大点荷重はいずれも3.8 N/mmを超え，非常に強力な接着を実現した。

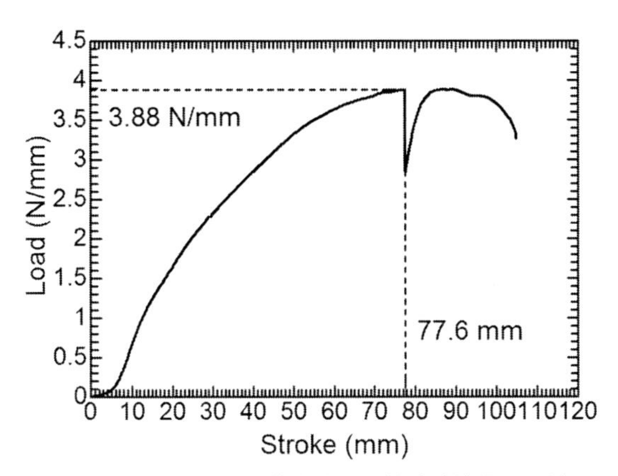

図7　ゴムとPTFE複合体の剥離試験結果の一例

4.4　おわりに

以上，各種材料，産業におけるプラズマ表面処理の開発動向について述べた，また，筆者らが提唱するプラズマ処理と薬液，蒸気処理を同時併用して，被材料表面に機能性薄膜を強固に結合させ，表面改質を図るプラズマ複合表面処理の原理と実施例を，フッ素樹脂を対象として紹介した。成果のうち，図7に示したPTFE－ブチルゴムの接着に対して達成した試料幅1mmあたり3.8N以上の剥離強度の値は，実現のために加圧・加温のプロセスが必須であるものの，前例のない強度である。

プラズマ接着改善のメカニズムはまだ不明な点も多く，根幹を明らかにし，体系的に整理することが今後重要となり，原理解明の努力を行うことが今後とも重要である。多忙な日常業務の中での，補助的業務であると見なされがちな表面改質の研究ではあるが，産業基盤の創成のための重要業務と位置づけて頂きたい。接着のメカニズム解明の産学協同作業による腰を落ちつけた取り組みがますます重要となってくると考えている。最後に，我々がこれまでに発表したフッ素樹脂の接着に関する発表学術論文，書籍を，さらに文献14～23)にリストする。

文　献

1)　大久保雅章，成形加工，**27**(8)，323-326（2015）
2)　大久保雅章，接着の技術，**35**(3)，32-36（2015）
3)　T. Yamamoto, M. Okubo *et al.*, Advanced Physicochemical Treatment Technologies, 257-258, Humana Press Inc. (2007)
4)　鹿毛剛，日本包装学会誌，**19**(6)，493-502（2009）
5)　G. Chena, V. Georgieva, T. Godfroid, R. Snyders, M.-P. Delplancke-Ogletree, *Applied*

Catalysis B: Environmental, **190**, 115-124 (2016)
6) A. Jaworek, A. T. Sobczyk, *Journal of Electrostatics*, **66**, 197-219 (2008)
7) 青木孝司，接着の技術，**35**(3)，43-51 (2015)
8) 中谷達行，窪田真一郎，山下修蔵，日本機械学会誌，**114**(1115)，745-747 (2011)
9) 佐藤岳彦，伝熱，**51**(216)，70-77 (2012)
10) G. Fridman, A. Shereshevsky, M. M. Jost *et al.*, *Plasma Chemistry and Plasma Processing*, **27**, 163-176 (2007)
11) 小駒益弘監修，大気圧プラズマの生成制御と応用技術　改訂版，第4章6節，169-182，サイエンス&テクノロジー (2012)
12) M. Okubo, T. Onji, T. Kuroki, H. Nakano, E. Yao, M. Tahara, *Plasma Chemistry and Plasma Processing*, **36**(6), 1431-1448 (2016)
13) 林健人，非熱プラズマグラフト重合処理されたフッ素樹脂の接着強度の改善とプラズマ分析，大阪府立大学大学院工学研究科機械系専攻修士論文 (2015)
14) 大久保雅章，日比野利友，JETI (Japan Energy & Technology Intelligence)，**55**(12)，42-45 (2007)
15) 中山弘，中山正昭，小川倉一監修，フィルムベースエレクトロニクスの最新要素技術，第4章5節，186-202，シーエムシー出版 (2008)
16) M. Okubo, M. Tahara, N. Saeki, T. Yamamoto, *Thin Solid Films*, **516**(19), 6592-6597 (2008)
17) M. Okubo, M. Tahara, T. Kuroki, T. Hibino, N. Saeki, *J. Photopolymer Science and Technology*, **21**(2), 219-224 (2008)
18) M. Okubo, M. Tahara, Y. Aburatani, T. Kuroki, T. Hibino, *IEEE Transactions on Industry Applications*, **46**(5), 1715-1721 (2010)
19) 大久保雅章，田原充，日本接着学会誌，**46**(3)，116-121 (2010)
20) 大久保雅章，黒木智之，コンバーテック，**39**(6)，31-35 (2011)
21) 大久保雅章，表面技術，**63**(12)，759-763 (2012)
22) Z. Feng, N. Saeki, T. Kuroki, M. Tahara, M. Okubo, *Applied Physics Letters*, **101**(4), Article number 041602 (2012)
23) T. Kuroki, M. Tahara, T. Kuwahara, M. Okubo, *IEEE Transactions on Industry Applications*, **50**(1), 45-50 (2014)

5　プラズマイオン注入法による表面改質技術

川口雅弘*

5.1　緒言

1928年頃にLangmiurが電離気体のことをPlasma（プラズマ）と命名して以降，プラズマ技術は現在の産業社会においてなくてはならない基幹技術として成長しており，その技術用途は多岐に渡る。特に，近年のパルス制御技術の成長と相まって，液中プラズマ技術，大気プラズマ技術の成長は著しく，ナノ粒子の量産化や表面改質処理の高速化・大面積化などが可能となってきていることから，当該技術の今後の発展が大いに期待される。一方，1960年代頃より研究技術開発が始まったイオン注入技術は，半導体製造工程における不純物元素の注入手法を中心として実用化されており，やはり現在の産業社会においてなくてはならない基幹技術として成長している。本稿で紹介するプラズマイオン注入法（PBII：Plasma Based Ion Implantation）は，μsオーダーのパルス制御を行うことで，プラズマによる成膜・表面改質と，低加速エネルギー範囲のイオン注入を同時に達成する技術である。この技術は，1980年代にAdlerらにより行われたパルス真空アーク金属イオン注入に端を発しており，1980年代後半にConradらによって開発された技術が最初といわれている，比較的新しい技術である[1~3]。この技術が開発された当初は，原料に窒素ガスを用いた，鉄鋼材料表面の窒化に関する研究開発が行われていた。最近では，各種表面性状の付与あるいは制御を目的として，金属材料からプラスチック，ゴムなど，多くの材料表面に対して製品化や応用研究が進められている。その多くはプラズマイオン注入と成膜（堆積）を一括して行うシステムであることから，プラズマイオン注入成膜法（PBII & D：Plasma Based Ion Implantation and Deposition）と呼ばれている。本稿では，現在世の中で最も普及している「高周波－高電圧パルス重畳型プラズマイオン注入成膜法」を中心に，その概要について簡単に触れる。

5.2　高周波－高電圧パルス重畳型PBII & D法とは

5.2.1　概要

高周波－高電圧パルス重畳型プラズマイオン注入成膜法（以下，重畳型PBII & D法と呼ぶ）の概略を図1に示す。重畳型PBII & D法は，真空容器内に設置されたプラズマ発生源，プラズマ中のイオンを引き出す高電圧（負）パルス源，真空容器により構成される。また，原料をガスで供給する処理法であり，プラズマ強化化学蒸着法（PECVD：Plasma Enhanced Chemical Vapor Deposition）の一つの手法と考えられている。

イオン注入成膜の処理手順は以下の通りである。①被加工物を真空容器内に設置し，容器内を任意圧力（成膜圧力）下の原料ガスで満たす。ここで注目すべきは，マッチング回路を介して被

＊　Masahiro Kawaguchi　(地独)東京都立産業技術研究センター　開発本部　開発第二部　表面・化学技術グループ　主任研究員

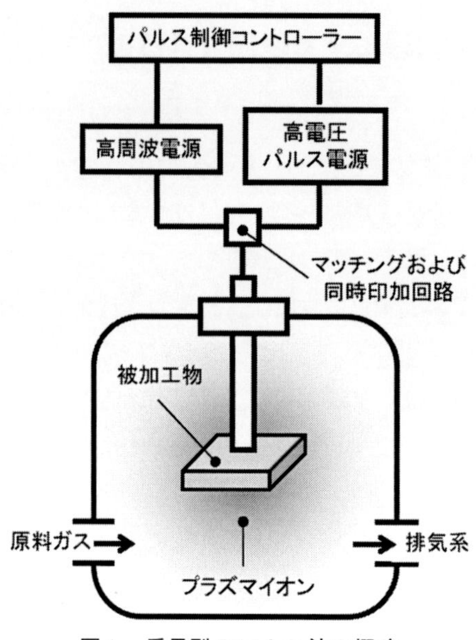

図1　重畳型 PBII & D 法の概略

加工物に高周波電源，および高電圧パルス電源がともにつながっていることである。②パルス状に制御した高周波（RF：Radio Frequency）電源電力を印加し，被加工物を中心に真空容器内にプラズマを発生させる。③被加工物に負電圧（HV：High Voltage）をパルス状に印加し，プラズマ中の陽イオンを被加工物の表面に引き寄せる。④引き寄せられた陽イオンは被加工物の表面を突き抜けて内部に注入される。また，原料ガスに堆積を促す固体種（例えばC，Al，Ti などの有機金属ガス）を用いた場合は，被加工物表面に当該固体種を成膜することができる。⑤次のRF 電力印加まで待機する。実際には，数 kHz 程度で手順②～⑤を繰り返し行うことで，プラズマイオン注入成膜を達成する。

5.2.2　重畳型 PBII & D 法の独自のパラメータ

一般的な PECVD 法では，処理パラメータとして処理圧力や原料ガス種，バイアス負電圧（連続波），処理温度，などがあげられる。一方，重畳型 PBII & D 法はパルス制御を行っているため，パルス制御に関する各種パラメータが被加工物の処理成否を決定する独自のパラメータとなり得る。各処理フェーズにおける被加工物およびその周辺状態の概念図を図2に，パルス制御に関する代表的なパラメータの概念を図3に示す。ここで，理解を促すために炭化水素系の原料ガスを想定して説明する。図2(a)のように，処理前の被加工物周辺は任意圧力（処理圧力）下の原料ガス分子が充填されている（5.2.1 の①に対応）。次に，被加工物に対して，図3のようにRF 電力（～1 kW）をパルス状（RF 電力パルス幅：～数十 μs）に印加する。ここで，被加工物はプラズマアンテナの役割を果たすことから，RF 電力を印加することで図2(b)のように被加工物周辺にプラズマが生成される（5.2.1 の②に対応）。図2(b)では C^+，H^+ 陽イオンを図示しているが，実際は CH_x^+ イオンなども含めた電離状態もあり得る。したがって，RF 電力およびそのパ

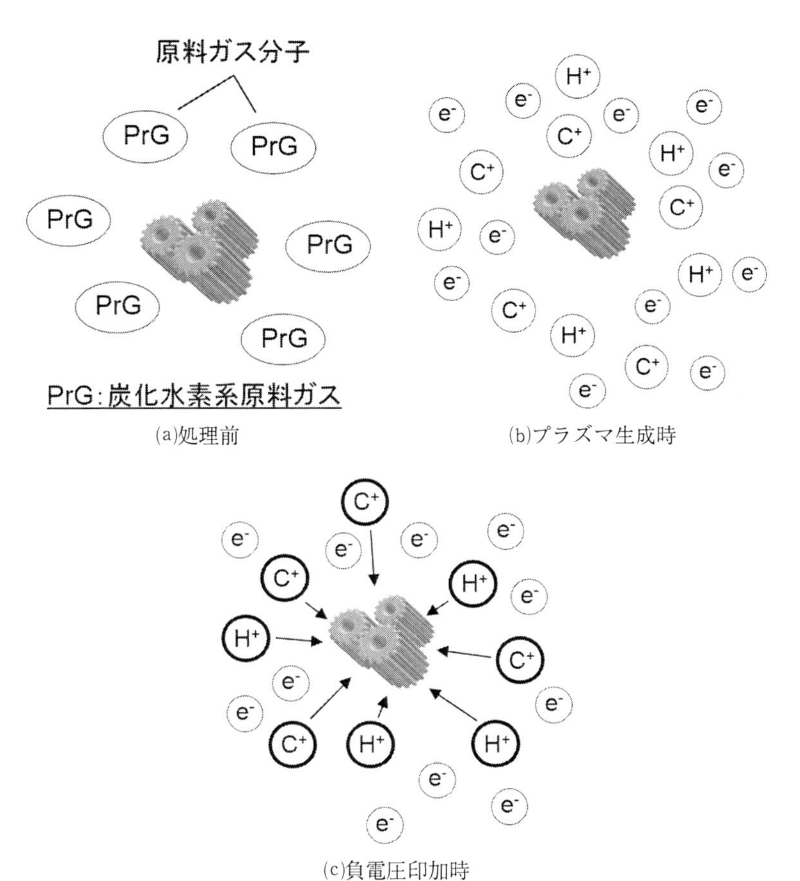

図2　各処理フェーズの概念図

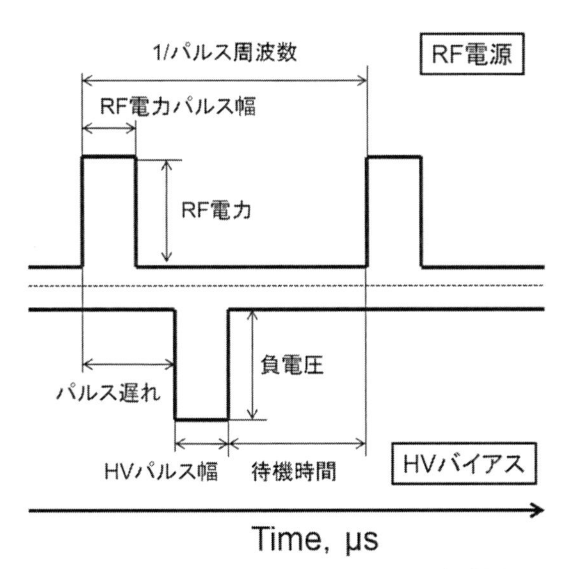

図3　パルス制御に関するパラメータの概念図

ルス幅は，原料ガスの電離状態を決定する主要なパラメータである。次に，被加工物に対して負電圧（～30 kV）をパルス状（HV パルス幅：～10 μs）に印加する。このとき，図 2(c)のように被加工物周辺の陽イオンは被加工物表面へ引き寄せられ，被加工物内部に注入される，および表面に堆積する（5.2.1 の③および④に対応）。したがって，HV パルス電圧およびそのパルス幅は，陽イオンの注入・成膜効果を，すなわち改質表面や堆積膜の構造と，その諸特性を決定する主要なパラメータである。また，図 3 のパルス遅れ（～数十 μs）は，RF 電力パルスと HV パルス，それぞれの印加タイミングを決定するパラメータである。図 3 は RF 電力印加によるプラズマ生成後に一度 RF 電力供給を止め，その後負電圧を印加する，というプロセスを図示している。これは，プラズマ生成後のアフターグロープラズマ（電離状態から元の状態に戻る途中のプラズマ）を積極的に注入成膜に利用する，ということを意味する。パルス遅れを短く設定することで，RF 電力パルスと HV パルスを重ねることも可能である，すなわち，プラズマ生成中に負電圧をパルス状に印加し，陽イオンの注入・成膜を行うことが可能である。重畳型 PBII & D 法は，概ね～ 4 kHz 程度のパルス周波数で処理を行うことが多い。例えば 4 kHz の場合，250 μs（＝1/4 kHz）が 1 周期に要する時間である。一方，待機時間は 250 μs から（パルス遅れ＋HV パルス幅）を引くことで計算できる。重畳型 PBII & D 法における待機時間とは，大雑把にいえば冷却時間，すなわち処理時のバルク的な到達温度（処理温度）を決定する主要なパラメータである（5.2.1 の⑤に対応）。プラズマ生成・イオン注入・成膜時の瞬間的な電子温度は数千℃に達していると考えられるが（イオン温度はそれほど高くない），待機時間を長くすることで処理温度を 100℃以下にすることは可能である。以上より，本稿で紹介した各パラメータは，被加工物の改質表面や堆積膜の構造とその諸特性，処理温度を決定する，重畳型 PBII & D 法の独自のパラメータである。

5.2.3　注入・成膜の同時処理

重畳型 PBII & D 法における注入・成膜の概略を図 4 に示す。ここで，理解を促すために炭化水素系の原料ガスを想定して説明する。図 4(a)のように，初期において水素イオンは被加工物内部に積極的に侵入し，炭素イオンは被加工物表面に積極的に堆積する。これは，炭素イオンと比

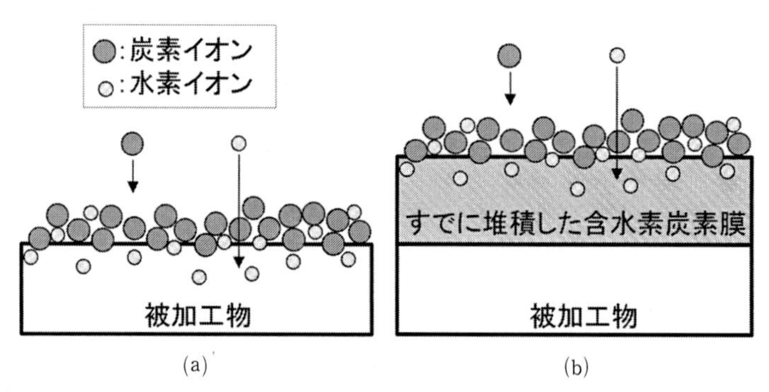

図 4　注入・成膜処理の概念図

較して，水素イオンの方が対象物質（被加工物）との衝突散乱による運動エネルギー損失が低いためである。一方，水素イオンと比較してその注入深さは浅い（概ね～数十 nm 程度）が，炭素イオンも被加工物内部にある程度侵入する。そのため，侵入した炭素イオンを「楔」として，被加工物表面と堆積膜との界面の密着性が向上する。ある程度処理時間が経過すると，図4(b)のように被加工物表面に含水素炭素が堆積し膜を形成する。さらに処理を継続すると，水素イオンは含水素炭素膜内部に積極的に侵入し，炭素イオンは含水素炭素膜上に積極的に堆積する。ここで注目すべきは，「すでに堆積した含水素炭素膜中にイオン注入が行われている」ということである。注入・成膜の同時処理により形成した含水素炭素膜は，従来の成膜法で形成した膜よりも内部残留応力が低く，密着性に優れるという特徴を持つ。なお，ここで紹介している含水素炭素膜は無定形（非晶質）炭素の一種であり，当該産業分野においてはダイアモンドライクカーボン（DLC：Diamond-Like Carbon）と呼ばれている。一般に DLC は硬質膜（インデンテーション硬さで 10～80 GPa 程度と広い範囲を有する）であるため，界面の密着性を確保するための中間層設計は不可欠であるが，重畳型 PBII & D 法のような注入・成膜の同時処理の場合，どのような被加工物であってもある程度の密着性を確保することが可能である（もちろん中間層を形成した方がより密着性が向上する）。

5.2.4　注入深さ

シリコン基板平面に対して，垂直に1軸ビーム上の水素イオンを注入するときのビーム加速電圧と平均注入深さの関係を図5に示す。図5の作成に当たり，SRIM（the Stopping and Range of Ions in Matter）を用いた。SRIM とは15年ほど前より公開された解析ソフト（フリーウェア）であり，世界中の多くの研究者が活用している[4]。市販の重畳型 PBII & D 法で設定できる負電圧の範囲は～30 kV であり，図5中のグレーハッチングは当該範囲を意味する。図より，重畳型 PBII & D 法で得られる注入深さは，最も注入しやすい水素イオンであっても 300 nm 程度であることがわかる。炭素イオンや窒素イオンなど，より大きなイオンを注入する場合は，その注入深さはさらに浅くなる（被加工物次第ではあるが，概ね～数十 nm 程度）。一般的にこの深さは

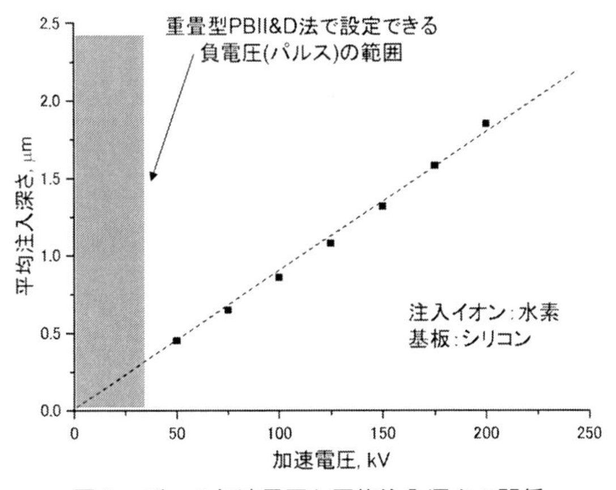

図5　ビーム加速電圧と平均注入深さの関係

表面改質としては不十分であると考えられるが，一方で，特に窒素イオン注入（窒化処理）の分野において十分な表面改質効果をもたらしている[5~7]。これらの成果の多くは，窒素イオン注入よりはむしろ熱拡散による窒化層の深化が直接的な改質効果であると理解されているが，注目すべきは低加速電圧（低イオンエネルギー）においても十分な窒化層深さを得ている点である。行村はこの現象をイオンフラックスの観点から説明している[8]。すなわち，低イオンエネルギーとすることで相対的にモジュレータの電流容量が大きくなり，被加工物表面に達するイオンフラックスが増加する。その結果，拡散に寄与する窒素イオンが増加し，さらにスパッタリングによる表面酸化層の除去効果により，十分な窒素層深さを達成する，ということである。この説明は大変理解しやすく，低エネルギーイオン注入に関する優位性を示す一例である。

5.2.5 利点と欠点

⑴ 複雑形状物への均一注入

一般的なイオン注入法はビームライン型注入装置であるため，平面被加工物には最適であるが，立体形状，複雑形状などを有する被加工物を処理するためには，ビームやターゲット材の操作，試料回転機構の導入などの工夫が必要となる。一方，重畳型 PBII & D 法は，被加工物に負電圧パルスを印加することで周囲のプラズマ陽イオンを引き寄せるため，被加工物表面に対して全方向からイオンが打ち込まれる。したがって，基本的にビームやターゲットの操作，試料回転機構などを工夫する必要はなく，被加工物表面全体にイオン注入・成膜を行うことができる。また，プラズマを広範囲に発生させることで，大面積・多数個同時処理も可能である。一方，パイプ内面や溝形状など，イオンシースを配慮すべき凹凸や形状を有する被加工物に対しては，均一な処理を達成するために配慮すべき注意点がいくつかあるが，詳細は後述する。

⑵ 極表面改質技術

プラズマイオン注入における負電圧は，数 kV～100 kV 程度と比較的低い値を用いることが多い。そのため，プラズマイオンの注入深さを極表面に留めることができ，被加工物の巨視的材料特性におよぼす影響は小さい，すなわち巨視的材料特性を損なうことなく極表面処理を行うことができる。

⑶ 膜の形成

炭化水素系のガスや金属・グラファイトターゲットを原料としたプラズマを用い，負電圧を低く設定することで，被加工物表面へ膜を形成することが可能である。前述の通り，プラズマイオン注入法による膜形成の最大の利点は，被加工物表面に対してイオン注入と膜形成を同時に行えることである。イオン注入層（ミキシング層）と形成した膜の界面は基本的に密着性が高く，膜の剥離低減などに寄与する。また，図 4⒝のようにすでに堆積した膜に対するイオン注入効果も期待できることから，膜の内部残留応力を緩和しつつ厚膜（～100 μm）を形成することも比較的容易である。

⑷ 処理温度と処理速度の関係

プラズマイオン注入法は，プラズマを用いるにもかかわらず，～100℃以下の温度で処理を行うことができる。これは前述の通り，処理時の待機時間を長くする（パルス周波数を小さくする）ことで，冷却時間が長くなり，処理温度を抑えることができるためである。したがって，熱に弱いゴムやプラスチック材などに対してもイオン注入・成膜できることが特徴の一つである。また，被加工物の配置方法や電極の形状を工夫することで，絶縁物に対してもイオン注入・成膜を行うことができる。一方，図3のように，被加工物に対して実際にイオン注入・成膜を行うのは，RF電力パルスおよびHVパルスが印加されている期間である。待機時間を長くする（パルス周波数を小さくする）ということは，処理速度の低下を招く一因となる。したがって，処理温度と処理速度はトレードオフの関係にあることに注意する必要がある。処理速度は処理圧力を大きくすることで速くなるため，処理温度と処理速度をある程度両立することは可能である。しかし，処理圧力は処理温度の上昇や処理物の構造変化に影響をおよぼすため，最終的には被加工物に合わせて試行錯誤的に適切な処理条件を決定するのが肝要である。

5.3　複雑形状・微細形状への注入成膜

5.2.3で少し触れたが，現在の日本において，PBII & D法はDLC成膜装置としてよく活用されている。DLC膜に関する説明は他の解説書などを参照いただきたい[9]。他の成膜技術と比較してPBII & D法が選ばれる理由として，①膜の密着性を稼ぎやすいこと，②低温処理であること，③厚膜形成が容易であること，④全周処理であること，などが優れていることがあげられる。一方，近年の機械部品・製品の高度化に伴い，「三次元複雑形状・微細形状へのDLCの成膜」が，当該分野における産業ニーズとして求められている。複雑形状に対する成膜処理としてPBII & D法は有効であるが，その形状と大きさが複雑かつ小さく（～1 mm）なると，イオンシースの観点から議論する必要がある。イオンシースとは，プラズマ中の被加工物表面において正に帯電した領域のことである[10]。プラズマ陽イオンはイオンシースを通って被加工物表面に注入成膜されるが，この時イオンシース内で残留ガス分子（イオン化していない原料ガス分子）と衝突する可能性を無視できない。したがって，イオンシースが薄いほど被加工物の形状に即した注入成膜が可能となる。イオンシースの厚さはChild-Langmuirの式により理論的に算出することができ，プラズマ密度が大きいほど（実質的には処理圧力が小さいほど），および負電圧が小さいほど，シース厚さは薄くなる。しかし，理論計算上，PBII & D法において1 mm未満のシース厚さを達成するためには，処理圧力を極めて小さくする，または／および，負電圧を極めて小さくする必要があるため，処理速度やイオン注入成膜効果の低下は否めない，というのがこれまでの考えである。一方で最近，バイポーラ型PBII & D法に関する興味深い研究成果を平田，崔らが報告していることから，本稿ではその研究成果の一部について紹介する[11~14]。

バイポーラ型PBII & D法は，被加工物に正の高電圧パルスを印加して被加工物周辺にプラズマを生成し，その直後に負の高電圧パルスを印加してプラズマ中の陽イオンを被加工物の表面に引き寄せる，注入成膜法である。図1における高周波電源，高電圧パルス電源が，それぞれ正の高電圧パルス電源，負の高電圧パルス電源に置き換わったと考えれば理解しやすい。処理パラ

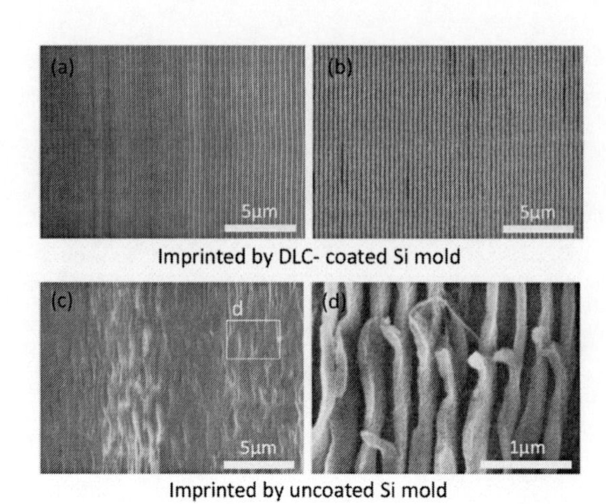

図6　熱転写ナノインプリント実験後の樹脂表面の観察結果[14)]

メータや特徴などは重畳型 PBII & D 法と類似する点が多いが，重畳型 PBII & D 法と比較して異なる点は，「被加工物に接地電位がある」ということである。したがって，被加工物の機械的操作が容易である，加熱・冷却システムやプロセスモニターを設置しやすい，などのメリットがある。平田，崔らは，電子線描画装置を用いてシリコン基板上に 300 nm ピッチ，アスペクト比 2.0 のラインスペースパターンを作成し，そのパターン表面にバイポーラ型 PBII & D 法により DLC を成膜した。続いて，DLC を成膜したシリコン基板を型（Mold）とした熱転写ナノインプリント実験を行い，樹脂へのパターン転写精度について検討した。彼らの実験結果の一部を図 6 に抜粋する。図 6 は転写実験後の樹脂表面の観察結果である。DLC を成膜した型を用いた場合（図 6 (a)および(b)），樹脂表面にパターンがきれいに転写されているのに対して，DLC を成膜していない型を用いた場合（図 6 (c)および(d)），パターンが明らかに崩れていることがわかる。この違いは，DLC を成膜することで型表面の表面エネルギーが低下し，離型性が向上したためと考えられる。特筆すべきは，シリコン基板上の 100 nm 程度の溝内に対して注入・成膜の効果が十分現れている点である（溝幅≪シース厚さであることは明らかである）。これらの結果は，形状寸法や粗さよりもシース厚さの方が大きい場合の PBII & D 処理であっても，形状寸法などに沿った処理をある程度達成できることを意味する。

5.4　結言

PBII & D 法は，金属材料の窒化処理や DLC 成膜，高分子・セラミック材料の表面エネルギー制御などの処理技術として，すでに実用化を達成している。一方，当該技術の性質上，バッチ処理にせざるを得ないため，ライン量産化について遅々として進展していないのも事実である。複雑形状物へのイオン注入・成膜，低温処理，絶縁物に対応可能，省エネルギー処理，大面積・大量生産可能，安価など，実用化におけるメリットが多い技術であることから，当該技術に興味を持ってくれる読者が少しでも増えることを期待したい。

文　　献

1） J. R. Conrad, J. L. Radtke, R. A. Dodd, F. J. Worzala, N. C. Tran, *J. Appl. Phys.,* **62**, 4591-4593 (1987)
2） J. R. Conrad, *J. Appl. Phys.,* **62**, 777-779 (1987)
3） J. V. Mantese, I. G. Brown, N. W. Cheung, G. A. Collins, *MRS Bulletin,* August, 52-56 (1996)
4） http://www.Srim.org/ にてフリーウェアを配布中
5） 産総研・㈱栗田製作所・奈良県工業技術センター共同プレス発表資料，2006年７月４日
6） D. L. Williamson *et al., Nucl. Instrum. Methods in Phys. Res. B,* **127-128**, 930 (1997)
7） R. Wei *et al., ASME J. Trib.,* **116**, 870 (1994)
8） 行村建，R. Wei, *J. Plasma Fusion Res.,* **80**(4), 281-288 (2004)
9） 例えば，斎藤秀俊ほか，DLC膜ハンドブック，p. 499，NTS (2005)
10） 池畑隆，*FORM TECH REVIEW*（公益財団法人天田財団），**18**(1)，42-46 (2008)
11） 平田祐樹，朴元淳，崔埈豪，加藤孝久，トライボロジスト，**58**(11)，841-847 (2013)
12） Y. Hirata, J. Choi, *J. Appl. Phys.,* **118**, 085305 (9pp) (2015)
13） Y. Hirata, T. Kato, J. Choi, *In. J. Refract. Met. H.,* **49**, 392-399 (2015)
14） Y. Hirata, Y. Nakahara, K. Nagato, T. Kato, J. Choi, International Tribology Conference, 16PA-42 (2015)

6　プラズマ重合による PTFE の表面処理

油谷　康*

6.1　はじめに

ふっ素系樹脂の中で最も単純な構造を有する PTFE（Poly-tetra-fluoro-ethylene）は，CF_2 単位が単純に繰り返すだけの線状高分子であり，次に挙げるような特徴を有し，医療，化学，電子などの様々な分野で用途展開が図られている[1,2]。

① 耐薬品性：合成樹脂中でもっとも安定し，ほとんどの薬品・溶剤にも侵されない

② 耐熱性：連続使用温度は 260℃

③ 電気特性：誘電率や誘電正接が，広範囲の周波数および温度範囲で安定

④ 非粘着性：表面自由エネルギーが低いため，粘着物が付着しにくく離型が容易

⑤ 低摩擦係数，難燃性，撥水性，耐候性など多くの特性において優れた機能を発揮する

しかし，その分子構造が安定であるがゆえに他の材料との接着が極めて困難であるため，接着などの際には PTFE 表面の表面改質が必須である。

PTFE の表面改質手法の一つであるプラズマ処理は，例えば，希ガスを利用した，表面エッチングを行う手法や基材表面に官能基の導入を行う手法，有機モノマーをプラズマ下で重合させ基材表面に薄膜を形成させるプラズマ重合法などが検討されている。

本節では，これまで当社において検討を行ってきた PTFE のプラズマ重合処理について紹介する。

6.2　フィルムの表面処理[3]

PTFE シートの表面処理を，13.56 MHz の高周波を用いた平行平板型の低温プラズマ処理装置により行った。反応系はロータリーポンプにて減圧し，系内の真空度を制御しながら，まず前処理として O_2 プラズマ処理を 10 分間行った。マスフローメーターにてガス流量を制御しながら系内の圧力を 0.2 Torr とし，プラズマ密度 1.3 W/cm^2 条件下にて PTFE シートを処理した。処理後は大気開放した。次に，系内を排気減圧した後，2-プロピン-1-オール（$CHCCH_2OH$：以下 PA と略する）をモノマー溶液としてプラズマ重合処理を行った。モノマー溶液の気化速度を一定とするため等温にて保持，系内の真空度を 0.3 Torr に制御し，プラズマ密度 0.5 W/cm^2 条件下で 10 分間処理を行った。

未処理 PTFE および表面改質 PTFE における表面の濡れ性を，液滴法による蒸留水に対する接触角にて評価した。室温下での蒸留水に対する接触角は，未処理 PTFE が 114°，表面改質 PTFE が 59° となり，濡れ性は良くなった（写真 1）。

未処理 PTFE および表面改質 PTFE の表面構造について，XPS（X 線光電子分光）スペクトルの C1s ピークを図 1 に示す。未処理 PTFE に対してプラズマ重合後の表面は，炭化水素の

* Yasushi Aburatani　日本バルカー工業㈱　研究開発本部　研究部　チーフエンジニア

未処理PTFE表面
蒸留水　着液1秒後　114°

PAプラズマ重合表面
蒸留水　着液1秒後　59°

写真１　プラズマ重合処理の濡れ性

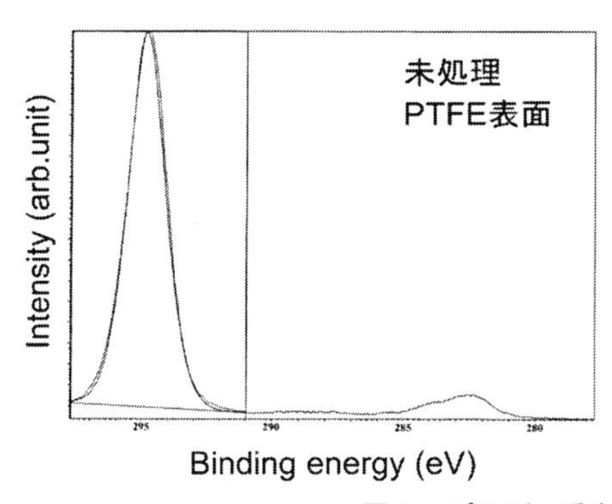

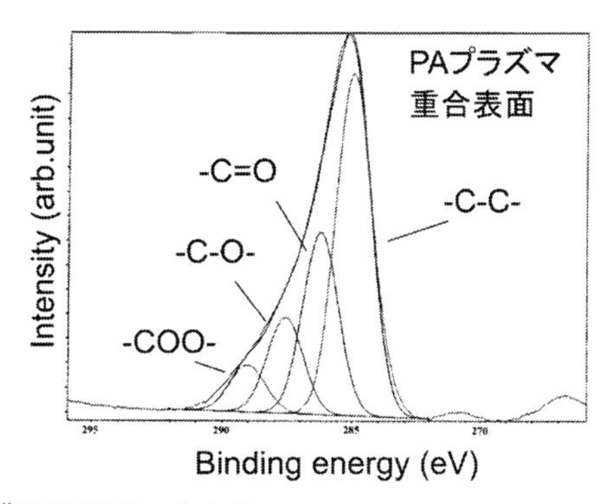

図１　プラズマ重合膜の XPS スペクトル

ピークが大きく見られ，カルボニル基やカルボキシル基に帰属されるピークが確認された。C-F ピークが見られないことから，PTFE 表面が PA 由来の重合物に覆われていると考えられる。

表１に前処理をした後，PA でプラズマ重合した表面改質 PTFE の剥離強度を示す。表面改質は O_2 または Ar ガス雰囲気下でプラズマ処理を 10 分間行い，その後 0.3 Torr で 30 分間，PA プラズマ重合した。剥離試験については JIS K 6854 に準じて，90° 剥離接着力を測定した。接着剤としてエポキシ系の２液型接着剤を用い，ステンレス板（SUS304）と表面改質 PTFE を 100℃ で 20 分間接着させた後，室温における接着力を評価した。前処理を行うことで接着力が大きくなることが分かる。図２に PA プラズマ重合したサンプルの表面構造を示す。前処理（O_2 プラズマ処理）を施すと，前処理無しに対して PA のプラズマ重合物が粒形状になった。前処理による接着力の向上は，前処理無しに比べて接着剤とのみかけ接触面積が大きいことが一因と考えられる。表２に XPS スペクトルに基づく剥離前後の F/C，O/C 割合を示す。剥離後の PTFE 表面および相手材（SUS）表面ともに未処理 PTFE と類似の F/C，O/C 割合を呈した。これらの

表１　前処理と接着力の関係

前処理	処理無し	Ar	O_2
接着力（N/mm）	0.2	0.5	0.9

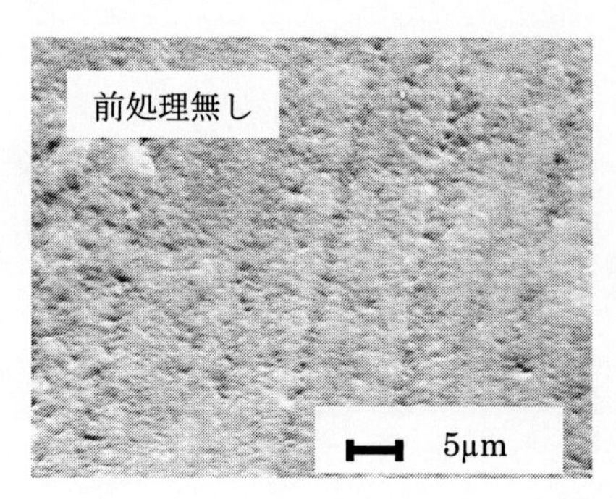

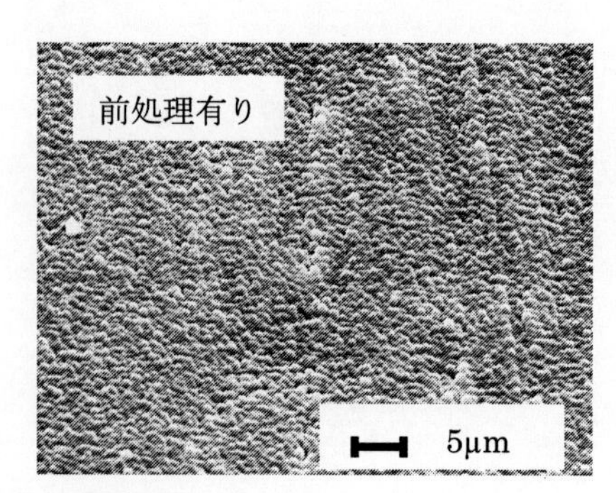

図2　プラズマ重合膜の表面構造

表2　XPSスペクトルに基づく剥離前後の原子組成比

原子組成比	未処理 PTFE	PA プラズマ重合 PTFE	剥離試験後	
			PTFE 面	SUS 面
F/C	3.0	0.0	3.2	2.8
O/C	0.0	0.4	0.0	0.0

結果より，表面改質したPTFEは，樹脂内部での凝集破壊により剥離されることが推測される。

6.3　多孔体の表面処理

6.3.1　PTFE多孔膜について

PTFE多孔膜は，連続貫通多孔質構造を有することから，液体や気体の透過など新たな機能を付加した材料となる。PTFEを延伸すると，図3のような島状に分布するノードと延伸方向に配向したフィブリルからなる多孔質PTFE（expanded PTFE：ePTFE）が得られ，延伸率や焼成条件などにより孔径の調整ができる。また，延伸法以外では，PTFEディスパージョンを原料とし，エレクトロスピニング法を用いることで繊維径が1ミクロンを下回るPTFEナノ

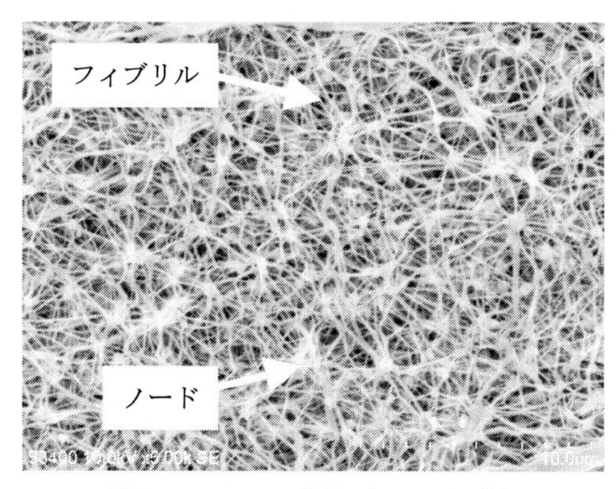

図3　ePTFEの構造（× 5,000倍）

ファイバー多孔膜を得る方法がある。エレクトロスピニング法では一般的に溶媒に高分子を溶解させた紡糸液を用意し，それを高電圧が印加された紡糸口から紡糸することで得られる。しかし，PTFE は溶媒に溶解させることが困難なため，エレクトロスピニング法を用いて紡糸できない材料の一つとされていた。PTFE ナノファイバーは，特殊なエレクトロスピニング法により PTFE ディスパージョンから作られた繊維である[4]。

これら PTFE 多孔膜は，孔径，空孔率，厚さなどのコントロール，他素材との複合化を組合せることで用途に適した性能を発揮することができ，当社においてもこれまでに，ダイレクトメタノール型燃料電池（DMFC）に用いる気体—液体分離膜[5]や膜分離活性汚泥法（MBR）などの水処理膜への適応可能性[6]について検討してきた。

ePTFE や PTFE ナノファイバー多孔膜を水系の液体フィルターとして用いる場合，疎水性のために多孔質構造内を水が透過しにくいため，一般には何らかの親水化処理が行われる。ここでは，有機モノマーを利用したプラズマ重合，および，液体コーティングとプラズマ重合を組み合わせた表面処理について紹介する。

6.3.2　ePTFE の表面処理[7]

ePTFE の改質は，13.56 MHz の高周波を用いた平行平板型の低温プラズマ処理装置により行った。系内を排気減圧した後，2-プロピン-1-オール（$CHCCH_2OH$：以下 PA と略する）をモノマーとしてプラズマ重合処理を行った。モノマーガスは流量調節を行い，系内の真空度を 0.3 Torr に制御して，プラズマ密度 0.5 W/cm^2 条件下で 10 分間重合させた。

未処理 ePTFE とプラズマ処理 ePTFE の赤外吸収スペクトル（IR スペクトル）を図 4 に示す。プラズマ重合物の構造中に水酸基，カルボキシル基を含むことが分かる。また，プラズマ処理 ePTFE を裏返して分析した場合，未処理 ePTFE と同じ吸収スペクトルを示した。従って，膜表面（片面）にのみプラズマ重合膜を付与できたと考えられる。

また，プラズマ処理 ePTFE を，蒸留水，アセトンに浸漬し 20 分間超音波洗浄した後の表面，および大気下 200℃ で 1 h 保持後の IR スペクトルを図 5 に示す。いずれの溶液についても，浸

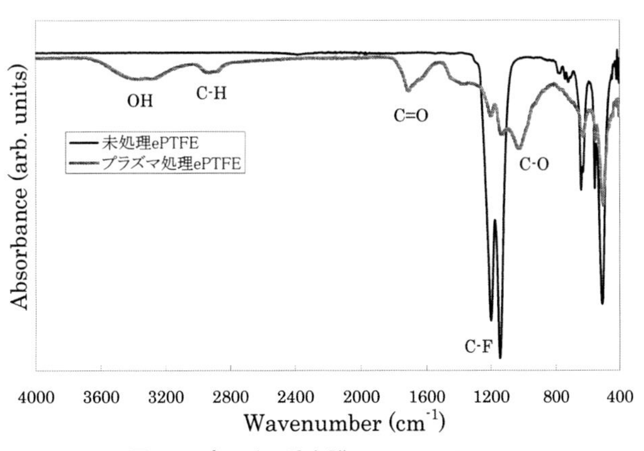

図4　プラズマ重合膜の IR スペクトル

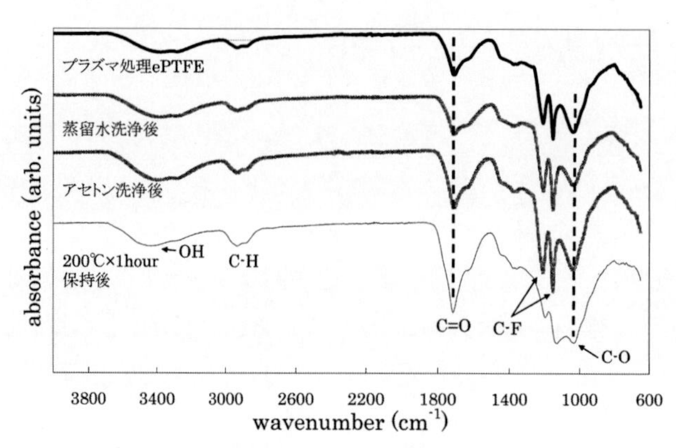

図5　各種条件で保持後のプラズマ重合膜の IR スペクトル

漬後も PA 重合膜の吸収ピークが確認できた。また，200℃保持後も大きな違いは無かった。これらのことから，蒸留水・アセトンに対する耐薬品性と，200℃耐熱性を有することが示唆される。

図6に表面構造を示す。プラズマ重合物はフィブリル，ノードを覆うように形成していることが分かる。室温下での蒸留水に対する濡れ性，多孔膜の平均孔径，および蒸留水の初期透過圧力を表3に示す。濡れ性については液滴法による接触角にて評価，孔径測定はバブルポイント法により測定した。また，ePTFE 上部を純水で満たし，0.2 psi/sec の条件（ステップ圧）で水圧を増大させ，水が透過し始めた圧力を初期透過圧力とした。プラズマ処理により濡れ性は向上し，蒸留水初期透過圧力も3割程度低減した。プラズマ処理において，例えば，モノマーガスを多孔

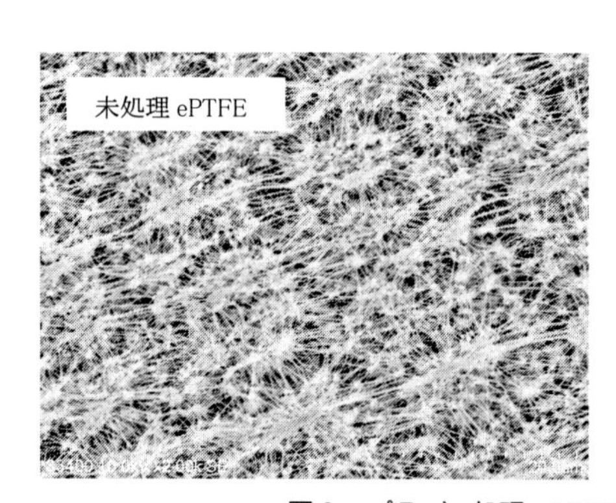

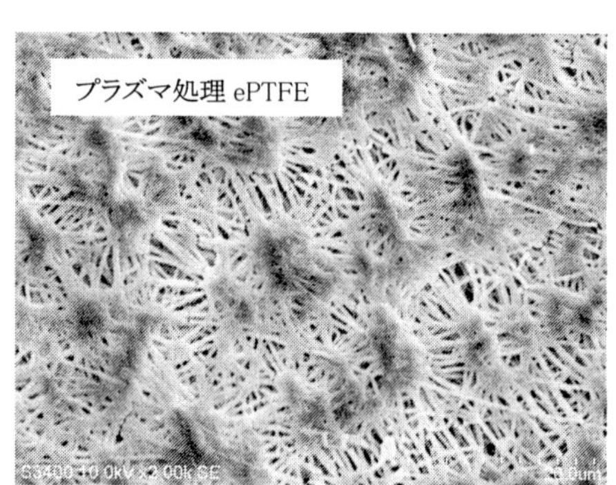

図6　プラズマ処理 ePTFE の表面構造（× 2,000 倍）

表3　プラズマ処理 ePTFE の各種特性

項目		未処理	プラズマ処理
水接触角	(°)	147	53
平均孔径	(μm)	0.43	0.45
水初期透過圧	(psi)	50	35

質内面に連続的に導入することで膜の内面処理が可能となり，更なる特性向上が期待できる。

6.3.3 PTFEナノファイバーの表面処理[8)]

図7にエレクトロスピニング法により生成されたPTFEナノファイバー多孔膜のSEM画像を示す。繊維径は900 nmで，1 μm強から2 μm程度のポアサイズを有する。このPTFEナノファイバー多孔膜をメタノールとポリエチレングリコールジビニルエーテルの混合溶液に浸漬した後，風乾させた。風乾後の膜に対し，大気圧下でヘリウムガスを連続的に導入しながら，7.5 kHzの電圧を印加し5～20分間プラズマ処理を行った。プラズマ処理後における，多孔膜表面の25℃における水接触角は，未処理（浸漬前）が130°に対し，プラズマ処理後は20°であった。

これとは別に，pH＝1.5に調整した水とIPAの混合溶液中へ，シランカップリング剤と酸化チタンを加えて攪拌することで，酸化チタンの分散液を調整した。得られた分散液に前述のPTFEナノファイバー多孔膜を浸漬した後，蒸留水で洗浄し乾燥させることで，酸化チタンの担持膜を得た。

得られた膜について，光触媒消臭加工繊維製品認証基準で定める方法（繊維評価技術協議会）を準用にて，メチルメルカプタン濃度の減少率を算出した。尚，メチルメルカプタンの初発濃度は8 ppmとし，バッグとして，スマートバッグPA（ジーエルサイエンス社製）を用いた。表4

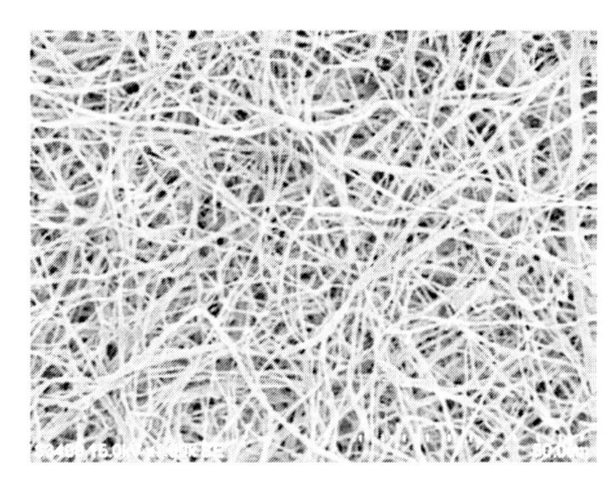

図7　PTFEナノファイバー多孔膜の構造（×1,000倍）注）

表4　TiO_2担持膜のガス分解評価結果

試料	条件	メチルメルカプタン濃度（ppm）		減少率（%）
		初発濃度	24時間後	
TiO_2担持 PTFEナノファイバー	明条件	8.0	≦0.1	≧99
	暗条件	8.0	5.7	23
ブランク（空試験）	明条件	8.0	7.1	11
	暗条件	8.0	7.4	8

注）　米国Zeus社製

の結果より光触媒の効果により効率よくガス分解が行われ，機能性粒子である酸化チタンの機能が効率よく発揮するよう担持した膜が作製された。

分散系溶液の分散状態の維持，および多孔膜の表面処理の組み合わせにより基材表面に粒子が露出した多孔質膜となる。酸化チタンだけでなく，種々の粒子との組み合わせによって，異なる機能を付与できる可能性がある。

6.4 おわりに

プラズマ重合法は，ある程度の試行錯誤は必要となるものの，有機モノマーや重合条件を工夫することで重合膜の構造や機能性を多様化できることが特徴である。

PTFE の表面改質を検討する上で，材料特徴は表面物性に依存するため，プラズマ重合によらず種々の表面処理手法の特徴を捉えつつ，材料形状やその目的・用途に応じて使い分けることが必要である。市場のニーズに合わせ，処理効果の持続，耐薬品性・耐熱性，触媒機能に係る表面処理法について可能性を検証していく。

文　　献

1) 三井・デュポン フロロケミカル編，テフロン®実用ハンドブック，三井・デュポン フロロケミカル（1992）
2) 里川孝臣編，ふっ素樹脂ハンドブック，日刊工業新聞社（1990）
3) 油谷康，バルカー技術誌，**13**，6-10（2007）
4) 辻和明，瀬戸口善宏，バルカー技術誌，**23**，13-15（2012）
5) 油谷康，バルカー技術誌，**14**，8-11（2008）
6) 本居学，瀬戸口善宏，バルカー技術誌，**20**，8-11（2011）
7) 油谷康，中川智洋，バルカー技術誌，**19**，2-5（2010）
8) 荒谷直子，油谷康，大川皓司，特開 2014-223616

第3章　環境浄化への応用

1　自動車からの排気ガスの処理

高島和則[*1]，水野　彰[*2]

1.1　はじめに

自動車排ガス中にはガス状および粒子状の汚染物質が含まれている。特にディーゼルエンジンからの排ガス中にはその燃焼方法に起因して粒子状物質（Particulate Matter：PM）が多く含まれている。また，ディーゼルエンジン排ガスは酸素濃度が高いため，ガソリンエンジンにおいて有効な三元触媒を用いた窒素酸化物（Nitrogen Oxides：NO_x）の還元システムが適用できず，より複雑な後処理システムが必要である。ディーゼルエンジンは優れた耐久性，低燃費性，燃料に対する多様性等から従来よりトラック，バス等の大型車両や建設機器，近年では普通乗用車にも用いられてきていることから分かるように，大小様々な自動車において欠くべからざる内燃機関である。また，石油は連産品であり軽油を燃料とするディーゼルエンジンをガソリンエンジンで完全に置き換えることは不可能であるため，ディーゼル排ガスの浄化手法の確立が必要とされている。

PMの排出低減にはディーゼル・パティキュレート・フィルター（Diesel Particulate Filter：DPF）が広く用いられているが，連続使用により閉塞を生じるため加熱によってトラップしたPMを燃焼させ，フィルタの性能を回復させる，再生を定期的に行う必要がある。排ガス温度の低い低速走行やアイドリング等の低負荷時に再生を行うためにはヒーターや燃料噴射によって排ガス温度を高める必要があり，再生のために余分なエネルギーコストが必要である。また加熱によるPMの燃焼は制御が不安定であるため[1]，特に多量のPMを捕集したDPFの再生においては急激なPMの燃焼によるDPFの溶損の可能性がある。さらに，DPFはナノ粒子の除去を可能とする機械的なフィルタであるため不可避的に高い圧力損失を生じる[2,3]が，除去すべき粒子状物質のサイズが小さくなるに従ってより一層高い圧力損失が生じることやさらに頻繁なフィルタの再生が必要になる等の問題を有している。

またNO_x排出の低減のためにはアンモニアを還元剤とする選択的触媒還元（Selective Catalytic Reduction：SCR）法が用いられている。本手法は火力発電所等の固定排出源の脱硝技術として確立されたものであるが，アンモニアを車載することの危険性から自動車では尿素水を高温の排ガス中に噴射することによってアンモニアガスを発生させている。従って，熱効率の向上に伴い排ガス温度が低下してきた最近のエンジンにおいては特に軽負荷時においてアンモニア

＊1　Kazunori Takashima　豊橋技術科学大学　環境・生命工学系　教授
＊2　Akira Mizuno　豊橋技術科学大学　環境・生命工学系　名誉教授

の生成に必要な排ガス温度が得られないためあるいは触媒の活性に必要な温度が得られないために十分な NO_x 低減が行えないケースがあることが問題になっており[4]，触媒と放電プラズマとを併用することによってより低温において動作するシステムの開発が盛んに行われている[5~7]。また燃焼排ガス中に含まれる NO_x はほとんどが NO である一方で，NH_3-SCR では NO と NO_2 の比を 1：1 とすることが望ましいため，排ガス中の NO の一部を NO_2 へ酸化させることも重要であり，酸化触媒の働かない低温下においてこれを行う手法としても放電プラズマを用いた排ガス浄化システムが注目されている。

本稿では我々のグループで近年行っているディーゼル排ガス浄化手法に関する研究成果のいくつかを概説する。

1.2　電気集塵によるディーゼル PM の除去

ガス中の浮遊微粒子を直流コロナ放電により発生させた単極性イオン場中で帯電させ，静電気力を用いて集塵電極上に移動させることによってガス中から除去する電気集塵は，機械的なフィルタを用いる方法と比較して圧力損失が極めて低く，数 nm～数十μm 程度までのサイズの粒子を高効率に捕集することができる[8~11]。石炭火力発電所等において実用に供されている安定した技術であり，粒子径が小さくなるほど重力や慣性力に対して相対的に静電気力が支配的になるため，特にナノパーティクルを含む極微小粒子の捕集に適した手法であると言える。

しかしながらディーゼル PM のような比較的高い導電性を有する微粒子の電気集塵においては，単極性イオン場で荷電された粒子が静電気力を受けて集塵電極に到達するや否や電荷を失い，さらに誘導電荷により速やかに逆極性に帯電されることによって逆向きの静電気力を受け再び空間に放出される異常再飛散現象[10,12]が顕著に生じる。空間に放出された微粒子は直ちにコロナ放電によって荷電され再び集塵電極方向へ移動するが，図 1 に示すように捕集と再飛散が繰り返し行われることにより捕集効率の低下を来たすため，これを抑制することが必要である。また，微粒子が粘着性・凝集性を有する場合は再飛散の過程で凝集によって大粒径化するため，再飛散による凝集を積極的に利用する微粒子捕集システムが考えられる。さらに，設置スペースが限られる車載用途では固定排出源で用いられる電気集塵装置のような捕集した微粒子を一時的に

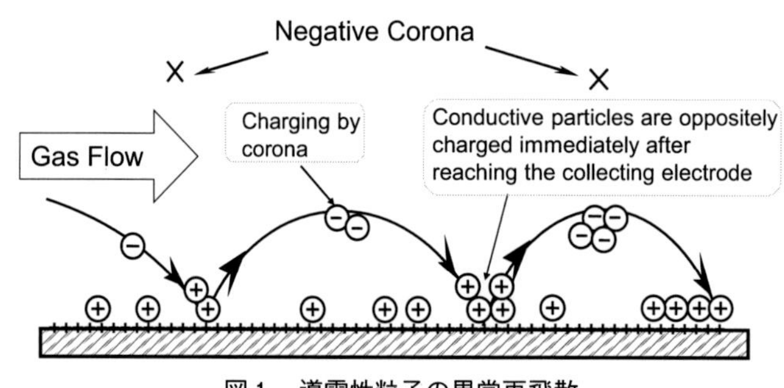

図 1　導電性粒子の異常再飛散

貯留する構成を採用することは困難であり，燃焼等によってその場で微粒子を処理する手法を開発することも必要である。以下にこのような観点から行った研究を紹介する。

1.2.1　集塵電極表面の微細加工による再飛散抑制

電気集塵における導電性微粒子の異常再飛散現象は主として微粒子の導電率と集塵電極表面における電界強度によって支配されていると考えられるが，副次的には集塵電極表面のガス流によっても影響を受けるものと思われる。また，逆極性に帯電した微粒子は電極から離れる方向へクーロン力が作用する一方で，集塵電極近傍に電界の勾配がある場合は粒子の帯電状態によらず粒子の誘電率と電界の勾配によって決まる一定の方向へグラディエント力が作用する[13]。空気中に浮遊するディーゼルPMの場合は弱電界部から強電界部へ向かう方向にグラディエント力が作用するため，集塵電極表面に微細構造を導入することによって，集塵電極表面のガス流速を減速するとともに局所的な不平等電界を誘起してグラディエント力の効果によって微粒子の再飛散を抑制する可能性を検討した[14,15]。

同軸円筒型の電気集塵装置を用い，印加電圧を－10 kVとした場合のディーゼル排ガス微粒子に対する集塵性能を図2に示す[16]。微粒子の個数濃度測定はTSI社製Engine Exhaust Particle Sizer：EEPS（model 3090）を用いて行った。集塵電極に加工を行わない場合と比較して非導電性のナイロン繊維（直径30 μm，長さ200 μm）を植毛した場合は若干捕集効率が低下し，導電性のカーボン繊維（直径7 μm，長さ200 μm）を植毛した場合は捕集効率が向上する結果となった。本実験では約500 nm以下の粒径の粒子のみが測定されており，再飛散によりそれ以上の粒径に凝集・粗大化した粒子は計測の対象外である。従って，この結果は本研究の手法によって再飛散が抑制されたことを直接的に示すものではないが，少なくとも導電性繊維の集塵電極上への静電植毛によって機械的なフィルタによる捕集が困難な粒径数十nmの微粒子の捕集効率を大きく向上させることが可能であることおよび再飛散によって生成された可能性がある粒子のサイズは少なくとも500 nm以上であることを示唆するものである。

図3は集塵電極上に金属メッシュを配置することにより集塵電極表面に凹凸の構造物を設けた

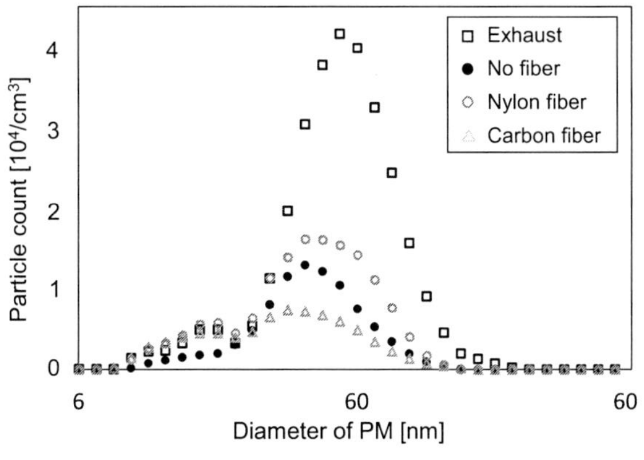

図2　集塵電極表面への繊維植毛の効果

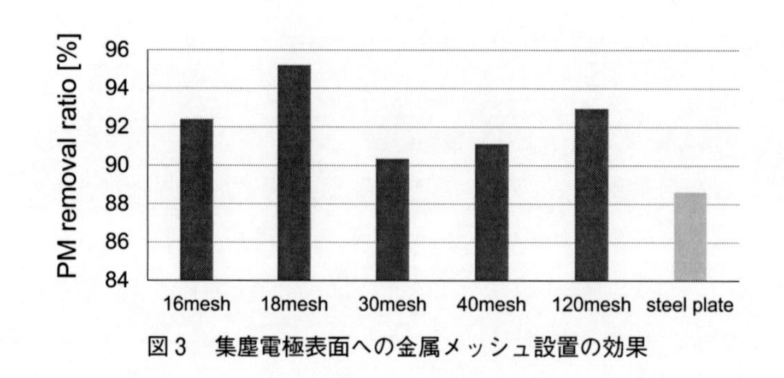

図3　集塵電極表面への金属メッシュ設置の効果

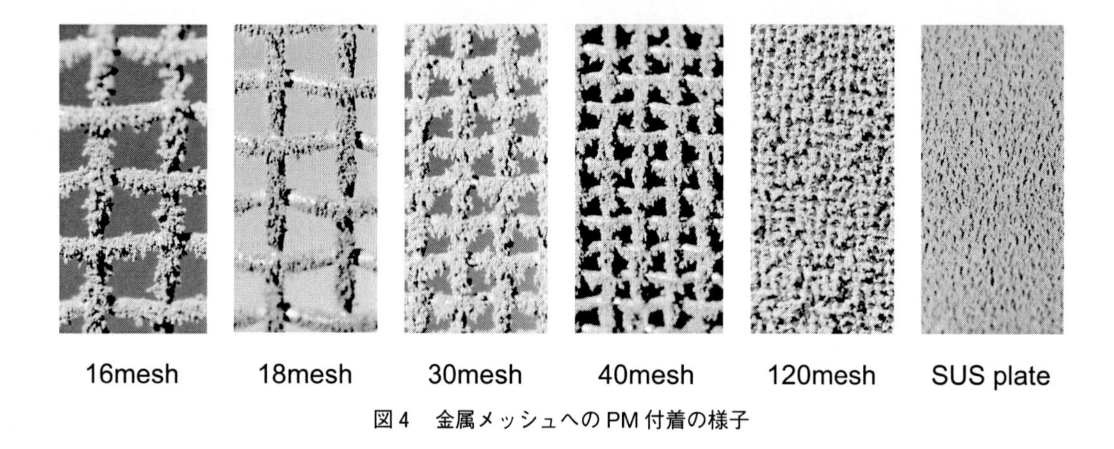

図4　金属メッシュへのPM付着の様子

場合の捕集効率の比較を示したものである[17]。いずれのメッシュを用いた場合でも平滑な集塵電極を用いる場合と比較してより高い捕集効率が得られている。図4からメッシュの種類によってメッシュ表面へのPMの付着状態が異なることが分かる。メッシュ表面へのPM付着が最小であった18 meshが最も高いPM捕集効率を示したことは，メッシュ表面へのPMの捕集だけでなく，例えばメッシュと集塵電極との間にPMが保持されることも捕集効率に影響を及ぼす可能性があることを示しており，空間内やメッシュ表面の電界分布だけでなく，イオン風やガス流による微粒子の輸送過程が電気集塵装置を設計する上で重要なパラメータとなることを示唆している。

1.2.2　電気集塵とDPFの併用によるディーゼルPMの除去

導電性微粒子の電気集塵では異常再飛散現象が生じ，微粒子に凝集性がある場合は再飛散粒子が粗大化する可能性を指摘した。これを利用して，電気集塵装置の下流に機械的フィルタを設置することにより電気集塵をナノ微粒子の捕集に加えて凝集装置として用いる，複合的微粒子捕集システムの実験的検討を行った[18,19]。本手法はDPF等の既存技術に適用することが可能であり，また機械的フィルタに対する負荷を軽減することが期待される。

定格容量3 kWのディーゼル発電機に2.6 kWの負荷を与えた場合の排ガス全量を異常再飛散対策を施していない通常の電気集塵機に導入した後，DPFを通過させた。DPFの前段および後

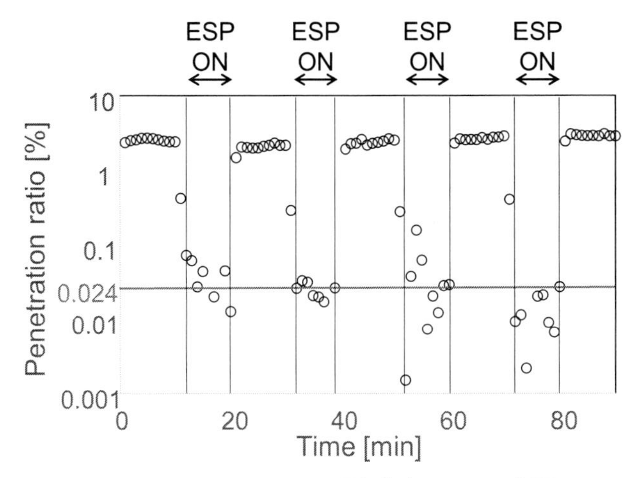

	Removal rate	Penetration rate
ESP	95%	5%
DPF	97%	3%

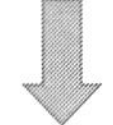

Penetration rate (ESP + DPF) is expected as 0.15%

図５　電気集塵と DPF の併用による PM の捕集

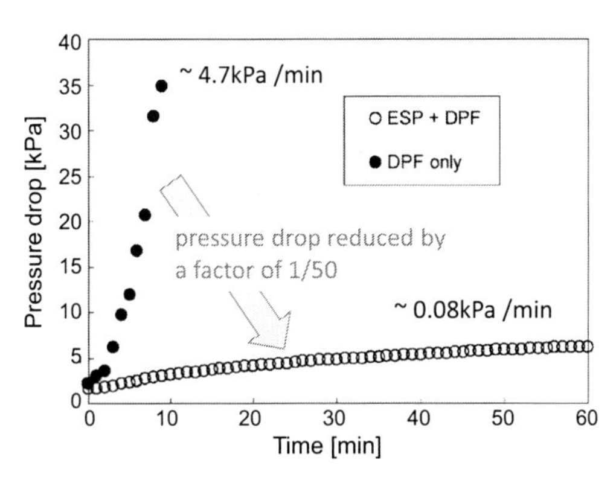

図６　電気集塵と DPF の併用による DPF 閉塞の低減

段の微粒子の個数濃度を EEPS を用いて測定することにより微粒子の除去率を求めた。図５に電気集塵と DPF を併用した場合の微粒子除去率および通過率を示す。電気集塵装置を動作させない場合，すなわち DPF のみを用いた場合の除去率は約 97％（通過率約 3％），電気集塵と DPF を併用した場合の微粒子通過率は平均で約 0.024％であった。なお，電気集塵のみを用いた場合の通過率が５％であった。電気集塵による捕集と DPF による捕集が独立に行われていると仮定すると併用時の通過率は 0.15％となるべきであるが，実験で得られた値はこの値の数分の一であり，電気集塵装置と DPF の併用による相乗効果が生じているものと思われる。

排ガスを連続で流通させた場合の圧力損失の経時変化を図６に示す。DPF のみを用いた場合には極めて速やかに圧力損失が増加する一方で，電気集塵装置を通過させた排ガスを DPF に流通させた場合は圧力損失の上昇が約 1/50 に緩和されていることは，本システムが DPF の閉塞防止に有効であることを示している。電気集塵装置の下流で石英ろ紙を用いてトラップしたディーゼル排ガス微粒子の SEM 像を図７に示す。電気集塵装置を動作させた場合，直径数 μm

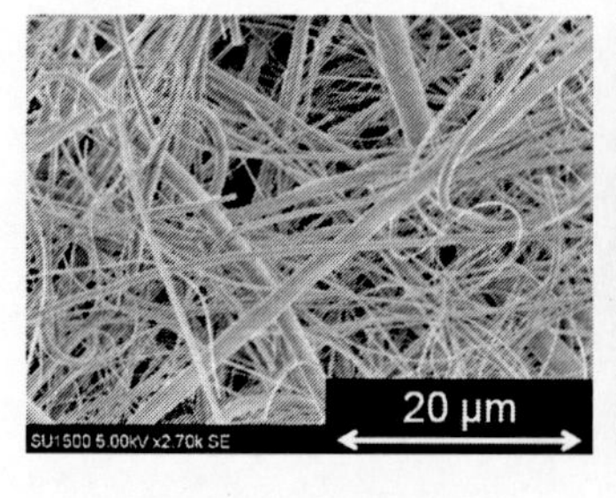

(a) Fresh filter (b) ESP OFF (c) ESP ON

図7　ディーゼル PM の SEM 画像

PM agglomeration due to reentrainment in ESP

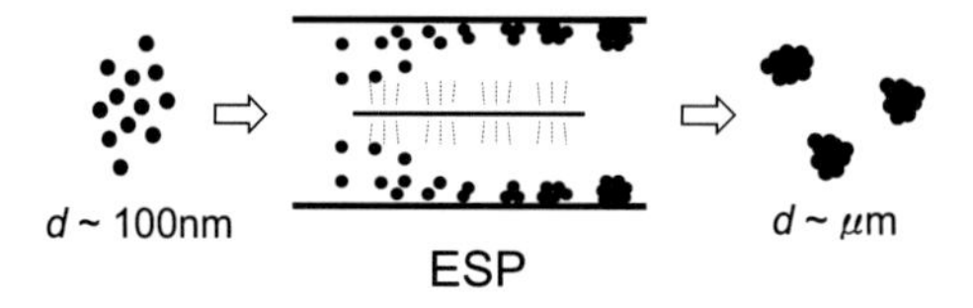

Collection of agglomerated PM by DPF

Primary PM
(PM blocks fine pores easily)

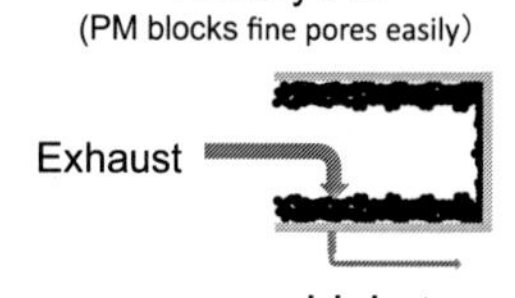

high Δp

Agglomerated PM
(deposited on the surface in a bulky way)

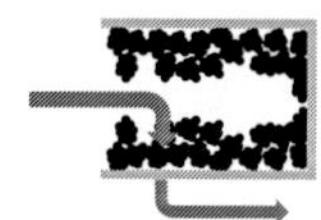

low Δp, high removal rate

図8　凝集 PM の DPF による捕集

程度の高度に凝集した粒子が観察された一方で，元のディーゼル排ガス中には高々サブミクロンサイズの粒子しか観察されていないことから，図8に示すようにディーゼル排ガスを直接 DPF でろ過した場合は高密度に捕集されるのに対して電気集塵装置を併用した場合は再飛散により凝集された粒子が嵩高く DPF に捕集されることによって，圧力損失の上昇が穏やかになったものと推定することができる。

1.2.3　電気集塵と DPF の併用によるディーゼル PM の除去

電気集塵装置も DPF もそれ単体では捕集した PM を最終処理することができず，使用時間とともに PM の蓄積量が増加する。蓄積された PM は電気集塵では再飛散を，DPF では圧力損失の上昇を招くため，車載可能でエネルギー効率の高い粒子の最終処理法の開発が必要である。本稿では放電プラズマを用いた微粒子の酸化的除去に関する研究[20,21]を紹介する。

図9にハニカム放電[22,23]を利用した DPF の再生装置の概略図を示す。(PM が付着している) DPF の上流端に沿面放電発生装置を設置するとともに DPF の下流端に直流高電圧印加用電極が設置されている。沿面放電を発生させた状態で直流高電圧を印加することで電界により沿面放電

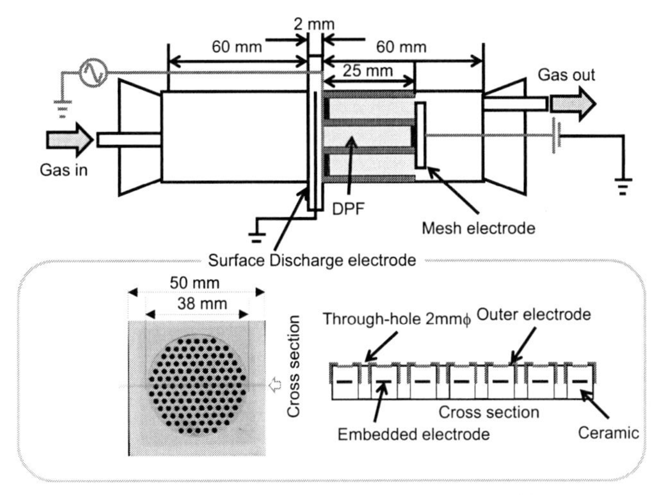

図9　ハニカム放電を用いるDPF再生実験装置

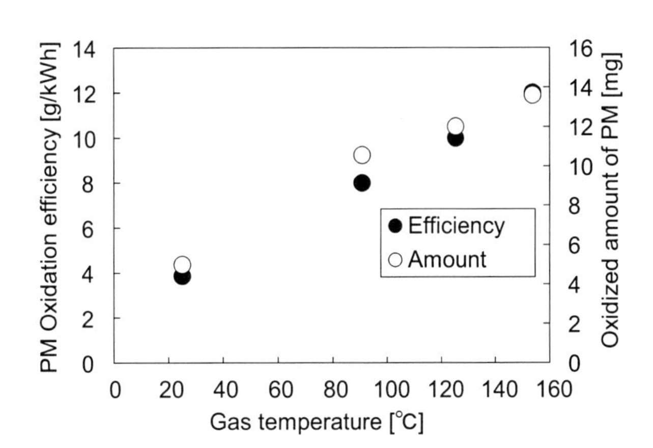

Gas temp [℃]	Discharge power[W]		
	AC	DC	Total
25	0.18	2.4	2.58
90.7	2.13	0.33	2.46
125.3	2.8	0.59	3.39
153.8	3.08	0.56	

図10　ハニカム放電によるPM酸化

装置から放電が引き出されてDPF内部に進展する[24]。あらかじめPMを捕集したDPFを用いて空気を5 L/minで流通させながらプラズマによる再生を行い，発生したCOおよびCO_2ガスの濃度を連続的に計測することでPMの酸化量を評価した。図10に結果を示す。本手法によってDPFに付着したPMを酸化することができることおよび，温度上昇とともに投入電力が増加しPM酸化量およびPM酸化効率（投入電力あたりのPM酸化量）が増加することが示された。

1.3　放電プラズマによるディーゼルNO_x浄化

前述の通り，現在用いられている自動車排ガス用のNO_x浄化システムは尿素SCRが主流であり，温度の低い排ガスに対しても適用できる手法の開発が進められており，プラズマと触媒との併用等に関して多くの研究が行われている。本稿では少し異なった観点から尿素SCRで最終的に必要となる還元剤のNH_3を温和な条件下で合成するための研究について概説する。

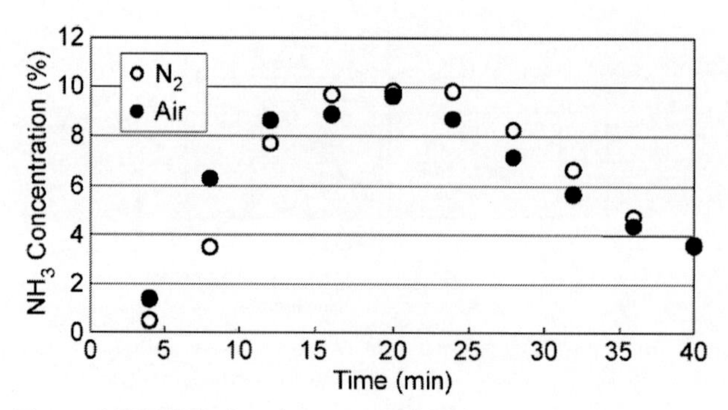

図11　充填層放電プラズマによる固体尿素からのアンモニア生成

1.3.1　プラズマによる尿素からのアンモニア直接合成

尿素SCRシステムでは尿素水の高温下における加水分解によりアンモニアを得ているが，排ガス温度が低い場合のアンモニア生成が十分でないことやシステムが複雑になること，尿素を尿素水として積載することによるデッドスペース・デッドウェイトの問題等がある。ここでは，固体尿素を原料としたプラズマ改質によるアンモニア生成に関する我々の研究[25]を紹介する。石英ガラス管に Al_2O_3 ペレットを充填し，その隙間に尿素粉末を充填した充填層型プラズマ反応器を用いた。ガラス管の外表面に接地電極を配置し，反応器中心に設置した高電圧電極にパルス高電圧を印加することによって Al_2O_3 ペレットの空隙にプラズマを発生させる構造となっている。反応器温度を120℃，水分濃度12 mg/L，ガス流量100 mL/minとした場合の結果を図11に示す。投入電力は約10Wである。放電時間とともにアンモニア濃度が上昇し実験開始後約20 minで最大約10%のアンモニア濃度が検出された。20 min以降のアンモニア濃度の減少は原材料である尿素の枯渇が原因である。キャリアガスが空気である場合も窒素である場合もほぼ同様のアンモニア生成特性が得られたことは本実験の条件下では生成したアンモニアの放電による分解がほとんど生じないことを示唆しており，動作ガスとして空気を用いることができるため装置を簡略化できる可能性を示唆している。

1.3.2　NO_x と水からのアンモニア合成

特別な原材料を用いず車上でアンモニアを合成するプロセスの基礎検討を行った。車上で容易に利用可能な窒素源としては N_2 あるいは NO_x が考えられるが，N_2 は3重結合を有しているため非常に安定で解離しにくい。そこで，本研究ではより結合エネルギーの小さなNOおよび NO_2 を出発原料として選択した。車上で入手可能な水素源としては H_2O を選択した。NO_x と H_2O から NH_3 を合成する場合はO原子を処理する必要があるため，排ガス中に含まれるCOの利用を着想し，NO_x-H_2O-CO の共存系における NH_3 合成の基礎検討を行った[26,27]。

充填層型プラズマ反応装置を用い様々な触媒を用いてアンモニア生成特性を評価した。N_2 をバランスガスとしてNO，NO_2，COを0～1,000 ppmの間で変化させた場合の反応ガス中に含まれる NH_3 および NO_x の濃度を図12に示す。雰囲気温度は120℃とし，充填材としてRuを担

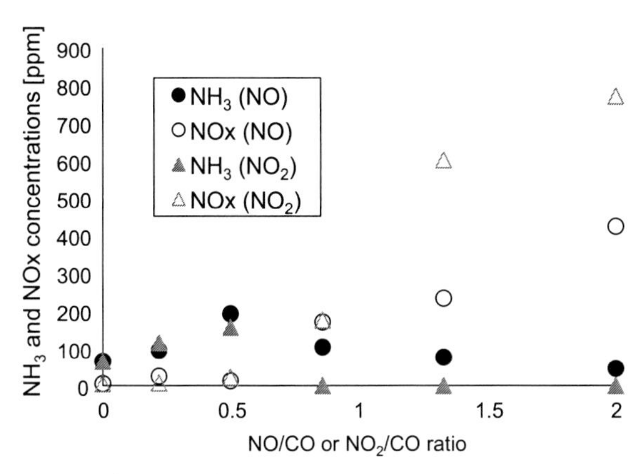

図12　プラズマ触媒反応による NO_x からのアンモニア生成

持した Al_2O_3 ペレットを用いた。結果は出発原料中に含まれる NO および NO_2 の CO に対する濃度比で整理した。NO_x/CO 比が 0.5 以下では反応後のガスから NO_x は検出されず，NO_x/CO 比の増加に伴って NH_3 の生成が増加し，窒素を出発原料とした場合（NO_x /CO 比が 0 の場合）と比較して最大で数倍の NH_3 発生量を示した。また，NO および NO_2 のいずれを窒素源として用いた場合もほぼ同程度の特性を示した。

NO_x/CO 比が 0.5 以上では反応後のガス中に NO_x が検出され，その値は NO_x /CO 比とともに増加した。NO と NO_2 の比較では NO を出発原料として用いた場合の方が NH_3 の生成が大きく，NO_x の生成が小さい結果となった。以上の結果は CO 共存下で NO あるいは NO_2 と H_2O から温和な条件下でプラズマ改質によって NH_3 を合成することができることを示したものであり，車載可能な独立 NH_3 発生源の可能性を示唆するものである。

1.4　おわりに

本稿では，大気圧放電あるいは非熱平衡プラズマを利用した自動車排ガスの処理に関して，筆者らのディーゼル排ガス処理に関する最近の取り組みについて紹介した。ディーゼル排ガス中に含まれる粒子状物質汚染物質の捕集に対しては，放電によって微粒子を帯電させることにより発生する静電気力を利用する電気集塵装置が特にナノ粒子の捕集に対して有効であること，また捕集した粒子状汚染物質やガス状汚染物質の無害化に関してはプラズマによって生成される各種の活性種を利用した化学反応が有効であることをいくつかの原理的な実験結果を引用しながら示した。今後これらの技術を実用に供するためには温度やガス条件等の適用範囲をさらに広げることおよびエネルギー効率を向上させることが必要である。放電やプラズマの発生方法の改良，触媒との組み合わせの最適化等，プラズマ化学反応の素過程の解析等を通して帯電ナノ粒子の電界下における挙動やプラズマ・触媒複合プロセスの反応メカニズムの理解を目指した基礎研究の一層の進展が望まれる。

文　　献

1) A. Konstandopoulos *et al.*, *SAE Technical Paper*, 2000-01-1016 (2000)
2) J. Adler, *International Journal of Applied Ceramic Technology*, **2**, 429-439 (2005)
3) M. Okubo *et al.*, *IEEE Transactions on Industry Applications*, **40**, 1504-1512 (2004)
4) M. Okubo *et al.*, *Journal of Plasma Fusion Research*, **189**, 152-157 (2013)
5) Y. Kawada *et al.*, *Journal of Institute of Electrostatics Japan*, **35**, 243-248 (2010)
6) S. Sato *et al.*, *SAE Technical Paper*, 2011-01-0310 (2011)
7) H. Pan *et al.*, *Plasma Chemistry and Plasma Processing*, **34**, 811-824 (2014)
8) 静電気学会編，静電気ハンドブック，p. 39 (1998)
9) H. White, Industrial Electrostatic Precipitation, Addison-Wesley Publishing (1962)
10) A. Mizuno, *IEEE Transactions on Dielectrics and Electrical Insulation*, **7**, 615-624 (2000)
11) Y. Huang *et al.*, *International Journal of Plasma Environmental Science and Technology*, **9**, 69-95 (2015)
12) S. Masuda *et al.*, *IEEE Transactions on Industry Applications*, **19**, 1104-1111 (1983)
13) 静電気学会編，静電気ハンドブック，p. 1195 (1998)
14) A. Mizuno, Proceedings of IEEE Annual Meeting on Industry Applications (2009)
15) B. Sung *et al.*, *Plasma Processes and Polymers*, **3**, 661-667 (2006)
16) M. Takasaki *et al.*, Proceedings of International Symposium on Electrohydrodynamics 2014 (2014)
17) M. Takasaki *et al.*, Proceedings of IEEE Annual Meeting on Industry Applications (2015)
18) H. Hayashi *et al.*, *IEEE Transactions on Industry Applications*, **47**, 331-335 (2011)
19) K. Takashima *et al.*, Proceedings of 2016 Electrostatics Joint Conference (2016)
20) R. Seiyama *et al.*, Proceedings of IEEE Annual Meeting on Industry Applications (2013)
21) T. Yamaji *et al.*, Proceedings of the Institute of Electrostatics Japan Annual Meeting, 207-210 (2012)
22) K. Hensel *et al.*, *IEEE Transactions on Plasma Science*, **36**, 1282-1283 (2008)
23) S. Sato *et al.*, *Journal of Electrostatics* **67**, 77-83 (2009)
24) K. Takashima *et al.*, *International Journal of Plasma Environmental Science and Technology*, **1**, 14-20 (2007)
25) Y. Iitsuka *et al.*, *IEEE Transactions on Industry Applications*, **48**, 872-877 (2012)
26) T. Shimoda *et al.*, Proceedings of ISPlasma 2015 (2015)
27) K. Yamasaki *et al.*, *International Journal of Plasma Environmental Science and Technology*, **8**, 113-116 (2014)

2　船舶用ディーゼルエンジン排ガスの浄化

川上一美*

2.1　はじめに

本節では，船舶分野におけるプラズマ応用技術について紹介する。

船舶の主機関（推進用）や補機関（発電用）として使用されている原動機のほとんどはディーゼルエンジンである。燃料としても安価な重油が主として使用されているため，これらのエンジン排ガス中には多くの環境悪化要因物質が含まれる。これまで，陸上で使用される設備から生じる排ガス中に含まれる浮遊粒子状物質（PM）を削減する設備として，電気集塵設備（ESP）が多方面で使用されてきている。

ここでは主として，船舶用に開発中のESPについて紹介する。ESPには，プラズマ技術であるコロナ放電が利用されている。

2.2　背景

最初に，海域における大気環境関連について説明する。

環境についての議論は，もちろん，陸上から始まっている。大気環境問題は古くから存在しているが，明確に，数値化されて具体的に規制が始まったのはそれほど古くない。これらの規制を守るため，自動車や工場・発電所などから発生する排ガスの浄化設備が開発され実用化し，更に高度化も進んでいる。このため，これまでそれほど規制されていなかった分野の環境問題が，現在，相対的にクローズアップされてきている。その一つに，海域における大気環境問題がある。

近年，船舶による海域の大気汚染問題についての議論が活発になされるようになってきた。船舶による大気汚染問題は，一国にとどまる問題ではない。このため，国際連合の海洋関連機関である国際海事機関（IMO）で規制についての議論がなされ，数年前から具体的な規制が始まり，今後も年々強化される方向にある[1)]。

海域における大気環境問題は，地球温暖化に関連するものと，人体などに直接影響を与えるものに分けられる。例えば，二酸化炭素（CO_2）は地球温暖化物質として注目を集めているが，ディーゼルエンジンから排出されるブラックカーボン（BC）も，北極や南極の氷などに付着し，氷を解かす働きをしている。また，PMは，呼吸器系から人体に入り，人体に悪影響を及ぼすことは既に周知の事実である。

現在，IMOにより具体的に規制されている物質は，窒素酸化物（NO_x），硫黄酸化物（SO_x），CO_2，などであり，BCについては規制内容を検討中である。

海域における大気汚染の主な発生源は，船舶のディーゼルエンジンである。船舶用ディーゼルエンジンのほとんどには多気筒式が採用されている。大型のものは低速の2サイクルエンジン，

＊　Hitomi Kawakami　富士電機㈱　パワエレシステム事業本部　環境ソリューション事業部
産業流通技術部　主幹

比較的小型のものは高速の4サイクルエンジンが多い。これらのディーゼルエンジンの燃料には主として，C重油，A重油などが使用されるため，特に煤煙発生量が多くなっている。また，排ガス性状の特徴は，PM濃度が高いだけではなく，高温であり，かつ，油分や水蒸気も多く含まれることである。

以下に，船舶からの排ガス中に含まれるPMを除去するために開発中のESPについて紹介する。

2.3 ESPの特徴

船舶用大型ディーゼルエンジンの排ガス浄化設備として，現在実用化されているものはほとんどないが，開発中のものは幾つかある。例えば，ESP方式，セラミックフィルター方式，メタルフィルター方式などがあり，それぞれに長所や短所がある。ここではそれらの詳細な比較を省略し，ESPの特徴などについて簡単に説明する。

最初にESPの原理について説明する。ESPの流入部にコロナ放電場を形成し，流入する粒子にイオンを付加させることにより，空中に浮遊する粒子を帯電させる。その帯電した粒子を，静電気力により電極板に捕集することで集塵する。このため，ESPはフィルターなどの機械式に比べて小さな粒径の集塵効率が高いという特徴がある。また，ESP内の風路中に流れを妨げるものがほとんどないため，圧力損失が小さく，システムを機能させるために必要な消費エネルギーが少ないことも特徴の一つである[1)]。圧力損失が少ないため，通過風速を大きくできるので，装置を小型化することも可能である。また，可動部がないことも特徴である。

一方，短所としては，一旦集塵極板に捕集された粒子が，集塵極板上に堆積し肥大化すると，再度空間中に飛び出す，いわゆる「再飛散現象」[2)] が生じる可能性が挙げられる。再飛散現象は集塵効率を悪化させる原因の一つになる。

2.4 ESPの実用分野

以下，富士電機の取り組みを例に説明する。

富士電機では，自動車道路トンネル内の空気浄化設備としてESPを開発し，これまでに数多く実運用してきている[1)]。

道路トンネル内における空気の性状は，粉塵濃度が比較的低く，油分はほとんどない。また，温度は一般的に室温レベルであり，湿度も通常低いが降雪地帯などでは高くなる場合もある。

道路トンネル用ESPの特徴は以下のようである。

使用されているESPは比較的高風速処理であるにもかかわらず，圧力損失は低く，かつ集塵効率が高い。通常，通過風速を上げると再飛散現象も起こりやすくなるが，その対策として，集塵部における印加方式を従来の直流式から交流式に変えている。この効果を説明する参考図を，図1と図2に示す。

道路トンネル用ESPの使用目的にも変化が生じている。道路トンネルにESPが採用された当

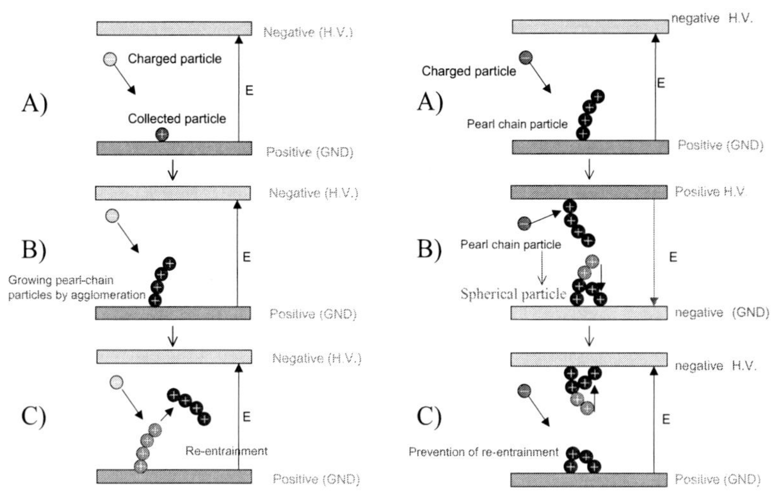

図１　集塵部内の再飛散現象発生原理　　図２　交流印加時の再飛散現象抑制原理

時（1980年頃）は，自動車の排ガス規制が現在に比べると緩かったため，煤煙の発生量が多かった。このため，ESPの主目的は，トンネル内のドライバーの視環境を改善（安全な見通しを確保）することであった。その後，車の排ガス規制が強化されてきたため，近年はトンネル内に発生するPM濃度が低くなってきている。そのため，ドライバーの視環境改善用としてESPを設置するケースが少なくなってきている。

一方，都市部では，居住区における大気環境状態が厳しい中で，交通渋滞などを緩和すべく新たな道路を計画する場合には，地下空間に道路を建設するケースが多くなっている。この場合，トンネル出口部や換気塔などからトンネル外へ排出されるトンネル内の空気は，当然，自動車排ガスなどにより汚染されている。規制強化により排ガス中の有害物質が少なくなっているとはいえ，都市部の住空間にトンネル内の空気をそのまま排出することはためらわれる。大気環境の悪化を防ぐため，トンネル内空気をトンネル外へ排出する際にはESPなどで有害物質を除去している。この場合のESPの主目的は，トンネル内空気からPMを除去するものであって，いわゆる，PM2.5，あるいは，PM1.0対策などと呼ばれるものである。ここでは，ESPはトンネル内の視環境を改善するものではなく，トンネル外へ排出される空気を浄化するために利用されている。

2.5　船舶分野への応用

2.5.1　船舶用と道路トンネル用の違い（課題，問題点）

船舶用ディーゼルエンジン排ガス浄化が道路トンネル内空気浄化と大きく異なる点について，以下に説明する。

① 排ガスが高温であること。

高温状態下での放電は，短絡やスパークが発生しやすくなるため，放電が不安定になる傾向がある。

② PM 濃度が高い。

PM 濃度が高いため，再飛散現象が発生しやすくなる。

③ 排ガス中に油分がある。

排ガス中の油分は高温状態で気化しており，そのままの状態では ESP で除去できない。気化した油分は大気中に拡散されると液化し PM に付加したりすることで有害物質となる可能性がある。

④ コンパクト・高風速化の要求がある。

船舶の積載量を増やすため，装置をできるだけ小さくすることが要求される。つまり，高処理風速が要求される。このため，ESP の短所である再飛散現象が発生しやすくなる。

また，これらの複合要因により，PM 計測も難しくなる[1)]。通常，エンジン排ガス管から，別途配管を通して，排ガスを計測部へ導き PM を計測する。例えば，高温の排ガスが，計測部への配管途中で冷やされると，排ガス中の油分や水分が液化し，配管の内壁に微粒子とともに付着しやすくなり，計測部に至るまでに PM 濃度が変わってしまう可能性もある。

2.5.2 道路トンネル用 ESP の改良

船舶用ディーゼルエンジン排ガス浄化設備を開発するにあたって，当初は，道路トンネル用 ESP を改良し使用することを考えた。道路トンネル用の ESP を若干改良し，できるだけ船舶における条件に近い状態で実験を行った。具体的には，ディーゼルエンジンを使い，燃料には A 重油などを使用し，高濃度，高温状態下での ESP 性能確認実験を行っている[3)]。

結果としては，道路トンネル用の ESP を若干改良しても実用化は困難であることがわかった。PM 濃度が高いため，集塵極板に捕集されたダストは，すぐに再飛散してしまい，集塵効率が低下する。この対策として，集塵極板を長くしたり，交流周波数を変えたり，電圧を変えたりすることで実験を試みたが，実用化レベルまでには改善できなかった[3)]。

具体的な実験結果を以下に説明する。

実験に使用したディーゼルエンジンは，船舶用ではなく，陸上の発電機用やコンプレッサー用である。燃料としては，A 重油と軽油を使用した。

排ガス中の PM の重量濃度は，A 重油を使用した時で，8～13 mg/m^3 程度，粒径別個数分布を調べると，最大値は粒径が 100 nm 付近であった。排ガス温度は 200～220℃，ESP 内の通過風速は 0.3～10 m/s とした。

実験結果の内，性能関連について以下に簡単に説明する。

燃料に A 重油を使用した方が軽油を使用した場合よりも集塵効率が上昇している。これは，A 重油を使用した場合，排ガス中に多く含まれる油分が影響しているためと思われる。集塵部の印加電圧を直流式にした場合と交流式にした場合を比べると，1 μm 以上の大粒径領域で，交流式 ESP の集塵効率が明らかに改善されているが，十分とは言えない結果であった[3)]。

2.5.3 ホール型 ESP（新考案）

船舶用ディーゼルエンジン向けに使用される ESP は小型であることが要求されるため，できるだけ通過風速を大きくする必要がある。しかしながら，通過風速を大きくすると，ESPの短所である再飛散現象が活性化する。道路トンネル用ESPの延長上ではこの現象を改善することが難しいことがわかったので，その解決策として，新たな発想のホール型ESPを考案した。ホール型ESPが有効であるかどうか，コンピュータシミュレーションで概略検討後，実験を行いその特性を調べた。その内容について以下に説明する。

(1) 集塵モデル

道路トンネル用ESPには2段式を採用しているが，船舶用としては，粉塵濃度が高いために，1段式ESPを採用することとした。

更に，再飛散現象を抑える対策として，帯電空間と捕集空間を分ける工夫をしている。つまり，通過風速の高い帯電空間と，できるだけ流れが遅くなり粉じんの捕集に適した捕集空間に分けることを考えた[2)]。

具体的な構成などについて以下に説明する。

ホール型ESPの集塵モデルを図3に示す。ESPは穴の開いた円筒型接地極板（パンチング電極）と，その外側の接地箱，中心部に配置した針状の高電圧印加電極から構成される。パンチング電極内の帯電空間は，高速の主流域であり，この部分において，ESPへ流入した粒子がコロナ放電により帯電される。パンチング電極内表面に捕集された粒子は凝集肥大化し，再飛散する。再飛散した粒子は，パンチング電極に空いた穴（開口部）から，その外側の捕集空間に流入する。この捕集空間の流速は低速のため，流入した粒子が主流域に再び飛び出る割合（集塵されない割合）が少なくなるのではないかと考えた。

(2) コンピュータシミュレーション

ESP内の解析として，粒子を含むコンピュータシミュレーションはあまりない。

ESP内の流れの可視化が困難であるため，設計パラメータの影響を確認する方法などとして，

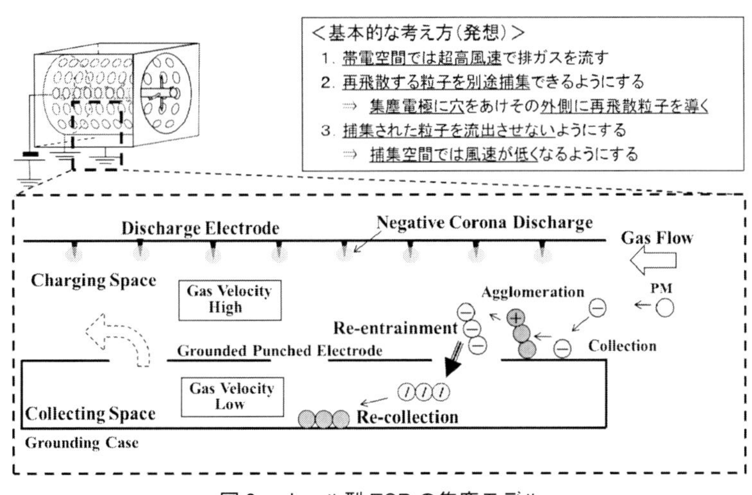

図3　ホール型ESPの集塵モデル

シミュレーションを行うことは，ある程度実験を省略できるなどのメリットがある。

最初に，アルゴリズムや基礎方程式について簡単に説明する[2,4,5]。

ESP 内の流れの解析アルゴリズムには SIMPLE 法を用いている。流体流れは非圧縮性のニュートン流体と仮定し，連続の式と Navier–Stokes の式を用いて流体解析ソフトウェア STAR-CD により計算した。

イオン風の基礎方程式は，Poison の式と電流連続の式であり，これらの式から空間の電界分布と電流密度分布を計算した。

イオン風の駆動力（流体力）F は以下で求められる。

$$F = \rho E = -\rho \mathrm{grad} V$$

ここで，V：電位，ρ：電荷密度，E：電界強度ベクトルである。

流れ場における粒子の運動方程式は以下で定義している。

$$m_d \frac{du_d}{dt} = F_{dr} + F_p + F_{am} + F_b + F_e$$

ここで，m_d：粒子の質量，u_d：粒子の速度，t：時間，F_{dr}：流体抗力，F_p：差圧力，F_{am}：仮想質量による力，F_b：重力・遠心力，F_e：電界からのクーロン力である。

以下のケースについてシミュレーションを行っている。

流れの解析，イオン風を考慮した流れの解析，更に，流体中の粒子の挙動解析である。粒子の解析については，ESP 入り口部から流入した粒子（0.4 μm）の軌跡と，パンチング電極内表面に付着し肥大化した粒子（10 μm）の再飛散後の軌跡の 2 パターンについて解析した[4]。

解析結果について以下に簡単に説明する[2,4,5]。

・帯電空間に比べて捕集空間の風速は約 1/3 以下になっている。

・パンチング電極開口部において，圧力差により，帯電空間から捕集空間方向への気流が発生する。

・帯電した浮遊粒子及び再飛散粒子は，パンチング電極開口部近傍の気流の影響により捕集空間へ誘導される。

(3) 基礎実験結果

図 4 に実験システムを示す。

ディーゼルエンジンとしてはコンプレッサー用を使用し，燃料油に A 重油を使用した。ESP 内の通過風速は 10～34 m/s，ESP 印加電圧は DC －8.5～－9.5 kV，排ガス温度は 150～180℃である。ESP 入口における粒径分布を図 5 に示す。

次に実験結果について説明する。ESP 内のダスト捕集状況の写真を図 6 に示す。捕集空間内にダストが捕集されていることが分かる。ESP 通過風速が約 12 m/s の場合で，質量法による集塵効率は 70% 強であった。再飛散現象についても，穴無の従来型 ESP に比べて改善されていることがわかった[6]。

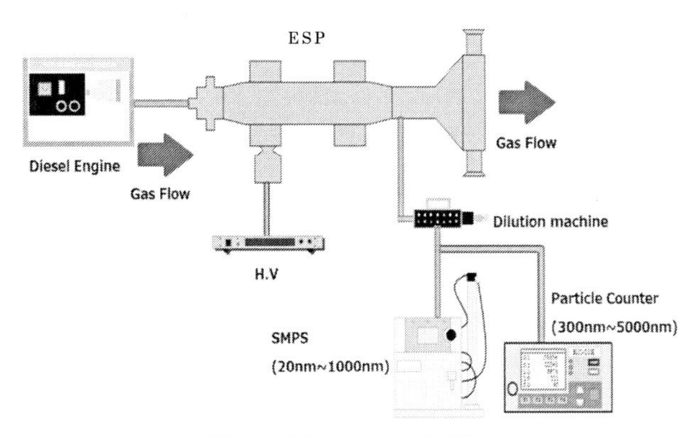

図4　実験システム構成図

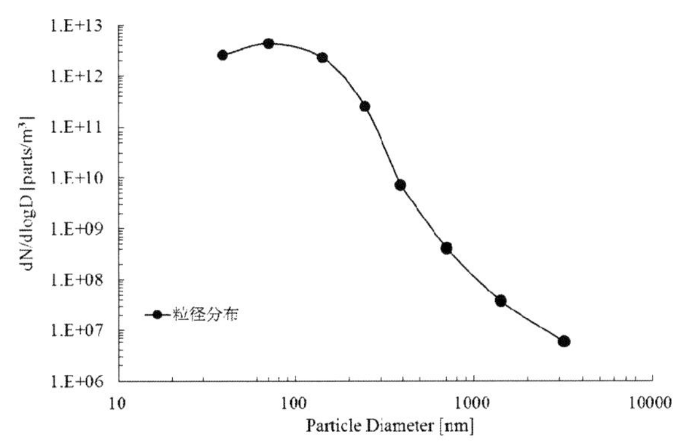

図5　排ガス中の粒径別個数分布測定結果

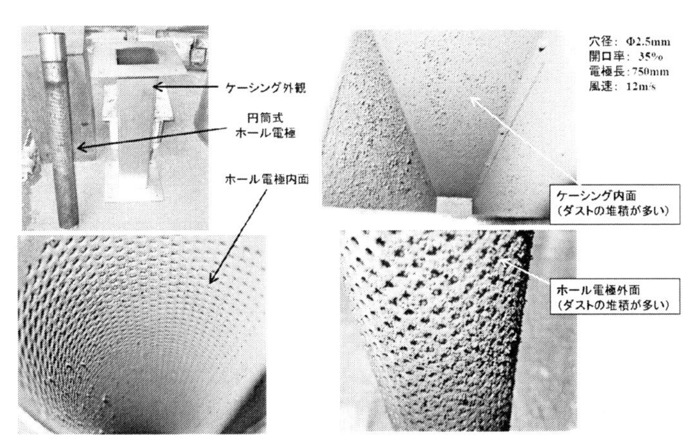

図6　ホール型ESPのダスト捕集状況

2.6　実機レベルの試験

2.6.1　実船搭載の補機関を使った陸上試験

実機相当のESPを陸上で試験した結果について説明する。円筒型電極（接地電極）のESPで基礎試験行っているが，大型化にあたっては構造上の課題があったため，接地電極は並行平板方式に，高電圧印加電極も針状から鋸歯状へと変更している。

実際に船舶に搭載する予定の補機関を使って，陸上の試験設備において性能などを確認する試験を行った。図7にその際の写真を示す。

エンジン負荷や印加電圧などを変化させて性能確認試験を行った。この時の試験条件は，エンジン負荷　10～100%，ESP通過風速　5～9 m/s，ESP印加電圧　7～11 kV，エンジン排ガス温度　260～270℃である。燃料には，C重油を使用した。

次に，試験結果について説明する。

ESPの印加電圧が9 kV以上であれば，エンジン負荷率が高い場合，集塵効率はほぼ90%以上となった。しかし，排ガス中の煤煙濃度が高くなるエンジン負荷率10%では集塵効率は70%程度まで低下した。なお，船舶用ディーゼルエンジンでは，一般的に低負荷における煤煙濃度が高くなる。図8にエンジン負荷率10%のESP集塵効率測定結果を示すが，12時間の長時間にわたり，ほぼ70%以上の効率が出ていることがわかる。図中に時々集塵効率が低下している部分が

図7　ESP試験時の写真

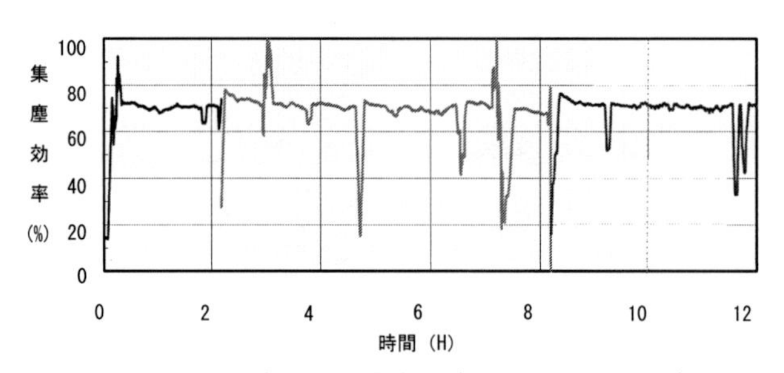

図8　ESP集塵効率試験結果（エンジン負荷10%）

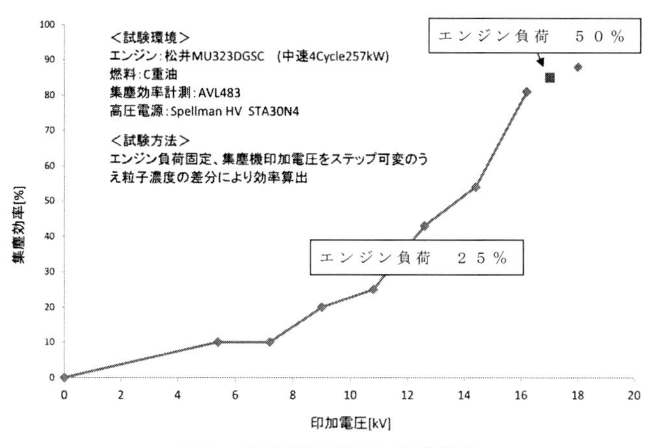

図9　ESP印加電圧と集塵効率

見受けられるが，これは，ESP内部にスパークが発生した際などに，一時的に電圧を下げたり電極を洗浄再生したりしているためである。

2.6.2　実船搭載の主機関を使った陸上試験

船舶の主機関用に開発したESPの試験結果について説明する[7]。

エンジン負荷や印加電圧などを色々と変えて性能確認試験を行った。この時の条件は，エンジン負荷　10～100%，ESP内の通過風速　3～5 m/s，ESP印加電圧　0～18 kV，エンジン排ガス温度　260～360℃である。燃料には，C重油を使用した。

次に，試験結果について説明する。ESP集塵効率の測定結果を図9に示す。ESP印加電圧の上昇に伴って集塵効率が上昇し，印加電圧16 kVを超えると集塵効率は80%以上となっている。なお，印加電圧が補機関用ESPの試験時に比べると高くなっているが，これは，ESP内の電極間距離を広げたことによる。補機関用ESPでは，高温時における放電特性が不安定であったため，主機関用ESPでは，電極間の距離を広げ印加電圧を上げることで放電特性の安定化を図っている。

2.7　実用化に向けて

船舶用ディーゼルエンジン排ガスに関しては，PMの具体的な規制は今のところなく，現在，IMOでBC規制について検討中である。このため，ESPの除去性能など，目標値として要求される根拠となるものは今のところ特に存在しない。

一方，環境規制上の問題とは別に，上流側にESPを設置することで，排ガス流路中において後流側に設置されるエコノマイザーなどの様々な機器をダストなどによる汚れから保護することができるというメリットがある。

今回開発中のESPにおいて，陸上試験で一定の成果は出ているが，今後は実際の船舶で運用し，確認することが必要である。また，集塵されたダストの軽減や保管についても更に検討が必要である。例えば，ESPで集塵し，集塵されたダストをESP内で焼却することで減量化する方式なども考えられる。

2.8 更なる高機能化

ESPの研究を更に進めて，PMだけでなく，ガス状のSO_xや可溶性有機成分（SOF）なども除去する方法の研究も行われている[8]。

これは，排ガスをESPの上流側で冷却することで，ESP内でSO_xとSOFも除去する考えである。エンジン出口では高温なため気体であったSO_xは，冷却されることで凝縮によって生成された水滴に吸収され，またSOFは凝縮により粒子化し，ESPで捕集できることが確認されている。

文　　献

1) 乾貴志，吉田将隆，小泉和裕，川上一美，日本マリンエンジニアリング学会誌，**48**(4), pp. 111-116 (2013)
2) 瑞慶覧章朝，乾貴志，川上一美，江原由泰，日本マリンエンジニアリング学会誌，**48**(4), pp. 99-104 (2013)
3) 川上一美，瑞慶覧章朝，安本浩二，久保島正樹，江原由泰，山本俊昭，電気学会論文誌A, **131**(3), pp. 192-198 (2011)
4) 川上一美，瑞慶覧章朝，安本浩二，乾貴誌，榎並義晶，江原由泰，山本俊昭，日本マリンエンジニアリング学会誌，**46**(5), pp. 769-776 (2011)
5) H. Kawakami, A. Zukeran, K. Yasumoto, T. Inui, Y. Enami, Y. Ehara, T. Yamamoto, *International Journal of Plasma Environmental Science & Technology*, **6**(2), pp. 104-110 (2012)
6) 川上一美，瑞慶覧章朝，乾貴志，吉田将隆，江原由泰，山本俊昭，第81回（平成23年）マリンエンジニアリング学術講演会 (2011)
7) 日本舶用工業会，成果報告「IMOの国際規制に対応した小型化を可能とする排ガス浄化システムの技術開発」(2016)
8) Y. Sakuma, R. Yamagami, A. Zukeran, Y. Ehara, T. Inui, *Translated from Journal of the JIME*, **49**(4) (2014)

3　排ガスナノ粒子の電気集じん装置による捕集

宮下皓高*1，江原由泰*2

3.1　はじめに

従来から，ディーゼルエンジン排ガス中のナノ粒子は大気汚染物質として，問題視されている。自動車に加え船舶からの排ガスも規制が強化され，高濃度な排ガスナノ粒子の除去技術が注目されている。本節では，ナノ粒子の物性や排出源について記述した。そして，従来から高速道路トンネル内に設置されている電気集じん装置について，原理や問題点について説明した。問題点の一つは，一度捕集した粒子が飛散する現象である。この再飛散象を抑制する，筆者らが開発した次世代電気集じん装置について解説した。

3.2　排ガス粒子の物性

ディーゼルエンジンから排出される粒子状物質（PM：Particle Matter）は，大気中の浮遊粒子状物質（SPM：Suspended Particulate Matter）の主要な構成要素の一つである。図1にディーゼル排気粒子（DEP：Diesel Exhaust Particles）の電子顕微鏡写真を示す。DEPは炭素質の固体粒子が凝集している集合体であり，これらの周りには可溶性有機成分（SOF：Soluble Organic Fraction）や燃料中の硫黄分に起因する硫酸塩が付着しており，微量な重金属も含まれている[1,2)]。

DEPの粒径分布を図2に示す。粒径個数分布のピークはナノ粒子の領域に存在し，粒径が30 nm以上の粒子は数が非常に少ない。しかし，質量分布では粒径300 nm付近にピークが存在する。有害な有機成分を付着している粒径の大きな固体スス粒子に加え，粒径1 μm以下のサブミ

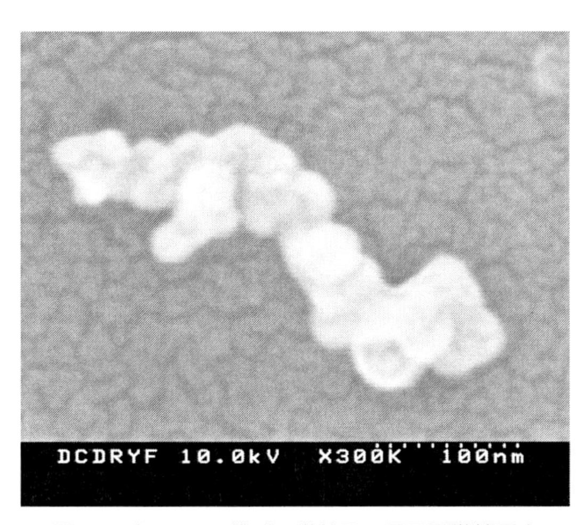

図1　ディーゼル排ガス微粒子の電子顕微鏡写真

＊1　Hirotaka Miyashita　東京都市大学　大学院工学研究科

＊2　Yoshiyasu Ehara　東京都市大学　工学部　電気電子工学科　教授

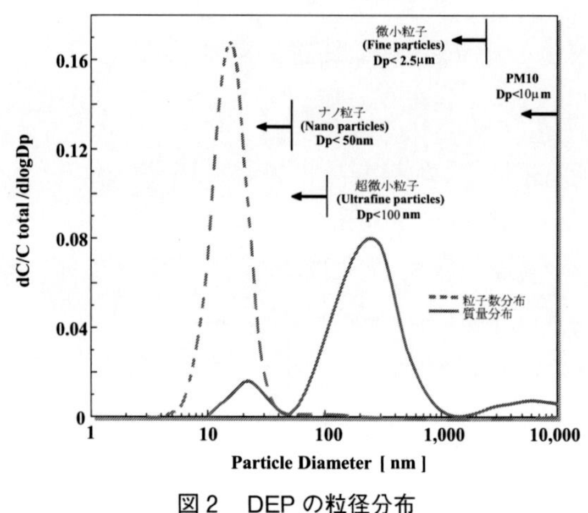

図２　DEP の粒径分布

クロン粒子は人間の体内に取り込まれ，気管支炎や喘息などを引き起こすことが懸念されている[3)]。さらに，50 nm 以下のナノ粒子は核生成したもので，少質量であるが粒子数は多く表面積も大きく，人体の肺胞にまで到達し，肺胞から血流に取り込まれ，各臓器へ転移する。血流に取り込まれたナノ粒子は，呼吸器系のみならず，発癌や自閉症などの原因になると言われている[2,4)]。

3.3　排ガス粒子の排出源

大気中の浮遊粒子の排出源は自然発生源と人為発生源に分けられる。自然発生源は，火山活動や森林火災，海塩や砂じんの飛散などである。人為発生源からは，固定発生源として火力発電所や製鉄所，ごみ焼却場，移動発生源としては自動車や船舶から PM が排出される。排ガス粒子は一次粒子と二次粒子の二種類に分類される。一次粒子は発生源で直接生成され排出されるものである。一方，二次粒子は大気中で粒子化したものであり，光化学スモッグが代表例として挙げられる[5)]。排出源による粒子の違いとして，電気抵抗率や粒子濃度がある。石炭火力発電所などから排出される粒子は，シリカとアルミナが主成分でフライアッシュと呼ばれ，電気抵抗率が高い。一方，ディーゼルエンジンから排出されるナノ粒子は電気抵抗率が低い。これら電気抵抗率はナノ粒子を除去する際に留意する点である。また，自動車から排出される粒子濃度は，1～4 mg/m^3 程度だが，船舶用ディーゼル機関から排出されるナノ粒子は 10 mg/m^3 以上と高濃度であることが知られており，捕集方法の選定が必要である[6)]。

10 μm 以下の SPM に対して環境基準が 1973 年に制定され，1 日平均で 0.10 mg/m^3 以下であり，1 時間値が 0.20 mg/m^3 以下となった。これ以降，ボイラの燃焼方法の改善や PM 捕集装置の設置などで，固定発生源から排出される PM 濃度は激減されている。移動発生源である自動車に関しても排出ガス規制は厳しくなり，各メーカは NO_x 及び PM のゼロエミッションを目指して研究開発をしている。SPM よりさらに小さい粒子に対しても 2009 年に環境基準が設けられ，粒径 2.5 μm 以下の粒子を PM2.5 として，１年平均値 15 $\mu g/m^3$ 以下かつ１日平均値 35 $\mu g/m^3$ 以下と規制されている。さらに，近年では海洋汚染に関しても問題視されており，船舶からの排出ガス規制も強化され，PM 低減技術が注目されている。また，DEF は黒色の粒子であるため，北極海の氷に PM が付着することで太陽光を吸収しやすくなり，地球温暖化が進むと考えられ調査が進められている。

3.4　電気集じん装置

PM を捕集する方法はサイクロン集じんやスクラバ，フィルタ集じん，電気集じん装置（ESP：Electrostatic Precipitator）などがある。ディーゼルエンジン車に搭載して DEP の捕集に用いられるものは，ディーゼル微粒子フィルタが主である。軽油を燃料とする自動車用ディーゼルエンジンに対し，重油を燃料とする船舶用ディーゼルエンジンは非常に濃度の高い PM を排出する。このため，自動車に設置されているフィルタ装置では目詰まりが生じてしまい適応が難しい。そこで，船舶用ディーゼルエンジンからの PM 捕集に，ESP が検討されている。ESP は従来から，高速道路トンネル内の見通し改善を主目的として，DEP の徐去装置として設置されている。日本で初めて ESP が導入されたのは，1985 年に開通した関越自動車道のトンネルである。近年は山岳トンネルに加え，首都圏の高速道路においても地下トンネルが多くなり，トンネル内の換気システムに ESP が適用されている。ESP は電気的な力で PM を捕集する装置であり，構造がシンプル，圧力損失が低い，ナノ粒子の集じん率が高い，などの利点が挙げられる。これらの利点から，集じん装置のニーズが高まっているのが現状である。

ESP の基本構造はコロナ放電を発生する放電電極と，帯電した粒子を集める集じん電極から構成されている。また，集じん方式にも二種類存在し，一段式 ESP と二段式 ESP に分けられる。二段式 ESP は粒子を帯電する帯電領域と，帯電した粒子を捕集する集じん領域がそれぞれ分かれているもので，集じん電極長を長くすることにより処理風速を速くすることができ，家庭やビルなどにおける空気清浄用に広く利用されている。これに対して，一段式 ESP は同一の領域内で帯電と集じんがなされるもので，高濃度粒子の集じんに長けており，産業用として広く用いられている。

ここで，ESP の集じんメカニズムを図３に示す。ESP は高電圧印加用針電極と集じん電極で構成されている。近年まで，高電圧印加用電極には線電極が広く用いられてきたが，線電極は耐久性に難があり，針電極や鋸歯状の電極を放電極に適用する ESP が増えている。ESP の集じんプロセスは，高圧電極に直流高電圧を印加することで，コロナ放電を発生させる。ESP 内の PM は，例えば負の高電圧印加の場合，コロナ放電領域に達すると負極性に帯電し，クーロン力とイオン風によって集じん電極に引き寄せられる[7]。イオン風はコロナ放電下で生じる電気流体力学現象であり，(1)式で表される[8,9]。コロナ放電により発生する多量のイオンにクーロン力が作用し，集じん電極へと移動する。この時，大気中の中性粒子にイオンが衝突し，イオン風となり電極へと吹き付けるのである。

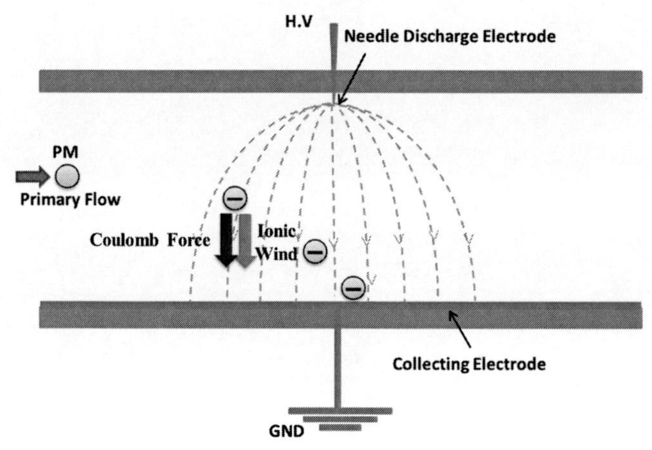

図3　ESP の集じんメカニズム

$$U_{EHD} = \sqrt{\frac{J_P D}{\mu_i \rho_g}} \tag{1}$$

J_p：電流密度，D：電極間隔，μ_i：イオン移動度，ρ_g：ガス密度

工業用の ESP では，負極性の直流高電圧を用いることが多い。これは，負極性コロナは正極性に比べて安定しており，高い電圧を印加することができるからである。しかし，負極性コロナ放電は正極性に比べて大量のオゾンが生成されるため，例えば家庭用の空気浄化装置としては不向きである[10]。

ESP の集じん率は主に電気力に依存する。これは，先述したようにクーロン力を用いて粒子を集じん電極上に捕集するからである。強さ E の電界中で帯電量 q の粒子に働くクーロン力は次式で表される。

$$F_c = qE \tag{2}$$

F_c：クーロン力[N]，q：帯電量[C]，E：電界強度[V/m]

コロナ放電下による帯電機構は，イオンの熱運動による拡散帯電 q_d とイオンの衝突による電界帯電 q_f に分けられる。コロナ放電による帯電 q は q_f と q_d の和として考えられ，(3)式で表される。粒径の微小なナノ粒子の帯電では，電荷の拡散効果が大きくなり，拡散帯電に依存する。拡散帯電モデルでは，粒子の帯電量 q_d は(4)～(6)式，で表される[7]。

$$q = q_d + q_f \tag{3}$$

$$q_d = q^* \ln\left(1 + \frac{t}{\tau_d}\right) \tag{4}$$

$$q^* = \frac{2\pi\varepsilon_0 dkT}{e} \tag{5}$$

$$\tau_d = \frac{8\pi\varepsilon_0 kT}{dC_i n_i e^2} = \frac{8\pi\varepsilon_0 kT\mu_i E}{dC_i J_i e} \tag{6}$$

q^*：拡散帯電定数[C]，t：帯電時間[s]，τ_d：拡散帯電時定数[s]，ε_0：真空の誘電率 8.85×10^{-12} [F/m]，d：粒子径[μm]，k：Boltzmann 定数 1.38×10^{-23} [J/K]，T：絶対温度[K]，C_i：イオンの平均熱運動速度[m/s]，n_i：イオン密度[m^{-3}]，J_i：イオン電流密度[A/m^2]，μ_i：イオンの移動度[m^2/Vs]

拡散帯電量 q_d は時間 t とともに増加するが，荷電時定数 τ_d は電流密度 J_i に反比例する。このことから，電流密度 J を高くすることが短時間で拡散帯電量 q_d を増加する方法である。

電界中の帯電粒子はクーロン力により，集じん電極方向にガスの粘性抵抗力と釣り合った，(7)式で示す速度 W_{th} で移動する[7]。ESP の理論集じん率の計算式として最も基本的なものは，(8)式に示した Deutsch の理論式で，ESP 内の同一断面上においては粒子濃度が均一であると仮定している。

$$W_{th} = \frac{qE}{6\pi\eta d}C_m \tag{7}$$

$$\eta = 1 - \exp\left(-\frac{W_{th}\cdot l}{V_g\cdot g}\right)\times 100[\%] \tag{8}$$

η：ガスの粘性係数，C_m：カニンガムの補正係数，d：粒径[m]，W_{th}：帯電粒子の電界方向の速度[m/s]，l：電極長[m]，V_g：ガス流速[m/s]，g：ギャップ[m]

カニンガムの補正係数は運動粒子に対する気体の抵抗力に関するもので，粒径が 1,000 nm 以上においてはほぼ 1 であるが，それ以下の粒径に対しては粒径が小さくなるに従い大きくなる。これは粒子の大きさが気体分子に近づくと，粒子表面でのすべりの影響を受けるためである。帯電量 q は粒径が小さくなると減少するが，C_m は粒径が小さくなるに従い大きくなる。したがって，粒子の電界方向の速度 W_{th} は数百 nm の粒径で極小となり，理論集じん率はこの粒径において最小値を持つ。よって，ESP は理論上，50 nm 以下のナノ粒子の集じん率は粒径が小さくなるほど高くなる。

ESP で PM を捕集する場合，対象とする粒子の電気抵抗率により，いくつか問題が生じる。電気集じん装置において，集じんに適した電気抵抗率は 10^4～10^{10} Ωcm とされている。10^{10} Ωcm より高い場合は，集じん上に堆積したダスト層が絶縁性であるため，ダスト層内で高い電界が生じ，絶縁破壊を起こす。これを逆電離現象と呼び，逆電離による強い衝撃やダスト層から発生したイオンによって集じん率が著しく減少する[11,12]。10^4 Ωcm よりも低い場合は，一度捕集した粒子が飛散してしまう再飛散現象が生じる[13]。

3.5　再飛散現象

ESP の再飛散現象のモデルを図 4 に示す。ESP は負極性の直流高電圧を印加されている放電

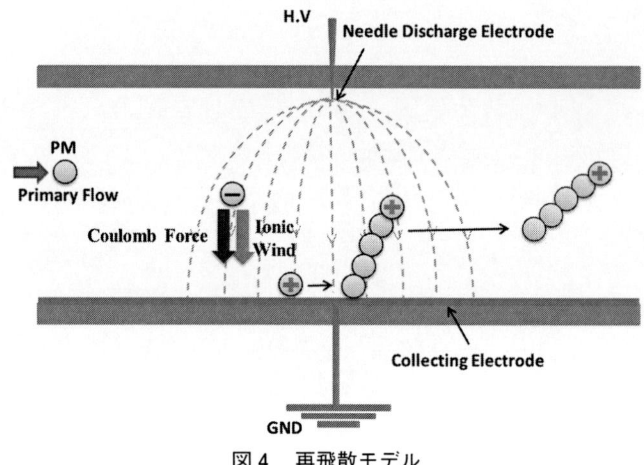

図4　再飛散モデル

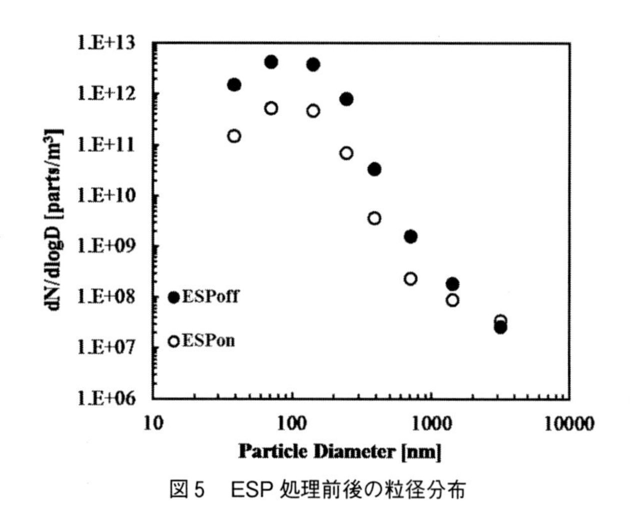

図5　ESP 処理前後の粒径分布

用針電極と，集じん電極で構成されている。前述したように，PM は負極性に帯電し，クーロン力とイオン風により集じん電極に捕集される。DEP は低抵抗率のため，集じん電極に捕集されると直ちに負の電荷を失い誘導帯電により正極性となる。さらに，新たに集じんされた粒子と誘導帯電した粒子は集じん電極上で凝集肥大し，電界によって数珠状凝集粒子となる。凝集肥大化が進むに伴い，ESP 内の主流体やクーロン力などの剥離力が強くなり，剥離力が付着力より大きくなったとき再飛散する。このことから，一度集じんされた粒子が ESP から排出されるため，集じん率の減少を引き起こす。

ESP で処理前後の粒径分布を図5に示す。DEP はディーゼルエンジンから排出され，ESP に流入されるまでに空間凝集しており，粒径分布は 100 nm 前後の粒径が最も多くなっている。ESP の稼働後，粒径 1,000 nm 以下の粒子数が減少している。しかし，2,000～5,000 nm の大粒径の粒子が ESP 稼働前よりも増えている。これは，小粒径の粒子が凝集肥大し，大粒径となり再飛散しているためである。縦軸は対数のため，差は僅かに見えるが，1.3倍ほど増えており，大粒径の集じん率はマイナスを示す。

3.6　次世代電気集じん装置

再飛散現象について，その原理や再飛散粒子を再捕集する研究例[14,15]はいくつかあるが，再飛散を防止する研究はあまり見かけない。筆者らが再飛散に関して提案してきた，防止法を以下に記載する。

集じん電極で凝集する粒子の形状を変化させ，粒子と集じん電極の接触面積を増加させることで，再飛散を防止する方法を考案した。これは集じん部に交流電圧を印加することで，再飛散を抑制するものである[16~18]。集じん電極で捕集した粒子は，静電気力により数珠状の凝集粒子を形成する。この粒子は誘導帯電により，集じん電極と同じ極性に変化する。集じん電極に交流電圧を印加しているため，極性反転時には集じん電極上の凝集粒子は集じん電極と逆極性となり，集じん電極に引き寄せられ数珠状から球状に変化する。極板凝集粒子は極性が変化する度に球状化し，電極との接触面積が増加する。一定周期でこれを繰り返し，極板凝集粒子が球状化するため，接触面積が増加し再飛散は抑制される。

交流ESPにおける集じん電極板上の捕集粒子のSEM画像を図6に示す。比較のために，直流電圧を印加して捕集した粒子の画像も示す。粒子の捕集状態は数珠状になっており，直流ESPでは数珠状の極板凝集粒子が多数観測される。これに対し，交流ESPでは粒子は球状で，接触面積が増加しており再飛散が抑制できる。従来型の直流電圧を集じん電極に印加したESPでは，再飛散現象のため稼動後10～30分で大粒径粒子（300～10,000 nm）の集じん率が低下する。しかしながら，交流ESPでは稼動後300分以上経過しても，集じん率の低下は見られず，再飛散抑制が確認されている。

ホール型ESPは，船舶用ディーゼルエンジン排ガスの浄化目的のために開発された。船舶では重油を燃料とするためDEP濃度が高く，従来型のESPでは再飛散のため集じん率の低下が問題となる。ホール型ESPの集じんモデルを図7に示す。この装置は放電用針電極と集じん電極に孔を設けたホール電極及びケーシングから構成される。ホール型ESPでは，粒子をイオン風

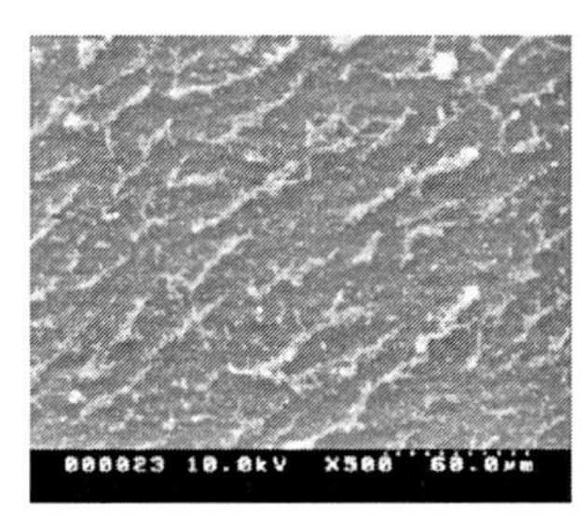

直流 ESP

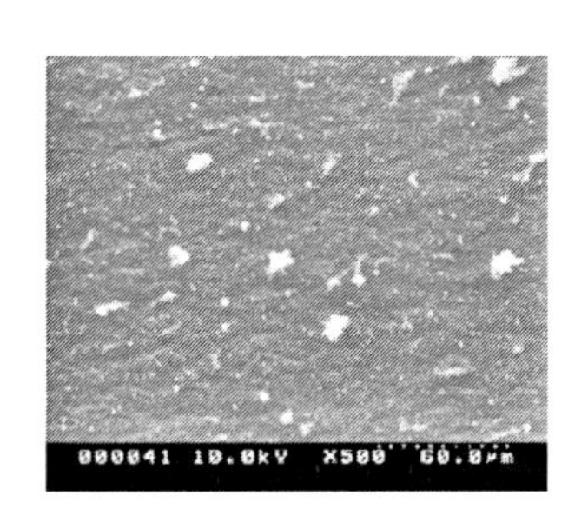

交流 ESP

図6　集じん電極板上の捕集粒子のSEM画像

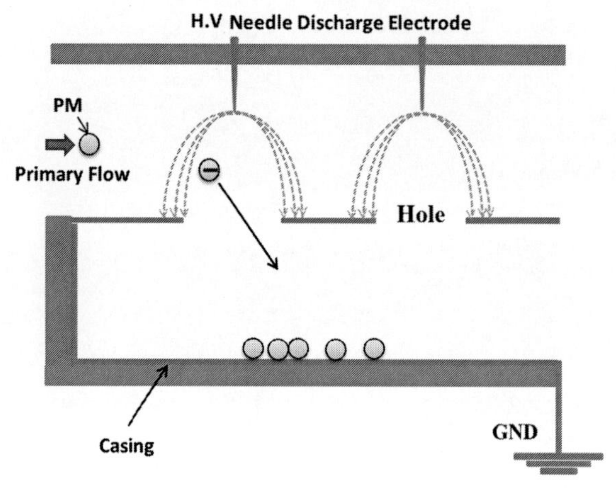

図7　ホール型 ESP の集じんモデル

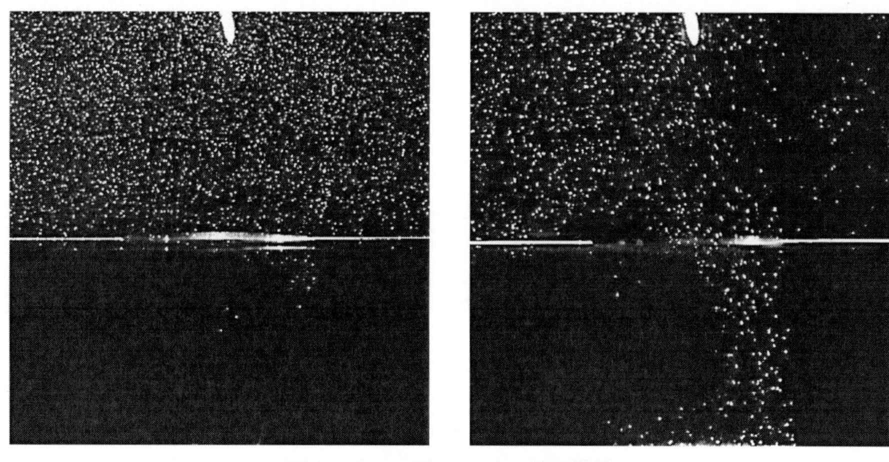

図8　ホール型 ESP 内の粒子挙動
(a)無課電時，(b)コロナ放電時

及びクーロン力によって，ホールの内部のケーシングに誘導する。ケーシング内部の捕集空間は主流体の影響を受けにくく，電界がゼロの領域であるため，再飛散の原因である剥離力を受けない。また，ESP 内の帯電領域とケーシング内では圧力差が生じるため，気流はケーシング内へと流れ込む。さらに，粒子は ESP の帯電領域によって帯電するため，クーロン力によってホール電極へと引き寄せられケーシング内に流入すると考えられる[19,20]。

ホール型 ESP 内の上部からレーザーを照射し，粒子を可視化し粒子挙動を撮影した画像を図8に示す[21]。画像上部の白棒が針電極，中心の白板がホール電極，白斑点が粒子である。(a)は針電極に電圧を印加していない状態で ESP 内に粒子が均一に分散している。(b)は針電極に電圧を印加し，コロナ放電が生じた状態である。粒子はコロナ放電により帯電し，クーロン力とイオン風によりホール内部へと流入することが確認できる。

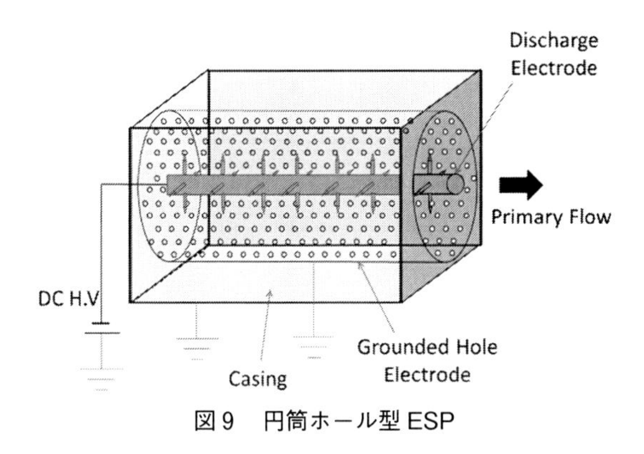

図9　円筒ホール型 ESP

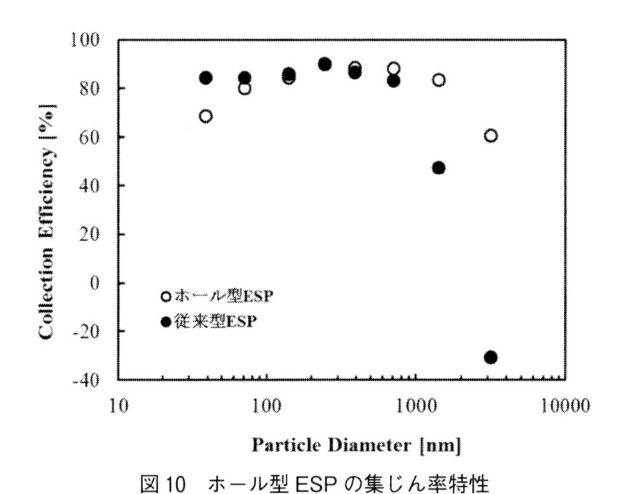

図10　ホール型 ESP の集じん率特性

実用モデルとして設計した，円筒ホール型 ESP の概略を図9に示す。放電電極となる中心電極には針電極が多数配置してある。このように，実際のディーゼルエンジンから排出される粒子を捕集する際には，複数の針とホールが設けられたホール型 ESP を用いる。このホール型 ESP における集じん率特性を図10に示す[22]。従来型 ESP として，ホール電極の代わりに平板電極を用い，針状の放電電極を用いた結果も同図にプロットしてある。2,000 nm 以上の大粒径粒子において，従来型 ESP では再飛散現象のため集じん率が大きく減少している。一方，ホール型 ESP では集じん率の減少が抑えられ，再飛散現象の抑制効果が認められ，船舶用ディーゼルエンジン排ガスへの適応が実証されている。

ディーゼルエンジンなどから排出される粒子の数は，ナノ粒子が圧倒的に多いが，現在の排出規制や集じん評価はサブミクロン粒子以上を計測した重量法を用いている。ナノ粒子の計測には高性能の測定器が必要であり，費用の面からも一般には普及されておらず，簡便な方法にたよっているのが現状である。PM のゼロエミッションを目指すためには，ナノ粒子の挙動を正確に把握し，除去技術に反映させる必要がある。ESP はナノ粒子の捕集に適しており，今後は粒子挙動の可視化やシミュレーションにより，革新的な技術開発がなされるであろう。

文　　献

1) 嵯峨井勝，これでわかるディーゼル排ガス汚染，合同出版（2002）
2) 環境省，ディーゼル排気微粒子リスク評価検討会 平成13年度報告，環境省（2002）
3) 瑞慶覧章朝，江原由泰，伊藤泰郎，空気浄化技術，養賢堂（2011）
4) 梶原鳴雪，ディーゼル車排ガスの微粒子除去技術，シーエムシー出版（2001）
5) 環境庁大気保全局大気規制課，浮遊粒子状物質汚染予測マニュアル，浮遊粒子状物質対策検討会（1997）
6) 建設電気技術協会，道路トンネル用集じん便覧（1979）
7) 静電気学会，静電気ハンドブック，オーム社（2006）
8) 足立宜良，電気学会論文誌 B，**93**(7)，273-280（1973）
9) 村井一弘，川島陽介，坂田亮彦，村上哲郎，エアロゾル研究，**11**(2)，129-136（1996）
10) 安本浩二，瑞慶覧章朝，高木康裕，江原由泰，高橋武男，山本俊昭，電気学会論文誌 A，**128**(11)，689-694（2008）
11) 松山卓蔵，青木功，環境技術，**2**(11)，831-841（1973）
12) 増田閃一，電氣學會雜誌，**80**(865)，1482-1489（1960）
13) 生三俊哉，和歌山久男，増田弘昭，科学工学論文集，**12**(5)，589-594（1986）
14) S. Masuda, J. D. Moon, K. Aoi, Actas 5, Congreso Int Aire Pure 1980 Tomo 2, 1149-1153 (1982)
15) S. Matsusaka, M. Shimizu, H. Masuda, *J. of Chemical Eng. of Jpn.*, **19**(2), 251-257 (1993)
16) 川田吉弘，久保隆文，江原由泰，高橋武男，伊藤泰郎，瑞慶覧章朝，河野良宏，安本浩二，電気学会論文誌 A，**122**(9)，811-816（2002）
17) 安本浩二，瑞慶覧章朝，高木康裕，江原由泰，粉体工学会誌，**43**(3)，198-204（2006）
18) 川上一美，瑞慶覧章朝，安本浩二，久保島正樹，江原由泰，山本俊昭，電気学会論文誌 A，**131**(3)，192-198（2011）
19) 大橋雅弘，横山駿，江原由泰，大石裕次郎，乾貴誌，青木幸男，第84回マリンエンジニアリング学術講演会，11-12（2014）
20) 宮下皓高，江原由泰，角田知弘，榎本譲，乾貴誌，電気学会論文誌 A，**136**(12)，797-803（2016）
21) 宮下皓高，江原由泰，榎本譲，乾貴誌，静電気学会誌，**41**(2)，99-104（2017）
22) 宮下皓高，江原由泰，榎本譲，乾貴誌，青木幸男，第87回マリンエンジニアリング学術講演会，81-82（2017）

4　プラズマ触媒複合プロセスによる有害ガス分解

金　賢夏[*1]，寺本慶之[*2]，尾形　敦[*3]

4.1　はじめに

触媒は石油化学，アンモニア合成，自動車の排ガス浄化，燃料改質，化学合成などのキープロセスであり，触媒抜きの化学工業は想像できないほどである。大気圧低温プラズマでは，電子温度は～10 eV に達するものの，イオンやガス温度は低い非熱平衡状態のプラズマである。この非熱平衡状態を巧みに利用しているのがバリア放電式のオゾナイザであり，現在も産業スケールでオゾンを生成する唯一の技術としてその地位を堅持している[1~3]。一方で，異なる二つの要素技術を複合し，相互作用によるシナジー効果を利用する研究は，21 世紀に入ってから本格的に検討されるようになった。低温プラズマと触媒が有するそれぞれの特徴を相補的に複合することにより個々の単独プロセスとは異なる反応条件が実現できるため，既存の化学反応を超える新規プロセスの開拓と体系化への展開が期待される。

プラズマ触媒複合プロセスは，高電圧工学，ナノ材料，表面化学，流体工学，計測・分析，反応工学などが関連する分野であり，システムとしての最適化には多岐に渡る分野横断的な検討が必要である。本稿では，プラズマと触媒の複合プロセスに関連した特徴，研究動向，基礎研究および環境浄化への応用技術などについて解説する。

4.2　プラズマ触媒プロセスの概要と特徴

4.2.1　プラズマ触媒プロセスの概要

プラズマ中に置かれた触媒の挙動は，従来の熱的触媒活性とは必ず一致しないため，新しい知見に基づいた触媒の設計と開発が求められる。図 1 には，従来の熱触媒法とプラズマ触媒法の動作温度の関係を示す。低温プラズマと触媒の複合化における重要な特徴の一つとして相補的カッ

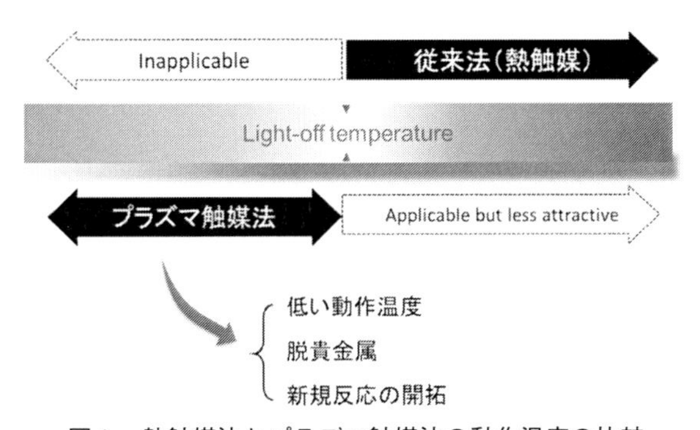

図 1　熱触媒法とプラズマ触媒法の動作温度の比較

＊1　Hyunha Kim　（国研）産業技術総合研究所　環境管理研究部門　主任研究員
＊2　Yoshiyuki Teramoto　（国研）産業技術総合研究所　環境管理研究部門　主任研究員
＊3　Atsushi Ogata　（国研）産業技術総合研究所　環境管理研究部門　副研究部門長

プリングが挙げられる。従来触媒の活性化には熱が必要であり，その温度下限以下（ライトオフ温度）では活性を示さない。一方で，プラズマ触媒プロセスでは低温プラズマが有する触媒単独のライトオフ温度よりも低い温度で動作できることが大きな特徴となっている。従来の触媒設計では高い活性と反応温度の低温化のため，実用上環境触媒では貴金属（Rh，Pd，Pt）に頼るケースが多いが，プラズマ触媒では脱貴金属も重要な開発目標となっている。

反応器の構造によらずプラズマの印加は発熱を伴い，その発熱の度合いは比投入エネルギー（J/L）に比例する。高い比投入エネルギーで運転する場合，プラズマによる効果の他に加熱による熱触媒反応も同時に進行するためデータ解析に注意が必要である。化学反応の吸熱・発熱特性に合わせてプラズマ触媒反応器の断熱・放熱設計も重要な工学的検討要素になると思われる。

4.2.2　プラズマ触媒反応器の種類

プラズマ触媒反応器は，図2に示すように触媒の位置と数によって一段式，二段式，そして触媒機能を細分化した多段式（Multi-Stage）などに分類される。一段式反応器(a)は触媒をプラズマゾーンに直接挿入し，プラズマと触媒が直接触れる構造を取っている。一般に低い温度で運転されるため触媒活性化にプラズマが不可欠であることからプラズマ駆動触媒法（Plasma-Driven Catalysis）[4,5] とも称される。触媒を室温付近で活性化する方法として，紫外線（UV）を照射する光触媒がある。しかし，触媒活性化が光照射面に限られるため反応器の構造を自由に変更できない。プラズマ中で発生するUVによる効果も期待されていたが，UVフラックスが日中の太陽光（数 mW/cm^2）よりも2～3桁低い数十 $\mu W/cm^2$ レベル[6]に過ぎないため自発的な光触媒効果は無視できる[7]。勿論，反応器外部のUVランプで十分なUV光を照射するとVOC分解効

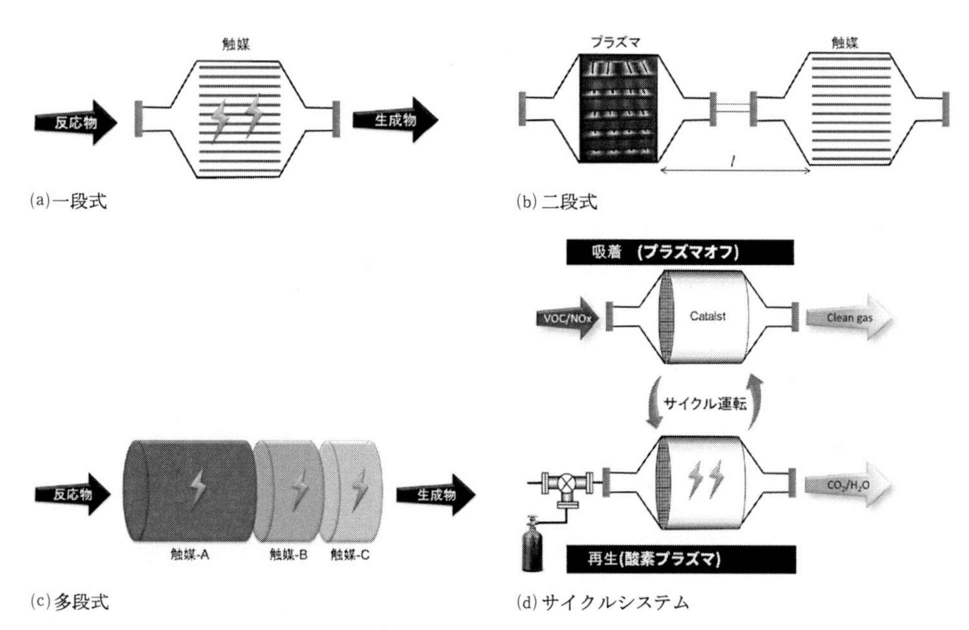

図2　プラズマ触媒反応器の種類と構造

率が向上することは確認されている[8,9]。また，光触媒反応には比較的長い滞留時間が必要なため（数秒～分），プラズマのような大流量の高速連続処理には不向きである。二段式（図2(b)）では，プラズマと触媒の位置と機能を分離した構造で，前段にプラズマを後段に触媒を設置する。温度設定によっては二段の触媒だけでも反応が起こるが，前段のプラズマにより反応効率をさらに向上させる意味で二段式プラズマ触媒法は Plasma-Assisted Catalysis または Plasma-Enhanced Catalysis とも呼ばれている[10~12]。二段式ではプラズマ中に生成される短寿命の活性種は利用できないが，プラズマと触媒の役割を分けて運転できる。プラズマと触媒の最適温度が異なる場合，柔軟に対応できることも二段式ならではの特徴である。ドイツの Roland ら[13]のグループは，一段と二段式をそれぞれインプラズマ（In-Plasma）法とポストプラズマ（Post-Plasma）法として，Francke[14]は一段式を *in-situ* 法と呼んでいる。

多段式（図2(c)）では，ガスの流れ方向に機能が異なる複数の触媒層を設け，それぞれの触媒層が異なった役割を担う。例えば，入口側では反応物の転換に得意な触媒を，中段には中間生成物に有効な触媒を，最後には副生成物に特化した触媒を設置できる。吉田らは，悪臭ガス処理に「チタン酸バリウム－ NO_x 触媒－オゾン分解触媒」を直列に配置した多段式反応器を報告している[15]。マンチェスター大学のグループは，ガラスビーズ充填反応器を三つ配置した多段式反応器でエチレンとトルエンの分解を報告した[16]。Park らは，ボイラ排ガス中の NO_x を炭化水素による選択還元（HC-SCR）するためにプラズマ触媒反応器を四段設け，前の二段には Pd/ZrO_2 触媒を，後の二段には酸化チタン触媒を用いるシステムを提案している[17]。勿論，一段と二段を折衝した構造も考えられる。

サイクルシステム（図2(d)）は，希薄な有害ガスを触媒表面に吸着濃縮するステップと，十分濃縮された有害物質をプラズマで分解するステップで構成される。吸着により触媒表面に濃縮された VOC の酸化分解には，空気プラズマも使用できるが[18]，エネルギー効率が高くかつ窒素酸化物の生成を完全抑制できる酸素プラズマが望ましい[19]。特に，VOC の酸化反応の場合，同じ比投入エネルギーでも酸素分圧が高いほど酸化が加速される現象を利用しており，ベンゼン[20,21]，トルエン[22,23]，HCHO[24] などの分解例が報告されている。サイクルシステムの長所として下記のような項目が挙げられる。

① 高いエネルギー効率（低い電力消費）

② 副生する窒素酸化物の完全抑制

③ 吸着濃縮とプラズマ分解を任意の時間に運転（プラズマ印加は分解時のみ，夜間電力の利用）

④ CO_2 の選択性が高い（Ag/TiO_2 触媒ではベンゼンに対して100％達成）

⑤ 流量と濃度変動にも柔軟に対応可能

サイクルシステムによる NO_x 処理も検討されており，吸着させた NO_x の還元処理には窒素プラズマ[25]または CH_4 プラズマ[26]などが利用できる。活性炭は吸着剤として安価で高い吸着性能を有するが，電気電導性材料であるためプラズマ環境に適した材料とは言えない。一般には，アルミナ，ゼオライト，酸化チタンなどの無機材料が主に用いられる。

4.3 有害ガスの分解事例

4.3.1 窒素酸化物（NO_x）除去

触媒でNO_xを除去する場合，還元剤（アンモニア，炭化水素，アルコールなど）を添加し触媒層で選択的にNO_xをN_2に還元する選択的還元法（以下 SCR 法；Selective Catalytic Reduction）が用いられる。図3にNO_x処理法の選定において，プラズマと関連した技術マッピングのフローチャートを示す。車のような移動発生源ではN_2への還元が理想である。しかし，ガス中に酸素濃度が3～5％を超えるとプラズマによる直接還元ができないため，触媒法あるいは亜硫酸ナトリウム（Na_2SO_3）を用いる反応性吸収法（(1)式）が必要となる[27～29]。還元雰囲気を形成する酸素濃度の閾値はNOの初期濃度に依存し，100 ppm NOでは1.1%，1000 ppmでは5.5%として報告されている[30]。Na_2SO_3はオゾンや酸素による消費も起こるため，当量比よりは多く投入する必要がある[31]。流化ナトリウム（Na_2S）を用いることも可能であるが，副生成物として硫化水素（H_2S）が発生するためpHを12付近に維持する必要がある[32]。

$$4Na_2SO_3 + 2NO_2 \rightarrow 4Na_2SO_4 + N_2 \quad (1)$$

三元触媒は酸素濃度が低い条件では有効であるが，希薄燃焼あるいはディゼールエンジンなどの酸素濃度が高い条件では利用できない。酸化処理のもう一つの方法として，アンモニアのような中和剤を添加し肥料として利用できる硝酸アンモニウム（NH_4NO_3）に変換する方法もある[33,34]。

一方で，NH_3-SCRにおける触媒活性はNO/NO_2比に影響されることが分かっており，NO単独より$NO/NO_2 \approx 1$になると100℃付近でもNH_3-SCRが効率よく進行する[35]。これは，NOに対する反応（(2)式）より$NO+NO_2$に対する反応（(3)式）の方が速いためであり，(3)式を“fast-SCR反応”とも呼んでいる[36]。

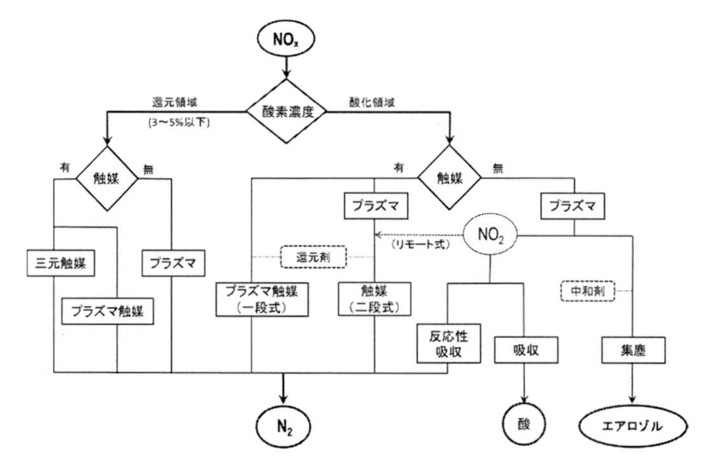

図3　プラズマおよび触媒に関連したNO_x処理法の選定フロー図

$$4NO + O_2 + 4NH_3 \rightarrow 4N_2 + 6H_2O \tag{2}$$

$$NO + NO_2 + 2NH_3 \rightarrow 2N_2 + 3H_2O \tag{3}$$

Franckeらはアイソトープ標識ガス（^{15}NO，$^{15}N_2$）を用いて，NH_3が量論的に等量でNO_xと反応していることを確認している[14]。NOからNO_2への部分酸化に白金触媒を用いる方法も可能だが，SO_2による触媒被毒などの問題を抱えている。プラズマの場合SO_2による被毒がないだけではなく，NO-O_3の高い選択性に着目したオゾン注入法も検討されている[37,38]。HC-SCRの場合，炭化水素から生成するアルデヒド類（HCHO，CH_3CHO）と水素がNO_xの還元に作用していることが報告されている[5,39,40]。Leeら[41]は還元剤を模擬ガスで供給した条件より，燃料をプラズマで改質した還元剤がより高いNO_x除去率をもたらすという興味深い現象を報告している。Stereら[42]は，トルエンと*n*-オクタンを還元剤とするSCR反応を*in-situ*拡散反射FTIR（DRIFT）で調べ，－CN（at 2,165 cm^{-1}），－OCN（at 2,260 cm^{-1}）などが重要な中間体であることと，これらの加水分解により生成するアンモニアが重要な役割を果たすと報告した。

4.3.2　脱臭とVOC分解

脱臭またはVOC処理における処理技術の選定には，デュポン社の研究グループが提案したガス濃度と風量による分類法（図4）が良く用いられる[43]。図中に丸印で示した実用反応器は，濃度1 ppm以下を対象とする脱臭が目的であり，比投入エネルギーも0.2～2 Wh/m^3程度に抑えられている。反応器の構造は二段式を採用した例が多い。プラズマ触媒における分解量は基本的に比投入エネルギーにより決まるため一般に数百ppm以下の低濃度が適していると考えられる。

プラズマが有する高い反応活性は，様々な有害ガスに対して分解効率では可能性が認められつつあるが，エネルギー効率や窒素酸化物生成などの問題が指摘されている[44～46]。しかし，プラズマ単独では副生成物の発生抑制と分解におけるエネルギー効率の向上が難しいため，2000年以降になるとプラズマ触媒を用いたVOC分解が検討されており，詳細については総説論文など

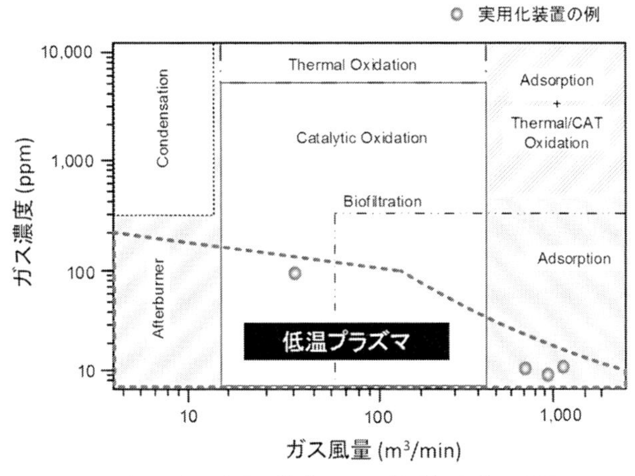

図4　処理ガス流量と濃度による最適処理法の分類図

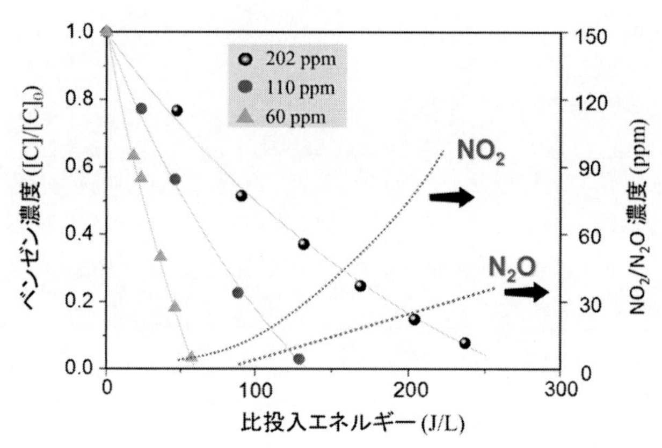

図5　ベンゼンの分解と窒素酸化物の生成のトレードオフ（Ag/TiO_2 触媒，ガス温度 100℃）

を参考されたい[47,48]。図5には，比投入エネルギーに対するベンゼン分解と窒素酸化物生成のトレードオフ関係を示す。ベンゼンの初期濃度が 60 ppm の場合は 60 J/L で 98%の分解率が得られるが，202 ppm の場合 250 J/L を必要とする。比投入エネルギーを高くすることで高濃度ベンゼンの処理も可能であるが，100 J/L 以上になると窒素酸化物の生成が顕著となる。特に，N_2O の生成は比投入エネルギーに対して直線的な増加傾向を示す[49]。NO_x 生成問題の解決手段として次の二つが考えられる。一つは，オゾンを用いる二段式触媒法である。酸素原料オゾナイザは，NO_x 生成抑制には有効な手段になる。もう一つの方法は 4.2.2 で説明したサイクルシステムである。吸着により濃縮された VOC などを酸素プラズマで分解するため，投入エネルギーを高くしても NO_x 生成は根本的に抑制できる。

低濃度を取り扱う脱臭はプラズマ触媒に適した応用分野の一つであると考えられる。図6には国内の空気清浄器の市場規模の推移を販売台数基準に示したものである。90 年代前半ではタバコ臭いの除去が主な目的であったが，花粉対策機能をアピールし始めた 90 年代後半から大きく市場規模が拡大した。また，2000 年代では除菌・殺菌などが注目を浴びるようになり，市場規

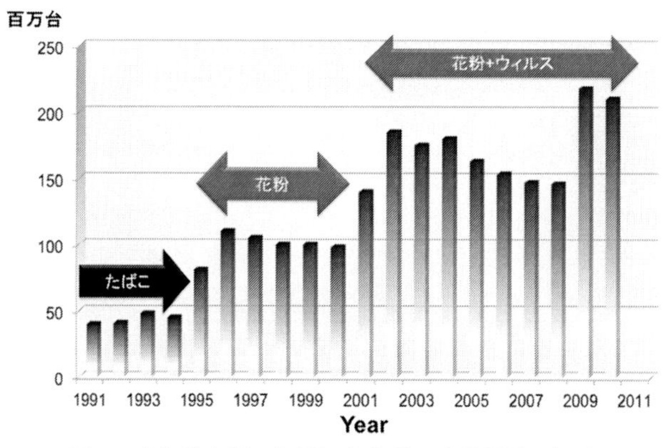

図6　空気清浄器の年間販売台数の市場規模の推移

模がさらに拡大し2013年には330万台に達している。日本で販売されている空気清浄器の大半は放電プラズマ技術がコアとなっており，後段にオゾン対策用のフィルター層を設けているため，広い意味では二段式プラズマ触媒反応器とも言えよう。民間機関の調査[50]によると2005年度の消臭・脱臭・除菌市場は1003億円であり，その内訳をみるとトイレ用芳香消臭剤（38.7%；388.4億円），室内用芳香消臭剤（20.7%；207.9億円），自動車用芳香消臭剤（12.8%；128.4億円），衣類用消臭剤（12.4%；124億円），業務用脱臭機（9.7%；97.3億円），冷蔵庫用芳香消臭剤（5.7%；56.7億円）の順序である。韓国でも二段式プラズマ触媒ユニットを搭載したエアコンが製品化され大量生産された例がある[51]。

4.3.3　低温プラズマを用いた触媒調製と再生

プラズマによる低温活性化および反応促進の他にも，触媒の調製と失活した触媒の再生にプラズマを利用する研究も行われている。韓国KISTの研究グループは，アークプラズマデポジション法を用い，金（Au）や白金（Pt）のナノ粒子を担持した酸化チタン触媒のCO酸化能力を確認している[52]。水素化触媒（Au/SiO_2）またはCO酸化触媒の調製においてプラズマ，オゾン処理，そしてガンマ線照射効果が確認されている[53~55]。中国天津大学のグループは，各種触媒（Pt/Na-ZSM5，Ir/Al_2O_3）の調製で低圧グロー放電で処理すると，触媒の分散，粒径，担体との結合などが改善されるため触媒性能が向上することを報告してきた[56~59]。また，担持金属成分の還元処理に従来の高温水素処理に代わって，プラズマを用いる研究例も多数報告されている[60~62]。

低温プラズマはコークや有機物の吸着によって失活した触媒の低温再生に利用できる。筆者らも，有機物の吸着によりCO酸化能力を失ったAu/TiO_2の再生に大気圧酸素プラズマが有効であることを報告した[63]。Fan[64]らによると，空気プラズマによるAu/TiO_2の再生では窒素酸化物が生成され触媒被毒を悪化させるため酸素プラズマが有効であると報告している。石油精製に用いるゼオライト触媒は，コーク生成が主な失活の原因となっている。Kahn[65]らは，グロー放電によるゼオライト触媒の再生を試み，再生におけるガス組成の効果がAr（90%）-O_2>He（90%）-O_2>O_2 100%の順であると報告した。

4.3.4　相互作用のメカニズム

プラズマ触媒を用いたガス処理の研究は対象ガスと用いる触媒が多岐に及んでおり，報告されたシナジー効果の内容も様々である。同じ触媒を一段と二段式で比較を行い，一段式が有利と結論づけた論文が多数ある（トルエン[66]，CFC-12[67]，CO[68]）。しかし，一段と二段式で有効な触媒は必ずしも一致せず，マンガン系触媒は一段式より二段式が有利と報告した例もある[69,70]。メタン分解では，反応器の構造に関係なく触媒によるシナジー効果が得られないと報告した論文もある[71]。一段式反応器による芳香族VOCの分解に関する筆者らの研究では，触媒の種類がVOC分解率に与える影響よりも，中間生成物の堆積を抑制し炭素収支が大きく改善されることや，CO_2までの完全酸化が促進されることに顕著な触媒効果が表れることを明らかにしてきた[72,73]。当然ながら二段式の場合は触媒の種類により性能の差はより顕著である。

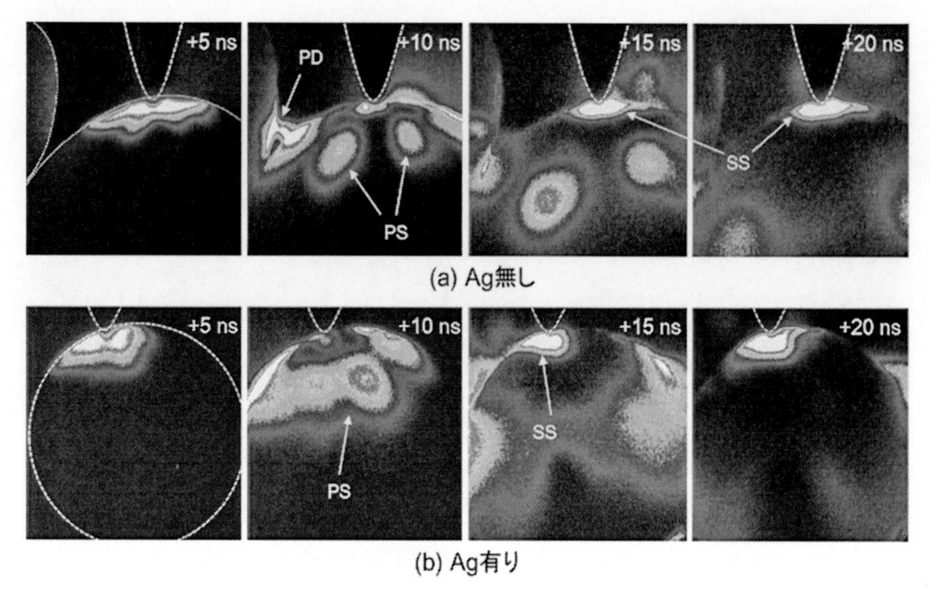

図7　Ag/Al_2O_3触媒表面のサフェースストリーマの観察
（PD＝部分放電，PS＝１次ストリーマ，SS＝２次ストリーマ）

一段式のプラズマ触媒反応器の大きな特徴として，寿命の短い活性種を触媒反応に直接利用できる点が挙げられる。プラズマ中に生成される主な活性種（例えば，O，OH，Nなど）の拡散距離（$L_D = \sqrt{2D_i\tau}$）は大気圧で60 μm程度である。これは拡散距離以上離れたところで形成されるプラズマは（つまり，無次元パラメータΛが1より大きい）触媒表面と直接相互作用しないことを意味する[7]。

$$\Lambda = \frac{L_l}{L_D} \leq 1 \tag{4}$$

触媒を充填した一段式反応器における放電には，電界が集中するペレット接触点付近で発生する部分放電と，触媒表面上を走るサフェースプラズマの二つのモードがある。サフェースプラズマは微弱な発光であるため，観察にはICCDカメラが必要である。アルミナ触媒表面に広がる放電プラズマをナノ秒オーダーで観察した結果を図7に示す。パルス高電圧の印加により針電極と接触している触媒表面から放電が発生する。銀ナノ粒子を担持した場合(b)は銀無しの(a)より一次ストリーマのサイズが大きくなると同時に，ストリーマの進展速度も速いことが分かる。一次と二次ストリーマの速度はそれぞれ340 km/sと～80 km/sであった。特に，二次ストリーマは印加電圧の依存性がなくほぼ一定の値を示した。この一次ストリーマの進展速度を各媒体に対する文献値と比較すると気中＞触媒＞水面＞水中の順序である。これらの詳細なメカニズムを明らかにするためには今後実験的検証と理論的考察が求められる。

触媒細孔におけるプラズマ生成についてシミュレーションによる解析も行われている。ベルギーのAntwerpen大学のグループは，細孔サイズ10 μmより大きい細孔内部ではヘリウムプラズマが生成するが，10 μm より小さくなるとイオン化が起きないと報告している[74]。これはHensel らによる実験的観察結果と一致している[75]。また，触媒材料の誘電率を考慮した He プラズマのシミュレーションから，誘電率が 200 以下の場合ポア内部に電界が集中しプラズマが生成し易くなると報告している[76]。

4.4　おわりに

本節では，プラズマ触媒複合プロセスの概要として，反応器の分類と構造，等価回路，有害ガス分解への応用例などを中心に紹介した。プラズマと触媒の複合には多様性があり，対象ガスや反応条件そして排出基準に合わせた対応も可能であろう。一段式プラズマ触媒法における動作メカニズムは未解明な点が多く残されており，プラズマに適した触媒材料の探索も現在進行形である。4.3.4 で示したように，サーフェスストリーマは一段式プラズマ触媒の反応活性に大きく関与しており，これは従来の熱触媒とは全く異なる検討項目である。特に，触媒の細孔付近におけるプラズマの生成特徴，活性種の拡散挙動などについては実験のみによる解明が難しく，シミュレーションによる検討を同時に行うことでより詳細な情報が得られると期待される。基礎研究成果の積み重ねが大切であることは言うまでもなく，これによって目的反応にファイチューニングされたプラズマ触媒反応システムの提案が可能となり一層幅広い応用へ展開できると期待される。

文　　献

1）U. Kogelschatz, *IEEE Trans. Plasma Sci.,* **30**, 1400 (2002)
2）U. Kogelschatz, *Plasma Chem. Plasma Proc.,* **23**, 1 (2003)
3）八木重典，バリア放電，朝倉書店（2012）
4）H. H. Kim *et al., IEEE Trans. Ind. Applicat.,* **35**, 1306 (1999)
5）H. H. Kim *et al., J. Phys. D: Appl. Phys.,* **34**, 604 (2001)
6）T. Ochiai *et al., Electrochemistry,* **79**, 838 (2011)
7）H. H. Kim *et al., Catal. Today,* **256**, 13 (2015)
8）A. Maciuca *et al., Appl. Catal. B: Environ.,* **125**, 432 (2012)
9）H. B. Huang *et al., Plasma Chem. Plasma Proc.,* **27**, 577 (2007)
10）T. Hammer *et al., Society of Automotive Engineers,* Paper No. 1999 (1999)
11）T. Hammer *et al., Society of Automotive Engineers,* Paper No. 982428 (1998)
12）B. M. Penetrante *et al., Pure & Appl. Chem.,* **71**, 1829 (1999)
13）F. Holzer *et al., Appl. Catal. B: Environ.,* **38**, 163 (2002)
14）K. P. Francke *et al., Catal. Today,* **59**, 411 (2000)
15）吉田裕史ほか，静電気学会誌，**13**，425（1989）

16) A. M. Harling *et al.*, *Environ. Sci. Technol.*, **42**, 4546 (2008)
17) S. Y. Park *et al.*, *Fuel Process. Technol.*, **89**, 540 (2008)
18) X. Dang *et al.*, *Catal. Commun.*, **40**, 116 (2013)
19) H. H. Kim *et al.*, *Appl. Catal. B: Environ.*, **79**, 356 (2008)
20) H. H. Kim *et al.*, *J. Adv. Oxid. Technol.*, **8**, 226 (2005)
21) H. H. Kim *et al.*, *Int. J. Plasma Environ. Sci. Technol.*, **1**, 46 (2007)
22) Y. S. Mok *et al.*, *Current Appl. Phys.*, **11**, S58 (2011)
23) C. Qin *et al.*, *J. Hazard. Materials*, **334**, 29 (2017)
24) D. Z. Zhao *et al.*, *Chem. Eng. Sci.*, **66**, 3922 (2011)
25) Q. Q. Yu *et al.*, *Environ. Sci. Technol.*, **46**, 2337 (2012)
26) H. Wang *et al.*, *RSC Advances*, **2**, 5094 (2012)
27) C. Yang *et al.*, *Environ. Progress*, **17**, 183 (1998)
28) T. Yamamoto *et al.*, *IEEE Trans. Ind. Applicat.*, **36**, 923 (2000)
29) M. Okubo *et al.*, *IEEE Trans. Ind. Applicat.*, **40**, 1504 (2004)
30) G.-B. Zhao *et al.*, *AIChE Journal*, **51**, 1800 (2005)
31) H. H. Kim *et al.*, *J. Adv. Oxid. Technol.*, **4**, 347 (1999)
32) Y. S. Mok, *Chem. Eng. Journal*, **118**, 63 (2006)
33) 日本機械工業連合会ほか，パルスコロナ・プラズマ化学方式（PPCP）による火力発電用ボイラー排ガスの新しい乾式脱硫・脱硝技術調査報告書（1991）
34) 徳永興広，静電気学会誌，**19**，296（1995）
35) S. Broer *et al.*, *Appl. Catal. B: Environ.*, **28**, 101 (2000)
36) M. koebel *et al.*, *Ind. Eng. Chem. Res.*, **40**, 52 (2001)
37) H. Fujishima *et al.*, *IEEE Trans. Ind. Appl.*, **46**, 1707 (2010)
38) 難波秀樹ほか，JAERI-M 89-177，日本原子力研究所（1989）
39) J. O. Lee *et al.*, *Ind. Eng. Chem. Res.*, **46**, 5570 (2007)
40) 吉澤速人ほか，電学論 *A*，**127-A**，193（2007）
41) D. H. Lee *et al.*, *Int. J Hydrogen Energy*, **37**, 3225 (2012)
42) C. E. Stere *et al.*, *Acs Catalysis*, **5**, 956 (2015)
43) J. A. Dyer *et al.*, *Chemical Engineering*, Feb., 4 (1994)
44) 山本俊昭，静電気学会誌，**19**，301（1995）
45) 小田哲治，静電気学会誌，**19**，283（1995）
46) 尾形敦ほか，応用物理，**77**，1111（2008）
47) A. M. Vandenbroucke *et al.*, *J. Hazard. Materials*, **195**, 30 (2011)
48) F. Thevenet *et al.*, *J. Phys. D: Appl. Phys.*, **47**, 224011 (2014)
49) S. L. Hill *et al.*, *J. Phys. Chem. A*, **112**, 3953 (2008)
50) 東レリサーチセンター，脱臭・消臭技術の最新動向（2009）
51) A. Mizuno, *Catal. Today*, **211**, 2 (2013)
52) S. H. Kim *et al.*, *Appl. Catal. A: Gen.*, **454**, 53 (2013)
53) X. Liu *et al.*, *J. Catal.*, **285**, 152 (2012)
54) L. D. Menard *et al.*, *J. Catal.*, **243**, 64 (2006)
55) L. Jin *et al.*, *J. Mole. Cata. A: Chemical*, **274**, 95 (2007)

56) Y.-P. Zhang *et al.*, *Catal. Commun.*, **5**, 35 (2004)
57) Y. Zhao *et al.*, *Catal. Commun.*, **9** (2008)
58) C.-j. Liu *et al.*, *Catal. Commun.*, **4**, 303 (2004)
59) C. J. Liu *et al.*, *ACS Sustainable Chem. Eng.*, **2**, 3 (2013)
60) X. Tu *et al.*, *Catal. Today*, **211**, 120 (2013)
61) S.-S. Kim *et al.*, *Catal. Today*, **89**, 193 (2004)
62) J.-J. Zou *et al.*, *Langmuir*, **22**, 11388 (2006)
63) H. H. Kim *et al.*, *Appl. Catal. A: Gen.*, **329**, 93 (2007)
64) H. Y. Fan *et al.*, *Appl. Catal. B: Environ.*, **119**, 49 (2012)
65) M. A. Khan *et al.*, *Appl. Catal. A: Gen.*, **272**, 141 (2004)
66) H. T. Q. An *et al.*, *Catal. Today*, **176**, 474 (2011)
67) A. E. Wallis *et al.*, *Catal. Lett.*, **113**, 29 (2007)
68) C. L. Chang *et al.*, *Plasma Chem. Plasma Proc.*, **25**, 387 (2005)
69) J. V. Durme *et al.*, *Appl. Catal. B: Environ.*, **74**, 161 (2007)
70) H. Huang *et al.*, *Catal. Today*, **139**, 43 (2008)
71) A. Baylet *et al.*, *Appl. Catal. B: Environ.*, **113-14**, 31 (2012)
72) H. H. Kim *et al.*, *J. Phys. D: Appl. Phys.*, **38**, 1292 (2005)
73) H. H. Kim *et al.*, *J. Phys. D: Appl. Phys.*, **42**, 135210 (2009)
74) Y. R. Zhang *et al.*, *Appl. Catal. B: Environ.*, **185**, 56 (2016)
75) K. Hensel *et al.*, *IEEE Trans. Plasma Sci.*, **33**, 574 (2005)
76) Y.-R. Zhang *et al.*, *J. Phys. Chem. C*, **120**, 25923 (2016)

5　大気圧プラズマを用いた水素製造

早川幸男*1，神原信志*2

5.1　はじめに

大気圧プラズマは，物質の分解や酸化処理，改質に有効な手段であり，このような特長からNO_xやHg，VOCなどの排ガス処理への応用研究が積極的に進められている。一方，近年の新展開として，アンモニア，メタン，メタノールなどの水素を含有する物質をプラズマで分解し，燃料電池発電用の水素を製造する研究開発がある。この背景は，二酸化炭素排出量の低減を目的とした水素エネルギー社会の構築である。

現在，日本で消費されているエネルギーのうち，およそ95%が石炭，天然ガスなどの化石燃料の燃焼によって生み出されている[1)]。化石燃料の燃焼過程において生成する二酸化炭素の大幅な削減を考えると，わが国の二酸化炭素排出量の約32%を占めている運輸部門および民生部門への水素エネルギーの導入が鍵となる。しかし，水素エネルギー社会実現のボトルネックは，水素の輸送・貯蔵におけるエネルギーロスにある[2)]。エネルギーロスを低減するために，水素を含む物質（水素キャリア）で輸送・貯蔵し，水素を利用する直前で脱水素するエネルギーシステムが提案されている[3)]。水素キャリアの１つであるアンモニアは，液化が容易なこと，輸送・貯蔵法が確立していること，分子内に炭素を含まないため脱水素時に二酸化炭素を排出しないこと，重量基準のエネルギー密度（kWh/kg）と体積基準のエネルギー密度（kWh/m^3）がともに化石燃料並みに高いことから，有望な物質である[4)]。アンモニアを水素キャリアとする水素エネルギーシステムにおいては，アンモニアから水素を安価かつ高効率に製造するデバイスが必要となる。

アンモニアの脱水素法として，ニッケルやルテニウムなどの触媒を用いた熱分解法が一般的であり，その触媒開発が多く研究されている[5,6)]。しかし，触媒を用いたアンモニアの脱水素には400～600℃程度の温度が必要なこと，生成物中にppmオーダーのアンモニアが残留するため，そのままでは燃料電池用の水素として適さないことが課題である。大気圧プラズマは高い電子エネルギーを発生できるため，アンモニアを無触媒で分解して水素を得ることができ，脱水素の手段として有望である。

我々はこれまで，バリア放電による大気圧プラズマを用いて，水素収率に及ぼす印加電圧，アンモニア濃度，アンモニアガス滞留時間の影響を調べてきた。印加電圧が高くアンモニア濃度が低いほど，また滞留時間が長いほど水素収率は高くなるものの，高電圧ではアンモニアの再生成反応が起こるため，アンモニアのプラズマ分解による水素収率には限界があることを明らかにした[7)]。

＊1　Yukio Hayakawa　岐阜大学　工学部　化学・生命工学科
次世代エネルギー研究センター　助教

＊2　Shinji Kambara　岐阜大学　工学部　化学・生命工学科
次世代エネルギー研究センター　教授

そこで，大気圧プラズマと水素分離膜を組み合わせ，プラズマ反応場で迅速に水素分離を行うことでアンモニアの再生成を抑制しつつ，燃焼電池用の高純度水素を連続的に製造することを着想した[8)]。メタンやプロパンなどの水蒸気改質反応での水素収率を高めるために水素分離膜を利用する研究はなされているが[9,10)]，プラズマ反応場に水素分離膜を組み込んだ研究はなく，新規な反応場といえる。

ここでは，大気圧プラズマと水素分離膜を組み合わせたプラズマメンブレンリアクターによるアンモニアからの燃料電池用高純度水素の製造に関する知見を述べる。

5.2　実験装置および実験方法

5.2.1　流通式プラズマ反応器

図1に示す流通式プラズマ反応器でH_2を用いた水素分離実験およびNH_3を用いた水素製造実験を行った。装置は，ガス供給系，高電圧パルス電源，プラズマメンブレンリアクター（Plasma membrane reactor：PMR），ガスクロマトグラフで構成される。PMRは外径42 mmまたは48 mm，厚さt = 2 mm，長さ400 mmの2種の石英管内に水素分離膜モジュールを同軸に配置した構造である（図1　断面図参照）。水素分離膜モジュール（日本精線製）は，円筒形の水素分離膜とその支持体およびカバー（いずれもSUS316パンチングメタル）の3層で構成されている。水素分離膜は膜厚20 μmのPd－40% Cu合金である。この水素分離膜モジュールは，プラズマ反応器の高電圧電極を兼ねている。

石英管と高電圧電極間の隙間（ギャップ長d）は1.5 mmまたは4.5 mmである。石英管の外周には接地電極としてSUS316パンチングメタルを巻き付けた。接地電極の長さは300 mmであり，プラズマはこの長さのギャップ内で発生する。高電圧パルス電源（澤藤電機製）を用いて，誘電体バリア放電（Dielectric Barrier Discharge：DBD）により大気圧プラズマを発生させた。

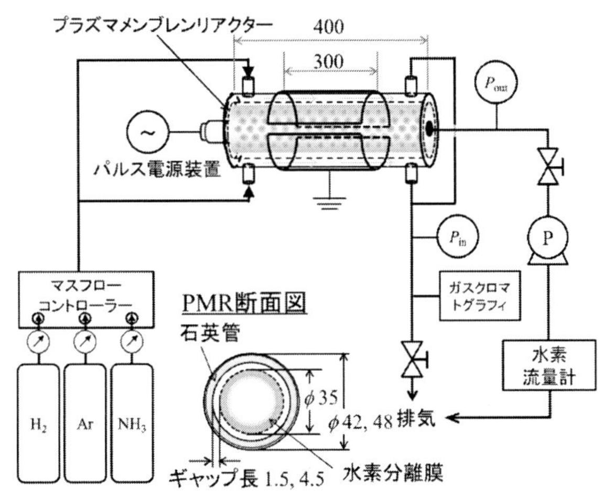

図1　プラズマメンブレンリアクターによる水素分離および水素製造実験装置図

表1　実験条件

プラズマ条件		
電源周波数，R_R	[kHz]	10
消費電力	[W]	100～400
ガス供給側圧力，P_{in}	[kPa(G)]	0～60
水素透過側圧力，P_{out}	[kPa(G)]	- 90～0
水素分離実験条件		
初期水素濃度	[%]	10～100
供給ガス流量	[L/min]	0.5～2.0
水素製造実験条件		
初期アンモニア濃度	[%]	100
供給ガス流量	[L/min]	0.5～2.0
PMR ギャップ長	[mm]	1.5，4.5

100% H_2 または Ar 希釈の H_2（H_2/Ar）および 100% NH_3 を用い，ガスブレンダー付きマスフローコントローラー（KOFLOC GB-3C および HORIBA SEC-E450）で流量を調整し，PMR に供給した。PMR 入口ガス圧力（P_{in}）と PMR 出口ガス圧力（P_{out}）を調整することで差圧（$P_{in}-P_{out}$）を変化させ，H_2 分離および H_2 生成量に及ぼす種々のパラメータの影響を調べた。実験条件を表1にまとめた。

水素分離膜モジュール出口の水素ガス流量はフローメーターにより計測した。H_2 濃度は，キャピラリー TCD ガスクロマトグラフ（INFICON GC-3000）で測定した。

5.2.2　バッチ式プラズマ反応器

NH_3 のプラズマ分解による水素生成速度を調べるためにバッチ式流路を構成した（図2）。装置構成は図1と同様であるが，ここではギャップ長 1.5 mm の反応器を用いた。PMR ギャップ内に 100% NH_3 を充填した後，排気バルブを閉じて循環ラインをつくり，ポンプを用いて NH_3 ガスを循環させた。この時，水素分離膜モジュール出口バルブを閉じて水素分離膜の効果を排除した。プラズマを点灯して NH_3 の分解を開始し，プラズマ内ガスをガスクロマトグラフのキャピラリサンプリングシステムで採取して H_2 濃度の経時変化を測定した。

5.2.3　プラズマ発生電源

澤藤電機製の高電圧パルス電源の電圧波形を図3に示す。波形の測定には，高電圧プローブ（Tektronix，P6015A）とオシロスコープ（Tektronix，TDS3034B）を用いた．印加電圧 V_{pp} は，正ピーク－負ピーク間の電圧で定義した（図3では V_{pp}＝21 kV）。パルス繰り返し数（$1/T_1$）は 10 kHz 一定とした。波形保持時間（T_0）は 10 μs であった。$V-Q$ リサジューの測定によってプラズマのみに消費される電力を測定できるが，本実験では高電圧パルス電源の電源開閉器に消費電力計を取り付け，高電圧パルス電源とプラズマ点灯の総消費電力を測定した。

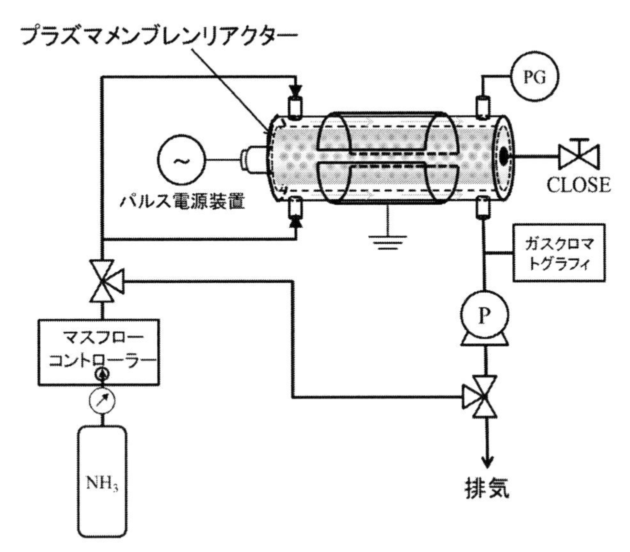

図2　バッチ式水素製造実験装置図（ギャップ長 1.5 mm）

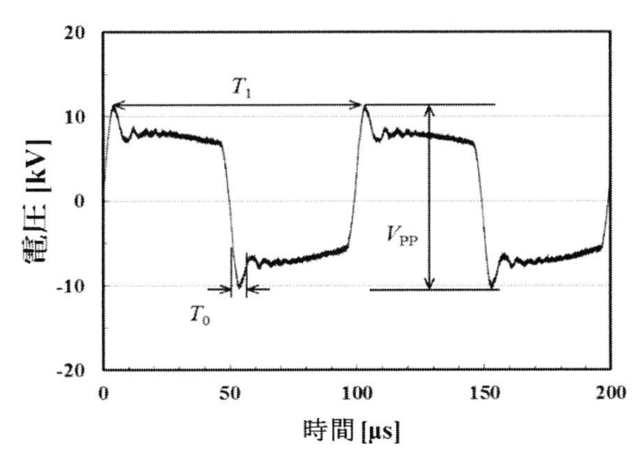

図3　高電圧パルス電源の電圧波形（V_{pp}=21 kV，T_1=10 kHz，100% NH_3）

5.3　プラズマメンブレンリアクターによる水素生成特性

5.3.1　H_2 分離特性（差圧の影響）

まず濃度 100%の H_2 を用いて PMR の水素分離特性を調べた。図1に示した供給水素ガスのボンベ2次圧を変化させることにより P_{in} を0から 60 kPa（ゲージ圧）の範囲で変化させ，一方，吸引ポンプ前のバルブの調整により P_{out} を0から −90 kPa（ゲージ圧）の範囲で変化させて水素分離膜出口における水素透過率の変化を調べた。水素透過率 P_{H_2}[%]は次式で定義した。

$$P_{H_2}[\%] = F_{H_2} / (F_0 \times [H_2]_0) \times 100 \tag{1}$$

ここで，F_{H_2} は水素分離膜出口での水素透過流量[L/min]，F_0 は供給ガス流量[L/min]，$[H_2]_0$ は供給ガス中の H_2 濃度[%]である。

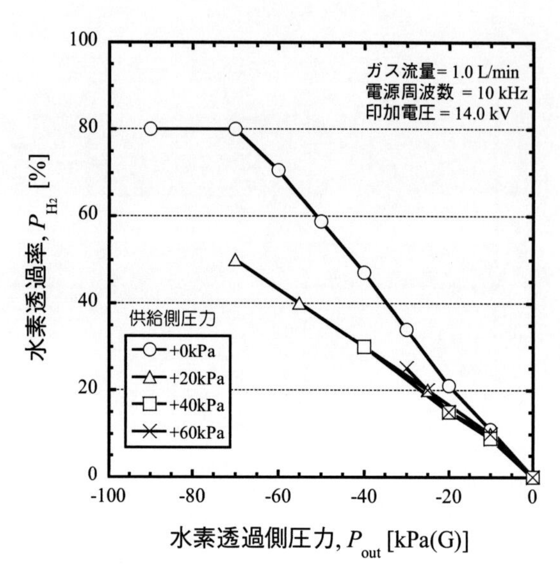

図４　プラズマメンブレンリアクターの水素分離特性（供給ガス：100% H_2）

図４に差圧（$P_{in}-P_{out}$）に対する F_{H_2} の変化に関して P_{in} をパラメータとして示した。まず，$P_{in}=0$ の場合に着目すると差圧が大きくなるほど F_{H_2} は増加した。水素分離膜の水素透過流束は水素分離膜入出の水素分圧に依存し，次式 Richardson の式[11]で示される。

$$J = \phi / d_H \times (P_H{}^{0.5} - P_L{}^{0.5}) \quad (2)$$

ここで J は水素透過流束[mol-H_2/s]，ϕ は水素透過係数[mol-H_2/m s $Pa^{0.5}$]，d_H は水素分離膜厚[m]である。P_H および P_L はそれぞれ水素分離膜入口側（高圧）および出口側（低圧）の水素分圧[Pa]である。

(2)式より図４における P_{in} 一定での（$P_{in}{}^{0.5} - P_{out}{}^{0.5}$）の増加によって F_{H_2} が比例的に増加したと考えられる。

一方，水素透過率に及ぼす P_{in} の影響は，一定の P_{out} では P_{in} が増加するほど($P_{in}{}^{0.5} - P_{out}{}^{0.5}$)が増加するため水素透過率は増加すると考えられるが，図２に示すように P_{in} を０kPa から 20 kPa に増加させると水素透過率は減少した。これは，プラズマ内で生成する H ラジカル濃度が関係したものと考えた。加圧プラズマは大気圧プラズマに比較して，生成する電子 e の密度が低下するため[12]，(3)式で生成する H ラジカル濃度も低下するものと考えられる。H ラジカル濃度の低下は，後述するように水素透過率を減少させる。

$$H_2 + e \rightarrow H + H + e \quad (3)$$

したがって，加圧条件では（$P_{in}{}^{0.5}-P_{out}{}^{0.5}$）の増加と H ラジカル濃度減少の影響により，見かけ上水素透過率に変化がなかったものと考えられる。

ところで，パラジウム合金製の水素分離膜は，水素分離に 350～450℃の温度が必要である[13]。

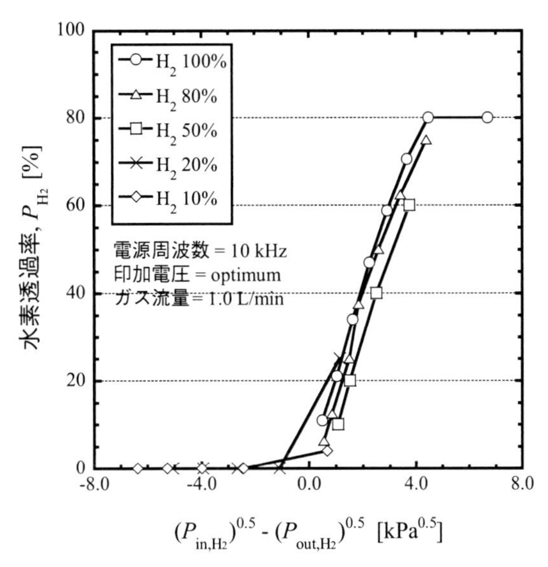

図5　水素透過率に対する水素分圧の影響（供給ガス：100% H_2）

本実験では水素分離膜モジュールが高電圧電極を兼ねているため，ジュール熱によりモジュール全体の温度はほぼ均一に上昇する。実験終了後，即座にモジュール端の温度を熱電対で測定したところ201℃であった。これより，PMRではパラジウム合金製水素分離膜の温度の制約を低下できることも明らかとなった。

5.3.2　H_2 分離特性（水素濃度の影響）

次にアルゴン希釈の水素（10～80%）を用いてPMRの水素分離特性を調べた。アンモニアのプラズマ分解では，アンモニアが徐々に水素に転換し水素濃度が増加していくものと推定される。そのため，水素濃度が水素透過率に及ぼす影響を明らかにする必要がある。

図5に（$P_{\mathrm{in,\,H_2}}{}^{0.5}-P_{\mathrm{out,\,H_2}}{}^{0.5}$）（以下，分離差圧とする）に対する水素透過率の変化に関して，水素濃度をパラメータとして示した。同図には100% H_2 のデータも示してある。ここで $P_{\mathrm{in,\,H_2}}$ は水素ガス供給側の水素分圧，$P_{\mathrm{out,\,H_2}}$ は水素透過側の水素分圧を示す。

どの水素濃度においても分離差圧＞0において水素透過が起こり，その条件では水素透過率が比例的に増加することが分かった。分離差圧＜0の条件では水素透過は起こらなかったが，この挙動は，パラジウム合金による一般的な水素透過挙動に一致する[14)]。水素濃度が低下すると水素透過率は低下した。水素分圧（濃度）が小さいと，例え差圧（$P_{\mathrm{in}}{}^{0.5}-P_{\mathrm{out}}{}^{0.5}$）を大きくしても分離差圧の値を大きくできず，十分な水素透過率を得ることができない。例えば，水素濃度10%で差圧90 kPaとしても（$P_{\mathrm{in,\,H_2}}{}^{0.5}-P_{\mathrm{out,\,H_2}}{}^{0.5}$）＝0.67で水素透過率はわずか5%程度であった。したがって，PMRでは，アンモニアを水素に迅速に分解し水素濃度を高めることが必要である。

5.3.3　NH_3 分解特性（バッチ式反応器）

大気圧プラズマによる NH_3 分解特性を調べるために，図2に示したバッチ式反応器を用いて NH_3 分解実験を行った。図6にプラズマ点灯時間に対するガス中水素濃度の変化について消費

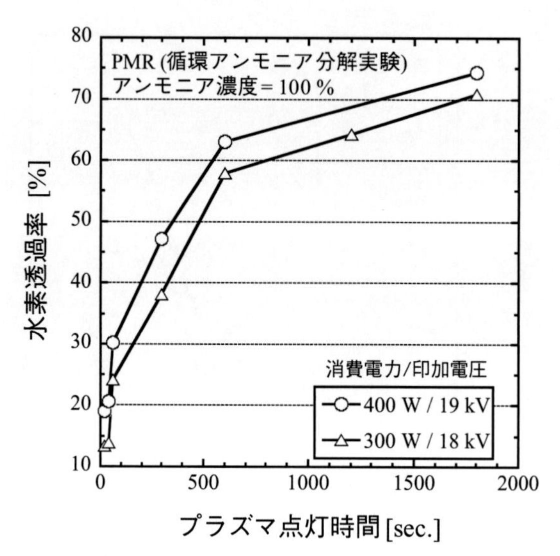

図6　バッチ式反応器でのプラズマ点灯時間に対する水素透過率の変化（供給ガス：100% H_2）

電力をパラメータとして示した。プラズマ点灯開始から60 sまでは急激に水素濃度が増加し，その後緩やかな濃度の増加となった。すなわち，水素生成速度はプラズマ点灯開始直後が最も速く，プラズマ点灯時間の経過とともに徐々に遅くなる傾向を示した。これは，プラズマによるNH_3の分解速度がNH_3濃度に依存することを示している。

消費電力が高いほど，すなわち印加電圧が高くなるほど水素濃度も増加した。これは，プラズマの電子エネルギーが高いほどNH_3分解速度が増加することを示している。消費電力400 W，プラズマ点灯時間1,800 sで水素濃度74.3%（水素転換率99.1%）に達した。また，消費電力300 W，プラズマ点灯時間20 sで水素濃度13.4%を得ている。

以上の結果から，図1の流通式反応器（d＝1.5 mm）で高いNH_3分解率を得るには，消費電力400 Wの時，20 s程度のガス滞留時間としなければならないことが分かる。

5.3.4　PMRの高純度H_2生成特性

図1の装置を用いてPMRにNH_3を流通させ，水素生成実験を行った。プラズマ内ガス時間滞留時間を変化させるためにギャップ長が異なる2種類のPMR（d＝1.5 mm or 4.5 mm）を用いた。図7にPMRを用いた水素製造実験の結果として，電源装置の消費電力に対する水素転換率の変化をNH_3の供給量をパラメータとして示した。比較として水素分離膜を内蔵していない既存のプラズマ反応器（以下，PR）の実験結果もプロットしてある。なお，水素転換率C_{H_2}[%]は次式のように新たに定義した。

$$C_{H_2} = (F_0 \times [H_2]_{out} / 100 + F_{pH_2}) / (F_0 \times 1.5) \times 100 \tag{4}$$

ここでF_0は供給ガス流量[L/min]，$[H_2]_{out}$は反応器出口での水素濃度[%]，F_{pH_2}は計測された透過H_2流量[L/min]を示す。

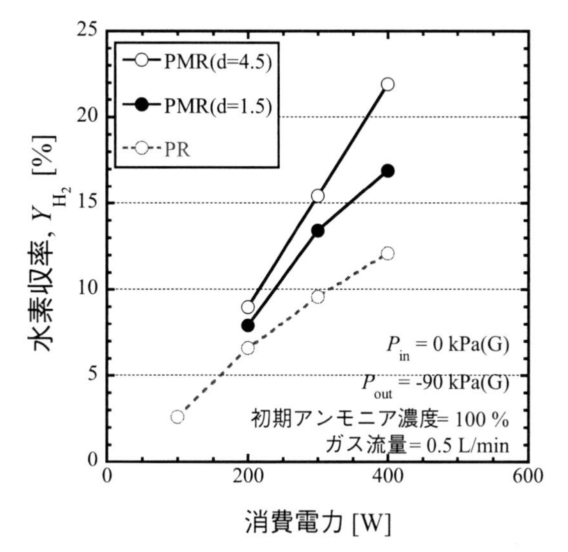

図7　水素収率に及ぼす消費電力，ギャップ長，リアクター種類（PMRとPR）の影響

PMRにおいて透過側で得られたガスをガスクロマトグラフィーにて計測した結果，限りなく100%に近い純度であることが確認できた。また，PRとPMRの結果を比較すると，PRを用いた実験で消費電力400 Wの時，水素転換率が13.0%であるのに対してPMR（d=4.5）では消費電力400 Wの時，水素転換率24.4%であり11%の向上に成功した。これはPMR内で水素生成と水素分離が同時に起こっていることに起因すると考えられる。プラズマ反応場では以下の分解反応が起こっている。

$$2NH_3 \rightleftarrows 3H_2 + N_2 \tag{5}$$

しかし，PMR内のプラズマ反応場では，図4，図5の結果からも示されたように生成した水素がPMR内に組み込まれている水素分離膜により反応場から分離される。そのため，プラズマ反応場内において(5)式に示す反応が水素の生成反応側に移動し，PMRにおける水素転換率がPRと比較して向上したと考えられる。

図8にPMRを用いた水素製造実験における消費電力に対する水素透過流量の変化を示した。PMRのギャップ長の違いに着目すると，PMR（d=4.5）では消費電力が300 Wから400 Wにかけて水素透過流量が急激に増加し，400 Wにおいて20.0 mL/minの高純度水素を安定的に得ることができた。一方で，PMR（d=1.5）では水素透過流量の急激な増加は起こらなかった。これはギャップ長を大きくしたことで反応器体積が大きくなり，試料ガスの滞留時間が長くなったことで反応器内の水素濃度が高まったことが要因と考えられる。

ここで水素濃度の変化を図5で得た$P_{in, H_2}{}^{0.5} - P_{out, H_2}{}^{0.5}$（分離差圧）という観点で比較してみる。図9には水素製造実験の各条件での分離差圧に対する透過水素流量の変化を示した。図中に記してある値は各プロットにおける反応器内水素濃度である。図9より，透過水素流量は図5の結果

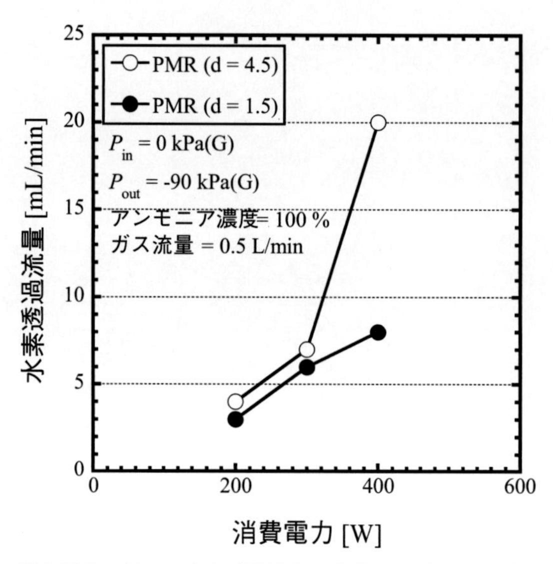

図8　消費電力に対する水素透過流量の変化およびギャップ長の影響

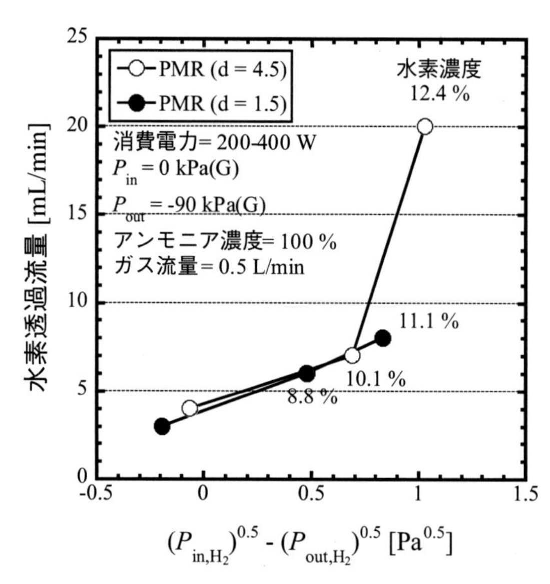

図9　分離差圧に対する水素透過流量の変化およびギャップ長の影響

と同様に分離差圧の増加とともに増えていき，PMR（d=4.5）において水素透過流量 20.0 mL/min の時，分離差圧 =1.03 に達することが分かった。また，図5および図9より水素透過流量は分離差圧の増加に伴い増加することが推測される。そのため，図8の結果のように1～2%の範囲で水素濃度が変動しただけでも，水素透過流量が急激に変化したと考えられる。このことから，分離差圧＞1になる条件下では水素生成と水素分離が連鎖的に起こり，PMR による水素製造がより効率的になることが期待できる。

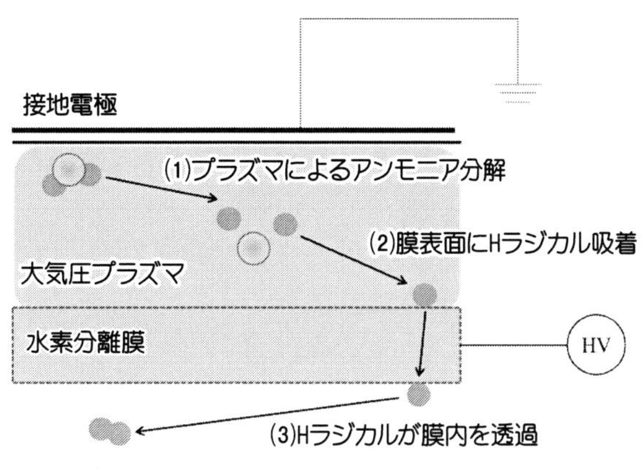

図10　プラズマメンブレンリアクターにおけるアンモニアからの高純度水素生成メカニズム

5.3.5　PMRの水素透過メカニズム

従来のNH_3熱分解プロセスにおいて，水素分離膜を使用する場合ではNH_3からH原子までの分解，および金属分離膜上へのH原子の吸着・透過には一定の加熱が必要だと報告されている。一方，本デバイスでは，ジュール熱による温度上昇（201℃）のみで透過が起こった。これより，図10に示したような(1)～(4)のステップで水素透過が起こると推測した。

(1)　プラズマによるNH_3分解

(2)　膜表面へのHラジカル吸着

(3)　Hラジカルの膜内透過

(4)　Hラジカル同士の再結合

5.4　おわりに

水素分離膜モジュールを高電圧電極とした円筒型大気圧プラズマ反応器によって，アンモニアから燃料電池用の高純度水素を製造できることを確認した。現状，アンモニア分解による水素生成率，言い換えれば水素生成エネルギー効率は低いものの，今後，反応器内のガス流れ制御（滞留時間の確保）の改善により，実用化可能性を探索する予定である。

文　　献

1)　資源エネルギー庁，エネルギー白書2016，pp. 144（2016）
2)　岡田治，日本エネルギー学会誌，**85**，pp. 499-509（2006）
3)　小島由継，日本エネルギー学会誌，**93**，pp. 378-385（2014）

4） 松村幸彦，日本エネルギー学会誌，**95**，pp. 360-363（2016）
5） 藤谷忠博，高橋厚，日本エネルギー学会大会講演要旨集，**24**，pp. 306-307（2015）
6） I. Nakamura, T. Fujitani, *Applied Catalysis A: General*, **524**, pp. 45-49（2016）
7） 神原信志，早川幸男，増井芽，三浦友規，隈部和弘，守富寛，日本機械学会論文集B編，**78**，pp. 1038-1042（2012）
8） Y. Hayakawa, S. Kambara, T. Miura, Proceedings of the 68th Gaseous Electronics Conference, CD-ROM No. KW1.00003（2015）
9） S. Uemiya, N. Sato, H. Ando, T. Matsuda, E. Kikuchi, *Applied Catalysis*, **67**, pp. 223-230（1990）
10） A. R. Mohammad, R. G. John, C. J. Lim, S.S.E.H. Elnashaie, G. Bahman, *International Journal of Hydrogen Energy*, **35**, pp. 6276-6290（2010）
11） D. P. Smith, Hydrogen in metals, university of Chicago Press（1948）
12） 小河浩晃，木内清，佐分利禎，深谷清，希ガス－酸素系の低温プラズマ励起反応に関する研究，JAERI-Research 2001，**23**（2001）
13） 常木達也，白崎義則，安田勇，日本金属学会誌，**70**，pp. 658-661（2006）
14） F. A. Lewis, *Academic Press*, **7**, pp. 94（1967）

6 気泡プラズマを用いた水処理

竹内 希[*1]，安岡康一[*2]

6.1 はじめに

大気圧下での非平衡プラズマの利用が可能となり，液体と接するプラズマである「気液界面プラズマ」の研究がますます盛んに行われるようになった[1)]。水中の難分解性有機物を分解する水処理は，気液界面プラズマ応用の代表的なものである。現在，上水・下水や環境水中に混入する難分解性有機物の問題が顕在化し，従来の塩素処理よりも高度な水処理技術が求められている。オゾン処理はその第一歩であり，東京都や大阪府などの各自治体の浄水場で導入が進んでいる。ただし，ダイオキシンに代表されるような，オゾンでも分解することのできない難分解性有機物も数多く存在する。そこで，活性酸素中で最も強い酸化力を有するOHラジカルを利用した促進酸化処理技術の一つとして，気液界面プラズマが注目されている。プラズマ中には，荷電粒子（電子，イオン），励起状態の原子・分子，準安定状態の原子，ラジカルなどといった，高エネルギー・高反応性の粒子が多数存在する。これらと水分子との反応によりOHラジカルが生成され，水中の有機物を分解することができる。ここで目標とする分解とは，有機物を二酸化炭素と水へと無機化・無害化するものである。

気液界面プラズマの生成方式は，図1に示す4種に大別できる。図1(a)は，水中に浸した電極

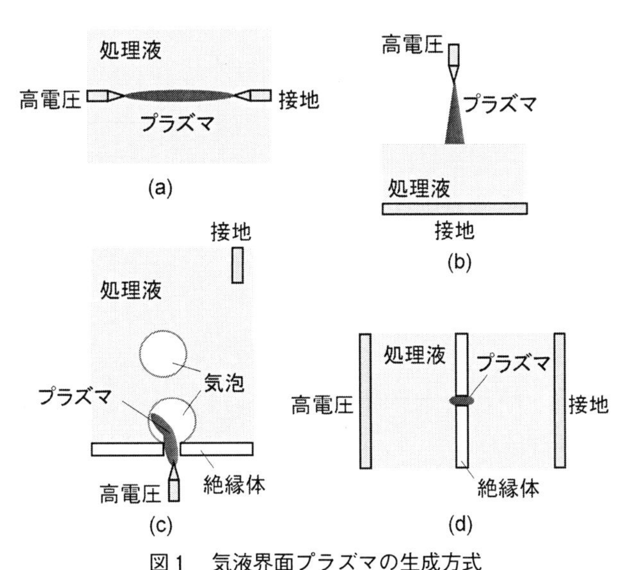

図1 気液界面プラズマの生成方式
(a)水中プラズマ，(b)水面上プラズマ，(c)水中気泡内プラズマ，(d)ピンホール放電プラズマ

＊1 Nozomi Takeuchi （国研）産業技術総合研究所 環境管理研究部門 主任研究員；東京工業大学 工学院 電気電子系 特定准教授
＊2 Koichi Yasuoka 東京工業大学 工学院 電気電子系 教授

対に高電圧を印加し，水を絶縁破壊して水中に直接プラズマを生成する方式（水中プラズマ），図1(b)は，一方の電極を水中に挿入し，気中の電極と水面の間でプラズマを生成する方式（水面上プラズマ），図1(c)は，絶縁体板にあけた数百 μm 径程度の微小な孔を通してガスを流すことで水中に気泡を形成し，その内部でプラズマを生成する方式（水中気泡内プラズマ），図1(d)は，水中プラズマの発展版（ピンホール放電プラズマ，もしくはダイヤフラム放電プラズマ）である。ピンホール放電プラズマの構成は，水中に挿入した電極対を，数百 μm 径程度の微小孔を有する絶縁体で隔てたものであり，高電流密度となる微小孔においてジュール加熱により気泡が発生し，その内部でプラズマが形成される。

本節では，水中気泡内プラズマを用いた水処理技術を紹介する。水中気泡内プラズマは，処理液自体を一方の電極として用い，気相でプラズマを生成する。水中プラズマに比べて低い電圧でプラズマ形成が可能，水面上プラズマよりも処理液による放電ギャップの短絡が起こりにくく安定なプラズマ形成が可能，気泡が処理液中にバブリングされることにより，生成されたラジカル（活性種）などの処理液への吸収促進および水の撹拌が可能，などといった特長がある。分解対象としては，料理にも使われるような身近なものでありながら，オゾンでは分解できない難分解性有機物である酢酸と，界面活性剤として多くの産業用途に使用されてきたペルフルオロオクタンスルホン酸（PFOS：perfluorooctanesulfonic acid）を選定して，水中気泡内プラズマによる分解処理について紹介する。

6.2　水中気泡内プラズマによる酢酸分解

酢酸はオゾンでは分解できない難分解性有機物であるが，酢酸自体は危険性がなく扱いが容易なため，高度水処理技術の基礎特性の把握に適している。また，油やガスの生産に伴い油田などから排出される随伴水に，主に含有される有機物であることも知られている[2)]。ここでは，水中気泡内プラズマを用いた酢酸分解処理例を紹介する。

図2は典型的な水中気泡内プラズマの装置構成である。処理液容器の底部となる絶縁体にはセ

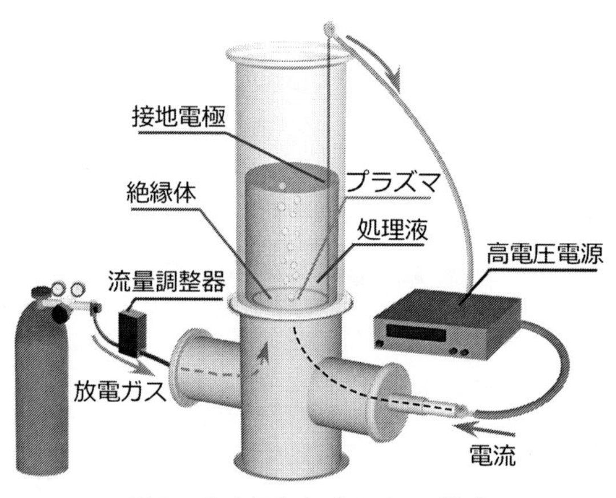

図2　水中気泡内プラズマの構成

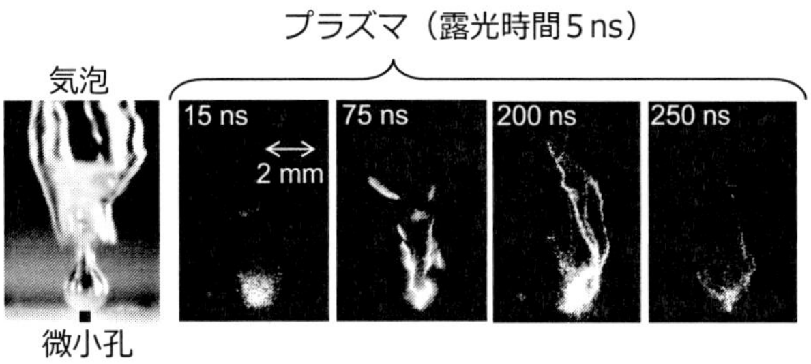

プラズマ（露光時間5 ns）
気泡
15 ns
2 mm
75 ns
200 ns
250 ns
微小孔

図3　気泡の様子と水中気泡内パルスプラズマの進展

ラミック板が適しており，厚さ1 mm程度で，直径0.5 mm程度の微小孔を有するものが使用される。微小孔の下部には，ガスが流れる隙間を設けて高電圧電極が配置され，接地電極は処理液中に挿入される。高電圧電極には針電極やメッシュ電極が用いられることが多い。酸素ガスやアルゴンガスを，数百mL/min程度の流量で微小孔を通して供給することで，直径数mm程度の気泡を処理液中に連続的に形成する。ここで，電極間に高電圧を印加することにより，気泡内部でプラズマが生成される。

プラズマ形成前の気泡の写真と，波高値7 kV，パルス立ち上がり50 ns，パルス幅500 nsのパルス電圧により形成した酸素プラズマの写真を図3に示す。プラズマの写真はICCDカメラを用いて，それぞれ露光時間5 nsで撮影したものであり，写真中に記載の時間は電圧立ち上がり時刻を0 nsとしたときの撮影のタイミングである。気泡と処理液の界面に沿って，ストリーマ状のプラズマが形成されていることが確認できる。気泡内に形成されるプラズマの形状は，印加電圧の波形（直流，交流，パルスなど）や放電ガス種によって大きく異なることが分かっている[3,4]。

プラズマの分光計測を行うと，波長310 nmの近傍にOHラジカルからの発光が確認できる。プラズマ中では，電子衝突による水分子の解離

$$e^- + H_2O \rightarrow e^- + \cdot H + \cdot OH$$

によりOHラジカルが生成される。その他に，酸素プラズマでは酸素分子が解離してできる酸素ラジカルと水分子の反応

$$e^- + O_2 \rightarrow e^- + \cdot O + \cdot O$$

$$\cdot O + H_2O \rightarrow \cdot OH + \cdot OH$$

によって，アルゴンプラズマではアルゴンの準安定状態Ar^*による水分子の解離

$$e^- + Ar \rightarrow e^- + Ar^*$$

$$Ar^* + H_2O \rightarrow Ar + \cdot H + \cdot OH$$

によって，OH ラジカルが生成される。このようにして気相に生成された OH ラジカルが，拡散により処理液へと吸収される。また，正イオンや紫外光，ラジカルの気液界面への照射により，処理液中に OH ラジカルが生成される機構も存在する[5,6)]。このようにして処理液中に拡散もしくは生成された OH ラジカルが，有機物と反応して分解する。処理液中に生成された OH ラジカルの量は，テレフタル酸ナトリウムを用いた化学プローブ法により測定することが可能である[7)]。

有機物の分解の評価は，全有機炭素（TOC：Total Organic Carbon）の濃度[mg_{TOC}/L]，およびマスバランス[%]によってなされることが多い。TOC は処理液中に含まれる有機物の量を示す。対象の物質が分解されても，その他の有機物が副生成物として生成され，処理液中に残る場合が多い。TOC 濃度が零となれば，処理液中の有機物が全て分解・無機化されたことを確認できる。マスバランスは，ある元素（例えば炭素）について，処理前の溶液中に含まれていた量と，処理後に定量計測できた物質中に含まれている量の比である。例えば酢酸分解では，炭素のマスバランスが分解過程において常に 100%であれば，追跡できない副生成物が存在しないことを意味する。気液界面プラズマによる酢酸分解では，分解副生成物として処理液中に，酢酸よりも有害なシュウ酸およびギ酸が生成されることが分かっている[6,8)]。しかしながら，これらの物質もプラズマ処理によって分解され，二酸化炭素へと無機化することが可能である。炭素のマスバランスを，処理液中の酢酸，シュウ酸，およびギ酸と，気体として放出された二酸化炭素から算出すると，TOC が零になるまでの分解過程においてほぼ 100%が維持された[8)]。このことから，気液界面プラズマによって，酢酸を二酸化炭素へと完全分解・無機化できるといえる。

図 4 に，水道水に酢酸を 10 mg_{TOC}/L の濃度で加えた，比較的低濃度の有機排水に対して水中気泡内プラズマ処理を行った[9)]ときの，TOC 濃度の時間変化を示す。図中の「パルス」は，静電容量 4.2 nF のコンデンサを 5 kV もしくは 7 kV に充電し，半導体スイッチを用いて高電圧電極にパルス電圧を印加したときのパルスプラズマ処理の結果である。セラミック板に微細孔を 9

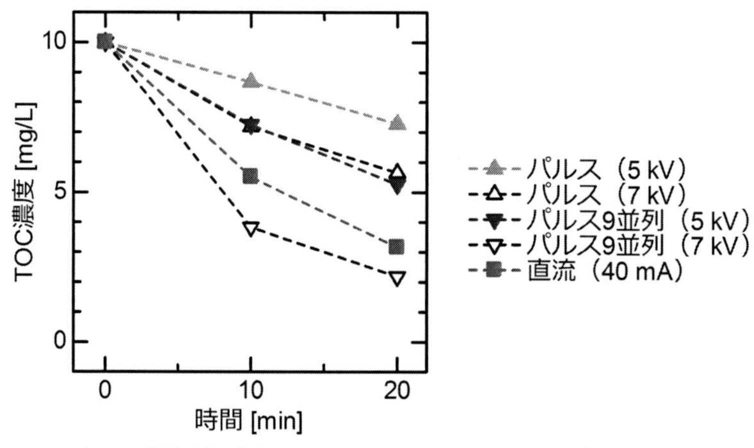

図 4　低濃度酢酸溶液のプラズマ処理における TOC 濃度の変化

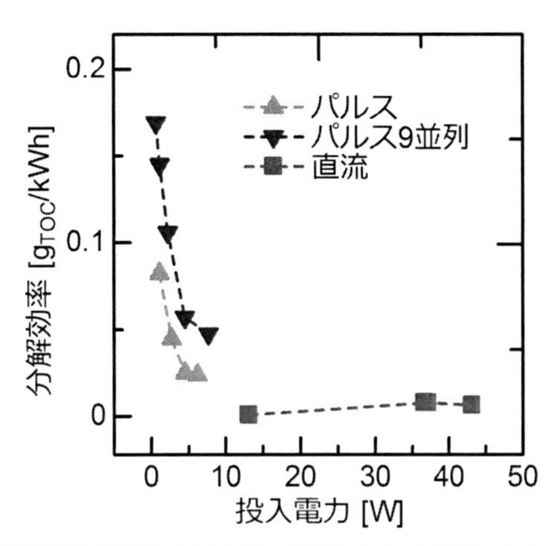

図5　低濃度酢酸溶液のプラズマ処理における分解エネルギー効率

つ設けることで，9並列のプラズマを生成した場合も共に示している。「直流」は，直流安定化電源を用いて，放電電流を40 mAに制御した直流プラズマ処理の結果である。パルスプラズマ，直流プラズマともにTOC濃度が減少していること，また，パルスプラズマでは，充電電圧が高いとき，およびプラズマを9並列駆動したときに分解速度が速くなっていることが確認できる。

図5は各処理の分解エネルギー効率を示したグラフである。横軸はリアクタへの投入電力であり，処理液でのジュール損失も含まれる。パルスの場合はキャパシタの充電電圧が高いほど，直流の場合は放電電流が大きいほど，投入電力が大きい。縦軸の分解エネルギー効率は，TOCの分解量をリアクタへの投入エネルギーで割った値であり，図5に示しているのはTOC濃度が半分になったときの値である。直流プラズマはパルスプラズマに比べて大幅に効率が低い。パルスプラズマの場合は，投入電力が大きくなると効率が低下すること，また，処理孔が1つの場合よりも9並列の場合の方が高効率であることが分かる。

有機物の分解エネルギー効率を制限する要因として，OHラジカルの有機物以外との反応による損失が挙げられる。気相においては，2つのOHラジカルから過酸化水素を生成する自己消滅反応

$$\cdot OH + \cdot OH \rightarrow H_2O_2$$

と，自己消滅反応により生成された過酸化水素との反応

$$\cdot OH + H_2O_2 \rightarrow HO_2\cdot + H_2O$$

が，OHラジカルの主な損失反応である[8]。処理液の極近傍で生成された一部のOHラジカルだけが処理液へと吸収されるが，処理液中では目的とする有機物の分解の他に，自己消滅反応，過酸化水素との反応，さらにはHO_2ラジカルとの反応によりOHラジカルが失われる。この結果，OHラジカルの処理液への浸透深さは，1 μm程度と非常に小さく，OHラジカルによる有機物

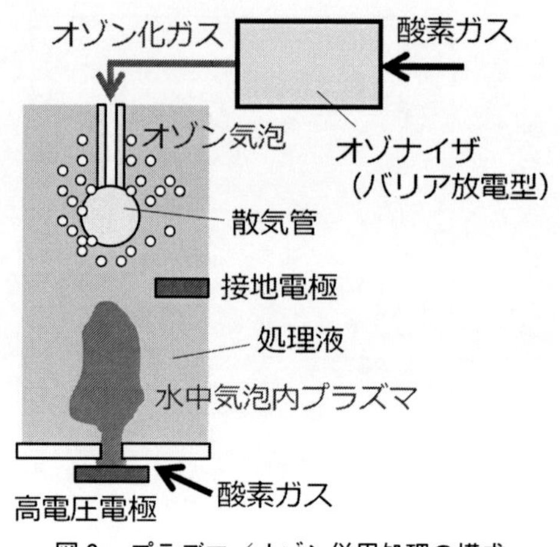

図6　プラズマ／オゾン併用処理の構成

分解反応は，プラズマと液体の界面の極近傍で起こる[8]。

直流プラズマでは過酸化水素が生成され続けるため，新たに生成されたOHラジカルの多くが，液相に到達する前に過酸化水素との反応で失われてしまうこと，また，プラズマと処理液の接触面積が小さく，処理液近傍で生成されるOHラジカルの割合が小さいことが，効率が低い要因であると考えられる。次に，パルスプラズマについて考える。プラズマへの投入電力が大きい条件では電子数密度が高く，OHラジカル濃度および生成量が大きくなるため，有機物の分解速度は速くなる。しかし一方で，OHラジカルの自己消滅反応の反応速度はOHラジカル濃度の二乗に比例するため，自己消滅反応と，それをきっかけとして生成される過酸化水素およびHO_2ラジカルによる損失反応が増加し，分解効率が低下してしまう。また，パルスプラズマを並列駆動したときは，プラズマ1つ当たりの投入電力が小さく，電子数密度およびOHラジカル濃度が低くなるため，プラズマが1つの場合よりも高効率分解を達成できる。

有機物の分解速度向上には，OHラジカルの生成量を多くするために，プラズマへの投入電力密度を高くすることが方策の一つであるが，上述の理由により分解効率は低下してしまう。このように，有機物の分解速度と分解効率には，多くの場合トレードオフの関係が見られる。

100 mg_{TOC}/Lを超えるような高濃度の有機排水処理においては，短時間で多くの有機物を分解するために，OHラジカルの生成量を大きくする必要がある。しかし，そのために投入電力を大きくすると，過酸化水素の生成量も増大する。この結果，有機物と反応するよりも過酸化水素と反応するOHラジカルの量が多くなり，分解が進まなくなってしまう。そこで，オゾン発生器（オゾナイザ）により酸素ガスから別途生成したオゾンを，プラズマ処理液中に散気管を介して供給する，プラズマ／オゾン併用方式（図6）が研究されている[10]。

図7は，初期TOC濃度108 mg_{TOC}/Lの酢酸水溶液50 mL（pHはリン酸緩衝液により7.5に調整）に対して，水中気泡内プラズマ単独（パルスプラズマ，投入電力3.40 W）およびプラズマ／オゾン併用方式により処理を行った[10]ときの，TOC濃度の時間変化を示す。プラズマ／オ

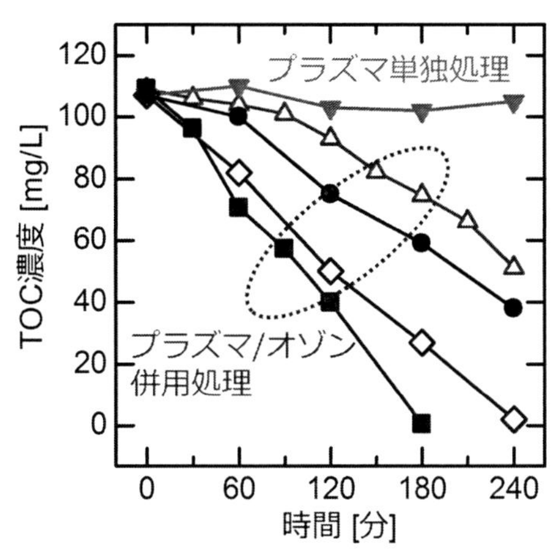

図7　高濃度酢酸溶液のプラズマ処理およびプラズマ／オゾン併用処理におけるTOC濃度の変化

ゾン併用処理においては，プラズマへの投入電力を1.54 Wまたは3.40 Wとした。また，オゾナイザへの投入電力は1.65 Wまたは3.30 Wとした。このときのオゾン濃度は，酸素ガス流量1 L/minでそれぞれ28 g/m^3，52 g/m^{3}である。

プラズマ単独処理ではTOC濃度がほとんど減少していないが，オゾンを供給することで，分解速度が劇的に速くなっている。また，オゾナイザの消費電力を加味しても，分解エネルギー効率はプラズマ単独処理の10倍以上に向上した。これは，過酸化水素とオゾンを用いた促進酸化処理で知られている液相反応[11)]

$$2O_3 + H_2O_2 \rightarrow 2\cdot OH + 3O_2$$

によって，過酸化水素からOHラジカルが再生されたためである。過酸化水素では酢酸を分解できないため，OHラジカルに再生することで酢酸分解に再利用できること，また，処理液中の過酸化水素濃度が減少することで，OHラジカルの損失反応が起こりづらくなることが，プラズマ／オゾン併用処理における高速・高効率分解の要因である。図6の構成に対して，水中気泡内プラズマをピンホール放電プラズマに代えて過酸化水素の生成速度・効率を向上し[12)]，また，オゾン供給用の散気管をマイクロバブル発生器に代えてオゾンの利用率を向上させることで，より高速・高効率な有機排水処理も実現されている。

6.3　水中気泡内プラズマによるPFOS分解

有機フッ素化合物の一種であるPFOS（$C_8F_{17}SO_3H$）は，強固な炭素－フッ素結合による化学的安定性と優れた物理的性質を持つことから，泡消火剤や界面活性剤などの幅広い用途に用いられてきた。しかし，環境残留性，生体濃縮性，および毒性を指摘する研究が相次いでなされ，その製造・使用を制限する動きが広がっており，それに伴いPFOSの分解・無害化技術の実現が求められている。PFOSはOHラジカルとの反応速度が非常に小さいとされており，従来の促進

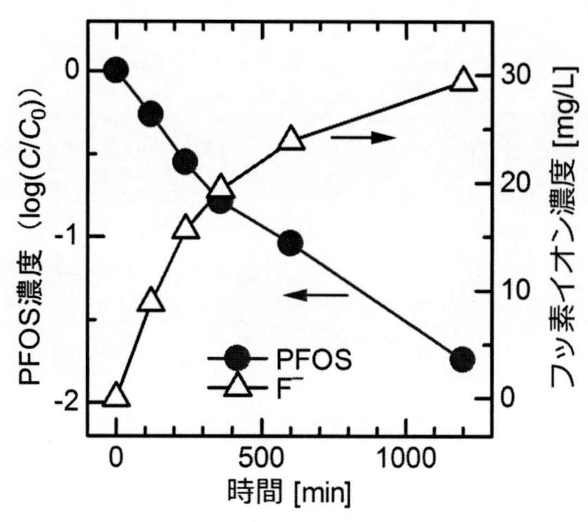

図8　PFOS 濃度およびフッ素イオン濃度の変化

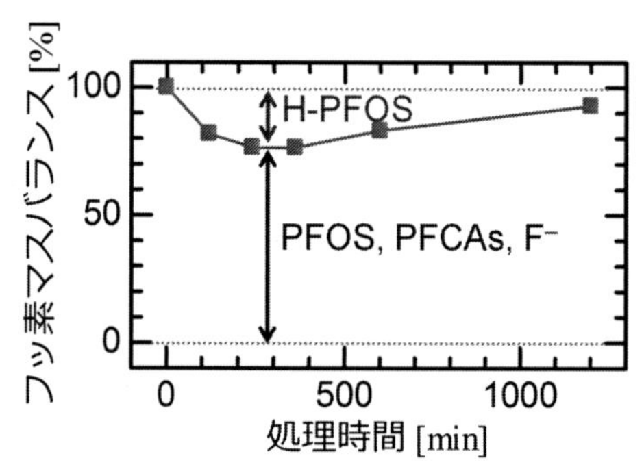

図9　PFOS のプラズマ処理におけるフッ素マスバランスの変化

酸化処理は PFOS 分解に適さない[13)]。そのため，亜臨界処理や音響化学処理，光化学処理などが研究されている一方で，プラズマ処理はそれらに対して高速・高効率処理を実現している[14)]。

水中気泡内プラズマを 21 並列で駆動し，PFOS の分解を行った結果を示す[15,16)]。装置構成としては，セラミック板に空けた 21 個の微細孔の下部に，それぞれ高電圧電極を設置し，各高電圧電極と電源の間には 100 pF のバラストキャパシタを接続している。バラストキャパシタが誘電体バリア放電における絶縁体と同様の働きをすることで，プラズマの多並列生成を可能としている。放電ガスはアルゴンとし，矩形波交流電圧を印加してプラズマを生成した。処理液の容量を 1 L，PFOS の初期濃度を 50 mg/L とし，リアクタへの投入電力 120 W で処理を行った。

水中気泡内プラズマによる PFOS 分解は一次反応であり，1,200 min の処理で 96% の PFOS が分解された。分解副生成物として，処理液中にはフッ素イオン，硫酸イオン，およびペルフルオロカルボン酸類（PFCAs：perfluorocarboxylic acids，$C_nF_{2n+1}COOH$）が，排気ガス中には二酸化炭素が確認されている。図 8 に PFOS 濃度およびフッ素イオン濃度の変化を示す。ここで，C_0 は PFOS の初期濃度，C は処理後の濃度であり，$\log(C/C_0)$ が時間に対してほぼ線形である

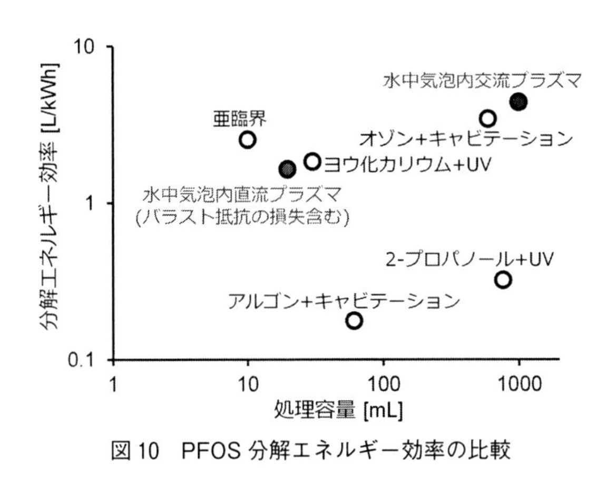

図10　PFOS分解エネルギー効率の比較

ことから，分解が一次反応であることが分かる。

PFOSの分解副生成物の追跡は，フッ素のマスバランスにより行った。処理液中のフッ素のマスバランスを，PFOS，PFCAs，およびフッ素イオンの定量計測により求めたところ，図9に示すように，処理時間300 min程度で75%まで減少し，その後90%以上まで増加した。定量はできていないが，$C_8HF_{16}SO_3H$と推測される，PFOS中のフッ素原子が一つ水素原子に置き変わった物質（仮にH-PFOSと呼ぶ）が液体クロマトグラフ質量分析計により確認されており，H-PFOS濃度の変化は，マスバランスの減少と定性的に一致した。よって，フッ素マスバランスの低下はH-PFOSの生成が原因であり，処理が進むとマスバランスが増加していることから，H-PFOSも最終的には二酸化炭素とフッ素イオンおよび硫酸イオンへと分解・無機化されると考えられる[16]。

処理液の容量V[L]と，PFOS濃度を50%まで減少させるために必要なエネルギーE[kWh]を用いて，PFOSの分解エネルギー効率をV/E[L/kWh]で定義し，プラズマ処理の効率を他方式と比較した結果[17]を図10に示す。処理液中でのバルク反応を利用した他方式に比べ，21並列の水中気泡内プラズマは大容量処理を高効率で達成している。これは，PFOSが高濃度に集まった気液界面でプラズマを生成することにより，効率的な分解反応場が形成されているためであると考えている[18,19]。PFOSは界面活性剤であるため，気液界面に吸着する性質を有する。ここにプラズマを形成することで，プラズマ中の高温場（～2,000 K程度）による熱分解と，Hラジカルおよび OHラジカルによる還元反応と酸化反応が進み，最終的には二酸化炭素へと無機化されると考えられる[19]。同じ水中気泡内プラズマ処理で比較すると，直流で駆動した場合よりも，交流で駆動した場合の方が高効率である。これは，直流駆動におけるバラスト抵抗の損失が大きいためである。プラズマを交流駆動することで，キャパシタをバラストとして使用可能となり，プラズマ駆動回路におけるエネルギー損失の大幅な低減が可能である[15]。

6.4　まとめ

水中気泡内プラズマを用いた，低濃度有機排水，高濃度有機排水，および有機フッ素化合物排水の分解について紹介した。

プラズマを用いて酢酸などの難分解性有機物を分解する場合，有機物が処理液中に一様に分布しているのに対し，OH ラジカルはプラズマ－液体界面の極近傍にしか存在しない。そのため，OH ラジカルは有機物と効率的に反応できず，大部分が過酸化水素の生成反応または過酸化水素などとの反応により失われてしまうのが問題であった。この解決策として，別途生成したオゾンを処理液中に供給し，過酸化水素から OH ラジカルを再生する，プラズマ／オゾン併用処理の有効性を示した。一方，界面活性を有するため，気液界面に吸着して高濃度に存在する PFOS を初めとする有機フッ素化合物に対しては，プラズマ－液体界面の反応場を利用した高効率処理が可能であることを示した。

文　献

1) P. J. Bruggeman *et al.*, *Plasma Sources Sci. Technol.*, **25**, 053002 (2016)
2) D. T. Bostick, H. Luo, B. Hindmarsh, *Oak Ridge National Laboratory Technical Memorandum*, ORNL/TM-2001/78 (2002)
3) K. Sato, K. Yasuoka, *IEEE Trans. Plasma Sci.*, **36**(4), 1144-1145 (2008)
4) 石井陽子，安藤瑞基，竹内希，池田圭，安岡康一，電学論 A，**132**(6)，428-434 (2012)
5) W. Tian, M. J. Kushner, *J. Phys. D: Appl. Phys.*, **47**, 165201 (2014)
6) Y. Matsui, N. Takeuchi, K. Sasaki, R. Hayashi, K. Yasuoka, *Plasma Sources Sci. Technol.*, **20**, 034015 (2011)
7) D. Shiraki, N. Ishibashi, N. Takeuchi, *IEEE Trans. Plasma Sci.*, **44**(12), 3158-3163 (2016)
8) N. Takeuchi, M. Ando, K. Yasuoka, *Jpn. J. Appl. Phys.*, **54**, 116201 (2015)
9) 佐藤圭輔，安岡康一，石井彰三，電学論 A，**128**(6)，401-406 (2008)
10) 石黒崇裕，安岡康一，電学論 A，**135**(3)，175-181 (2015)
11) N. Takeuchi, H. Mizoguchi, *Chem. Eng. J.*, **313**, 309-316 (2017)
12) 佐伯亮，立花孝介，神谷佑，溝口秀彰，竹内希，安岡康一，静電気学会誌，**40**(2)，90-95 (2016)
13) H. F. Schröder, R. J. W. Meesters, *J. Chromatogr. A*, **1082**, 110-119 (2005)
14) K. Yasuoka, K. Sasaki, R. Hayashi, *Plasma Sources Sci. Technol.*, **20**, 034009 (2011)
15) 大保勇人，竹内希，安岡康一，電学論 A，**135**(5)，310-317 (2015)
16) H. Obo, N. Takeuchi, K. Yasuoka, *Int. J. Plasma Environ. Sci. Tech.*, **9**(1), 62-68 (2015)
17) 大保勇人，東京工業大学博士論文 (2015)
18) N. Takeuchi, R. Oishi, Y. Kitagawa, K. Yasuoka, *IEEE Trans. Plasma Sci.*, **39** (12), 3358-3363 (2011)
19) N. Takeuchi, Y. Kitagawa, A. Kosugi, K. Tachibana, H. Obo, K. Yasuoka, *J. Phys. D: Appl. Phys.*, **47**, 045203 (2014)

7　気液混相放電によるOHラジカル生成水処理システム

村田隆昭*

7.1　はじめに

放電応用のひとつに水処理への適用がある。もっとも古い例は，オゾン消毒で，その適用は塩素処理より早く，1906年フランス・ニースにおいてであった。その後，1930年には北九州・八幡の山神浄水場に国内初のオゾンが導入された。オゾン導入の第2のブームは公害対策として1973年に用いられ，1990年ごろから都市圏を中心にオゾンと生物活性炭を用いる高度浄水処理が普及してきた[1)]。現在ではオゾンはおいしい水をつくるために都市の浄水場で必須の技術となっている。さらにオゾンの次世代技術として注目されているのはOHラジカルを用いた技術である。一般にOHラジカルは，オゾン＋過酸化水素，オゾン＋UV，オゾン＋放射線などの複合反応により生成できる。これらは促進酸化プロセス（AOP；Advanced Oxidation Process）と呼ばれており[1)]，オゾン・ベースの技術を基本としている。オゾン・ベースの利点はオゾンで分解できる物質はオゾンで処理し，オゾン処理できなかった物質はOHラジカルで処理するという2段階の処理が可能である点である。しかしながら，オゾン・ベースである限り，その処理効率はオゾンを超えることはできない。近年，プラズマによる直接処理によって水処理を行う研究が盛んに行われるようになってきた[2~6)]。本稿では，オゾンからOHを発生するのではなく，放電プラズマにより直接OHラジカルを発生するOHラジカル生成処理システムについて述べる[7)]。

オゾン処理とOHラジカル生成水処理の違いを図1に示す。オゾン処理では空気あるいは酸素ガスから放電プラズマによりオゾン・ガスを生成する。オゾン・ガスは配管を通って水槽に導かれ散気管により水中に気泡として曝気される。気泡では内部の気中から水中にオゾンが移動し，水中の有機物と反応して処理が進む。それに対してOHラジカル生成水処理は水槽の近くに放電プラズマを発生させて直接OHラジカルを発生させて水処理を行う。

7.2　反応過程

酸素と水を含む気相で放電することで，プラズマ中ではO(3P)，O(1D)，H，OH，HO_2，O_3，H_2O_2などのラジカル，分子を生成する。ここでO(3P)は基底状態の酸素原子，O(1D)は励起状態の酸素原子を表す。これらのラジカルを難分解性有機物を含む水と反応させることで処理を行う。気相で発生したラジカルを液相の水と効率よく反応させるには，

① ラジカルの寿命を延ばす

② ガス流などでラジカルの水境界への移動を助長する

③ 安定な分子を経由して水中でラジカルを生成する

---

* Takaaki Murata　㈱東芝　電力・社会システム技術開発センター
水・環境ソリューション技術開発担当　技術主査

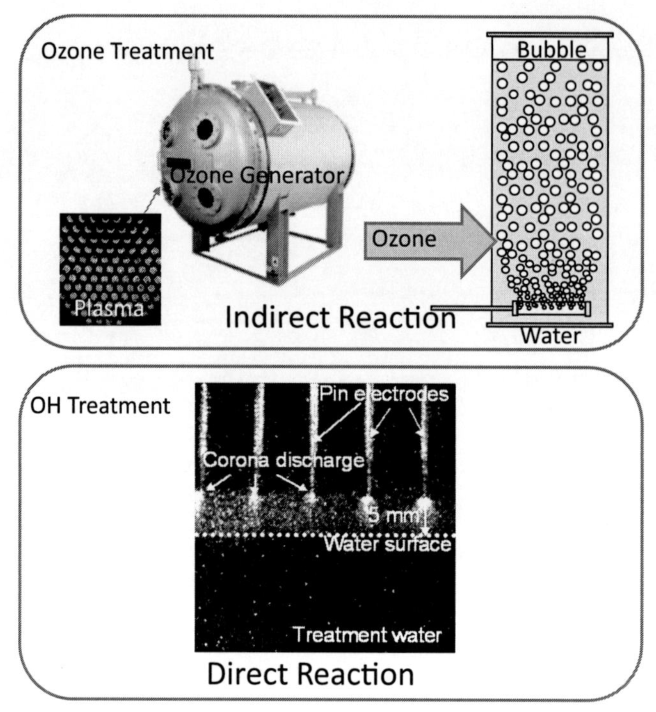

図1　オゾン処理と OH ラジカル処理

などの方法を考える必要がある。

酸素と水を含む気相のラジカル類の生成，消滅反応を表1にまとめて示した。表中の基本的な速度定数は文献8)に示された値を用いている。また，T はガスの絶対温度を表す。表1の反応は複雑なため，OH ラジカルの生成，消滅に係わる主反応のみを抜き出して以下に述べる。OH ラジカルの直接生成反応は，以下の5本の反応である。

直接生成反応

$$e + O_2 \rightarrow e + O(3P) + O(3P) \qquad \text{(R1a)}$$

$$e + O_2 \rightarrow e + O(1D) + O(3P) \qquad \text{(R1b)}$$

$$e + H_2O \rightarrow e + H + OH \qquad \text{(R9)}$$

$$O(3P) + H_2O \rightarrow OH + OH \qquad \text{(R21)}$$

$$O(1D) + H_2O \rightarrow OH + OH \qquad \text{(R25)}$$

(R1a)，(R1b)，(R9)式の電子衝突による反応は換算電界 E/N の関数としてボルツマン方程式解法で求めることができる。これら3本の反応速度定数は BOLSIG＋コード[9]を用いて計算した。計算結果を図2に示す。ここで換算電界 E/N は電界 E と中性分子密度 N の比をとったもの

表１　酸素と水を含む気層のラジカルの生成，消滅反応[8)]

Reaction Formula	Rate Constant, 2 Body Reaction cm^3/s, 3 Body Reaction cm^6/s
$e+O_2 \rightarrow e+O(3P)+O(3P)$	k1a (Boltzmann Eq.)
$e+O_2 \rightarrow e+O(1D)+O(3P)$	k1b (Boltzmann Eq.)
$O(3P)+O_2+O_2 \rightarrow O_3+O_2$	k2a = 6.401E-35 * Exp(663.0 / T)
$O(3P)+O_2+O_3 \rightarrow O_3+O_3$	k2b = 1.45E-34 * Exp(663.0 / T)
$O(3P)+O_3 \rightarrow O_2+O_2$	k3 = 1.9E-11 * Exp(-2300.0 / T)
$e+O_3 \rightarrow e+O(1D)+O_2$	k4 = 15 * (k1a+k1b)
$O(1D)+O_2 \rightarrow O(3P)+O_2$	k5 = (2.56E-11+7.0E-12) * Exp(67.0 / T)
$O(1D)+O_3 \rightarrow O(3P)+O_3$	k6 = 2.41E-10
$O(1D)+O_3 \rightarrow O_2+O_2$	k7 = 2.38E-7 * Exp(-2300.0 / T)
$O(1D)+O_3 \rightarrow O(3P)+O(3P)+O_2$	k8 = 2.38E-7 * Exp(-2300.0 / T)
$e+H_2O \rightarrow e+H+OH$	k9 (Boltzmann Eq.)
$e+H_2 \rightarrow e+H+H$	k10 = 2.0E-9
$H+HO_2 \rightarrow H_2+O_2$	k11 = 6.7E-12
$H+HO_2 \rightarrow OH+OH$	k12 = 6.4E-11
$H+HO_2 \rightarrow H_2O+O$	k13 = 3.0E-12
$H+O_2 \rightarrow O(3P)+OH$	k14 = 2.8E-7 * T ^ -0.8 * Exp(-8750.0 / T)
$H+O_2+O_2 \rightarrow HO_2+O_2$	k15 = 5.9E-32 * (300.0 / T)
$H+O_3 \rightarrow OH+O_2$	k16 = 1.4E-10 * Exp(-480.0 / T)
$H+O_3 \rightarrow HO_2+O$	k17 = 1.1E-11 * Exp(-480.0 / T)
$O(3P)+H_2 \rightarrow OH+H$	k18 = 9.0E-10
$O(3P)+OH \rightarrow O_2+H$	k19 = 2.3E-11 * Exp(110.0 / T)
$O(3P)+HO_2 \rightarrow OH+O_2$	k20 = 2.9E-11 * Exp(200.0 / T)
$O(3P)+H_2O \rightarrow OH+OH$	k21 = 1.0E-11 * Exp(-550.0 / T)
$O(3P)+H_2O_2 \rightarrow OH+HO_2$	k22 = 1.4E-12 * Exp(-2000.0 / T)
$O(1D)+H_2 \rightarrow OH+H$	k23 = 1.0E-10
$O(1D)+H_2 \rightarrow O(3P)+H_2$	k24 = 5.4E-12
$O(1D)+H_2O \rightarrow OH+OH$	k25 = 2.2E-10
$O(1D)+H_2O \rightarrow H_2+O_2$	k26 = 2.3E-12
$O(1D)+H_2O \rightarrow O(3P)+H_2O$	k27 = 1.2E-11
$OH+H_2 \rightarrow H_2O+H$	k28 = 7.7E-12 * Exp(-2100.0 / T)
$OH+OH \rightarrow H_2O+O$	k29 = 1.8E-12
$OH+OH+O_2 \rightarrow H_2O_2+O_2$	k30 = 6.9E-31 * (300.0 / T) ^ 0.8
$OH+HO_2 \rightarrow H_2O+O_2$	k31 = 2.4E-8 / T
$OH+H_2O_2 \rightarrow H_2O+HO_2$	k32 = 2.9E-12 * Exp(-160.0 / T)
$OH+O_3 \rightarrow HO_2+O_2$	k33 = 1.9E-12 * Exp(-1000.0 / T)
$HO_2+HO_2 \rightarrow H_2O_2+O_2$	k34 = 2.2E-13 * Exp(600.0 / T)
$HO_2+O_3 \rightarrow OH+O_2+O_2$	k35 = 1.4E-14 * Exp(-600.0 / T)
$H_2O_2+O_2 \rightarrow HO_2+HO_2$	k36 = 9.0E-11 * Exp(-20000.0 / T)
$H_2O_2+H \rightarrow H_2+HO_2$	k37 = 8.0E-11 * Exp(-4000.0 / T)
$H_2O_2+H \rightarrow H_2O+OH$	k38 = 4.0E-11 * Exp(-2000.0 / T)
$H+H+O_2 \rightarrow H_2+O_2$	k39 = 1.5E-28 * T ^ -1.3
$H+OH+O_2 \rightarrow H_2O+O_2$	k40 = 4.3E-31 * (300.0 / T) ^ 0.8

で単位は1 Td（タウンゼント）= 1×10^{-17} Vcm^2で定義される。一般的なバリア放電などでは100～150 Tdの値であり，今回用いたピン電極と水面の放電ではピン電極近傍の電界は不平等電界によって高まると考えられる。ただ放電が点弧し電子密度が増えると電界が落ちることからそ

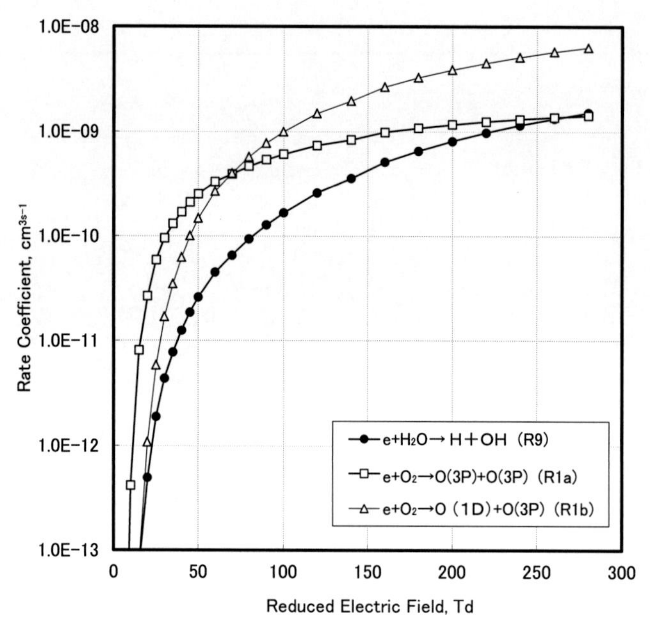

図2　ラジカルの生成に関する速度定数の計算結果（BOLSIG＋コードによる）

の換算電界はバリア放電と同等と考えた。速度定数から見ると，これら直接反応のうち，(R25)式の OH の生成よりも(R21)式の反応によって生成する OH の方が数は多くなる。

また，OH ラジカルの間接生成反応は O_3 と H_2O_2との反応で生成するもので，

間接生成反応

$$O(3P) + O_2 + O_2 \rightarrow O_3 + O_2 \qquad (R2a)$$

$$O(3P) + O_2 + O_3 \rightarrow O_3 + O_3 \qquad (R2b)$$

$$OH + OH + O_2 \rightarrow H_2O_2 + O_2 \qquad (R30)$$

OH の消滅反応は(R30)式が主となる。(R30)式は OH，OH の反応で H_2O_2 を生成して消滅するものであるため，プラズマ中で生成する OH 密度を減らせば，OH の寿命が延びることになる。また，放電をパルス状にすることで，拡散で空間の OH 密度が減っていけば，やはり OH の寿命が延びることになる。

間接生成反応は気相で生成した O_3と H_2O_2が水中で OH を生成する[10)]。水中での主な反応は2通りある。

$$H^+ + O_3^- \rightarrow HO_3 \qquad (R16w)$$

$$HO_3 \rightarrow OH + O_2 \qquad (R5w)$$

によりOHが発生する反応と

$$H_2O_2 \rightarrow HO_2^- + H^+ \quad \text{(R20w)}$$

$$O_3 + HO_2^- \rightarrow OH + O_2^- + O_2 \quad \text{(R21w)}$$

によるものである。反応過程はオゾン，OHラジカル密度ともに実験結果にもっとも合致する水野モデル[10]を表2に示した。この反応はO_3，H_2O_2ともに安定な物質であるために，諸条件に鈍感に安定して反応が進む利点があるが，OHの生成効率は直接生成よりも低くなるものと考えられる。

さらに有機物Rとの反応は，水中で生じ，以下の反応によって有機物濃度が減っていく。

有機物の処理反応

$$OH + R \rightarrow CO_2 + H_2O + H_2O_2 \quad \text{(R22w)}$$

$$O_3 + R \rightarrow CO_2 + H_2O + H_2O_2 \quad \text{(R23w)}$$

難分解物質でOHラジカルのみの反応で分解するものは(R22w)の反応のみが生じるが，オゾンでも分解するものは(R23w)の反応が平行して進む。これらの反応が進むことによって気相で生成したOHラジカルが直接，間接反応によって有機物と反応し，さらにオゾン分解も生じることで最終的にCO_2，H_2O，H_2O_2まで分解していく。

表2　水野モデル[10]による液中の反応

Reaction Formula	Rate Constant, l/mol/s
$OH^- + O_3 \rightarrow O_2^- + HO_2$	k1w = 70.0
$H_2O_2 + O_3 \rightarrow H_2O + 2{*}O_2$	k2w = 6.5E-3
$OH + O_3 \rightarrow HO_2 + O_2$	k3w = 9.0E5
$O_2^- + O_3 \rightarrow O_2 + O_3^-$	k4w = 1.6E9
$HO_3 \rightarrow OH + O_2$	k5w = 1.1E5
$OH + H_2O_2 \rightarrow H_2O + HO_2$	k6w = 2.7E7
$OH + HO_2^- \rightarrow H_2O + O_2^-$	k7w = 7.5E9
$OH + OH \rightarrow H_2O_2$	k8w = 5.0E9
$OH + O_2^- \rightarrow OH^- + O_2$	k9w = 1.0E10
$OH + HO_3 \rightarrow H_2O_2 + O_2$	k10w = 5.0E9
$HO_3 + HO_3 \rightarrow H_2O_2 + 2{*}O_2$	k11w = 5.0E9
$HO_3 + O_2^- \rightarrow OH^- + 2{*}O_2$	k12w = 1.0E10
$HO_2 \rightarrow H^+ + O_2^-$	k13w = 3.2E5
$H^+ + O_2^- \rightarrow HO_2$	k14w = 2.0E10
$HO_3 \rightarrow H^+ + O_3^-$	k15w = 3.3E2
$H^+ + O_3^- \rightarrow HO_3$	k16w = 5.2E10
$H_2O \rightarrow H^+ + OH^-$	k17w = 2.5E-3
$H^+ + OH^- \rightarrow H_2O$	k18w = 1.4E11
$H_2O_2 \rightarrow HO_2^- + H^+$	k19w = 30.0
$HO_2^- + H^+ \rightarrow H_2O_2$	k20w = 1.0E10
$O_3 + HO_2^- \rightarrow OH + O_2^- + O_2$	k21w = 600.0

7.3 モデル化

OHに代表されるラジカルの気相での生成過程は表1に示した反応についてレート方程式を連立して解くことで得ることができる。レート方程式は以下の式で表される。

$$\frac{dn_l}{dt} = \sum k_i n_l^{\alpha} n_m^{\beta} n_n^{\gamma} \tag{1}$$

ここでn_l, n_m, n_nはそれぞれl, m, n番目の粒子の数密度である。k_iはi番目の反応式の速度定数であり，α, β, γは反応次数によって0～3の値をとる。

図3(a)(b)に電子密度Neが1.0×10^{12} cm^{-3}の場合と1.0×10^{10} cm^{-3}の場合のラジカル類の時間変化を示した。前者はストリーマ放電，後者はコロナ放電を模擬している。ストリーマ放電の場合，放電チャンネル全体が放電する全路破壊し，十分な電流が流れるため，電子密度が高い。コロナ放電の場合，全路破壊に至らず，小電流で高圧電極近傍のみにプラズマが発生するため，電子密度は低く抑えられている。ガス条件は大気圧で$O_2/H_2O=98/2$の条件である。

図よりOHラジカルの寿命をOHラジカルが最大値から1桁下がる時間として見ると(a)のストリーマ放電の場合，寿命はおよそ100μsであるのが(b)のコロナ放電の場合にはおよそ10 msに伸びていることがわかる。このことは先に述べたようにOHの消滅反応が(R30)式に従うため，電子密度を抑え，OHの生成を抑制することで寿命が延びたものと考えられる。

OHラジカルは拡散とガス流によって水面に移動する。拡散方程式は

$$\frac{\partial C}{\partial t} = D\frac{\partial^2 C}{\partial x^2} \tag{2}$$

によって与えられる。ここでCはOHラジカル密度，Dは拡散係数，tは時間，xは水面からの距離である。OHラジカルのO_2中への拡散係数Dを大気圧，300 Kの条件でChapmanと

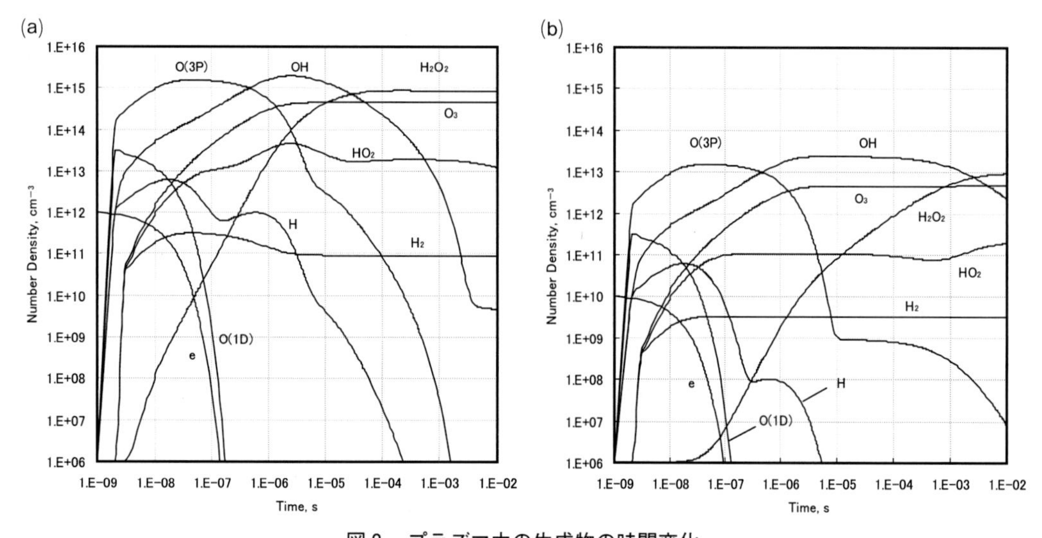

図3　プラズマ中の生成物の時間変化
(a)ストリーマ放電（$Ne=1.0\times10^{12}$ cm^{-3}），(b)コロナ放電（$Ne=1.0\times10^{10}$ cm^{-3}）

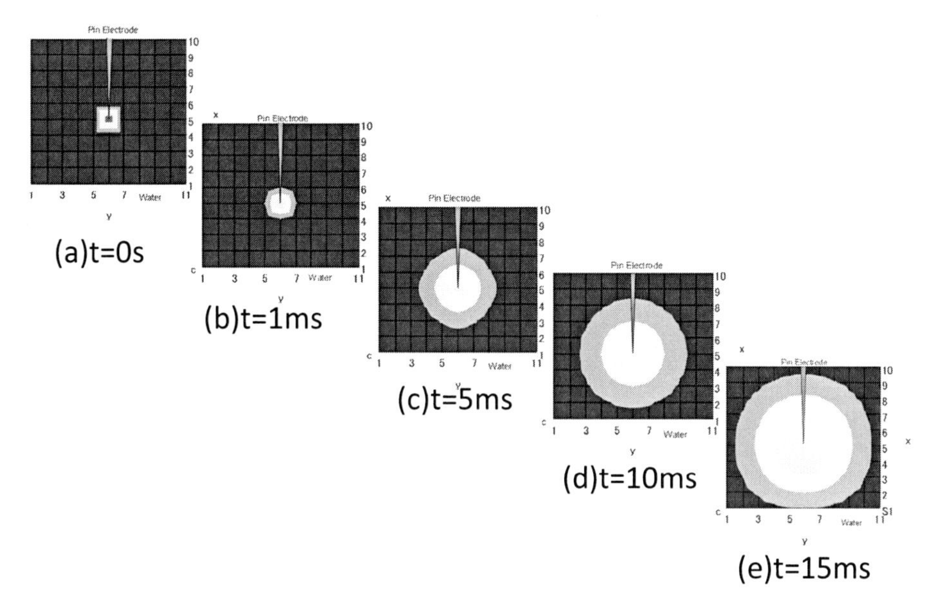

図4　OH ラジカルの拡散の計算結果

Enskog の理論[11]として知られる方法を用いて求めると $D=2.8\,\mathrm{cm}^2/\mathrm{s}$ である。そこで，コロナ放電で水面から5 mm の距離にピン電極を配置したとき，ピン電極から水面への拡散時間を求めた結果を図4に示す。図中の1目盛りは1 mm であり，計算は2次元で行った。ここで，水面における OH ラジカルの気相から液相への取り込み係数は，4.2×10^{-3} を仮定した[12]。図よりピン電極から等方向に OH ラジカルが拡散していく様子がわかる。また，OH ラジカルが水面に到達するのは，図より 10 ms 程度の時間であることがわかる。このことから OH ラジカルが寿命を迎えるまでに水面に到達する可能性があることがわかる。

さらにガス流をピン電極から水面に向かって流すことでコロナ放電により生成したラジカルを水面に移動させるなどの方法を採用できる。

7.4　実験装置

パルス・コロナ放電によって OH ラジカルを発生させて水処理を行う実験装置を図5に示す。装置はピン電極，処理水，接地側電極，パルス電源および攪拌のための攪拌機からなる。ピン電極内部にはガスを流すことができ，放電にガスを供給できる構造をとっている点が異なる。ガスの種類は乾燥空気，酸素，窒素のボンベ・ガス，およびそれらをライン中に設けた水タンク中に曝気させて飽和蒸気圧の水分を加えた多湿ガスを水処理チャンバーに供給し，ガス種による水処理効率の差を測定した。ただし，ボンベ・ガスを直接流した場合でも，反応チャンバー内には水が入っているため，チャンバー内蒸気とボンベ・ガスの混合気体に放電させることになり水分から生成する OH ラジカルは存在する。したがってボンベ・ガスでも OH ラジカルによる水処理は進むことになる。したがって水タンクを通すかどうかでは水分の大小が異なることになる。

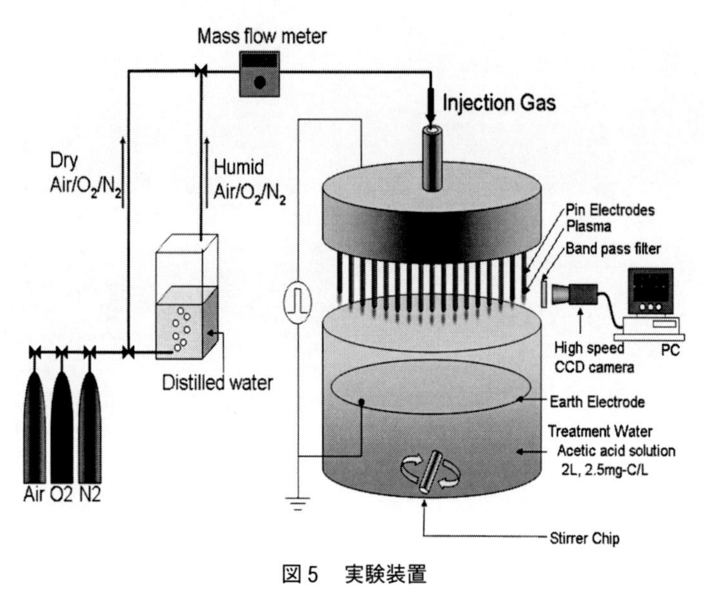

図5　実験装置

処理水の容量は2Lで，ダイオキシンや農薬のモデル物質としてTOC（Total Organic Carbon；全有機炭素）濃度2.5 mg/Lの酢酸水溶液（CH_3COOH）を用いた。これは酢酸質量濃度5 mg/Lに相当する。酢酸はオゾン，塩素などでは分解できず，OHラジカルでなければ分解ができない物質である。本実験において酢酸濃度はTOC計で測定している。

パルス電源で発生する高電圧はピン電極に印加される。ピン電極は中空円筒管1,000本からなる。ピン電極は先端が処理水面に対向して配置される。ピン電極の先端ではパルス・コロナ放電が発生し，放電内で発生するラジカルは拡散とガス流により処理水にインジェクションされる。ピン電極に印加された電圧はパルス電子社製高圧プローブ（EP-50K）により，電流はピアソン社製CT（110A）により測定した。今回用いたパルス電源は，電圧；−10 kV，繰返し数；100 ppsであり，サイラトロンでスイッチングを行っている。電力は電流と電圧波形の積をオシロスコープで計算して求めた。

7.5　実験結果および考察

図6に原料ガスに酸素ボンベから水タンクを通した多湿酸素を用いたときのパルス・コロナ放電の様子を高速CCDカメラ（Princeton Instruments，ST130）で撮影した写真を示す。(a)は高速CCDカメラで撮影できるすべての波長（200～650 nm）を撮影したもので，ピン電極の先端にコロナ放電が発生していることがわかる。(b)は高速CCDカメラレンズ前にバンドパスフィルタ（中心波長307.14 nm，半値全幅11.283 nm）を配置したときの写真である。OHラジカルは内部エネルギーが励起準位であるA2Σ準位からX2Π準位に遷移するとき，309 nm付近の発光を伴う。したがって(b)の写真はOHラジカル分布を反映している。(b)から放電内で発生するOHラジカルは，ガス空間に均一に分布し，処理水面に到達していることがわかる。

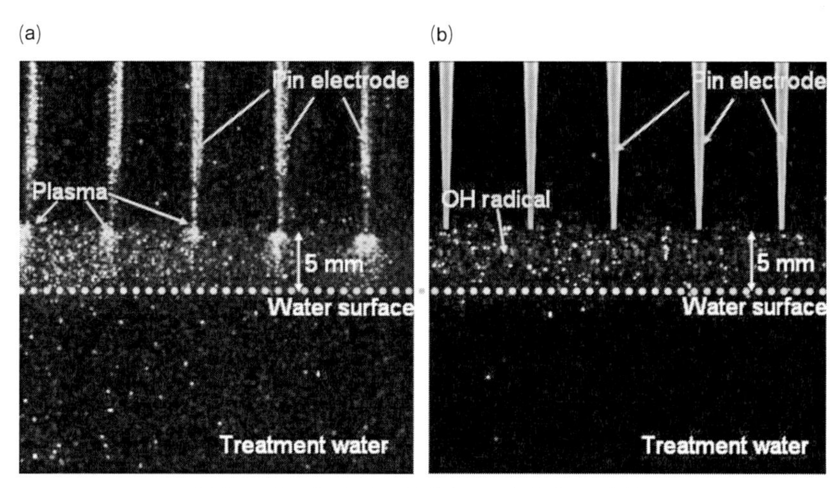

図6　プラズマとOHラジカルの高速カメラ画像
(a)プラズマの発光，(b)OHラジカルの発光309 nm

難分解性の有害有機物のモデル物質である酢酸をOHラジカル発生装置で処理した結果を図7に示す。この酢酸に対し，初期濃度2.5 mgC/Lで処理水量2Lとしてバッチ処理を行った。O_2ガスは中空円筒状のピン電極を通して放電部に流し続けている。処理水からのH_2O蒸発があるため，放電部におけるO_2とH_2Oの混合比は99：1程度と考えられる。図7から，放電の電力量として0.5 Wh程度で酢酸濃度が半減することがわかる。酢酸が半減したときの処理量⊿mgTOCを電力量Whで除することでこう配を求めることにより，除去効率（単位：g（TOC）/kWh）が得られる。O_2ガス条件では最大で5 g(TOC)/kWhであった。

ガス種を変えて同条件の酢酸水溶液を処理したときの処理効率を表3にまとめて示した。ガス条件は窒素（N_2），多湿窒素（N_2+H_2O），空気（Air），多湿空気（Air$+H_2O$），O_2，多湿酸素（O_2

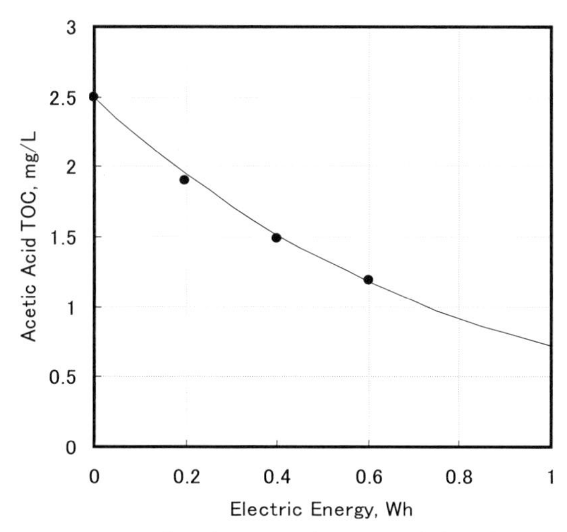

図7　O_2プラズマによる酢酸の分解実験の結果

表3　各種処理条件と除去効率

Treatment Type	Ozonation	AOP	Pulsed Corona Discharge					
Gas	O_3	$O_3+H_2O_2$	N_2	Air	O_2	N_2+H_2O	Air+H_2O	O_2+H_2O
Solvent	CH_3COOH	CH_3COOH	CH_3COOH	CH_3COOH	CH_3COOH	CH_3COOH	CH_3COOH	CH_3COOH
Initial Concentration (TOC), mg/L	11	11	2.5	2.5	2.5	2.5	2.5	2.5
Power Supply Type	AC	AC	Pulse	Pulse	Pulse	Pulse	Pulse	Pulse
Frequency, Hz	1000	1000	100	100	100	100	100	100
Electric Power, W	30	30	0.34	0.36	0.34	0.47	0.35	0.31
Water Volume, L	1	1	2.2	2.2	2.2	2.2	2.2	2.2
Oxygen Concentration, %	21	21	0.01	21	100	0.01	21	97
H_2O Concentration, %	0	0	<1	<1	<1	3	3	3
Treatment Time, min	15	15	30	30	30	30	30	30
Removal Efficiency, g(TOC)/kWh	0	2	1.6	2.3	5	5.5	7.1	12.5

$+H_2O$）を用い，O_2 濃度および H_2O 量がパラメータとなっている。

比較のために，従来技術であるオゾン処理（OH ラジカル発生は極めて少ない），および OH ラジカル発生を伴うオゾン＋過酸化水素（$O_3+H_2O_2$）法も併記している。それぞれの O_2，H_2O 濃度も表3にあわせて示している。

O_2 および H_2O のもっとも少ない N_2 ガス条件では，除去効率は 1.6 gC/kWh であった。O_2 を含まないため，酸素原子を介した OH 発生反応である(R21)(R25)は期待できず，H_2O の電子による直接解離である(R9)による反応が主である場合の効率と考えられる。Air ガス条件ではこれに空気中の 21% O_2 が含まれるため，(R21)，(R25)反応が加わるため，OH 生成効率が向上し，除去効率は 2.3 g(TOC)/kWh であった。O_2 ガス条件では酸素濃度がさらに高くなり，除去効率は 5 g(TOC)/kWh に上がる。

水タンクを通して多湿ガスとした場合は，H_2O 濃度が上がるため OH の生成効率はさらに上がる。N_2+H_2O ガスでは 5.5 g(TOC)/kWh，Air＋H_2O ガスでは 7.1 g(TOC)/kWh，O_2+H_2O ガスでは 12.5 g(TOC)/kWh と酸素濃度の上昇とともに除去効率は上昇していることがわかる。したがって，酸素濃度の高いほど，また水分の多いほど除去効率は高いことがわかる。

また，従来技術との比較のため，オゾン処理，オゾン＋過酸化水素についても実験を行い比較した。オゾン処理では酢酸はまったく分解しなかった。これは OH の生成が水中のオゾンの自己分解過程による分しか寄与しないため，その反応が極めて小さかったことを示している。また，オゾン＋過酸化水素（$O_3+H_2O_2$）法で酢酸の分解実験を行ったところ，除去効率は 2 g(TOC)/kWh 程度であった。オゾン＋過酸化水素法では水中でオゾンと過酸化水素の反応で OH が生成するものであるが，酢酸の分解に寄与する OH ラジカルが自己分解でオゾンを消費していく反応より少ないものと推察される。

先に述べたモデル計算結果から OH ラジカル生成から水面への移動，水中有機物との反応除去が予想された結果が，実験によって裏付けられた。

7.6　結論

放電プラズマにより直接OHラジカルを発生するOHラジカル発生器の開発に取り組み，パルス・コロナ放電を用いて高効率にOHラジカルを発生する技術についてシミュレーションと実験の両方から得られた新たな知見について述べた。OHラジカルの生成はプラズマによる直接生成とO_3とH_2O_2を経由して水中で再度OHが生成する過程が存在する。OHラジカルの消滅過程はOH同士の衝突によるため，密度の薄いプラズマを生成すれば，OHの寿命を延ばす効果がある。そこでパルス・コロナ放電によって密度の薄いプラズマを生成することで，OHラジカルの直接生成が大きな効果を表すことがわかった。プラズマによって生成したOHラジカルは拡散とガス流によって運ばれて水面に到達し，有機物の処理が可能となる。ダイオキシンや農薬などの難分解物質のモデル物質として酢酸の分解を試み，高い除去効率が得られることがわかった。

文　　献

1) 宋宮功，オゾンハンドブック，日本オゾン協会オゾンハンドブック編集委員会（2004）
2) J. S. Clements, M. Sato, R. H. Davis, *IEEE Trans. Ind. Appl.,* **23**, 224（1987）
3) M. Kurahashi, S. Katsura, A. Mizuno, *J. Electrostatics,* **42**, 93（1997）
4) S. Ihara, T. Miichi, S. Satoh, C. Yamabe, E. Sakai, *Jpn. J. Appl. Phys.,* **38**, 4601（1999）
5) 田中正明，池田彰，谷村泰宏，太田幸治，吉安一，電気学会論文誌A，**125**(12)，1017（2005）
6) W. F. L. M. Hoeben, E. M. can Veldhuizen, W. R. Rutgeres, G. M. W. Kroesen, *J. Phys. D: Appl. Phys.*, **32**, L133（1999）
7) T. Iijima, Y. Okita, R. Makise, T. Murata, Proceeding of the 17th World Congress & Exhibition of International Ozone Association. Strasbourg, France, IX.2.7-1 – 11, 2005-08
8) K. Ikebe, K. Nakanishi, S. Arai, *T. IEE Japan,* **109-A**(11), 474（1989）
池部幸一郎，中西邦夫，荒井聰明，電気学会論文誌A，**109**(11)，474（1989）
9) https://www.bolsig.laplace.univ-tlse.fr/ を参照のこと
10) 水野忠雄，ソウセイ，ジョケツ，津野洋，第24回日本オゾン協会年次研究講演会講演集，67（2015）
11) R. C リードほか，気体，液体の物性推算ハンドブック第3版，マグロウヒル出版
12) A. Takami, S. Kato,A. Shimono, S. Koda, *Chem. Phys.,* **231**，215(1998)

8　オゾンの生成技術とオゾン注入法による排ガス処理

山本　柱*

8.1　はじめに

オゾンはその強力な酸化力・脱色力・消臭力を利用して，民生用から産業用までさまざまな規模において利用されている。例えば，身近なオゾンが利用された技術として，空気清浄器や脱臭器，殺菌装置などがある。また，産業用途では，上水道の殺菌，下水処理装置の脱臭や脱色，有機物分解や難分解性物質の分解，排ガスの脱臭・悪臭除去などにも用いられている[1)]。昨今の環境問題への関心の高まりから，環境浄化技術へオゾンの利用が進められている。本稿では，このオゾンの生成技術を説明するとともに，オゾンの環境浄化への応用例として，オゾン注入法による排ガス処理について解説する。

8.2　オゾンの生成技術

8.2.1　オゾンの性質

オゾンは酸素原子3つからなる物質で，自然界ではフッ素に次ぐ強い酸化力を持つ極めて不安定な物質である。また，オゾンは常温で徐々に分解して酸素になる。表1[2~4)]に酸素とオゾンの物性と一般的性質を示す。

表1　酸素とオゾンの物性値と一般的性質

項　　　　目		物性値と性質		文献
名称		酸素	オゾン	
化学式		O_2	O_3	2)
分子量		31.999	47.998	2)
融点	[K]	54.4	80.5	2)
沸点	[K]	90.2	161.3	2)
気体密度（273 K）	[g/L]	1.4290	2.144	3)
臨界温度	[K]	154.6	261.0	2)
臨界圧	[MPa]	5.04	5.57	2)
標準生成熱	[kJ/mol]	0.0	142.8	2)
標準生成自由エネルギー	[kJ/mol]	0.0	162.9	2)
標準エントロピー	[kJ/mol/K]	205.03	238.8	2)
溶解度（mL/100 mL，水）	[mL]	4.8	49.4	4)
色	気体	無色	微青色	4)
	液体	淡青色	黒青色	4)
	固体	淡青色	暗紫色	4)
臭い		無臭	特異な臭気	4)

＊　Hashira Yamamoto　日本山村硝子㈱　環境室　係長；大阪府立大学　客員研究員

オゾンに関わる代表的な反応は，原料となる酸素に対してエネルギーを与えることにより，以下の反応が起こる[5~7]。

$$O_2 + e \rightarrow 2O + e \quad (1)$$

$$O + O_2 + M \rightarrow O_3 + M \quad (2)$$

$$e + O_3 \rightarrow O_2 + O + e \quad (3)$$

$$O + O_3 \rightarrow 2O_2 \quad (4)$$

第一段階の反応は電子の衝突による酸素分子の解離反応（反応式(1)）である。酸素分子の解離反応に続いて，解離した O，O_2 の三体反応によって，O_3 が生成する（反応式(2)）。M は第三の衝突対象であり，酸素ガス中の O，O_2，O_3 などである。一方，生成したオゾンは電子や O との反応により分解する（反応式(3)，(4)）。このオゾンの分解は，水中の溶存オゾンでは pH や温度の上昇に伴って急速に自己分解し[8]，気相中では熱によっても起こる[9]。

8.2.2　オゾン生成技術

オゾンの生成方法としては，①紫外線（UV）による方式，②水電解による方式，③コロナ放電による方法，④沿面放電方式，⑤無声放電方式などがある。

①　紫外線による方式

紫外光が空気に照射されることによって，酸素分子を解離してオゾンが発生する。自然界では地上 10～50 km 付近にオゾンが存在し，オゾン層と呼ばれている。工業的には，低圧水銀ランプやエキシマランプなどを光源に用いてオゾンを発生させる。近年では 10～200 nm の短い波長領域の真空紫外光ランプを搭載した空間殺菌・脱臭用光オゾナイザーも開発されている[10]。

②　水電解による方式

水中でパルス高電圧を印加すると，コロナ放電が発生する。この水中放電により水分子が解離して，オゾンなどの活性種が発生する[11]。このオゾンは水に溶存して，酸化力の高いオゾン水が生成される。水中の溶存オゾンは急速に自己分解し，酸化力の強いヒドロキシルラジカル（HO˙）を生成する[8]。ただし，水の絶縁破壊電圧が高いことから大容量化には課題がある。

③　コロナ放電

針や線状の放電電極と平板や円筒状の集塵電極とを向い合せて直流高電圧を加えると，放電電極の先端付近が高電界となって，気体の局所的にプラズマが発生する放電形態をコロナ放電と呼ぶ。コロナ放電によって，高電圧電極からストリーマ状の放電路が形成されるものをストリーマ放電と呼ぶ。これら放電は空間的一様性が乏しく，オゾンの生成はみられるが，その効率が低いためにオゾナイザには適しない[12,13]。

④　沿面放電方式

沿面放電とは，金属の電極を誘電体に密着させ，その誘電体表面に沿って放電が進展する方式

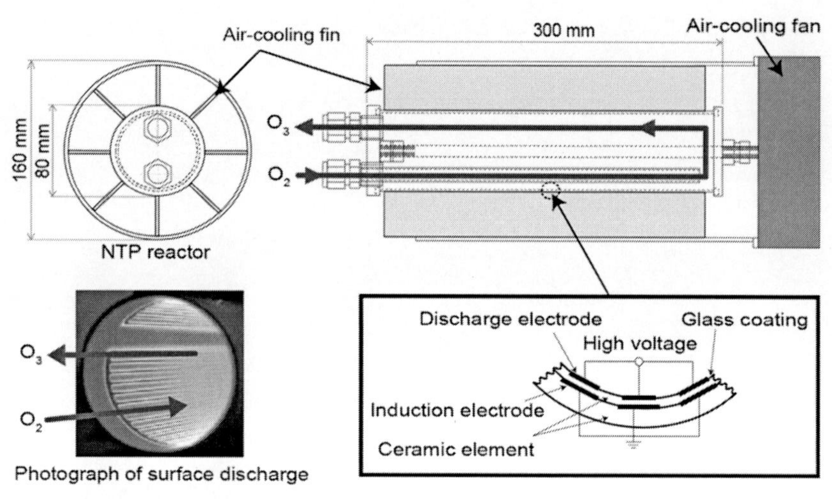

図1　沿面放電プラズマオゾナイザの模式図，放電部の構造，沿面放電の発生状況の写真

である。電極付近の放電は高密度で高エネルギーな状態にあるため，ここに酸素を流すとオゾンを発生させることができる。近年では沿面放電方式によるオゾナイザも注目されている[14]。セラミックス製の誘電体を用いた沿面放電方式オゾナイザの放電部（HCII-70/2，増田研究所製）の概略を図1に示す。この放電部を実装したオゾナイザを用いた例では，交流高圧電圧（10 kV，10 kHz），酸素原料，空冷，電力（3.6 kW）の条件で 276 g/h のオゾンが得られている[15]。

⑤　無声放電方式

オゾンを工業的規模で大容量に発生させるには，オゾン生成効率の良い無声放電方式が多くのオゾナイザで採用されている。無声放電方式は，相対する電極表面の片方もしくは両方が誘電体で覆われており，この二つの電極間に交流高電圧を印加すると無声放電が生じる。一般に火花放電に比べて放電音が小さいために無声放電と呼ばれる。この放電を空気，または酸素ガス中で起こすとオゾンが発生する。無声放電方式のオゾナイザでは，オゾン生成時に発生する熱で放電部の温度が上がると発生したオゾンが分解することから，冷却によるオゾン分解反応の抑制が行われている[7]。冷却方式としては，放電電極を水冷する方式が一般的である。

8.2.3　オゾン発生装置

オゾン発生装置は大きく分けて原料ガス供給部とオゾン発生部から構成される。図2にオゾン発生装置の機器構成を示す。オゾンガスの原料は，原料ガス供給部で原料空気や酸素（PSA（Pressure swing adsorption），液体酸素）を製造する。原料を空気とする場合は，空気供給設備の空気冷却装置と除湿装置で乾燥空気を得る。また，原料を酸素とする場合は，PSA もしくは液体酸素を用途によって使い分ける。PSA は空気中の酸素を濃縮して，90％以上の酸素を得る。また，液体酸素は貯蔵搭から必要量発生させ，気化装置で酸素ガスとする。これら原料ガスは，オゾンの発生に適した電圧と周波数に調整されたオゾン発生器の放電によってオゾンガスを発生させる。オゾン発生器で生じる熱は，冷却装置で冷却される。放電電力に対するオゾン生成効率

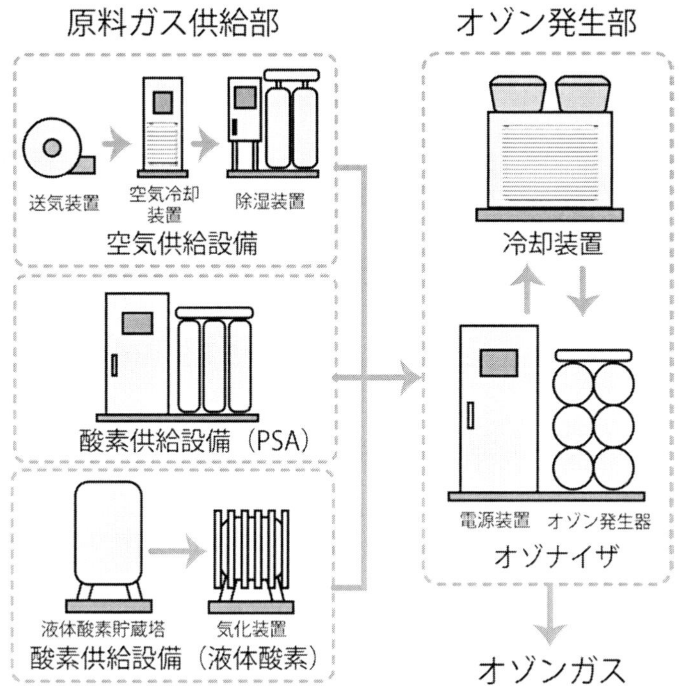

図２　オゾン発生装置の機器構成

は酸素を原料とすると５～10 kWh/kg O_3，空気の場合では11～15 kWh/kg O_3 程度となる[16,17]。オゾンのエンタルピーは$\Delta H_o = 142.7$ kJ/molであり[18]，理論的に必要なオゾン生成エネルギーはオゾン１kgあたり0.826 kWとなる。オゾンの生成工程では多くの熱が発生するため，オゾン発生装置は冷却が重要となる。大容量オゾン発生装置では，熱を速やかに交換できる水冷方式が一般的に用いられる。

一方，発生したオゾンは，強力な酸化力を持つことから，反応に使用した後に未反応分が存在する場合は未反応オゾンを処理する必要がある。例えば，廃オゾンの処理法は活性炭法，触媒法，燃焼法，薬液洗浄法がある[13]。

8.2.4　オゾンの応用分野

オゾンはその強力な酸化力・脱色力・消臭力を利用して，民生用から産業用まで大小さまざまな用途で利用されている。例えば，小規模なものであれば，空気清浄器，医療関係の殺菌装置，浄水器および脱臭器などから，また，産業用の中大型オゾナイザでは，上水道の殺菌，下水処理装置の脱臭・脱色，有機物分解や難分解性物質の分解，排ガスの脱臭・悪臭除去などに用いられている[1]。

8.3　オゾン注入法による排ガス処理

昨今の環境問題への関心の高まりから，オゾンの環境浄化への利用技術が注目されている。放電技術を応用した新しい排ガス処理として，燃焼排ガスに含まれる窒素酸化物（$NO_x = NO + NO_2$）処理に関する研究開発が行われている[15,19~27]。その中でも，オゾンと他の反応とを組み合わせたプラズマ・ケミカル複合処理技術が研究されている[15,22~27]。これは，オゾンを単独で用いるのではなく，オゾンの酸化処理と還元性溶液による処理とを併用して排ガス処理を行うもので，触媒法の問題点を回避し，排ガス処理に要するエネルギーを格段に低減できる新しい処理技術である。この技術は産業用ボイラ，ディーゼルエンジン，溶解炉などの燃焼排ガスを対象にした排ガス処理システムになりうることが期待されている。本項では，ボイラ排ガスとガラス溶解炉排ガスについて，オゾンを用いた NO_x 処理実験を紹介する。

8.3.1 プラズマ・ケミカル複合処理技術

プラズマ・ケミカル複合処理技術とは，排ガスの燃焼によって生じる NO の酸化にオゾンを用い，酸化反応で生じた NO_2 を還元剤水溶液で処理し，NO_x を除去する方法である。この技術はオゾンの酸化反応で生じた NO_2 を窒素（N_2）にまで処理することが可能である。

産業用のボイラや溶解炉の燃焼排ガスはそのガス量が多く，燃焼排ガスを直接処理するには大型のオゾナイザが必要となる。オゾナイザで発生させたオゾンは燃焼排ガスに直接注入し，NO を酸化する。そして，酸化された NO_2 を含む排ガスに還元剤水溶液との反応で NO_2 を除去し，排ガスを浄化する。

プラズマ・ケミカル複合処理技術による NO_x 浄化の基本反応は以下になる。

オゾンによる NO の酸化反応

$$NO + O_3 \rightarrow NO_2 + O_2 \tag{5}$$

還元剤水溶液による NO_2 の還元反応

$$2NO_2 + 4Na_2SO_3 \rightarrow N_2 + 4Na_2SO_4 \tag{6}$$

8.3.2 ボイラ排ガス処理の例

図3にプラズマ・ケミカル複合排ガス処理プラントの概略図を示す[22]。システムはボイラ部（高尾鉄工所製，炉筒煙管式ボイラ，燃料：都市ガス/重油/廃油，蒸気発生量 2.0 ton/h），オゾン注入部と湿式排ガス処理部（湿式スクラバ）から構成される。ボイラで発生した排ガスは NO_x を含み，その約9割は NO である。この排ガスはエコノマイザ（熱交換器）で排ガスの熱回収が行われ，排ガス温度は150℃以下まで低下する。その後，排ガスは煙道を通って，湿式スクラバに導入される。

一方，オゾンは表2に示す PSA 内蔵のオゾナイザ（荏原実業製，EW-90Z）で発生させ，ボイラと湿式スクラバ間の煙道（オゾン注入部）に注入する。煙道を流れる排ガスの NO は，オゾンの注入により水溶性の NO_2 に酸化される（反応式(5)）。オゾナイザのオゾン生成エネルギー効率は最大 29.0 g/kWh である[23]。

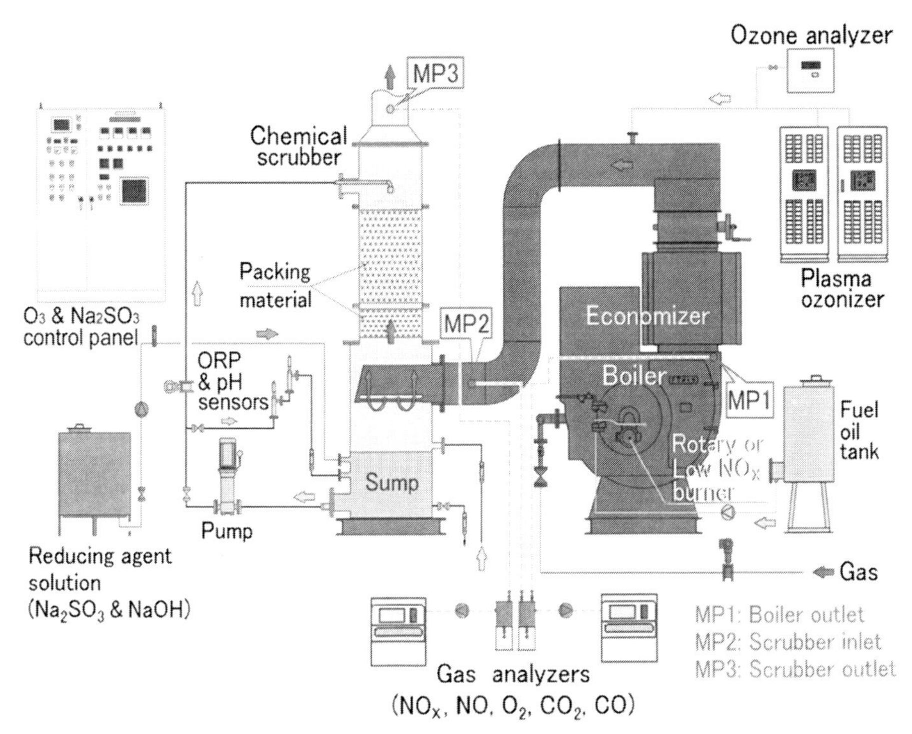

図3　ボイラ排ガス処理のプラズマ・ケミカル複合排ガス処理プラントの模式図

湿式スクラバには充填材が挿入されており，排ガスと循環液は向流方向で気液接触反応する。循環液は，還元剤である Na_2SO_3 水溶液が用いられる。この湿式スクラバ内で，排ガス中の NO_2 と水溶液中の SO_3^{2-} とを気液接触反応させて，NO_2 を N_2 に還元処理する（反応式(6)）。この反応に用いる Na_2SO_3 は，無害な Na_2SO_4 水溶液としてスクラバから排水される。この還元剤による反応を効率よく行うためには循環液の酸化還元電位（ORP）と pH の制御が必要である。ORP はマイナス側で還元反応雰囲気となるため，pH とともに設定値への制御を行う。プラントでは水溶液の Na_2SO_3 濃度が 15.8 g/L になるように調整し，pH は 7.8，ORP は −30 mV 付近になるように調整されている。

図4は，都市ガスとA重油燃焼における，オゾン注入後の NO の減少量とダクト内に注入後

表2　オゾナイザの仕様

型式	EW-90Z
酸素発生部	PSA（O_2 濃度 90%以上）
オゾン発生部	空冷円筒型無声放電
オゾン発生量	0～90 g/h
オゾン濃度	0～100 g/m^{3}N = 0～4.7%
オゾンガス流量	0.9 m^{3}N/h
電力	1.6 kW（PSA），1.5 kW（オゾン発生部）
寸法	740 mm W×925 mm D×1840 mm H

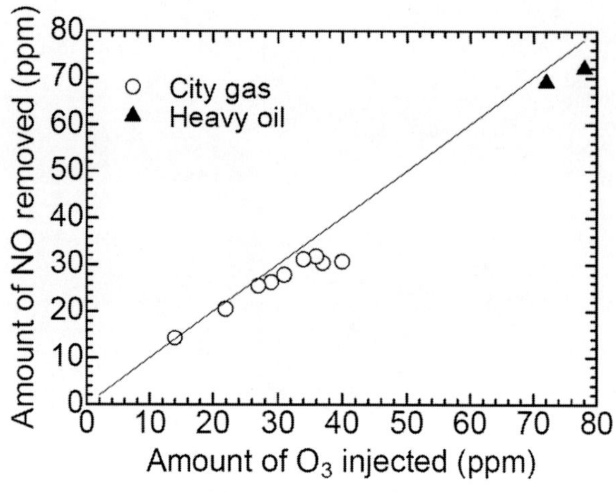

図4　NO 酸化量と注入後オゾン濃度の関係

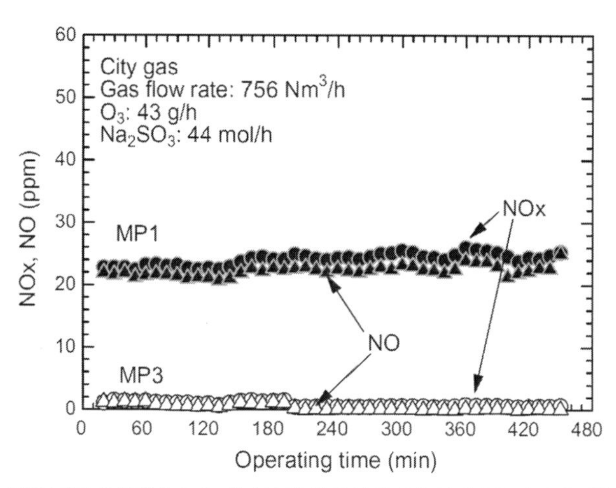

図5　都市ガスを燃料としたボイラ排ガス条件における NO と NO_x 濃度推移

のオゾン濃度との関係を示している[23]。反応式(5)のように，オゾンと NO は 1：1 で反応する。この結果においてもオゾンと NO がほぼ理論的な反応を示し，湿式スクラバ前で NO はオゾンによって水溶性の NO_2 に酸化された。また，これは燃焼の種類や排ガス流量に依存しないことも示されている。

都市ガス燃焼（排ガス量：756 m^3N/h）における NO，NO_x 濃度について，ボイラ出口（MP1）とスクラバ出口（MP3）の測定結果を図 5 に示す[22]。処理前のボイラ出口における NO 濃度は 21～23 ppm，NO_x 濃度は 22～26 ppm である。この排ガスをプラズマ・ケミカル複合処理によって，オゾン注入部でオゾンを 43 g/h 注入し，湿式スクラバ部で循環液量 3.0 m^3/h，Na_2SO_3 注入量 44 mol/h で処理した。その結果，NO は 98%，NO_x においては 96%と，それぞれ高い除去率であった。

8.3.3　ガラス溶解炉排ガス処理の例

ガラスの製造工程では，原料を燃料の燃焼によって溶融するために多くのエネルギーを消費するとともに，環境負荷物質（窒素酸化物，硫黄酸化物（SO_x），ばい塵）を伴った高温の排ガスが発生する。これら環境負荷物資の抑制方法として，SO_x やばい塵に対する処理技術は広く普及しているが，NO_x については課題が多く，確立した脱硝技術がない。このため，低空気比燃焼などによって，NO_x の排出を抑えている。

図６(a)に日本山村硝子播磨工場のガラス溶解炉の湿式排ガス処理設備を示す。また，図６(b)には，湿式排ガス処理設備の反応塔に導入したプラズマ・ケミカル複合技術による NO_x と SO_x 処理装置の模式図を示す。溶解炉の排ガスは高温で燃焼することから NO_x のほとんどは NO である。これを反応塔入口に設けたオゾン－水－圧縮空気の三流体噴霧ノズルで排ガスを冷却するとともに，NO をオゾナイザで発生したオゾンで NO_2 に酸化する。オゾンが熱分解しやすい特性を持つことから，高温排ガスであるガラス溶解炉では排ガスを冷却水で局所的に冷却し，そこにオゾンを注入することでオゾンの熱分解を抑制した酸化反応を行っている。

排ガスに共存する SO_x は，ガラス原料や燃料の重油から発生する水溶性の高い酸性ガスである。SO_x は反応塔内で，水酸化ナトリウム（NaOH）水溶液によって脱硫され，還元性の Na_2SO_3（水溶液内では SO_3^{2-} イオンで存在する。）が生成する（反応式(7)）。生成した Na_2SO_3 は NaOH とともに反応塔の処理液として循環する。Na_2SO_3 は酸化された NO_2 と反応塔内で反応し，N_2 と Na_2SO_4 となる（反応式(6)）。これら一連の反応により，排ガスは脱硫脱硝される。

水酸化ナトリウム水溶液による脱硫反応

$$SO_2 + 2NaOH \rightarrow Na_2SO_3 + H_2O \quad (7)$$

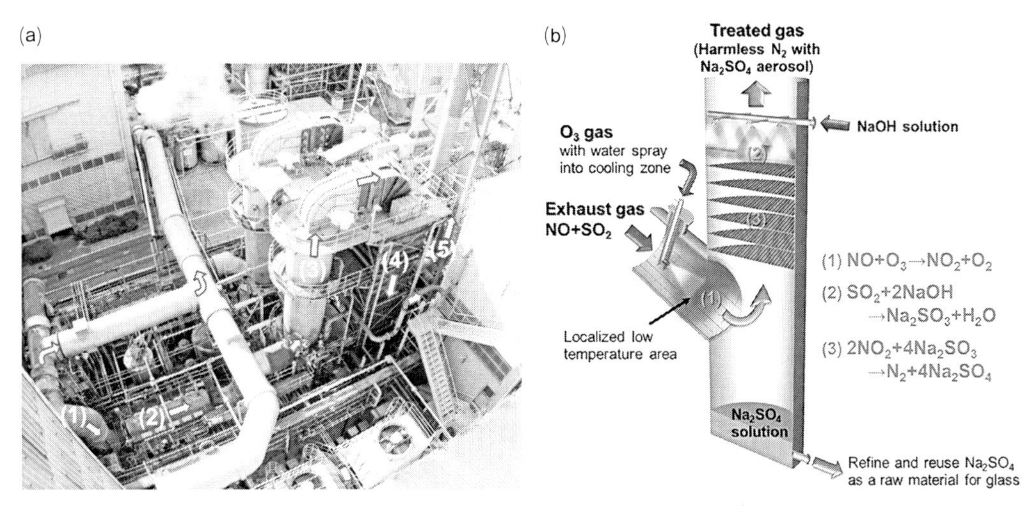

図６　(a)ガラス溶解炉の湿式排ガス処理設備（日本山村硝子播磨工場１号炉）：(1)ガラス溶解炉，(2)廃熱ボイラ，(3)湿式反応塔（プラズマ・ケミカル複合処理装置），(4)湿式電気集塵機，(5)煙突，(b)ガラス溶解炉の湿式排ガス処理におけるプラズマ・ケミカル複合技術による NO_x/SO_x 処理装置（反応塔）の模式図

廃水に含まれるNa_2SO_4は反応塔から定期的に排出され，晶析工程を経てガラス原料として再利用される。ガラス溶解炉での反応は一般的な湿式脱硫装置での脱硫反応を利用して，そこに脱硝反応を付加できることが特徴である。

このガラス溶解炉向けのプラズマ・ケミカル複合技術の基盤研究は，実際のガラス溶解炉の排ガス処理設備を模擬した小規模実験機で実験室実験が行われている[24~26]。さらに実験室実験で得られた結果を実証するためのパイロットスケール実験を，実際のガラス溶解炉の湿式排ガス処理設備[27]と乾式排ガス処理設備[15]とを用いて，それぞれ実際の3分の1の排ガス量で実証実験を行っている。

図7に，ガス温度ごとのオゾンによるNOの酸化試験について，実験室実験と湿式排ガス処理設備での結果を示す。NOとオゾンは理論的には1：1で反応するが，温度の上昇に伴ってそれらの反応率は低下する。実験室実験において，室温では90%以上のNO酸化効率であるのに対して，300℃以上では12%と低下する結果が得られている。一方，実証試験では排ガスのオゾンの注入点温度が156℃では86%のNO酸化効率を得られたのに対して，238℃では38%に大きく低下していた。効果的なNOの酸化反応を得るには冷却水でオゾンの反応点の温度を150℃以下にする必要であることが示された。

図8は湿式排ガス処理におけるプラズマ・ケミカル複合技術によるNOとNO_xの除去効率を示している[27]。排ガスのNOに対して注入したオゾンのモル比（O_3/NO）が0.37の条件（T1-2）では，NO酸化率とNO_x除去率はそれぞれ29%，25%であった。これはオゾンによるNOの酸化効率に換算すると78%に相当する。NO_x除去のエネルギー効率は最大58 g(NO_2)/kWh必要である。O_3/NOを増やすことで，除去率の向上が見込まれることが示唆されている。また，この時のSO_2の除去率は99%以上であり，ガラス溶解炉排ガスに対して，プラズマ・ケミカル複合技術による脱硫脱硝が可能であることが実証されている。

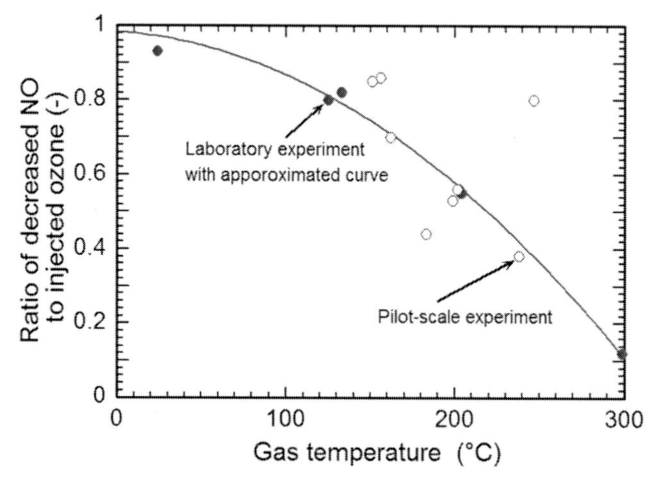

図7　オゾン注入点温度と注入オゾンに対するNO除去のモル比の関係

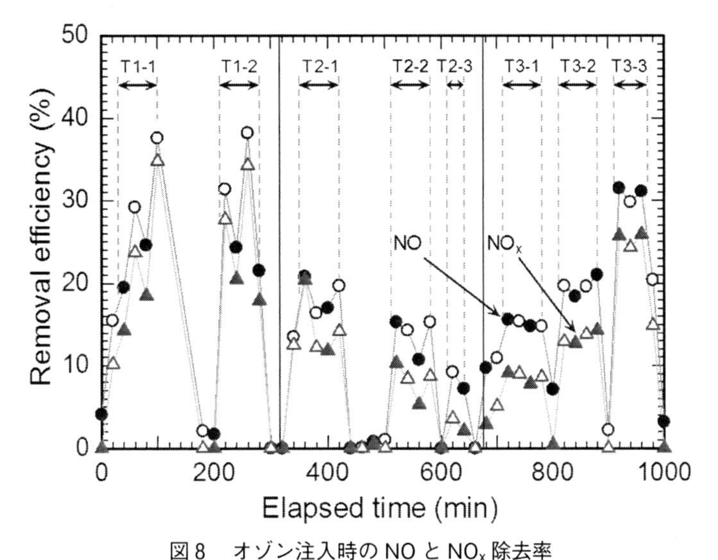

図8　オゾン注入時のNOとNO_x除去率
（T1-1からT3-3の間はオゾン注入条件，オゾン注入量：1.26〜1.59 kg/h）

また，ガラス溶解炉の乾式排ガス処理設備での実験では，オゾンによるNOの酸化を150℃以下の局所的な酸化反応領域で行い，排ガスNOに対する注入オゾンは75%の効率でNOを酸化できている。ただし，脱硫で生じたSO_3^{2-}水溶液はNO_2を還元するよりも早く乾燥してしまったことで低い反応率になったが，バグフィルタを用いた$NaHCO_3$薬剤によるNO_2中和処理と組み合わせることで，NO_xを45%除去する結果が得られている[15]。エネルギー効率は37 g(NO_2)/kWhであった。

8.4　おわりに

オゾン生成技術について，オゾンを発生させる放電方式とオゾン発生装置の機器構成を例を挙げて解説した。オゾンの利用用途は，殺菌，脱色，難分解性物質の分解，排ガスの脱臭・悪臭除去など，さまざまな分野で利用されている。その中から，近年研究開発が進められているオゾン注入法による大気環境浄化技術として，プラズマ・ケミカル複合理技術を挙げ，その適用例としてボイラ排ガス処理とガラス溶解炉排ガス処理を説明した。

プラズマ・ケミカル複合技術による排ガス処理は，ボイラ排ガスのような排ガス温度が150℃以下では実用化レベルにある。一方，排ガス温度が高温のガラス溶解炉においては，オゾン注入によるNOの酸化反応点の温度を150℃にすることによって，75%以上の酸化効率が得られている。さらに，還元反応や中和反応と複合処理することによってNO_xを除去するとともに，SO_xも除去可能であることが示されている。

文　献

1) 静電気学会編，静電気ハンドブック，オーム社（2006）
2) 化学工学会，改訂六版　化学工学便覧，丸善（1999）
3) 日本化学会，化学便覧　応用化学編Ⅰ，丸善（1986）
4) 化学大辞典編集委員会，化学大辞典，共立出版（1963）
5) J. C. Devins, *Journal of The Electrochemical Society*, **103**(8), 460-466 (1956)
6) 井関昇，静電気学会誌，**7**(3)，142-149（1983）
7) 石岡久道ほか，電気学会論文誌A，**122**(4)，378-383（2002）
8) 山田春美，日本防菌防黴学会誌，**41**(10)，559-565（2013）
9) 田口正樹，電気学会論文誌A，**134**(11)，585-590（2014）
10) ウシオ電機㈱，https://www.ushio.co.jp/jp/
11) 和田啓太ほか，静電気学会誌，**38**(1)，9-15（2014）
12) 公害防止の技術と法規編集委員会編，五訂・公害防止の技術と法規［大気編］，産業環境管理協会（1998）
13) 日本オゾン協会，オゾンハンドブック，サンユー書房（2009）
14) ㈱増田研究所，https://masuda-research.co.jp/
15) H. Yamamoto *et al.*, *IEEE Trans. Ind. Appl.*, **53**(2), 1416-1423 (2017)
16) 住友精密工業㈱，オゾナイザSAGシリーズ製品カタログ（2014）
17) オゾン・OHラジカルによる水処理技術と応用展開の実際，技術情報センター（2016）
18) Allen J. Bard *et al.*, Standard Potentials in Aqueous Solution, p. 50, CRC Press (1985)
19) T. Yamamoto *et al.*, *IEEE Trans. Ind. Appl.*, **36**(3), 923-927 (2000)
20) M. B. Chang, *J. Air Waste Manage Assoc.*, **54**, 941-949 (2004)
21) 大久保雅章ほか，プラズマ・核融合学会誌，**89**(3)，152-157（2013）
22) H. Fujishima *et al.*, *Applied Energy*, **111**, 394-400 (2013)
23) 黒木智之ほか，電気学会論文誌A，**130**(10)，885-891（2010）
24) 黒木智之ほか，静電気学会誌，**38**(1)，52-58（2014）
25) Y. Yamamoto *et al.*, *Ozone: Science & Engineering*, **38**(3), 211-218 (2016)
26) 山本柱ほか，日本機械学会論文集，**82**(843)，Paper No. 16-00255 (2016)
27) H. Yamamoto *et al.*, *Mechanical Engineering Journal*, **3**(1), Paper No. 15-00549 (2016)

9　温室効果ガス（N_2O，PFCs）の分解処理

黒木智之*

9.1　大気圧低温プラズマを利用した N_2O 分解処理

亜酸化窒素（N_2O）の利用用途の1つとして病院の麻酔ガスがある。この麻酔ガスはほとんどの場合，未処理のまま大気中に排出されている。しかしながら，N_2O は温室効果ガスであるだけでなくオゾン層破壊物質でもあり，かつ排出される N_2O の濃度は%オーダーと比較的高濃度であることから，少量であっても処理することが望ましい。これまで，触媒酸化処理装置[1]や大気圧熱プラズマを利用した処理方法[2]が開発されている。しかし，装置コスト，設置スペース，窒素酸化物（NO_x）の発生などの問題があり，広く普及していないのが現状である。本稿では装置コストおよび設置スペースで優位性のある大気圧非熱プラズマ発生装置と NO_x 吸着剤を組み合わせた麻酔ガス処理技術の開発を目的として高濃度 N_2O の分解実験を行った結果を解説する。

N_2O 分解実験の装置概略図を図1に示す。N_2O ボンベ（N_2O：99.5%以上），空気ボンベ（N_2：21%，O_2：79%），O_2 ボンベ（O_2：99.999%）のガスをマスフローコントローラ（日立金属製 SFC280E）により流量を調節し，N_2O/air，N_2O/O_2 の各混合ガスを調製した。調製されたガスをプラズマリアクタに導入し，N_2O の分解を行った。本研究では沿面放電素子（増田研究所製 OC-002）を上段に6本，下段に6本，合計12本を直列に配置したプラズマリアクタ（図2）を用いた。ガスはまずリアクタの下段の流路に導入され処理された後に上段の流路で処理される。リアクタの作動には高電圧電源（増田研究所製　HC-RK）を用いた。処理後のガスを光路長50 mm のガスセルが取り付けられたフーリエー変換赤外分光光度計（FTIR）（Biorad 社

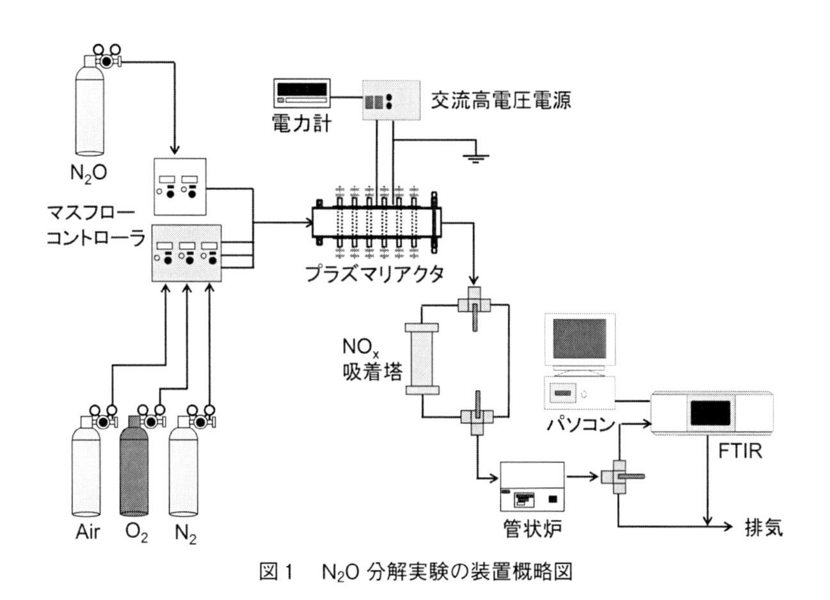

図1　N_2O 分解実験の装置概略図

*　Tomoyuki Kuroki　大阪府立大学　大学院工学研究科　機械系専攻　准教授

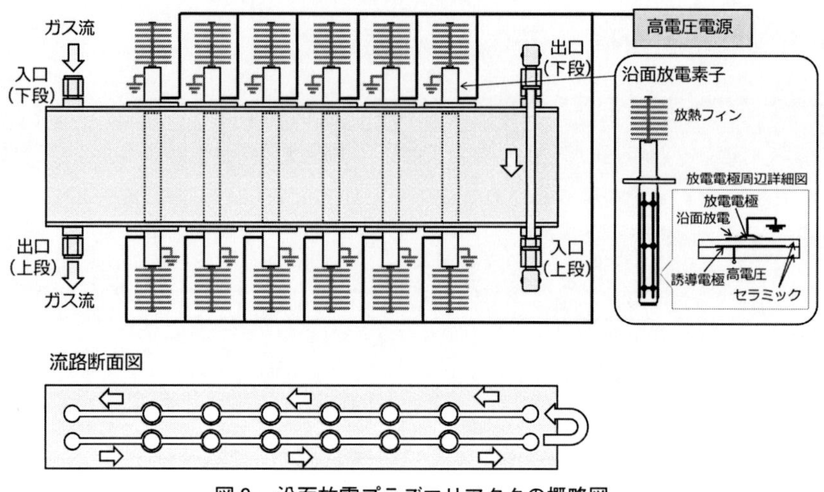

図2　沿面放電プラズマリアクタの概略図

FTS3000）に導入し，N_2O，一酸化窒素（NO），二酸化窒素（NO_2）濃度の分析を行った。N_2O の分解率および分解エネルギー効率は以下の式で求められる。

$$N_2O\,分解率(\%) = \left(1-\frac{分解後の\,N_2O\,濃度}{分解前の\,N_2O\,濃度}\right)\times 100 \tag{1}$$

$$分解エネルギー効率(g/kWh) = \frac{1\,時間あたりの\,N_2O\,分解量}{入力電力} \tag{2}$$

図3に入力電力に対する N_2O 分解率を示す。N_2O 流量は 0.1 L/min，空気流量は 1.0 L/min に設定している。図より，N_2O 分解率は入力電力の増加とともに増加し，375 W のときに最大66%の分解率が得られた。

図4，5に 10 L/min の N_2O/air および 6 L/min の N_2O/O_2 を用いたときの初期 N_2O 濃度に対する N_2O 分解率および分解エネルギー効率を示す。N_2O/air および N_2O/O_2 の場合とも初期

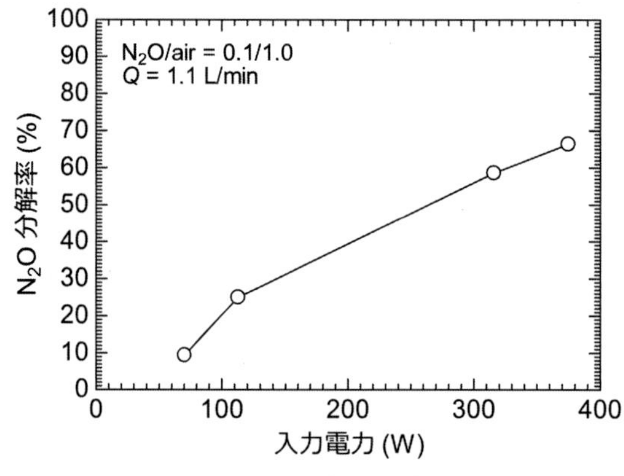

図3　入力電力に対する N_2O 分解率

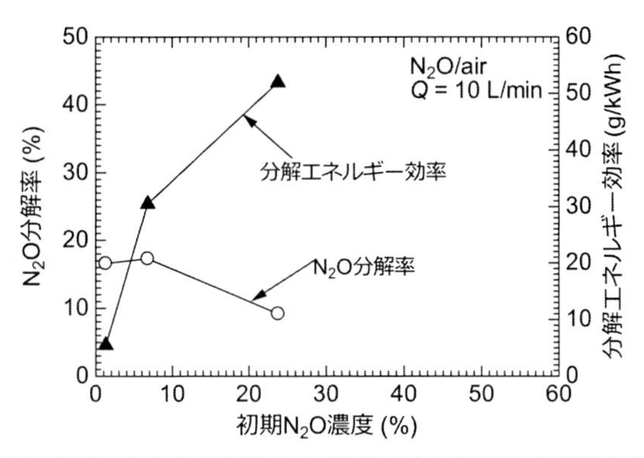

図4　10 L/min の N_2O/air を用いたときの初期 N_2O 濃度に対する N_2O 分解率および分解エネルギー効率

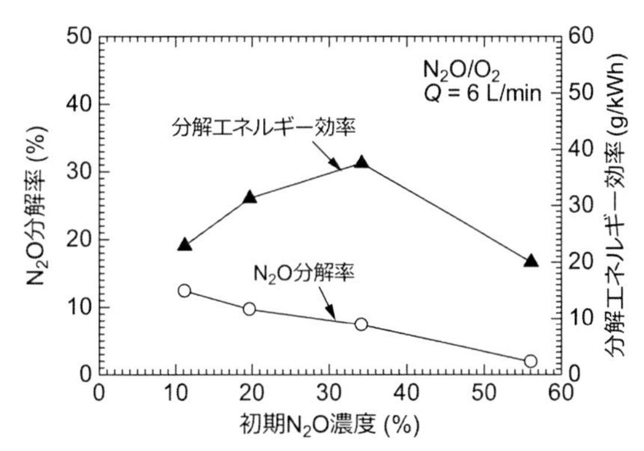

図5　6 L/min の N_2O/O_2 を用いたときの初期 N_2O 濃度に対する N_2O 分解率および分解エネルギー効率

N_2O 濃度の増加とともに分解率が低下していることがわかる。一方，分解エネルギー効率については，N_2O/air の場合には初期濃度の増加とともに増加し，初期濃度が 23.8％のときに 52 g/kWh を達成している。N_2O/O_2 の場合には初期濃度が 11.2％から 34.2％までは初期濃度の増加とともに分解エネルギー効率も増加し，最大で 38 g/kWh を達成しているが，34.2％を超えると逆に分解エネルギー効率は低下し，56.1％のときには 20 g/kWh まで低下している。これは初期 N_2O 濃度の増加により放電が起こりにくくなっているためであると考えられる。また，N_2O/air の場合のほうが N_2O/O_2 の場合に比べ流量が大きいにもかかわらず，初期 N_2O 濃度が 20％付近の分解率があまり変わらないことから N_2O/air のほうが分解量が多いことがわかる。大気圧非平衡プラズマを用いた数十 ppm の N_2O に対する分解実験[3)]では O_2 濃度の増加により分解率が低下することが報告されていることから，本研究においても O_2 濃度の影響があったものと思われる。

N_2O 分解時に NO_x 吸着剤を用いた場合と用いない場合の NO，NO_2，N_2O 濃度の測定結果を表1に示す。表より，NO，NO_2 ともに吸着剤によって 0.1％以下まで低減できていることがわかった。吸着された NO_x は N_2 プラズマを用いて N_2 と O_2 に分解することが可能である[4)]。以上

表1　プラズマと NO_x 吸着剤を併用したときの N_2O，NO，NO_2 濃度

	N_2O（%）	NO（%）	NO_2（%）
未処理	14.0	―	―
プラズマのみ	4.6	0.4	1.0
プラズマ＋NO_x 吸着剤	4.5	＜0.1	＜0.1

より大気圧非熱プラズマと NO_x 吸着剤を併用することにより，NO_x 排出を抑制しつつ高濃度 N_2O を分解処理できることを示した。

9.2　低気圧誘導結合型プラズマを利用した PFCs の分解処理[5)]

四フッ化メタン（CF_4），六フッ化エタン（C_2F_6）などのフッ素と炭素の化合物であるパーフルオロカーボン類（PFCs），三フッ化メタン（CHF_3）などのフッ素と炭素と水素の化合物であるハイドロフルオロカーボン類（HFCs）および六フッ化硫黄（SF_6）は，主に半導体生産工場において，半導体製造工程や装置内の洗浄ガスとして使用されている。PFCs などのフッ素化合物の除去方法としては，化学吸着法，触媒分解法，熱分解法などが一般的に行われている。しかしながら，これらは設置面積が大きい，運転コストが高い，分解効率が低い，有害ガスを排出するといった問題を抱えている[6)]。一方，プラズマ技術を利用したこれらのガス処理装置が研究されている[7〜14)]。プラズマ装置は他の処理装置に比べ，小型であるため容易に既存の設備に取り付けることが可能である。プラズマによるガス処理技術には大きく分けて2種類ある。1つは真空ポンプの上流に設置され低圧でプラズマを発生させる方法[7,8)]，もう1つは，真空ポンプの下流に設置され大気圧でプラズマを発生させる方法である[9〜14)]。大気圧でのプラズマプロセスには低温非熱プラズマを用いる方法と高温熱プラズマを用いる方法がある。PFCs は安定な物質であり，特に CF_4 は低温非熱プラズマでは高効率に分解することは困難である[9)]。また，熱プラズマを用いる場合でも真空ポンプのパージガスとして用いられる窒素によって数10倍から100倍程度に希釈されたガスを処理するため，処理効率が悪く，さらには分解時に有害物質である NO_x が発生するという問題がある。一方，低圧プロセスでは装置が真空ポンプの上流にあるため窒素に希釈されることなく，効率的に排ガスを処理することができるという利点がある。本稿では半導体ウエハのエッチングや装置のクリーニングに用いられている低気圧誘導結合型プラズマを利用した CF_4 分解実験の結果について解説する。

半導体製造装置からの排ガス処理用誘導結合型プラズマリアクタの詳細を図6に示す。誘導結合型プラズマとは絶縁性の放電管の外部に巻かれたコイルに数 MHz の RF 電流を流し，方位各方向に起こる誘導起電力によりガスの絶縁を破壊することにより発生させるものである。本研究で使用したリアクタは，図6に示されているように長さ 300 mm，外径 42 mm，内径 31 mm のアルミナ（Al_2O_3）管とその周りに幅 133 mm にわたってコイル状に巻きつけてある外径が 5 mm の2本の銅管で構成されているもので実処理装置として使用が可能である。ガスは矢印方向

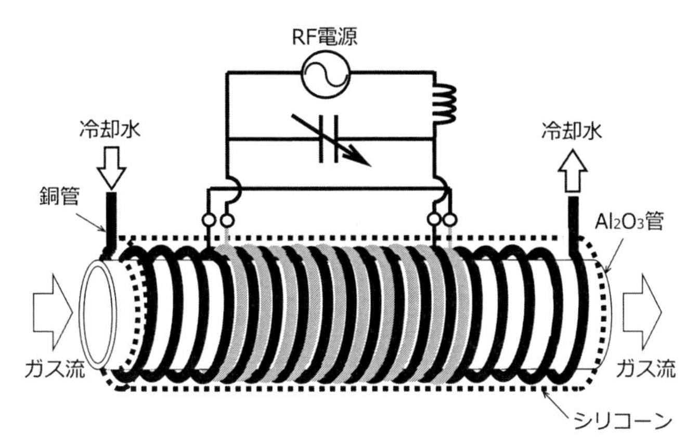

図6　半導体製造装置からの排ガス処理用誘導結合型プラズマリアクタ

に流入，排出される。アルミナ管を冷却するため，銅管には冷却水が流れており，全体を一様に冷却するために，リアクタ全体は固体シリコーンで覆われている。コイルには，高周波電源（パール工業　RP-2000-2M，周波数2 MHz，最大電力2 kW）により，高周波電流を流した。

実験装置の概略を図7に示す。実験には半導体製造装置排ガスとして100% CF_4 ガスと，添加ガスとして O_2 ガスを用いた。流量はマスフローコントローラによって調整した。なお，実験での流量はすべて標準状態（20℃，1 atm）での流量で表している。リアクタ内での流量は標準状態のときに比べ大きく，20℃，40 Pa の場合にはおよそ2,500倍であり，リアクタ内での滞留時間は0.01秒である。リアクタおよび配管内はドライ真空ポンプ（荏原製作所　A30W）によって真空化した。配管内の圧力はデジタルピラニー真空計（ULVAC GP-1000H）によって測定し，圧力調整はバルブによって行った。CF_4 の濃度はドライ真空ポンプ内においてパージ用 N_2 ガスで希釈された後に，TCD（熱伝導検出器）によるガスクロマトグラフ（島津製作所　GC-8AI）を使用して測定した。反応生成物の分析にはFTIRを用いた。なお，実験の基本条件は CF_4 流

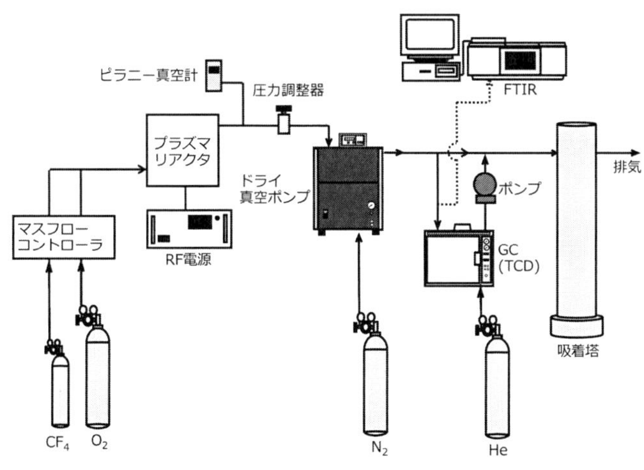

図7　半導体製造装置排ガス処理の実験装置概略

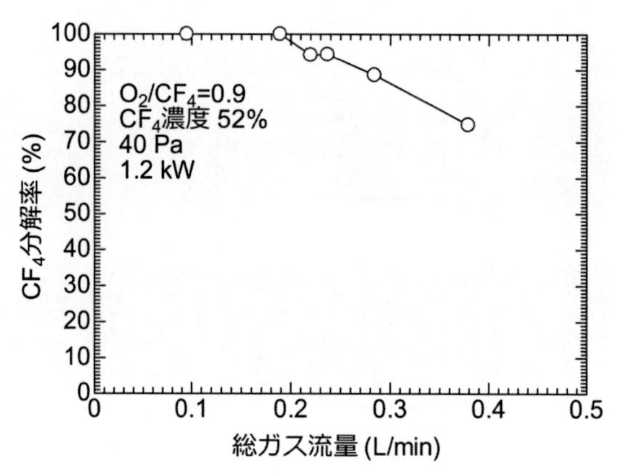

図 8　総ガス流量と CF_4 分解率の関係

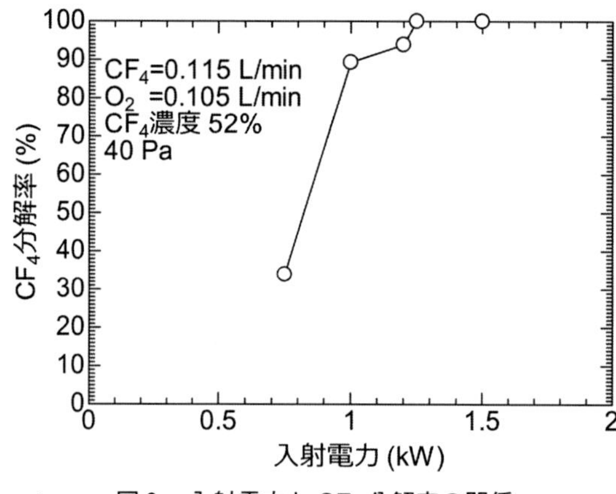

図 9　入射電力と CF_4 分解率の関係

量と O_2 流量をそれぞれ 0.115 L/min，0.105 L/min，圧力を 40 Pa，電力を 1.2 kW とした。

まず，流量による CF_4 分解率への影響を調べるため，CF_4/O_2 比を 0.9 に固定し，流量を増加させ，実験を行った。総流量と CF_4 分解率との関係の測定結果を図 8 に示す。なお，圧力は 40 Pa，電力は 1.2 kW とした。この図から，総流量が 0.189 L/min（CF_4：0.10 L/min）までは CF_4 を 100%分解できることがわかった。

入射電力による CF_4 分解率への影響を調べるため，圧力を 40 Pa，O_2 と CF_4 の流量をそれぞれ 0.105 L/min，0.115 L/min（CF_4/O_2＝0.9）に設定し，入射電力を変化させて実験を行った。図 9 に電力と CF_4 分解効率の関係の測定結果を示す。この結果，総流量が 0.220 L/min で，圧力が 40 Pa の条件で 100%の CF_4 分解効率を得るためには少なくとも，1.25 kW 以上の入射電力が必要であることがわかった。

O_2 添加量の CF_4 分解効率への影響を調べるため，圧力を 40 Pa，電力を 1.2 kW，CF_4 の流量を 0.115 L/min に設定し，O_2 添加量を変化させて実験を行った。図 10 に O_2/CF_4 比と CF_4 分解効率との関係を示す。この図から，O_2/CF_4 比が 1.45 を越えると CF_4 分解効率が低下している

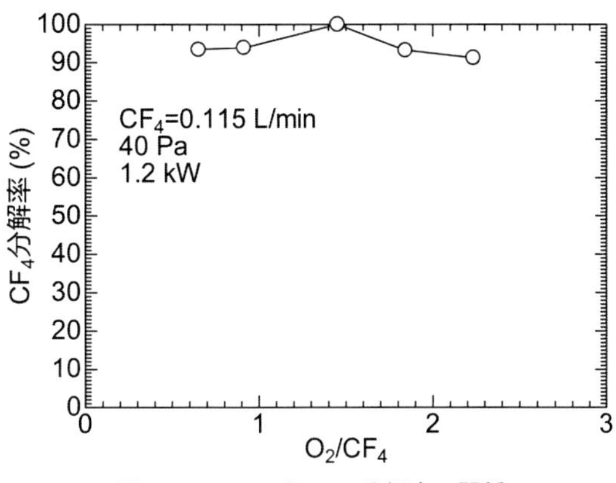

図10　O_2/CF_4 と CF_4 分解率の関係

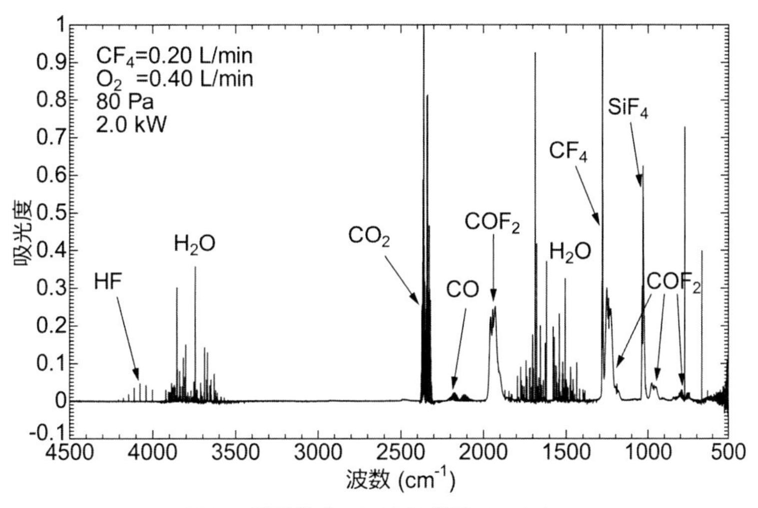

図11　処理後ガスの FTIR 透過スペクトル

のがわかる。これは図8の場合と同様に総流量が増加したために CF_4 分解率が減少しているものと思われる。しかしながら，O_2 の量が CF_4 より少ない場合には，CF_4 分解時に O_2 と反応しなかった炭素が析出して装置内に付着し，配管が誘導加熱で破損するなどの悪影響を及ぼすため，CF_4 の当量比の 1.0～1.45 倍の O_2 を添加するのがよいと思われる。

次に，FTIR を用いた反応生成物の分析を行った。プラズマ処理後の排ガス中に含まれる各成分の透過スペクトルの測定結果を図11に示す。CF_4 と O_2 の流量はそれぞれ 0.2，0.4 L/min とし，圧力は 80 Pa とした。プラズマ処理時の電力は 2.0 kW に設定し，このときの CF_4 分解効率は 96%であった。また，FTIR 分析のためサンプルは窒素によって 32.3 倍に希釈されている。図より，CF_4，CO_2，CO，COF_2，HF，SiF_4，H_2O のピークが見られた。HF はサンプリング時にわずかに空気中の水分が混入したため生成し，SiF_4 はアルミナ管に含まれる微量の SiO_2 がエッチングされて生成したものである。COF_2 と CO はともに有害物質であるがドライ真空ポン

表2　温室効果ガス排出量の比較

	未処理	分解後
温暖化ガス排出量（CO_2 換算，トン）	7.71×10^2	8.80

プの下流において吸着剤を通過させることにより除去することが可能である。F_2 および COF_2 は腐食性ガスであるが，本実験の範囲内では装置内での腐食は見られなかった。

プラズマリアクタを3台並列に接続し，年間稼動時間が3,600時間の半導体製造装置から排出される 0.3 L/min の CF_4 を分解する場合，分解しない場合に比べ，どの程度の温暖化ガス排出抑制効果があるかについて検討を行った。CF_4 分解前（未処理）と分解後の温暖化ガス排出量を表2に示す。実験結果から入射電力はリアクタ1台あたり 1.2 kW で，CF_4 は100%分解され，すべて CO_2 あるいは COF_2 になるものとした。なお，CF_4 の地球温暖化係数は6,500であり，COF_2 は水と容易に反応し CO_2 となるため，地球温暖化係数はほぼ1に近い[15]。また，CO_2 換算温暖化ガス排出量は CO_2 を基準とし，CF_4 の排出量は CO_2 を1としたときの温暖化係数6,500をかけ，CO_2 排出量に換算した。リアクタで消費される電力は火力発電で供給されるものとし，発電時に 670 g/kWh の CO_2 が発生するとした。この結果から CF_4 を分解することによって温暖化ガス排出量を分解前の1.1%にまで低減できることが示された。

文　　献

1) 青木裕司，日臨麻会誌，**24**(1)，10-14（2004）
2) 後藤優，佐々木良太，宮原秀一，堀田栄喜，沖野晃俊，電学論 A，**130**(3)，281-284（2010）
3) 神原信志，奥田智紀，岩田豊広，佐々木統一郎，隈部和弘，守富寛，機論 B，**78**(789)，1034-1037（2012-5）
4) M. Okubo, M. Inoue, T. Kuroki and T. Yamamoto, *IEEE Trans. Ind. Appl.*, **41**(4), 891-899 (2005)
5) 黒木智之，佐伯登，大久保雅章，山本俊昭，機論 B，**70**(692)，1058-1063（2004-4）
6) 松下圭成，応用物理，**69**(3)，0305-0309（2000）
7) E. J. Tonnis, V. Vartanian, L. Beu, T. Lii, R. Jewett and D. Graves, Technology Transfer #98123605A-ENG, International SEMATECH (1998)
8) V. Vartanian, L. Beu, T. Stephens, J. Rivers, B. Perez, E. Tonnis, M. Kiehlbauch and D. Graves, Technology Transfer #99123865B-ENG, International SEMATECH (2000)
9) S. Futamura, H. Einaga and A. Zhang, Proc. of 1999 IEEE-IAS Annual Meeting, 1105-1111 (1999)
10) R. Itatani, M. Deguchi, T. Toda and H. Ban, Proc. of the Second Asia-Pacific International

Symposium on the Basis and Application of Plasma Technology, Kaohsiung, Taiwan, April 30-31, 37-38 (2001)
11) M. Kogoma, Proc. of the second Polish-Japanese hakone group symposium on nonthermal plasma processing of water and air, 49-54 (2001)
12) J. S. Chang, K. G. Kostov, K. Urashima, T. Yamamoto, Y. Okayasu, T. Kato, T. Iwaizumi and K. Yoshimura, *IEEE Trans. IAS*, **36** (5), 1251-1259, Sept./Oct (2000)
13) T. Yamamoto, J. S. Chang, K. Yoshimura, S. Okayasu, T. Iwaizumi and T. Kato, *J. Adv. Oxid. Tech.*, **4**, 454-457 (1999)
14) K. Urashima, K. G. Kostov, J. S. Chang, Y. Okayasu, T. Iwaizumi, K. Yoshimura and T. Kato, *IEEE Trans. IAS*, **37** (5), 1456-1463, Sept./Oct (2001)
15) IPCC 第11回会合 WGI 報告書 (1995)

第4章　医療・バイオ・農業への応用

1　プラズマ殺菌

佐藤岳彦*

1.1　はじめに

古来，安全な食を得るためや病気の伝染の予防のために使われてきた手法として加熱や煮沸があり，これらは現在でも利用されている。その他にも食品の保存には塩や砂糖，酢，アルコールなどが利用されてきた。これらはすべて，腐食の原因となる微生物の細胞器官の損傷や生命を維持するためのタンパク質の変性，あるいは脱水や酸化を生じさせて死滅させるものである。しかしながら，現代では食品のみならず，医療，産業，住環境などあらゆる場所で微生物の殺滅が必要とされている。特定の微生物に対する殺滅法や，非加熱や真空中など特定の環境における殺滅法は多数開発されてきているが，例えば複数の細菌や原虫，ウイルスが混在するような状況では，複数の手法を重畳して利用する必要があり，対応が困難となっている。また，プリオンやエンドトキシンなどの病原性・毒性を有する分子の不活化も従来法では対応が困難であり，新しい手法の開発が待たれている。

近年，プラズマを利用した微生物の殺滅法の研究開発が進んでいるが，プラズマは低温においても微生物を不活化させる複数の物理刺激を同時に発生させることができるため，上述の問題を解決できる可能性を秘めている。本稿では，今までの殺滅法に替わる新しい手法として脚光を浴びているプラズマ殺菌の特徴を解説する。

1.2　微生物の種類と形態ならびに病原性の発現

微生物とは，ウイルス，細菌，真菌，藻類，原虫などの総称であるが，その他にもタンパク質からなるプリオンも感染性があるため，ここでは微生物に含めて論じることにする。その大きさは，ウイルスが20～300 nm，細菌が0.3～10 μm，真菌が数 μm，原虫が1～20 μm と幅広い。さらに，外部環境の変化に高い抵抗性を示す芽胞菌やバイオフィルム，胞子，シストなどの形態を取ることがある[1)]。これらの微生物がどのような構造を持ち，感染し，病原性を発現するのかについて概説する。

1.2.1　ウイルス

ウイルスは，生きている細胞内でしか増殖できない特異な性質を有し，エンベロープの有無とDNA/RNA の種類の組み合わせで，大きく4つに分類されている。ゲノムはDNA か RNA のど

---

* Takehiko Sato　東北大学　流体科学研究所　ナノ流動研究部門
生体ナノ反応流研究分野　教授

ちらか一方であり，コードする遺伝子数は数個から200個程度である。ウイルスの構造は，ゲノムとそれを包むタンパク質からなるカプシドと呼ばれる殻で構成され，カプシドは，カプソマーと呼ばれる構造単位が規則正しく配列されることで形成される。さらに，カプシドが脂質二重膜からなるエンベロープで包まれている場合がある。エンベロープウイルスは膜貫通型ウイルス糖タンパク質（リガンド）をエンベロープに配置するため，細胞に感染しやすいという特徴があるが，石けんやアルコールでエンベロープが損傷するため不活化は容易である。一方，ノンエンベロープウイルスは，標的臓器にたどり着くまでに胃酸や消化酵素に耐える強さを有しているため不活化が難しい[1)]。

ウイルスは，その表面に配置されているリガンドや特異なタンパク質と，細胞表面のウイルスレセプターが結合することで細胞に吸着する。吸着したウイルスは，エンドサイトーシスで取り込まれたり，細胞膜とエンベロープの間で膜融合を起こすことで細胞質に侵入する。侵入したカプシドは，一部もしくは全部が分解しゲノムが露出する。この過程を脱穀と呼ぶ。脱穀したウイルスゲノムからmRNAが転写され，タンパク質やゲノムが複製される。このプロセスは，DNAの場合は感染細胞の核内で，RNAの場合は感染細胞の細胞質で行われる。このようにして生成されたゲノムやタンパク質を利用してウイルス粒子が再構築される。エンベロープウイルスでは，同時に産生される糖タンパク質が，核膜，小胞体膜，ゴルジ体の膜，細胞膜などエンベロープを獲得する場所に集積し，再構築されたカプシドを覆い出芽する。ノンエンベロープウイルスでは，ウイルス粒子の増加と共に細胞が崩壊し放出される。このように，感染したウイルスは一定の期間，細胞質内でカプシドが分解された状態となるため感染性を失い，感染性を持ったウイルス粒子は存在しなくなる。この感染性ウイルスが消失する期間を暗黒期と呼ぶ。暗黒期を過ぎるとウイルス粒子の産生が始まる成熟期に移行し，その後放出期を迎える[1)]。

感染したウイルスが病原性を発現する機構は，大きく3つに分けられる。最初に，ウイルスが感染細胞を破壊することで，組織や器官が損傷し発病する場合である。次に，ウイルスに対する免疫機能が発現し，感染した細胞が攻撃を受け破壊される場合である。最後に，ウイルスの感染により感染細胞の免疫が抑制され，その結果二次的な病態が発現する場合である。外部からの感染ルートは，主に呼吸器と消化管である。呼吸器から侵入するウイルスには，インフルエンザウイルス，アデノウイルス，ヒトコロナウイルス，麻疹や風疹ウイルスなどがあり，糖タンパク質からなるスパイクやエンベロープを持つウイルスは気道に強固に吸着し感染力が高い。消化管から侵入するウイルスには，ノロウイルス，ロタウイルス，アデノウイルス，A型肝炎ウイルスなどがあり，胃酸，胆汁酸，膵臓からの消化酵素などにより分解されない強固な構造を有するノンエンベロープウイルスである。また，家畜に感染すると社会経済的に甚大な被害をもたらす口蹄疫ウイルスは，ピコルナウイルス科のノンエンベロープRNAウイルスであり，pH易受容性を有するため酸や塩基性の薬剤により処理される。さらに，高病原性鳥インフルエンザはオルソミクソウイルス科のエンベロープRNAウイルスであり，伝染が確認されると殺処分が必要となるため，予防策の構築が望まれている[1)]。

1.2.2 細菌

細菌は，その形状から球菌，桿菌，螺旋菌の3つに分けることができる。また，細胞壁の構造の違いから，グラム陽性菌とグラム陰性菌に分類できる。細胞壁は細胞質を包んでいる細胞質膜の外側を覆う層である。細胞質には，核様体，プラスミド，リボソーム，貯蔵顆粒などが含まれるが，原核生物のため，核膜，核小体，ミトコンドリア，小胞体などはない。細菌によっては，細胞表層部に莢膜や粘液層，べん毛，線毛を有している[1,2]。

細胞壁は細胞の内部浸透圧による膨張を抑え，細胞の形状を維持している。細胞壁が損傷を受けると細胞が膨張し，最終的には破裂し溶菌に至る。この機能を担っているのが，ペプチドグリカンと呼ばれるペプチドと糖鎖の網目状の高分子である。細胞分裂時に細胞の形態が変化するにつれてペプチドグリカンの形も変形するが，この時ペプチドグリカンの合成酵素と分解酵素が重要な役割を果たす。この合成と分解のバランスが崩れるとペプチドグリカンが欠損し溶菌する。このような細胞壁の合成を阻害する仕組みを利用した抗菌薬が開発されている。細胞壁は，グラム陽性菌ではペプチドグリカンを主成分とする膜で構成され，厚さ50～80 nmに達する。構成成分には，グリセロールリン酸やリビトールリン酸を主成分とするタイコ酸が含まれ，ペプチドグリカンまたは細胞膜と共有結合によりつながれており，それぞれ壁タイコ酸およびリポタイコ酸と呼ばれる。また，細胞壁内あるいは細菌表面に局在する細胞壁結合タンパク質や，細胞膜と共有結合するリポタンパク質により，ペプチドグリカンと細胞膜は結合している。グラム陰性菌の細胞壁は，薄いペプチドグリカン膜と外膜からなる。外膜はリン脂質の二重層，リポ多糖，リポタンパク質，タンパク質で構成されている[1,3,4]。リポ多糖は，エンドトキシンとして知られ，O抗原およびコア多糖と呼ばれる多糖構造と，コア多糖に接合するリピドAからなり，リピドAを内側にして外膜に組み込まれている。その生物学的活性は，リピドAが担っており，致死毒性や発熱反応，白血球減少作用など病原性を発現する要因となっている[5]。エンドトキシンは細菌が死滅したときに外膜から遊離し毒性を発現するが，物理化学環境に強い抵抗性を有している。

芽胞は，*Bacillus* 属や *Clostridium* 属の菌が形成し，熱，乾燥，放射線，消毒薬，抗菌薬，化学薬品などの物理化学的環境に対して高い抵抗性を持つ。芽胞の構造は，外側から，エクソスポリウム，芽胞殻（外層と内層），芽胞外膜，皮層，芽胞壁，芽胞内膜，芯部となる。エクソスポリウムは，持つ芽胞と持たない芽胞がある。持たない場合，主にシステインなどのタンパク質からなる厚い芽胞殻を形成し，これが芽胞全体のタンパク質の50～80%を占める。芽胞殻は，大きな分子の透過に対する障壁となっているだけでなく，H_2O_2，O_3，$ONOO^-$ のような酸化剤に対する重要な防壁となっている。皮層はペプチドグリカンから成るが，架橋されているペプチドグリカンの割合が小さく，殻内の脱水の維持が主な役割であると考えられている。芽胞壁は，皮層と異なるタイプのペプチドグリカンで構成され，芽胞の発芽と成長を担う。芯部の外側にある芽胞内膜は，脂質親和性のある物質から構成され不透過性を有する。芯部には，DNA，RNA，リボソーム，酵素が収められているが，強い脱水環境にある[6~9]。このように，芽胞の各層がそれぞれ役割を有し，高い抵抗性を獲得している。

バイオフィルムは，多糖とタンパク質を主成分とする細胞外高分子物質（EPS：Extracellular Polymeric Substances）に包まれた凝集体であり，その中に生存する細菌は，抗菌薬の作用や宿主の防御機構の攻撃に対して高い抵抗性を持つ。細胞外高分子物質は物質表面に強固に付着するだけでなく，菌体同士も結びつけ構造を維持する機能も有している。また，バイオフィルム内部では細胞間で化学的シグナル物質を用いてコミュニケーションが行われ，バイオフィルムの形成に影響を与えていると考えられている。このように，高密度に細菌が集合体を形成することで，細菌はよりよい生育環境を確保すると共に外部の物理化学的環境の変化や捕食者に対して強い抵抗性を獲得している[4,10～12)]。

細菌が増殖する条件は，水分があり，炭素，窒素，無機塩類などの栄養源に加えビタミンやアミノ酸などの発育因子が存在することの他，至適温度であることや，酸素の有無，適切な水素イオン濃度や酸化還元電位であることも必要である。また，細菌の病原性は，一般に，局所に付着しあるいは細胞内に侵入し毒性を示す代謝産物を産生することで，正常な細胞や組織を破壊したり炎症反応や免疫低下を起こしたりすることで発現する[1)]。

1.2.3　真菌

真菌は，カビを主体とした酵母やキノコを含む微生物群で，カンジダ症や白癬などの真菌症の原因となることが知られている。真菌の特徴は，真核細胞であるにも関わらず，細胞膜と細胞壁を備えていることである。細胞膜はリン脂質とグリセリドに加え，エルゴステロールなどが含まれ，細胞壁は主にキチン，グルカン，糖タンパク質から構成され，形態により含まれる割合が異なる。細胞膜内には，核の他，細胞質内にミトコンドリア，小胞体，液胞，リボソーム，ゴルジ体などの細胞小器官が存在する[1,13)]。

形態は，酵母，糸状菌，胞子をとる。酵母は，単細胞で成長し一般的には母細胞の一部が突出し分裂する出芽と呼ばれる形態で増殖する。糸状菌は，菌糸先端で分裂を繰り返し，分岐しながら糸状に細胞が連なる。細胞間は隔壁で仕切られるが微細な隔壁孔があるため細胞質が連続している。また，隔壁を作らないタイプもある。菌糸は，栄養源から取り込んだ栄養分を先端部に運ぶ栄養菌糸と先端部の細胞が生殖器官に分化して胞子を産生する生殖菌糸がある。胞子は，無性胞子と有性胞子の2種類あり，無性胞子は交配を必要としない効率のよい生殖システムである。無性胞子において，高等真菌が作る外生胞子は分生子と呼ばれ，カンジダ症やアスペルギルス症などで見られる[1,14～16)]。

1.2.4　原虫

原虫は，単細胞の真核細胞であり，基本的な構造は一般的な動物細胞と同じで，細胞膜に核や細胞質が含まれる。人体への寄生原虫は鞭毛虫類，根状仮足類，胞子虫類，キネトフォラグミノフォーラに分類され，トキソプラズマ症，マラリヤ，アメーバ症，トリパノソーマ症などの原虫感染症を引き起こす。種類により構造が異なり，例えば，トキソプラズマは，コノイド，マイクロネーム，ロプトリーからなるアピカルコンプレックスを先端部に持ち，これで細胞に侵入し，寄生体胞を作りタキゾイド（tachyzoit）として無性増殖し，細胞を肥大化し破裂させ周囲に広がる。細胞内にシストを作り緩やかにブラディゾイド（bradyzoite）として増殖することもある。終宿主に感染すると有性生殖し，オーシストを形成し内部にスポロゾイト（sporozoite）を作り，体外に排出され経口感染する。シストやオーシストは厳しい環境においても抵抗性を持ち，スポロゾイトは1年間生存できる[1,17]。

1.2.5 プリオン

プリオンタンパク質は，正常型は主として神経細胞膜に付着する膜糖タンパク質であり，プロテアーゼ感受性を持ち，253個のアミノ酸のポリペプチドとして産生される。プリオン病を発現する異常型プリオンタンパク質は，プロテアーゼ抵抗性を持ち，脳内に蓄積し神経細胞に障害を与える。正常型ではαヘリックス構造に富むが，異常型ではβシート構造に富み，立体構造が変化していることが知られている。正常型は，異常型と結合することで異常型プリオンタンパク質に変換し，異常型が増幅すると考えられている[1,18,19]。

1.3 紫外線およびオゾンによる微生物の不活化とその原理

微生物を不活化する手法は，大きく物理的処理と化学的処理に分けられる。物理的処理とは，温度，乾燥，酸素，浸透圧，紫外線・放射線，超音波，濾過などを用い，化学的処理とは，化学薬品（消毒薬）を用い，それぞれタンパク質や細胞器官を不活化し，微生物を殺滅する手法である[1]。いずれも，微生物の種類や形態によりその抵抗性は大きく異なるが，一般的な抵抗性の強さを微生物の種類別に並べると，強い順に以下の順番であることが報告されている[18]。すなわち，①プリオン⇒②芽胞菌⇒③原虫のオーシスト⇒④抗酸菌⇒⑤小型のノンエンベロープウイルス⇒⑥原虫のシスト⇒⑦真菌の胞子⇒⑧グラム陰性菌⇒⑨栄養形の真菌⇒⑩大型のノンエンベロープウイルス⇒⑪グラム陽性菌⇒⑫エンベロープウイルス，である。医療用滅菌法として用いられている高圧蒸気滅菌，酸化エチレンガス滅菌，過酸化水素低温ガスプラズマ滅菌，濾過滅菌，乾熱滅菌，放射線滅菌，電子線滅菌は，芽胞菌までの滅菌は可能であるが，プリオンの不活化には不十分である。よって，プリオンに関しては，焼却処理をするか134℃で1時間の加圧加温などの処理が必要である[1,19]。

ここで，紫外線とオゾンについて解説する。そのいずれも，物理的処理として長い歴史を有し，プラズマを利用して生成することができる。紫外線は，細胞のDNAに吸収される波長帯である260 nm近傍で高い殺菌効果を示す。これは，紫外線のエネルギーによりチミン二量体が生成され，DNAが損傷を受けるためである。図1に異なる微生物に対する紫外線の殺菌効果を示す。縦軸は，培地上の菌を99.9%殺滅するのに必要な紫外線照射量であり，単位面積当たりの照射強度と照射時間の積である。横軸は微生物の種類を示している[20]。対象とした菌種は図1のキャプションの下に示した。これより，紫外線は50（mW·s/cm^2）の照射量で微生物の種類に関わらず細菌，酵母，カビ，ウイルスを低減させる効果があり，細胞を覆う細胞壁や細胞殻にはあまり依存していない。さらに，薬品や加熱などの作用もなく，耐性菌の発生もなく，簡便に利用で

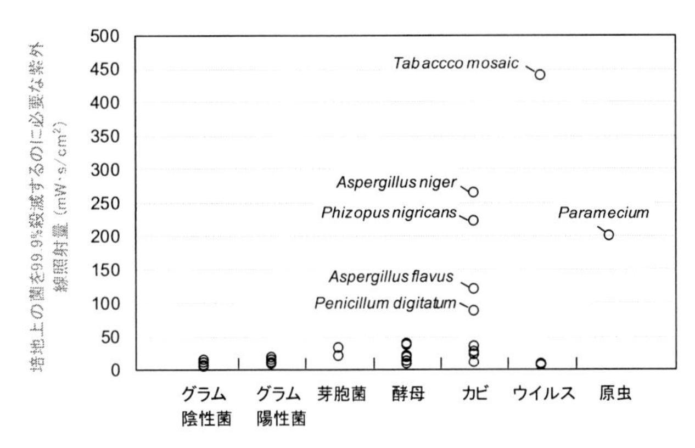

グラム陰性菌	*Proteus Vulgaris Hau., Shigella dysenteriae., Shigella Paradysenteriae., Eberlhella lyphosa., Eschearichia coli communis, Vibrio comma-cholera, Pseudomonas aeruginosa, S. typhimurium*
グラム陽性菌	*Streptococcus hemolyticus* (Group A-Gr.13), *Staphylococcus albus., Staphylococcus aureus., Streptococcus hemolyticus* (Group D. C-6-D), *Streptococcus feclis R., Mycobacterium tuberculosis, Bac. mesentericus fascus., Bac. subtilis Sawamura.*
芽胞菌	*Bac. mesentericus fascus., Bac. subtilis Sawamura.*
酵母	*Bakers Yeast, Saccharomyces ellipsoideus, Saccharomyces cerevi unlergar. Munchen., Saccharomyces Sake., Zyga-Saccharomyces Barkeri., Willia anomala., Pichia miyagi.*
カビ	*Oospora lactis, Mucor rocemosus.,Penicillum roqueforti, Penicillum expansum, Penicillum digitalum, Aspergillus glaucus, Aspergillus flavus, Aspergillus niger, Phizopus nigricans*
ウイルス	*Poliovirus-Polimyelitus, Bacteriophage (E. Coli), Influenza, Infectious Hepititus, Tobacco mosaic*
原虫	*Paramecium*

図1　微生物に対する紫外線の殺菌効果[20]

き，殺菌効果が残存しないなどの特徴を持つ。しかしながら，紫外線に対し抵抗性の高い菌やウイルス，原虫が存在することや，照射物の表面にしか効果を与えないなどの問題点もあり，表面の殺菌装置として利用されることが多い。

オゾンは放電や電解により比較的簡便に生成できるため，100年ほど前から水道水の浄化に利用され始め，50年ほど前からは下水処理に利用されるなど，殺菌への応用は長い歴史を有する。図2と図3にそれぞれ微生物に対する溶存オゾンとオゾンガスの殺菌効果を示す。縦軸は生存比率を，横軸はオゾン曝露量を表す[20]。オゾン曝露量は，溶存オゾン濃度／オゾンガス濃度と曝露時間の積，いわゆるCT値を用いた[21]。但し，殺菌効果を持つためには一定濃度のオゾンが必要という報告もあるため[20]，曝露量はあくまで目安として考えたい。水中において，溶存オゾンはグラム陰性菌に対しては菌種に関わりなく低曝露量でも効果的に殺滅できるが，芽胞菌，酵母，糸状菌に対しては菌種に依存し，高曝露量でも十分に殺滅できない菌種がある。特に，耐熱性芽胞菌は抵抗性が高く曝露量75（ppm·min）でも4桁低減に留まる。筆者らの研究では，*B. stearothermophilus* 芽胞を5桁低減させるのに150（ppm·min）の曝露量が必要である。また，溶存オゾンは温度やpHにより分解速度が異なり[20,22]，殺菌効果に影響を与える因子となっている。気中におけるオゾンガスの殺菌効果は，水中と比較すると低い。図3に示すように，酵母と糸状菌に対しては適切な曝露量を与えると死滅するが，芽胞菌に対しては4,000（ppm·min）という高曝露量においても1桁の低減に留まる。菌数が一桁低減する時間をD値と呼ぶが，*B.*

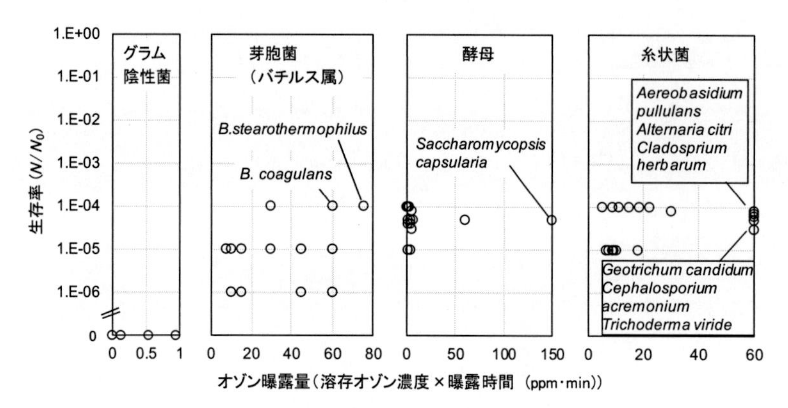

グラム陰性菌	*Staphylococcus aureus, Salmonella typhimurium, Shigella flexneri, Escherichia coli, Escherichia coli ATCC 9677*
芽胞菌（バチルス属）	*B. megaterium, B. subtilis, B. stearothermophilus, B. coagulans, B. mesentericus, B. natto, B. licheniformis, B. brevis, B. mycoides, B. pumilus, B. lentus, B. polymyxa, B. circulans, B. cereus*
酵母	*Candida paracreus, Candida tropicalis, Candida mycoderma, Candida krusei, Candida pelliculosa, Saccharomyces cerevisiae, Saccharomyces rouxii, Saccharomyces rosei, Saccharomyces bayanus, Saccharomyces carsbergensis, Shizosaccharomyces pombe, Saccharomycopsis capsularia, Hansenula anomala, Hansenura sp., Rhodotorula glutinis, Pichia membranefaciens, Torulopsis lactis-condensi*
糸状菌	*Aspergillus awamori, Aspergillus sojae, Aspergillus oryzae, Aspergillus usami, Aspergillus candidus, Aspergillus niger, Penicillium cyclopium, Penicillium notatum, Penicillium islandicum, Penicillium chrysogenum, Penicillium citrinum, Penicillium roqueforti, Wallemia sebi, Cladosporium herbarum, Aureobasidium pullulans, Alternaria citri, Geotrichum candidum, Cephalosporium acremonium, Trichoderma viride*

図２　微生物に対する溶存オゾンの殺菌効果[20)]

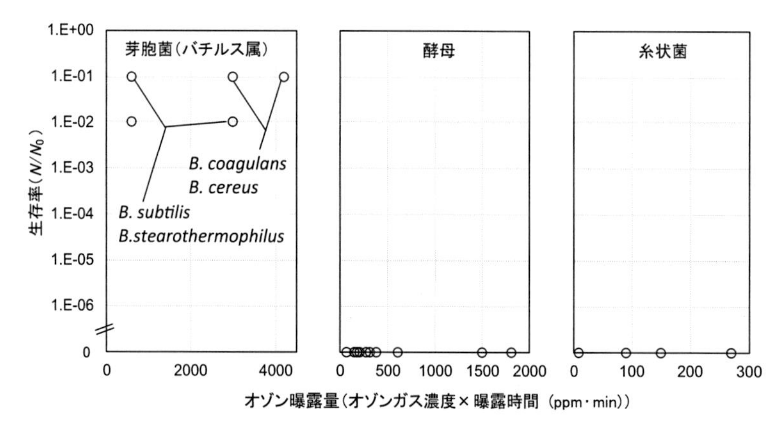

芽胞菌（バチルス属）	*B. subtilis, B. stearothermophilus, B. coagulans, B. cereus*
酵母	*Candida cacaoi, Candida lactis-condensi, Saccharomyces rosei, Saccharomyces mellis, Saccharomyces marxianus, Saccharomyces pasteurianus, Saccharomyces ellipsoides, Shizosaccharomyces capsularia, Hansenula anomala, Hansenula anomala IFO 1760, Rhodotorula rubra*
糸状菌	*Aspergillus oryzae, Penicillium glaucum, Penicillium expansum, Sclerotnia fructicola, Sporotrichum carnis, Botrytis cinerea*

図３　微生物に対するオゾンガスの殺菌効果[20)]

stearothermophilus 芽胞の気中でのD値は30分である。筆者らの研究では，*B. stearothermophilus* 芽胞菌を5桁低減させるのに 2.1×10^5（ppm・min）と非常に大きい曝露量が必要となる（この条件でのD値は5分程度）。なお，オゾンガスの殺菌効果は，温度や湿度に依存し，湿度に関しては相対湿度が80～95％の時に強く作用する[20]。これは，オゾンの分解速度に依存していると考えられ，殺菌効果を高めるためには，水分や温度などを適切に制御し分解を促進させる必要がある。

オゾンによる殺菌機構は，細胞壁や細胞膜の損傷，酵素の不活化，リボソームや細胞小器官の損傷，DNAの損傷と考えられている。溶菌が起こる場合は，細胞壁が酸化され損傷し細胞の内部浸透圧による細胞質膜の膨張を抑えられなくなり，最終的に破裂し細胞質が流出し死滅すると考えられる。特に，グラム陰性菌では細胞壁に含まれているリポタンパク質が酸化を受けやすい[20]。

1.4　プラズマによる微生物の不活化と原理

低温プラズマは，減圧容器内に発生させるプラズマ殺菌装置の開発が進められてきたが，近年ではその簡便性から大気圧プラズマによる殺菌の研究も進められている。大気圧下では，リモートプラズマ，プラズマジェット，誘電体バリア放電，マイクロ波などの方法が提案されている[23~26]。これらの発生方法を適切に利用することにより，紫外線やオゾン以外にも低温で多種の高い殺滅効果のある反応性化学種[27]を生成できる。

例えば，プラズマで空気中の酸素へ電子付着を生じさせるとスーパーオキシドアニオン（$O_2^-\cdot$）を生成することが知られている[28]。$O_2^-\cdot$ はヒドロペルオキシドラジカル（$HO_2\cdot$）と水溶液中で平衡状態となる（$O_2^-\cdot + H_2O \rightleftarrows HO_2\cdot + OH^-$）。この pK_{HO_2} は4.8であり[29,30]，pHを調整することで，$HO_2\cdot$ の濃度を変化させ，細菌の殺滅効率を大幅に向上できることが報告されている[31]。また，生成される一酸化窒素（$NO\cdot$）との反応により，水中には反応性の高いパーオキシナイトライト（$ONOO^-$）やニトロニウムイオン（NO_2^+）が生成され細胞膜の過酸化やタンパク質の酸化などを引き起こす。他にも，$NO\cdot$ とオゾン（O_3）の反応で生成される二酸化窒素（$NO_2\cdot$）や，酸素（O_2）や O_3 から生成される反応性の高い一重項酸素（$^1O_2$）も殺菌に寄与すると考えられる[32]。

次に，プラズマ殺菌の実例を紹介する。

ウイルスは，大気圧誘電体バリア放電（SMD：Surface Microdischarge）（プラズマ条件：温度23℃，圧力1 atm，周波数1 kHz，印加電圧8.5 kV_{pp}，発生電力30 mW/cm^2）の照射により，抵抗性の高いノロウイルスに対しては1桁程度しか低減できない[33]。

芽胞菌は，上述のSMDによる処理で *G. stearothermophilus* をD値0.9分で6桁低減できる（プラズマ条件：空気利用，室温程度（23℃），圧力1 atm，周波数1 kHz，印加電圧10 kV_{pp}，発生電力35 mW/cm^2）[34]。他にも，大気圧窒素混合ヘリウムプラズマジェットの処理で *B. stearothermophilus* をD値4.7分で6桁程度低減できる（プラズマ条件：ヘリウムガス流量

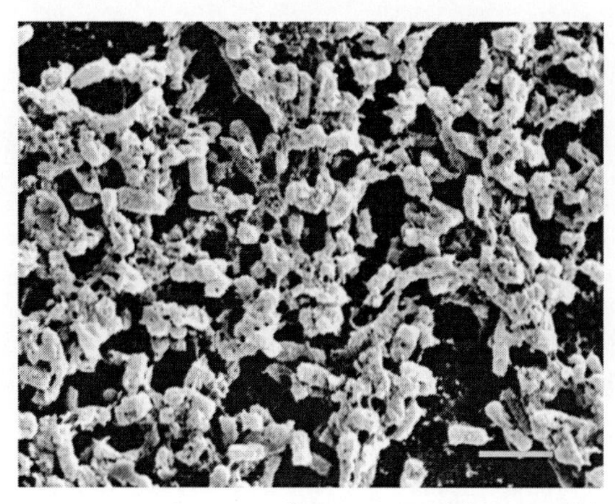

(Bar：2 μm，倍率：5,000 倍)

図 4　誘電体バリア放電によるバイオフィルム産生緑膿菌の損傷の様子
サンプルは電極間に設置し 10 分間照射した。プラズマが菌体を貫通し，無数の穴が確認されている。(東北医科薬科大学　藤村茂教授提供)

20.4 l/min，窒素ガス流量 0.3 l/min，温度 52℃，圧力 1 atm，電力 100 W，周波数 13.56 MHz，照射距離 7 mm)[35]。筆者らの研究においても，大気圧誘電体バリア放電を内径 3 mm の細管内に発生させ，*G. stearothermophilus* 芽胞を D 値 1 分で 5 桁低減できることが示された（プラズマ条件：温度 64℃，圧力 1 atm，周波数 6 kHz，印加電圧 10 kV_{pp}，電力 15 W)[36]。芽胞の不活化は，浸透した反応性化学種が DNA などを酸化することが一因と考えられているが，最近の研究では，DNA への損傷はなく芽胞殻の損傷による DNA の漏出が原因との報告もある[35]。

バイオフィルムは，誘電体バリア放電のガスを水中に吹き出させる処理を 90 分することで，*Staphylococcus aureus* を D 値 21 分で 4.2 桁低減できる[37]。このプラズマは，内径 30 mm の石英管内に直径 7 mm の電極を設置し，5 l/min の乾燥空気を流し，18 kV，20 kHz を印加し発生させた。また筆者らのグループによる研究では，コンタクトレンズ表面に形成した緑膿菌バイオフィルムをプラズマ照射 10 分で死滅させることに成功した（プラズマ条件：針電極と水面間の空気中で + 6.5 kV，6 kHz を印加し放電し，サンプルは水中に設置した)[38]。また，誘電体バリア放電の電極間に緑膿菌バイオフィルムサンプルを置き，放電が直接当たるようにすると，図 4 の SEM 写真に示すように，10 分間で小孔が多数形成され殺滅できた。

真菌は，カンジダ症の病原体として知られている *Candida albicans* を上述の SMD を 1 kHz，10 kV で照射すると 30 秒で 4 桁低減できる。

プリオンタンパク質は，減圧高周波プラズマに 1 時間曝露することで 100％不活化される。この高周波プラズマは，作動ガスを割合 1：2 のアルゴンと酸素とし，温度 25℃，圧力 66.7 Pa，周波数 13.5 MHz，電力密度 6 mW 以上で発生させたものである。なお，高圧蒸気滅菌を 137℃，18 分で処理し消毒処理をしても，プリオンは不活化されない[18]。

エンドトキシンは，減圧窒素プラズマで 30 分間処理することで 5 桁低減できる（プラズマ条件：温度73～83℃，圧力45 kPa，電力84 W，パルス半値幅200 nsで2.5 kHz)[18]。従来法では，乾熱滅菌（250℃）で8分間処理すると5桁低減できる。

1.5　おわりに

低温の反応性化学種を利用したプラズマ殺菌は，紫外線やオゾンでは困難であった多様な微生物を対象とすることができる上，大気中でも電気があれば簡便に発生できるなど，既存の殺菌法にはなかった特徴を有している。一般家庭でも安全で簡便に利用できる殺菌装置を提供できれば，将来起こりうるインフルエンザパンデミックや院内感染，食中毒などの予防に大きく貢献する手法となると確信している。今後の研究の発展を期待したい。

文　献

1) 平松啓一監修，中込治，神谷茂編集，標準微生物学，医学書院（2013）
2) 青木健次編，微生物学，化学同人（2013）
3) 上原，生化学，**85**，349-353（2013）
4) 白土，生化学，**84**，737-752（2012）
5) 真下順一，昭和大学薬学雑誌，**1**，127-139（2010）
6) M. J. Leggett, G. McDonnell, S. P. Denyer, P. Setlow, J.-Y. Maillard, *J. Appl. Microbiol.*, **113**, 485（2013）
7) A. Driks, *Microbiol. Mol. Biol. Rev.*, **63**, 1-20（1999）
8) 栃久保，安田，小塚，藤田，電子顕微鏡，**23**，9-17（1988）
9) 佐藤岳彦，静電気学会誌，**37**，127-131（2013）
10) D. Davies, *Nat. Rev. Drug Discov.*, **2**, 114-122（2003）
11) 稲葉，清川，尾花，豊福，八幡，野村，化学と生物，**52**，594-601（2014）
12) H.-C. Flemming, J. Wingender, *Nat. Rev. Microbiol.*, **8**, 623-633（2010）
13) S. M. Bowman, S. J. Free, *BioEssays*, **28**, 799-808（2006）
14) 矢口，モダンメディア，**55**，205-216（2009）
15) 徳永，電子顕微鏡，**25**，167-173（1990）
16) 丸山潤一，*Mycotoxins*，**61**，53-58（2011）
17) J. P. Dubey, D. S. Lindsay, C. A. Speer, *Clin. Microbiol. Rev.*, **11**, 268-299（1998）
18) A. Sakudo, H. Shintani（Eds.）, Sterilization and Disinfection by Plasma: Sterilization Mechanisms, Biological and Medical Applications, Nova Science Publishers, New York（2014）
19) 厚生労働科学研究費補助金 難治性疾患等克服研究事業「プリオン病及び遅発性ウイルス感染症に関する調査研究班」および「プリオン病のサーベイランスと感染予防に関する調査研究班」（編集・出版），プリオン病診療ガイドライン2014（2014）

20) 高野光男，横山理雄監修，新殺菌工学実用ハンドブック，サイエンスフォーラム（1991）
21) A. Rennecker, J.-H. Kim, B. Corona-Vasquez, B. J. Marinas, *Environ. Sci. Technol.*, **35**, 2752-2757（2001）
22) V. Augugliaro, L. Rizzuti, *Chem. Eng. Sci.*, **33**, 1441-1447（1978）
23) D. Graves, *J. Phys. D: Appl. Phys.*, 45, 263001（2012）
24) Th. von Woedtke, S. Reuter, K. Masur, K.-D. Weltmann, *Phys. Rep.*, **530**, 291-320（2013）
25) 佐藤岳彦，機械の研究，**66**，455-464（2014）
26) K. P. Arjunan, V. K. Sharma, S. Ptasinska, *Int. J. Mol. Sci.*, **16**, 2971-3016（2015）
27) H. Esterbauer, J. Gebicki, EBICKI, H. Puhl, G. Juregens, *Free Radical Biology & Medicine*, **13**, 341-390（1992）
28) H. Sutton, *J. Chem. Soc. Faraday Trans. I*, **80**, 2301-2311（1984）
29) B. H. J. Bielski, A. O. Allen, *J. Phys. Chem.*, **81**, 1048-1050（1977）
30) J. Rabani, S. O. Nielsen, *J. Phys. Chem.*, **73**, 3736-3744（1969）
31) S. Ikawa, K. Kitano, S. Hamaguchi, *Plasma Process. Polym.*, **7**, 33（2010）
32) 藤田直，薬学雑誌，**122**，203-218（2002）
33) B. Ahlfeld, Y. Li, A. Boulaaba, A. Binder, U. Schotte, J. L. Zimmermann, G. Morfill, G. Kleina, *mBio*, **6**(1), e02300-14（2015）
34) T. G. Klämpfl, G. Isbary, T. Shimizu, Y.-F. Li, J. L. Zimmermann, W. Stolz, J. Schlegel, G. E. Morfill, H.-U. Schmidtd, *Appl. Environ. Microbiol.*, **78**, 5077-5082（2012）
35) S. Tseng, N. Abramzon, J. O. Jackson, W.-J. Lin, *Appl. Microbiol. Biotechnol.*, **93**, 2563-2570（2012）
36) T. Sato, O. Furuya, T. Nakatani, *IEEE Trans. Indust. Appli.*, **45**, 44-49（2009）
37) M. S. I. Khan, E.-J. Lee, Y.-J. Kim, Scientific Reports, **6**, 37072（2016）
38) Y. Nakano, S. Fujimura, T. Sato, T. Kikuchi, M. lchinose, A. Watanabe, J. M ed., *Biol. Eng.*, **35**, 626-633（2015）

2 低温プラズマを用いた生体適合性表面の設計と医療デバイス応用

中谷達行*

2.1 はじめに

プラズマにより成膜されるダイヤモンドライクカーボン（Diamond-Like Carbon：DLC）膜は，ダイヤモンドの sp^3 結合とグラファイトの sp^2 結合の両方が混在する不規則な骨格構造としたアモルファス炭素系膜であり，様々な種類がある。総じて DLC 膜は，高硬度，低摩擦係数，耐摩耗性，耐食性，化学的安定性，離型性，生体親和性，ガスバリア性という特徴を有しているため，自動車部品や機械部品の保護膜，医療機器の生体適合化膜として益々産業応用の需要が高まってきている。一方，現在使用されている先端医療デバイスは金属系材料，セラミックス，高分子材料などの各種素材を組み合わせることで，基材に必要な形状や力学的性質を付与しているが，生体にとって異物であるため生体組織に創傷が生じ，機能不全になるという問題がある。このような背景に鑑みて，本稿では，高度管理医療デバイスの諸問題を解決するため，DLC コーティングと低温プラズマ処理による DLC 表面の改質技術を応用した生体適合化について，冠動脈ステントと人工血管を例に，医学・工学融合領域における最先端の実用化技術を概説する。

2.2 冠動脈ステント用の DLC の設計と適用

冠動脈ステント治療は，人体への肉体的侵襲が大きい心臓バイパス手術が回避でき，患者の QOL（Quality of Life）に優れた低侵襲医療技術として，近年不可欠な技術の一つとなっている。しかし，現在市販されているステントは普及がめざましいものの，血小板の付着や血液凝固など生体適合化が満足できず，デザインの改良や材料の表面機能化の見直しが急務となっている。図1は生体不活性材料による表面改質として DLC がコーティングされた冠動脈ステントである。ステントは塑性変形域まで拡張させることで血管を保持するが，表面に形成した DLC は基材変形に対して追従しなければならず，高い靭性を持った強固な被覆が要求される。そこで，DLC をステントに適応させるために，図2に示す構造の基材変形に対して破壊されない Si 濃度傾斜型の高靭性 DLC を提案し開発を試みた。DLC コーティングの低温プラズマ成膜装置には，ベン

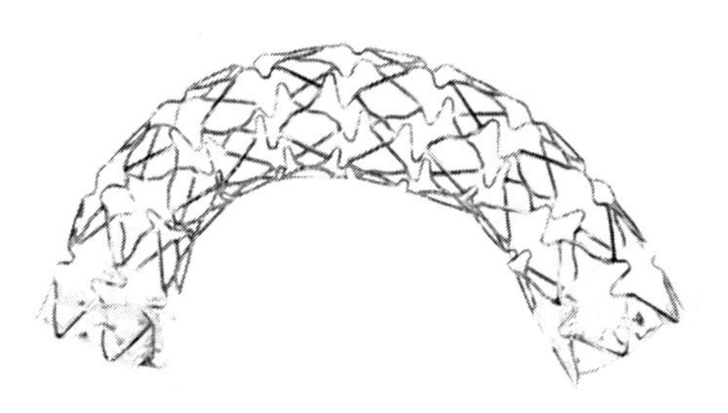

図1　冠動脈 DLC ステント

* Tatsuyuki Nakatani　岡山理科大学　技術科学研究所　先端材料工学部門　教授

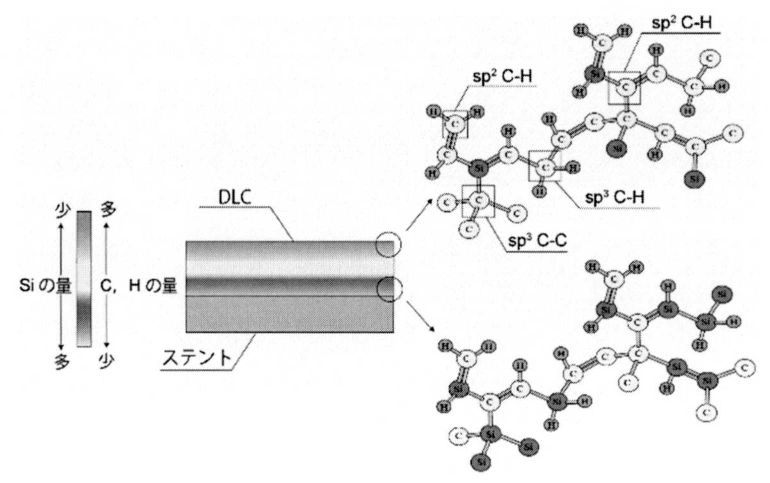

図2　ステント用DLCの模式図

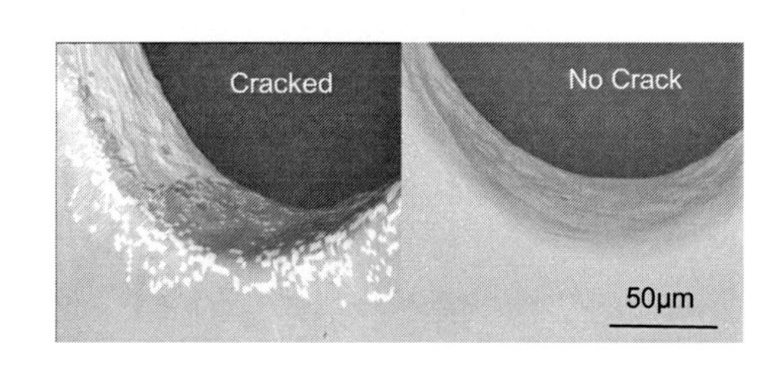

(a) 従来　　　(b) Si傾斜膜

図3　DLCステント拡張試験（最大歪箇所表面）

ゼンおよびテトラメチルシランを原料ガスとした直流バイアス方式のイオン化蒸着法を用いた。DLCコーティングしたステントは，バルーンカテーテルで$\phi 1.55$ mmから$\phi 3.0$ mmまで拡張させ，従来膜と密着性を比較した。図3は拡張後の最大歪箇所の電子顕微鏡写真を示す。図3(a)に示す従来の0%－Siの方は明らかな剥離が確認できるが，図3(b)に示すSi濃度傾斜膜は剥離がなく，優れた密着性を持ったDLCが形成されていることが確認された[1,2]。続いて，ブタの冠状動脈を用いて生体内評価試験を実施し，病理成績を市販されている他社製品と比較した。その結果，DLCステントは留置後速やかにステント基材表面が新生内膜で被覆され，その表面は血栓形成の引き金となる炎症性細胞などの付着が大幅に抑制されることが明らかとなった。純国産技術によるDLCステントは，2008年に欧州の薬事認可であるCE-Markingが取得され，2010年より欧州にて本格的に販売が開始された。加えて，2010年から国立循環器病センターなど全国19の中核病院で大規模臨床試験（治験）が開始され，競合製品の薬剤溶出ステントに匹敵する高い性能が示され[3]，2014年に厚生労働省の薬事承認が得られた。

2.3 生体模倣DLCの設計と生体適合性評価

DLC表面に生体適合性を直接付与することも重要である。細胞は一般的に負に帯電していることで知られているが，その表面のゼータ電位は各細胞によって異なる。血管の内皮細胞の構造は疎水性を有する脂質中に親水性を示すタンパク質が埋め込まれた構造になっている。すなわち，血管内皮はカチオン性基とアニオン性基が複雑に混在した両性イオン構造を有している。したがって，DLC膜表面を血管内皮と同じ表面構造にすれば，生体適合性が付与できると考えられる。この点に着目し，低温プラズマ表面処理技術を用いてDLC膜表面にアニオン性基，カチオン性基の官能基を同時に形成することにより，親水性・疎水性が混在する両性イオン構造をしたバイオミメティックスDLC膜[4]の作製を試みた。得られた試料については官能基修飾の最適化を図る目的でゼータ電位，ならびに生体外評価試験（*in vitro*）で血液適合性および血管内皮細胞適合性について評価した。

2.3.1 低温プラズマ処理によるDLC膜表面のゼータ電位制御

DLC膜のゼータ電位を制御する方法としては，低温プラズマ表面改質によるDLC膜表面へのアニオン性基やカチオン性基などの官能基導入があげられる。図4はプラズマ表面処理技術を用いたDLC膜表面への官能基の導入イメージを示す。DLC表面のC－C結合，またはC－H結合がプラズマ中のラジカル，電子，イオンにより切断され，C－O，C＝O，O＝C－Oなどの酸化反応や窒化反応が促進すると考えている[5]。カルボキシル基は一般的にマイナスにチャージアップし，アミノ基はプラスにチャージアップする。よって，DLC膜表面でこれら官能基の量と種類を制御できれば，ゼータ電位制御が可能となり，特定の細胞をDLC膜表面に選択的に付着または吸着抑制させることができると考えられる。そこで，低温プラズマ表面処理技術を用いてDLC膜表面にカルボキシル基とアミノ基を導入し，そのときのDLC膜表面のゼータ電位を測定し評価した。低温プラズマ処理には，周波数13.56 MHzの高周波電源を用いたRF容量結合型プラズマ（Capacitively Coupled Plasma：CCP）方式を利用した。原料ガスは酸素／アンモニア混合ガスを用いた。図5にはDLC膜表面へ導入するカルボキシル基を変化させた場合のゼータ

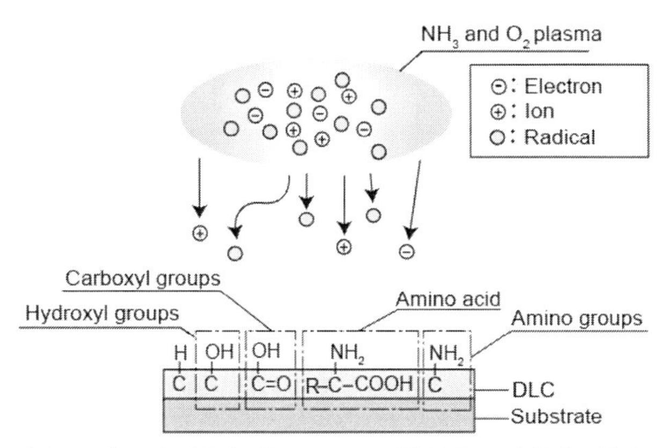

図4　プラズマ表面処理によるDLC膜表面への官能基の導入

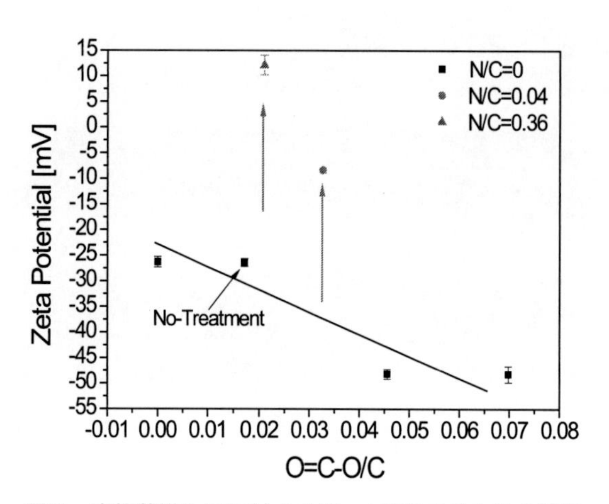

図5　官能基導入量に対するゼータ電位の依存性の関係

電位の依存性を示している。カルボキシル基量はガス種などのプラズマ処理条件により変化させ，X線光電子分光分析法を用いて表面の組成評価を行った。図よりO＝C－O/C比が増加すると未処理に比べ約2倍程度ゼータ電位が低下していることがわかる。一般的に表面にカルボキシル基がある場合には，H^+ が解離し COO^- となるために表面はマイナスに帯電することが知られている。これに起因して，カルボキシル基が増加するにつれ，未処理のDLC膜に比べゼータ電位が低下していると考えられる。また，N/C＝0.04，0.36の場合には未処理のDLC膜に比べゼータ電位が大きく増加していることがわかる。一方，プロトンが結合したアミノ基 $-NH_3^+$ が試料表面上にある場合はプラスに帯電することが知られている。このため，アミノ基を導入した場合，DLC表面の電位がプラス側に著しく増加していると考えられる[6)]。これらの結果は，DLC膜表面上のゼータ電位がカルボキシル基とアミノ基の量で制御可能であることを示している。開発したプラズマ表面処理技術は，次世代のバイオミメティックスDLCの創成技術として期待が大きい。

2.3.2　バイオミメティックスDLCの生体適合性評価

図6は *in vitro* による血液凝固特性および血小板粘着特性の評価結果を示す。結果から，ゼータ電位がプラスの場合には，特に血液凝固系においてTAT（Thrombin Antithrombin Ⅲ complex）生成が極めて少なくなり良好な結果が得られている。つまり，親水性・疎水性が混在した両性イオン構造の中でも最適な組成比率があり，ゼータ電位が高い場合に優れた血液適合性を示すことを見いだした。図7に代表的な血小板付着試験の電子顕微鏡像を示す。確認される白点は表面に付着した血小板である。SUS基板とDLC膜は多くの活性化された血小板付着が確認された。一方で酸素／アンモニアプラズマ処理をしたDLC膜表面においては，血小板付着数の顕著な減少が観察された。図に示すように従来の未処理DLC膜を上回る血液適合性が得られたといえる。以上より，DLC膜表面へのカルボキシル基とアミノ基の導入量の最適化により，血液適合性の向上が可能となることが示唆された[7〜14)]。

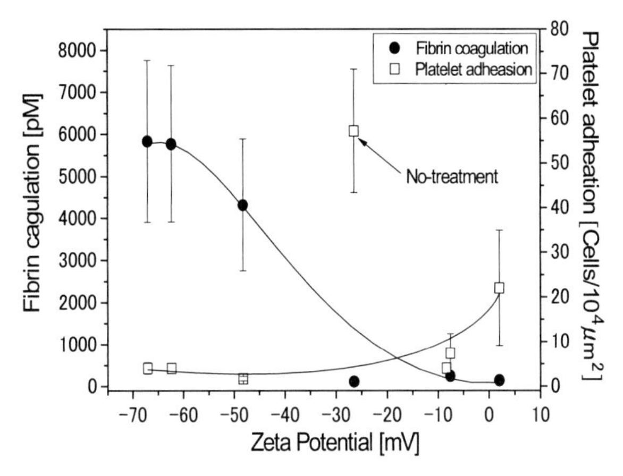

図6　DLC表面ゼータ電位と血液凝固系および血小板粘着系の依存性の関係

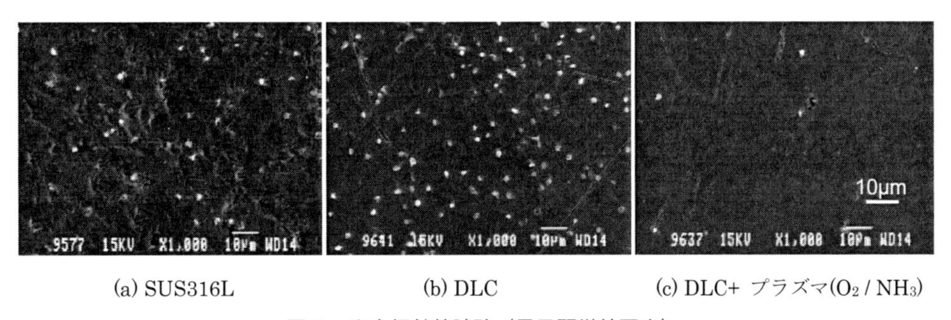

(a) SUS316L　(b) DLC　(c) DLC+ プラズマ(O_2 / NH_3)

図7　血小板付着試験（電子顕微鏡写真）

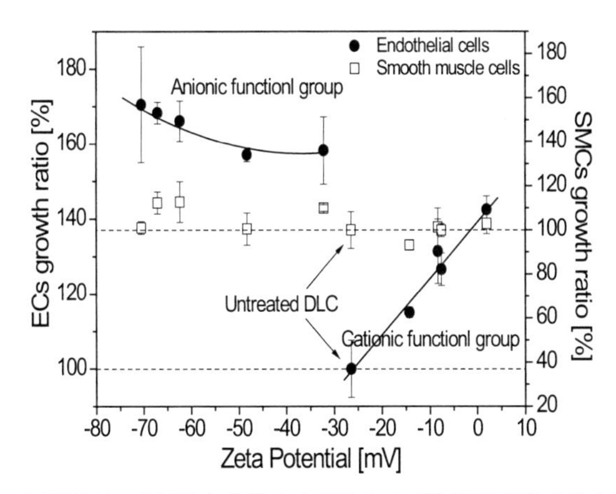

図8　DLC表面ゼータ電位と血管内皮細胞および平滑筋細胞の依存性の関係

図8はDLC膜表面のゼータ電位を可変させた場合の人冠動脈由来の内皮細胞（Endothelial Cells：ECs）および平滑筋細胞（Smooth Muscle Cells：SMCs）の増殖率を示す。このとき，未処理DLCを100%とし，各条件の増殖率を求めており，未処理DLC以外はすべてプラズマ表面

処理を行っている。図より，プラズマ表面処理を行ったDLC膜は，未処理DLCに比べ，すべての条件で高い内皮細胞増殖率を示していることがわかる。それとは対照的に，平滑筋細胞に対してはすべての条件で大きな変化はない。また，高い血液適合性を示すゼータ電位が0 mV付近の内皮細胞増殖率は140%である。すなわち，ゼータ電位が0 mV付近の両性イオン構造をしたDLC膜は血小板や凝固系適合性に加え高い細胞適合性を有することがわかる。以上の結果から，血管内皮細胞に対して高い適合性を有するバイオミメティックスDLC膜は見いだされ，次世代の冠状動脈ステントに応用できる可能性が示唆された[10~14]。

2.4 細管内面用の低温プラズマCVD法の開発と人工血管への適用

血管外科領域においては，血管疾患として動脈硬化や血管炎などが増加傾向にある。そのため，外科的治療として血管移植を必要とする症例も増加し，人工血管の需要が増加している。図9にePTFE（expanded-polytetrafluoroethylene）製の人工血管の例を示す。ePTFEは血液適合性が良好とされているが，直径が6 mm未満の小口径の場合は，吻合部の内膜肥厚による閉塞（開存率が悪い）という問題点があり，小口径への臨床応用に制限がある。これまでの研究では，DLC膜をシート状のePTFEへ被覆した場合，動物実験において，皮下組織における炎症反応の抑制が確認されており[15]，開存率の向上が期待される。しかし，細管内面へのDLCコーティング技術においては，現状，PBII（Plasma Based Ion Implantation）法[16]，MVP（Microwave sheath-Voltage combination Plasma）法[17]などが提案されているが，金属製の細管内面や短尺細管内面への成膜のみの検討であり，医療用小径長尺チューブ内面へのDLC成膜技術はほとんど報告例がない。

これら医療応用に向けた課題解決のために，交流高電圧バースト低温プラズマCVD（Chemical Vapor Deposition）法を用いたa－C：H（Hydrogenated Amorphous Carbon）膜の新たな成膜法を提案し，開発を試みている。この成膜技術の開発により，従来技術とは異なり，①DLC膜に展性を付加，②常温でコーティング，③管状物内面へのコーティングを可能とする。

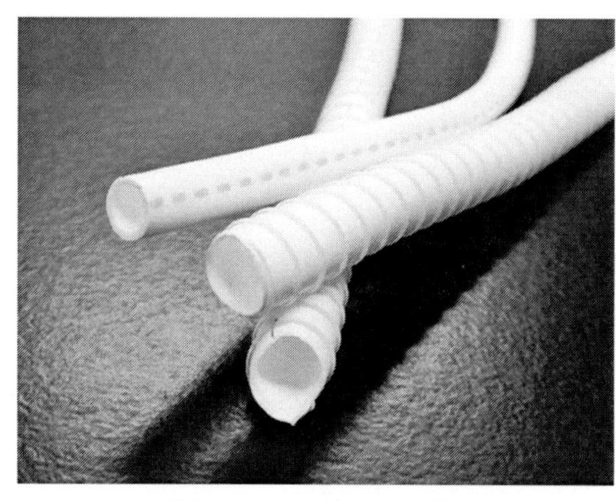

図9　ePTFE製の人工血管

これらの技術がすべて揃って，人工血管，カテーテル，人工心肺回路，透析回路などへの応用が現実となるため，医療への応用促進が期待される。

2.4.1　交流高電圧バースト低温プラズマ CVD 法の開発

細管内面用のプラズマ CVD 法として，交流高電圧バースト低温プラズマ CVD 法を用いた DLC 成膜装置を提案した。使用したプラズマ電源は電圧発生器と増幅器から構成され，電極を小径長尺チューブの一方のみに設置し，チェンバーを接地電極として電圧を印加した。また，入力電圧の値が大きくなるほど，成膜時に試料の温度が上昇するため，増幅器でバースト波形を形成し，温度上昇を抑える制御を行った。放電確認用としての試料には，医療用にも使用される安価なシリコンチューブを用い，内径が ϕ 4 mm，3 mm，2 mm，全長が各々 500 mm，1,000 mm，1,500 mm として，計 9 種類を準備した。臨床現場では人工血管として，ゴアテックス社製 ePTFE が用いられているが，多孔質構造であるため成膜した DLC 膜の分析が困難である。よって，成膜した a-C：H 膜の表面構造は，同一素材の PTFE 製チューブで代用し，ラマン分光分析装置を用いて解析した。

図 10 にアスペクト比 333（内径 ϕ 3 mm，全長 1,000 mm）の小径長尺シリコンチューブ内のメタン放電プラズマの様子を示す。放電の原理は至ってシンプルである。これはガイスラー管における管内のグロー放電と同じで，交流高電圧電源より電極に給電することで，チューブ内外の圧力差を利用し電極側からチューブ終端に向けメタンプラズマが生成されたと推察される。また，異なる材質の PTFE 製チューブや ePTFE 製人工血管についても同様に放電が確認された。さらに，アスペクト比 750（内径 ϕ 2 mm，全長 1,500 mm）のシリコンチューブ内でも放電が確認され，小径長尺チューブへのメタンプラズマ生成が可能となった。

2.4.2　細管内面 DLC コーティングの物性評価

図 11 に成膜時間の異なる条件で作成した PTFE チューブ内面（内径 ϕ 4 mm）の DLC 膜のラマンスペクトルを示す。(a)は未処理，(b)は成膜時間が 5 分，(c)は成膜時間が 20 分，(d)は成膜時間が 40 分の PTFE 内面のラマンスペクトルである。(b)，(c)，(d)の成膜条件は交流電圧 5 kV，周波数 10 kHz の一定とし，成膜時間のみを変えた。成膜時間が 40 分の場合，1,590 cm^{-1} 付近に G（Graphitic）ピークと 1,350 cm^{-1} 付近に D（Disordered）ピークが現れている。また，成

図 10　内径 3 mm，全長 1,000 mm チューブ内の放電

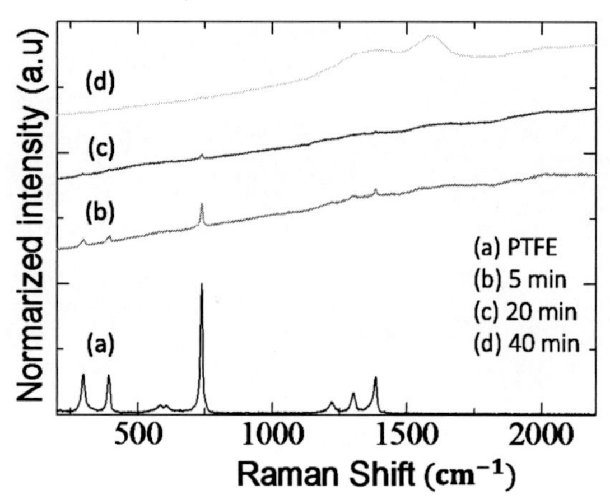

図 11　PTFE チューブ内面の DLC ラマンスペクトル

膜時間が短い場合は，膜が薄いため DLC 膜のラマンピークは検出されにくく，(b)のラマンスペクトルからわかるように PTFE が持つピークが現れている。DLC 膜は一般的に，1,550 cm^{-1} 付近を中心とするブロードなピーク（G ピーク）と 1,350 cm^{-1} 付近のショルダーバンド（D ピーク）を有する非対称なラマンスペクトルが観察されるため，本装置で成膜された膜は，DLC 膜であると示唆される。

また，DLC 膜の物理的な耐久性を評価するために，人工血管をダンベル形状に切断加工し，引張試験機を用いて評価し，電子顕微鏡を用いて歪個所を観察した結果，歪み率が 80% においても，膜の剥離は確認されなかった。これらの DLC コーティングの評価結果を受け，人工血管の物理特性に影響を及ぼすこともなく DLC 膜が安定していることが検証されたため，次の研究開発ステージである動物実験へと駒は進められた。

2.4.3　DLC 人工血管の動物実験

開発した交流高電圧バースト低温プラズマ CVD 法を用いて，ePTFE 人工血管（内径 ϕ 4 mm，全長 150 mm）の内面に DLC コーティングを施し，イヌの頸動脈人工血管置換術を施行，通常の ePTFE 人工血管と生体反応性の違いを比較検討した。図 12 に病理学的評価の結果を示す。

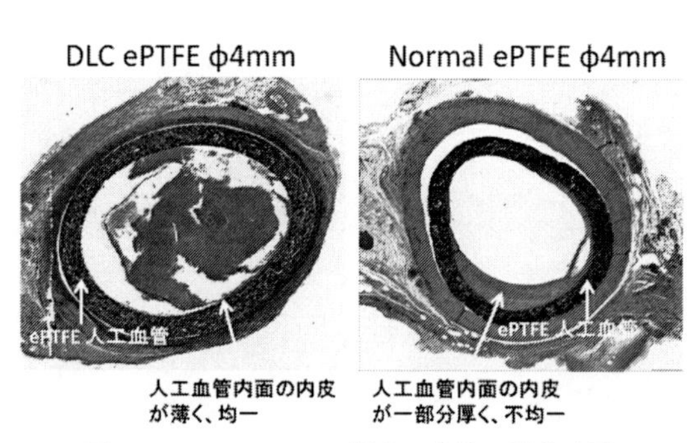

図 12　DLC - ePTFE 製人工血管の動物実験

DLCコーティングしたePTFEの方が非常に薄く均一な血管内膜が内面に張っているのがわかる。未処理のePTFEは内膜肥厚が不均一で一部内膜が解離（2つに割れた）している。内膜の解離性変化は急性閉塞の原因となるため，やはり小径の人工血管は臨床応用に限界があると考えられる。したがって，DLC膜は人工血管内の内膜形成に良い影響を与えることが示唆される。

DLCコーティングの予想競合技術は，ヘパリンコーティングが一般的とされるが，これはヘパリン起因性血小板減少症という致命的合併症とアレルギーのリスクがある。また，薬物と医療器具の融合に対する米国食品医薬品局（Food and Drug Administration：FDA）の基準が厳しくなっており，今後の医療機器開発では開発コストの増大が懸念されている。DLC膜に抗異常新生内膜形成性，抗血栓性，抗バイオフィルム形成性などでDLC膜の優位性が証明できれば，医療用コーティングの技術革新となるものと考えられる。

2.5　おわりに

先端医療機器は導入以来，海外メーカーがシェアの8割以上を独占している状態が続いており，優位性のない純国産の製品は未だ日の目を見ていない。この状況を打破するため，技術の粋を結集した産学官連携で取り組む「国際競争力のあるDLCコーティング医療デバイス」が，我が国において患者のQOLを向上させる医療機器開発の橋頭堡となることを念願している。

謝辞

本稿で概説した研究は，㈱日本医療機器技研　山下修蔵博士，トーヨーエイテック㈱　岡本圭司氏，東海大学　望月明教授，岡山大学　医学部藤井泰宏助教，大澤晋講師，内田治仁准教授，との共同研究の成果をまとめたものである。ここに謝意を表す。

文　　献

1）T. Nakatani, K. Okamoto, I. Omura and S. Yamashita, *J. Photopolym. Sci. Technol.*, **20**, 221 (2007)
2）中谷達行，窪田真一郎，山下修蔵，日本機械学会誌，**114**，745（2011）
3）山下修蔵，中谷達行，窪田真一郎，トライボコーティングの現状と将来シンポジウム予稿集，**5**（2014）
4）中谷達行共著，技術情報協会，308（2013）
5）Y. Nitta, K. Okamoto, T. Nakatani and M. Shinohara, *IEEE Transactions on Plasma Science*, **40**, 2073 (2012)
6）Y. Nitta, K. Okamoto, T. Nakatani, H. Hoshi, A. Homma, E. Tatsumi and Y. Taenaka, *Diam. Relat. Mater.*, **17**, 1972 (2008)
7）T. Nakatani, K. Okamoto, Y. Nitta, A. Mochizuki, H. Hoshi and A. Homma, *J. Photopolym.*

Sci. Technol., **21**, 225 (2008)

8) T. Nakatani, Y. Nitta, K. Okamoto and A. Mochizuki, 14th International Congress on Plasma Physics, 2 (2008)

9) T. Nakatani, Y. Nitta and K. Okamoto, Proc. 3nd International School of Advanced Plasma Technology, 31 (2008)

10) T. Nakatani, Y. Nitta, K. Okamoto and A. Mochizuki, *J. Photopolym. Sci. Technol.*, **22**, 455 (2009)

11) 中谷達行，新田祐樹，岡本圭司，静電気学会誌，**33**，148 (2009)

12) 中谷達行，岡本圭司，新田祐樹，望月明，*NEW DIAMOND*，**26**，64 (2010)

13) T. Nakatani and Y. Nitta, Wiley-VCH Verlag GmbH & Co.KgaA, 301 (2010)

14) A. Mochizuki, T. Ogawa, K. Okamoto, T. Nakatani and Y. Nitta, *Materials Science and Engineering C*, **31**, 567 (2011)

15) Y. Fujii, S. Ozawa, H. Uchida, T. Nakatani and S. Sano, XLIII Congress of the European Society of Artificial Organs (2016)

16) K. Baba and R. Hatada, *J. The Surface Finishing Society of Japan*, **52** (6), 449 (2001)

17) H. Kousaka, *J. Plasma Fusion Res.*, **90**, 76 (2014)

3　プラズマ照射／吸入による疾患の治療

平田孝道*

3.1　はじめに

大気圧下の空間もしくはガス流体中で非平衡プラズマを発生させる「大気圧プラズマ」などを駆使した液相中もしくは気相－液相界面反応場を利用した“新規プラズマ”の中でも「大気圧プラズマ」は，真空装置が不要であるために装置本体並びに処理に要するコストが低い，連続処理が可能であるために生産性が高いなどの特徴がある。近年，「プラズマ由来のオゾンや水中プラズマによる有害物質分解」[1,2]，「バクテリオファージ，バクテリア，並びに大腸菌の不活化」[3~5]などの滅菌・殺菌に関する研究の他に，ナノテクノロジー・バイオテクノロジー・メディカルサイエンスの多面性を必須とする複合新領域の開拓・発展から誕生した「プラズマ医療（Plasma Medicine）」が注目されている。例えば，「浮遊電極型誘電体バリア放電を用いた皮膚の改質・再生」[6]，「マイクロ放電プラズマを用いたバクテリアの不活化」[7]，「マイクロ放電低温プラズマを用いた創傷治癒」[8]，「低侵襲性アルゴンプラズマやヘリウムプラズマを用いた止血」[9]，「プラズマ方式分子導入装置を用いた細胞及び組織への遺伝子，タンパク質，医薬系低分子化合物の導入」[10,11]，並びに「プラズマ処理水（PAM）による卵巣がん細胞及び膵臓がん細胞のアポトーシス促進」[12,13] などは，プラズマを医療に応用した事例として注目されている。プラズマ科学，デバイス工学，表面・界面化学，生体分子学などの学際的分野を駆使した研究において，我が国は世界的なトップランナーとして躍進を遂げている。しかしながら，実用化を含めた応用展開は，欧米に比べて若干の遅れがあるというのが現状である。

3.2　大気圧プラズマの医療応用

3.2.1　プラズマ照射／吸入による疾患治療

前述の世界的研究動向を踏まえながら筆者らは，医療分野において注目されている大気圧ヘリウムプラズマ源を用いた生体組織・細胞への直接照射による脂肪組織の溶解[14]，創傷・火傷治癒[15~17]，並びにプラズマ吸入による心疾患（心筋梗塞）の緩和治療[18]を行っている。特に，イオン種，活性種，中性分子を含む大気圧流を生体に直接吸入させる方法，すなわち「プラズマ吸入法」は筆者らのグループが世界に先駆けて独自に考案したものである。

3.2.2　一酸化窒素と生体活性

プラズマ中には，数多くの中性分子，イオン種，ラジカル種が存在する。特に大気を用いた場合，酸化窒素化合物が生成される。中でも一酸化窒素（Nitric Oxide，NO）は，窒素と酸素からなる無機化合物であり，不対電子を有するフリーラジカル，半減期は3～6秒程度，常温で無色・無臭，水に溶けにくいという性質を有する。一方，過剰なNOの産生は，自己免疫疾患，リウ

---

*　Takamichi Hirata　東京都市大学　大学院工学研究科　生体医工学専攻；
工学部　医用工学科　教授

マチ性関節炎，糖尿病，心臓血管系虚血，脳虚血などの様々な疾病を誘発する恐れもあることが明らかになっている。近年注目されているNO吸入療法は，薬物治療や呼吸管理などの従来治療法では救命が困難である重症呼吸不全に対して劇的な効果を示す新しい治療法である[19]。「血流調整因子」である内皮細胞由来弛緩因子（Endothelium-Derived Relaxing Factor，EDRF）の主要物質がNOであることが1987年に判明し，生体内で起こる様々な現象にNOが重要な役割を果たしていることが明らかになった[20~22]。1991年，肺高血圧の羊を対象とした実験でNO吸入が選択的に肺動脈の血管平滑筋を弛緩させ，肺血管を拡張する作用のあることが証明され，「NO吸入療法」の臨床応用が開始された。この手法は，新生児の新生児遷延性肺高血圧症（出生直後から何らかの原因によって肺動脈の血管抵抗が下がらずに，重篤な肺高血圧が持続する病態）や原発性肺高血圧症（心臓から肺に血液を送る肺動脈の血圧が高くなることにより，心臓と肺の機能に障害を引き起こす病気であり，原因は不明）の治療，開心術後の心臓の負荷軽減などに利用される。

3.2.3 プラズマ吸入による心筋梗塞の緩和治療

筆者らが行ったプラズマ吸入による心筋梗塞の緩和治療に関する実験・評価によれば，心筋梗塞モデルラットにおける血流量の変動，つまり経皮的動脈血酸素飽和度（Saturation Pulse Oxygen，SpO_2：動脈血中の酸素と結合しているヘモグロビンの割合）の時間変動を示したもの計測した結果，Heガス吸入の場合にはSpO_2に変化は殆どみられなかったが，プラズマ吸入の場合にはSpO_2が83%から97%に増加する傾向がみられた。SpO_2改善の理由としては，血管拡張による酸素濃度の増加によるものと考えられ，プラズマ吸入が心内膜虚血に起因した心臓機能低下による血流量の減少を改善できる可能性があることが示唆された。さらに，ラットの大動脈内血圧及びNO濃度の時間変動を計測した結果，プラズマ吸入では血圧の降下と血液中NO濃度が増加傾向を示すことが判明した。比較のために行なった高濃度NOガス吸入においても血圧の降下がみられ，一般的に報告されているNOによる血管拡張作用に起因した血圧降下が計測された。ゆえに，プラズマ吸入と高濃度NOガス吸入では，同様の血圧変動がみられたことから，プラズマにより発生したNOに起因した血圧降下であると考えられる。プラズマ吸入終了後にもNO濃度が増加しているため，肺から吸収されたNOだけではなく，肺胞内の肺上皮細胞もしくは血管内皮細胞のNO合成酵素（Nitric Oxide Synthase，NOS）で産出された内因性NOも大きく寄与しているものと考えている[18]。ここで，NOSはNOの合成に関与する酵素であり，アミノ酸であるL-アルギニン（L-Arg）からL-シトルリン（L-Cit）とNOを合成する代謝反応に関与する酵素である。

3.2.4 低酸素性脳症モデルラットへのプラズマ吸入による脳組織の保護及び再生

ここでは，虚血性脳疾患の中でも窒息や狭窄により発症する低酸素性虚血性脳症（Hypoxic-Ischemic Encephalopathy，HIE）に注目した低酸素性脳症モデルラットへのプラズマ吸入による脳組織の保護及び再生を目的とした実験・評価について紹介する。一般的に，心筋梗塞（虚血性心疾患の1種であり，心臓の筋肉細胞に酸素や栄養を供給している冠動脈血管に閉塞や狭窄な

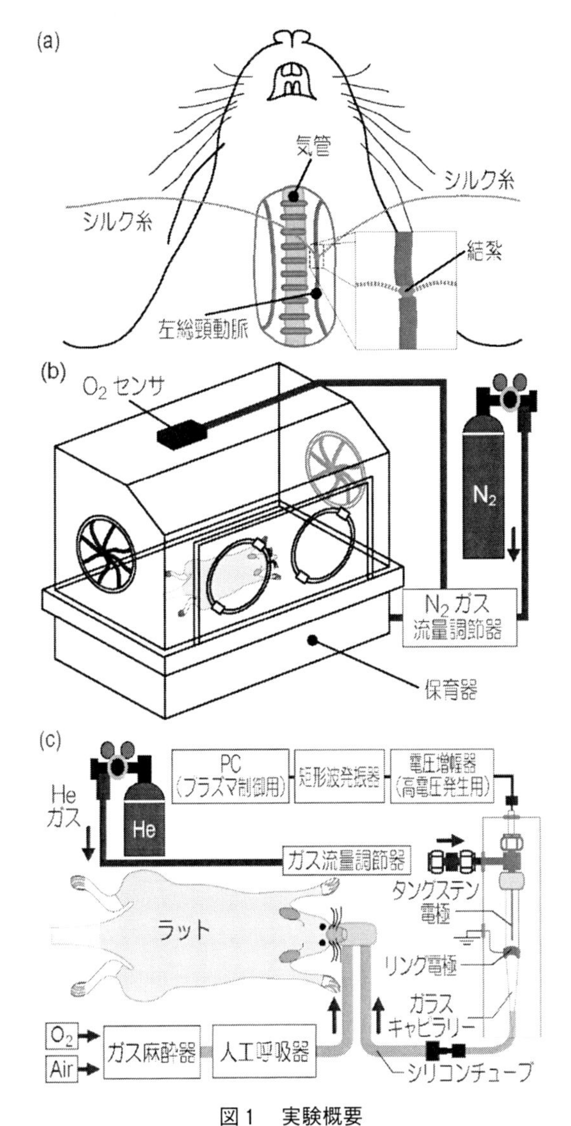

図1　実験概要
(a) HIE モデルラット作製，(b)保育器による低酸素暴露，(c)プラズマ吸入実験概要

どが起きて血液の流量が低下し，心筋が虚血状態となって壊死してしまった状態)，心停止，窒息などにより引き起こされる HIE は，全身への血液循環不全に起因した低酸素・虚血による刺激への異常反応，痙攣，意識障害などの脳神経障害を起こす異常の総称であり，脳低体温療法や人工呼吸管理などの処置方法はあるが，抜本的な治療法がない。

HIE モデルラットの作製，保育器を用いたラットの低酸素暴露，並びにプラズマ吸入実験の概要を図1に示す。ラット（種：Wister，生後：6～7日）を用いて，ガス麻酔下で左総頸動脈の結紮を行い（図1(a))，図1(b)に示す保育器（酸素濃度：8％）内に2時間曝露した後，通常の飼育を行った。さらに，プラズマ吸入に用いた実験装置の概要を図1(c)に示す。プラズマ発

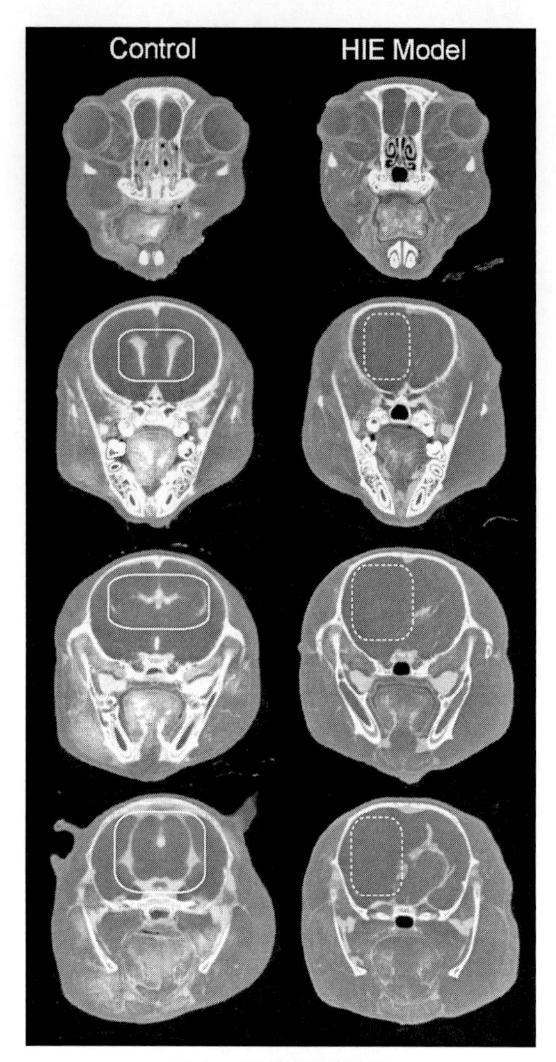

図2　CT 断層撮影画像
（左）未処理，（右）HIE モデルラット

生装置本体は，火傷治療に用いたプラズマ源と同様に，ガラスキャピラリー内にタングステン線を導入し，外部に筒状グランド電極を設置した同軸状構造である。プラズマ発生条件は，印加電圧：8 kVpp，周波数：3 kHz であり，ヘリウム（He）ガス流量：1 L/min，プラズマ照射時間：90 秒である。イオン種及びラジカル種を含むプラズマは，ガラスキャピラリー先端に接続したシリコンチューブ（長さ：L＝1,000 mm）を介してガス麻酔器（笑気：亜酸化窒素（N_2O），セボフルラン，並びに酸素（O_2）の混合ガス）及び人工呼吸器から出る気体と混合させてから直接吸入処理を行った。生後 6 週目を経過した時点において，血管造影剤（イオパミロン）を心腔内へ投与した後，X 線 CT により脳血管の断層撮影，並びに摘出した脳の目視観察を行なった。CT 断層撮影診断には，実験動物用 X 線 CT（日立製作所製，Latheta LCT-200）を用いた。

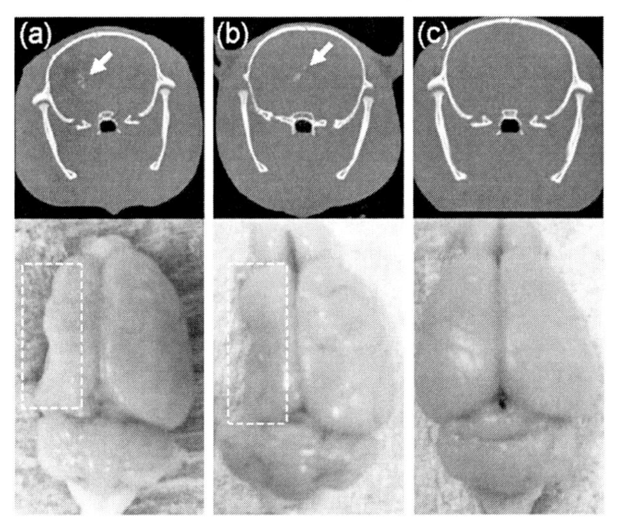

図3　吸入処置を施した後に摘出したラット脳の写真及びCT画像
(a)コントロール，(b)He：N_2O：O_2＝1 L/min：3 L/min：1 L/min,
(c)PLASMA：N_2O：O_2＝1 L/min：3 L/min：1 L/min

未処理及び低酸素性脳症モデルラットの脳血管CT断層撮影画像を図2に示す。通常，脳血管は左右が対称（図2内の実線枠）であるのに対して，モデルラットの場合には左右の対称性が失われている（図2内の点線枠）。さらに，脳浮腫（脳の間質組織の含水量が異常に増加した状態。脳出血，脳梗塞，脳腫瘍，脳外傷部位の周辺部にみられる）に相当する空間及び血管奇形が確認されている。

各種吸入処置を施した後に摘出したラット脳の写真及びCT画像を図3に示す。白い点線は浮腫によって萎縮した部分であり，白い矢印はCT像に出現した高吸収域（High Density Area）を示している。一般的なCT画像において，脳より白く写る部位を高吸収域（High Density Area），黒く見える部位を低吸収域（Low Density Area）と呼ばれている。高吸収域となる病気は石灰化，血腫，腫瘍などがあり，低吸収域となる病気は脳浮腫，脳梗塞，腫瘍，脂肪，空気などがある。図3(b)に示すようなHeガス／N_2O／酸素を吸入させた場合（He：N_2O：O_2＝1 L/min：3 L/min：1 L/min）には，コントロール（図3(a)）と同様に浮腫などに起因した高吸収域が拡大する傾向がみられた。

N_2O／酸素の混合気体が肺から吸収されて血液循環により脳に到達した場合，虚血の再灌流における急激な酸素の供給はO_2^-を発生させ，虚血部位に存在するNO（元来，脳細胞内のNOSから生成されるNO）はO_2^-と速やかに反応してペルオキシナイトライト：$ONOO^-$に変化して細胞毒性を呈する（$NO+O_2^- \rightarrow ONOO^-$）。すなわち，NOの活性は虚血部位における酸素分圧の影響を大きく受ける。さらにヒドロキシラジカル（OH）が発生するためにより重篤な障害を助長する可能性がある。したがって，脳虚血は細胞レベルの組織障害を引き起こすのみならず，急激な脳への酸素供給はスーパーオキシド（OZ）などの活性酸素を多く発生させてさらなる障害を進行させる[23]。

一方，プラズマ／N_2O／酸素を吸入させた場合（PLASMA：N_2O：O_2＝1 L/min：3 L/min：1 L/min）においては，脳の形状及び血管は左右が対称であり，高吸収域もみられなかった（図3(c)）。一般的に，虚血部位の脳細胞が全て短時間で死滅するとは限らない。脳血管閉塞により虚血侵襲が加わった脳では，短時間のうちに梗塞に陥る虚血中心部と，血流は低下するが直ぐには梗塞に陥らないペナンブラという領域が存在する。ここで，ペナンブラとは脳梗塞において早期に血流が再開すれば正常に戻る可能性が高い領域のことである。つまり，脳が虚血に陥った場合，閉塞した血管の支配領域（中心部）では直ぐに梗塞となる。一方，周辺部は機能不全の状態ではあるものの，細胞がまだ生存しているので血流を再開させれば正常に戻ることが可能である。プラズマ吸入により得られたNOに起因した血管拡張による血圧降下は心臓のみならず，血液循環によって脳にも影響を与える。つまり，NOがEDRFとしての作用を有するため，心臓や肺のみならず血液循環経路に位置する脳の血流量調節に関しても深く関係している[24]。特に，NOSの中で血管内皮型NOS（eNOS）が欠損したマウスでは脳虚血病態において虚血辺縁部の血流低下により梗塞領域が拡大するという研究結果が報告されている。すなわちこの結果は，eNOSの活性状態を保持もしくは促進させることで脳虚血の病態を改善させることが可能であるということを示唆している[25]。一方において，N_2Oに関しても特異な性質がある。N_2Oによる麻酔（笑気吸入鎮静法）は，医療用ガスの一種であるN_2Oと医療用酸素を用いた全身麻酔であり，鎮痛効果が強いという利点があるために他の麻酔薬（筆者らのグループによる実験においては，セボフルランを使用。）と併用して鎮痛効果を高める麻酔補助薬として有効である。主に，単独では歯科麻酔及び無痛分娩に用いられる。最近の研究により，N_2Oが生体に与える影響について徐々に明らかになってきた。例えば，気管支ブロッカー（肺癌，食道癌，胸部大動脈瘤などの開胸を必要とする手術の際に分離肺換気を目的として用いるものであり，気道確保のために経口，経鼻又は気管切開にて挿管される各種チューブに接続させて使用するものである。）を使用した呼吸器外科手術の場合，開胸後5分後において100％酸素吸入に比べて50％ N_2Oで肺に吸入した方が肺虚脱（気胸ともいい，気管支が詰ったり，肺が圧迫されて空気を取り込めなくなった状態。突然の胸痛，乾いた咳，呼吸困難などの症状が現れる。）を促進し，さらにN_2O／O_2混合気体では動脈血の酸素化に有害な影響を及ぼさないと述べている[26]。つまり，筆者らの実験結果からも示唆されているように，同種の窒素酸化物でも血中酸素に影響を与えるものと，与えないものとが存在するため，NOを含むプラズマの吸入が生体（特に，生理活性）に対して良い効果を与えているものと考えられる。以上の結果より，NOなどの窒素酸化物を含むプラズマ吸入が救命救急治療における初期段階において有効な手段と成り得ると考えている。

3.3　おわりに

プラズマを用いた細胞内因子の活性化メカニズムについては，生体組織及び生体へのプラズマ照射実験による基礎データーの構築と，プラズマ理工学，分子生物学，シグナル制御を含む異分野間を横断的に網羅した学術的取り組みが重要である。特に，この分野の基盤確立は，日本における再生医療を含めた医学産業の現状を活性化して国際競争力強化に直結する新産業創出の可能性を秘めているといえる。

謝辞

本稿にて紹介した研究は，文部科学省科学研究費補助金新学術領域研究（研究領域提案型）「プラズマによる細胞／組織の活性化・改質及び再生医療への応用展開」の主体研究の一環として行ったものである。本稿の研究成果において，共同研究者：森晃先生（東京都市大学　工学部　医用工学科　教授），小林千尋先生（東京都市大学　工学部　医用工学科　講師），岩下光利先生（杏林大学　医学部　産婦人科　教授），故金井孝夫先生（東京女子医科大学），工藤美樹先生（広島大学　医学部　産婦人科　教授），並びに学生：脇田諭氏，渡邊寛輝氏，松田清香氏（東京都市大学　工学部　医用工学科／大学院　工学研究科　生体医工学専攻）に深謝いたします。

文　　献

1) N. Takahashi *et al.*, *Water Res.*, **28**, 1563 (1994)
2) 米澤彩子ほか，静電気学会誌，**35**，31 (2011)
3) H. Yasuda *et al.*, *Plasma Process and Polym.*, **7**, 301 (2010)
4) T. Sato *et al.*, *Appl. Phys. Lett.*, **89**, 073902 (2006)
5) S. Ikawa *et al.*, *Plasma Process and Polym.*, **7**, 33 (2010)
6) G. Fridman *et al.*, *Plasma Process and Polym.*, **5**, 503 (2008)
7) T. Shimizu *et al.*, *New J. Phys.*, **13**, 23026 (2011)
8) G. Isbary *et al.*, *Clinical Plasma Medicine*, **1**, 25 (2013)
9) J. Kim *et al.*, *Plasma Medicine*, **5**, 99 (2015)
10) Y. Sakai *et al.*, *J. Biotechnol.*, **121**, 299 (2006)
11) M. Jinno *et al.*, *Jpn. J. Appl. Phys.*, **55**, 07LG09 (2016)
12) S. Iseki *et al.*, *Appl. Phys. Lett.*, **100**, 113702 (2012)
13) N. Hattori *et al.*, *Int. J. Oncol.*, **47**, 1655 (2015)
14) T. Hirata *et al.*, *Jpn. J. Appl. Phys.*, **50**, 08021 (2011)
15) 筒井千尋ほか，静電気学会誌，**35**，20 (2011)
16) 筒井千尋ほか，静電気学会誌，**36**，235 (2012)
17) T. Hirata *et al.*, *Jpn. J. Appl. Phys.*, **53**, 010302 (2014)
18) C. Tsutsui *et al.*, *Jpn. J. Appl. Phys.*, **53**, 060309 (2014)
19) 公文啓二編著，一酸化窒素吸入療法，メディカルレビュー社 (1999)
20) R. F. Furchgott, *Angew. Chem. Int. Ed.*, **38**, 1870 (1999)
21) F. Murad, *Angew. Chem. Int. Ed.*, **38**, 1856 (1999)
22) L. J. Ignarro, *Angew. Chem. Int. Ed.*, **38**, 1882 (1999)
23) A. Sakamoto *et al.*, *Brain Res.*, **554**, 186 (1991)

24) R. G. Gordon *et al.*, *Glia*, **55**, 1214 (2007)
25) Z. Huang *et al.*, *J. Cereb. Blood Flow Metab.*, **16**, 981 (1996)
26) T. Yoshimura *et al.*, *Anesth Analg.*, **118**(3), 666 (2014)

4　高電圧・プラズマ技術の農業・水産分野への応用

高木浩一*

4.1　はじめに

狩猟・採集・魚労などを行いながら小集団で移住生活していた人類にとって，大集団・定住生活を可能にしたのが農耕となる。農耕と畜産を合わせた一連の生産活動が農業であり，これを支える学問が農学となる。人の安定した生活を支えるため，農業技術は大きく進歩してきた。日本の農家の1人当たりの生産は1960年の3.5トンから25トンと，40年間で約7倍増加した[1)]。しかしながら課題も多い。例を挙げると，日本の食料自給率は2011年のカロリーベースで39%と，カナダ223%，アメリカ130%，フランス121%，韓国50%と比較しても低い水準で，生産額ベースでも66%と低い[2)]。農業従事者の後継者不足も懸念事項で，1960年の1,200万人から年々減少しており，現在は200万人を切っている[1)]。収穫後のフードサプライチェーンでも課題がある。例えば，日本は食料の輸入が多いことに加え，平均輸送距離も他国と比べて大きく，フードマイレージ換算で約7千t・km/人と，韓国やアメリカの約3倍，フランスの約9倍である[2)]。また食料破棄の最も大きな理由として，鮮度劣化および腐敗があり，全体の6割を占める[3)]。このため，日本における農業の生産性の向上や，農業収穫物など生鮮食品の長期間の鮮度・品質維持，また輸送コストの削減は，日本の農業やフードサプライチェーンにとってたいへん重要となる。

電場や放電プラズマが植物の生育に及ぼす影響については，科学技術が発達する前から経験的に知られていて，系統的な研究も18世紀より行われている[4,5)]。近年では，品種改良における電気泳動や細胞融合，電気穿孔法によるDNAの注入，農薬の静電散布などの技術に加え，植物の発芽および生長速度の制御，担子菌（きのこなど）での子実体形成促進，培地の殺菌，鮮度保持の研究が進んでいる[6)]。ここでは，これまでの高電圧やプラズマの農水食分野への応用の歴史について述べ，その後，近年研究開発が進められているトピックなどを紹介する。

4.2　農水食分野への高電圧プラズマ利用の歴史

表1に，農業における高電圧やプラズマの利用と可能性について示す[7)]。農業における利用は，播種や育苗，果実収穫の段階までの収穫前（Preharvest）と，収穫後に鮮度を維持した状態で輸送を行う，乾燥などの一次加工を行う収穫後の段階（Postharvest）に分けられる。本項では，これまでの高電圧やプラズマの農業応用事例の歴史について振り返るとともに[8)]，いくつかの実用化事例について簡単に解説を加える。

高電圧・プラズマ技術の農業利用の研究は，もともと電磁界，空気イオンが生物に及ぼす影響の研究に端を発している。これらは国内では1992年に重光・中村によってとりまとめられている[9)]。この中では，自然電磁環境と生物との関係や，人工電磁界やイオンの発生装置，電界・磁界・空気イオンの動植物への影響について解説している。その後，岩元らは電磁場を含む非熱効

＊ Koichi Takaki　岩手大学　理工学部　電気電子通信コース　教授

表1　農業における高電圧・プラズマ応用

・播種・育苗技術　電場による発芽促進・苗の生育促進
・防除技術：静電散布，除草
・受粉技術：静電受粉
・菌類の増産技術：キノコ類への電気刺激による増産
・殺菌技術：水耕養液のプラズマによる殺菌　Preharvest ↑

・選別・分級技術：静電選別，静電分級　Postharvest ↓
・乾燥技術：イオン風による乾燥促進
・集塵技術：農業施設内の除塵
・冷凍・冷蔵技術：電場による品質劣化防止

果の生物への影響についてまとめている[10)]。その中では，農学への工学技術利用の観点から，電界による種子発芽，植物生育促進，細胞操作や高電圧パルス殺菌，静電散布，空気イオンによる植物生育について詳細に述べられている。ここで紹介されている研究は，現在活発に行われているプラズマの農業・食料産業への応用研究の基礎をなすものが多く含まれている。プラズマ核融合学会では，学会誌75巻6号に「放電・プラズマ・電磁界を応用した生物学・農学的研究」として小特集が組まれ，放電・プラズマを応用した殺菌，電界・空気イオン・放電の植物影響，放電による雑草防除，高電界の動物影響，農薬散布システム，霧対策・悪臭対策について解説されている[11)]。

直流電界に作物を暴露し，収量の増加を試みる研究は既に18世紀中頃から20世紀初頭に行われている[5)]。国内では渋澤と柴田が1927年に論文を発表している。彼らは8種類の作物を用い，交流（50 Hz），高周波（130 kHz），直流高電圧を植物体上部の網電極に印加し，ソバ，タバコで生長促進効果を確認している[12)]。その後，1980年代に入って菅沼と中山が直流送電線下の植物の生長の研究を行っている[13)]。この分野は，植物の電気生理学的興味から行われるか[14)]，電力会社の送電線の影響調査の色合いが濃い。農業と名打った論文は1984年の白の論文[15)]まで待たなければならない。農業用の薬剤散布実験は，1944年にWilsonがダストの研究を行ったのが最初で，その後，Hampe，Bowenらにより高電圧で帯電させることで付着効率は増加することが報告されている[16~18)]。高電圧による雑草防除は，1970年代にソビエトで行われたものが最初で[19)]，日本では名倉らがポータブル型と自走式の装置で実験を行い，2 Jの放電エネルギーで50 cmの大型雑草，0.3 Jで50 mmの小型雑草の除去に成功している[20)]。

これまで高電圧・プラズマ技術は電気泳動，電気穿孔などに活発に利用され農業に貢献しているが，直接的な農業の場においては実用化されている場面は少ない。成功例のひとつは静電農薬散布であり，有光工業とやまびこ（旧共立）から誘導帯電式の静電ノズルが販売されている。また，静電選別も実用化されている技術のひとつである。農業関係では茶の木茎分離に利用されており，高水分の木茎と低水分の茶葉の導電率の差を利用して選別する[21)]。茶葉の選別には静電誘導による方法と摩擦帯電による方法が一般的に用いられている[22)]。キノコ増産装置も実用化されているプラズマ技術である[23]。電界に起因するクーロン力や誘電分極などによる力で菌糸が動かされ，一部は断裂などの損傷を受ける。損傷による刺激は膜状菌糸やキノコ原基の形成などを引き起こし，子実体の形成促進が起こる[24]。水産分野では，誘電加熱による殺菌[25]，通電解凍[26]，オゾンによる水槽の殺菌[27]，電気燻製，品種改良において，高電圧および静電気の技術が用いられ，すでに製品として販売されている。近年では，冷蔵庫や冷凍庫内に電場を印加することで魚介類の鮮度を長持ちさせる，また解凍時のドリップを減少させる製品も，数社から販売されている[28]。

前述の技術以外では，プラズマ技術は農業の場においては製品化まで至っていない。製品化できない理由のひとつに農業の場の特殊性がある。農業は工業と違い生産環境が一定でなく，気象，水環境，土壌環境が大きく異なる。このため高電圧・プラズマを農業の場で実用化する場合，環境制御が行われている施設栽培，植物工場への導入が有効となる[8]。また，比較的環境変動の少ない屋内で行われ，装置も定置式になるポストハーベスト技術への応用も期待できる。この状況を踏まえ，高電圧やプラズマの環境制御が容易な環境におけるプレハーベストでの応用，ポストハーベストでの応用について，以下に述べていく。

4.3　プラズマ照射による発芽制御

電気刺激に対する植物の反応は，①電流の方向と無関係に植物固有の運動をする傾電性，②電流に対して一定方向に屈曲が起こる屈電性や，③電界や荷電粒子により発芽時期や生育速度が変わるなどがある[5]。一例として，図1に，水を含ませた脱脂綿上のカイワレ大根（アブラナ科）種子に，数秒程度放電印加による刺激を行い，1日放置した後の発芽の様子を，刺激なしのものと比較したものを示す[29]。電気刺激により，発芽が早まっている様子が写真からもわかる。図2に，シロイヌナズナ（アブラナ科）種子に対するパルス放電印加による発芽率の変化を示す[30]。電極間隔を2 mmとして5 kVで充電したケーブルで放電を生成し，空気雰囲気の湿潤状態で12分，28分，60分処理したときの栽培時間と発芽率を調べている。ここでcontrolは放電処理をしていない種子を示している。75時間の結果を見ると，controlに比べて放電時間12分の発芽率は高く，放電時間28分の発芽率は低くなっている。また，放電時間60分では種子が発芽する

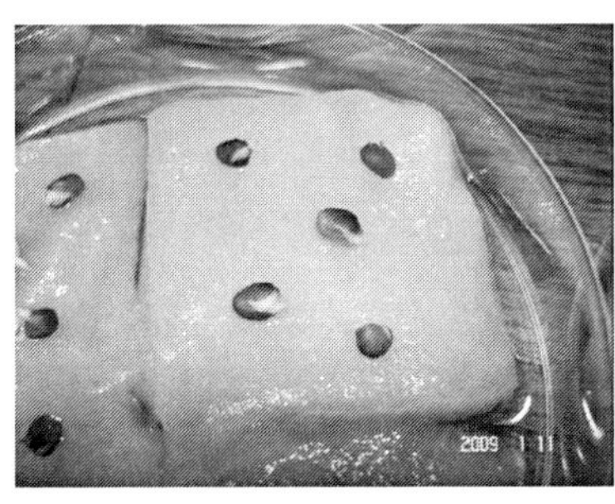

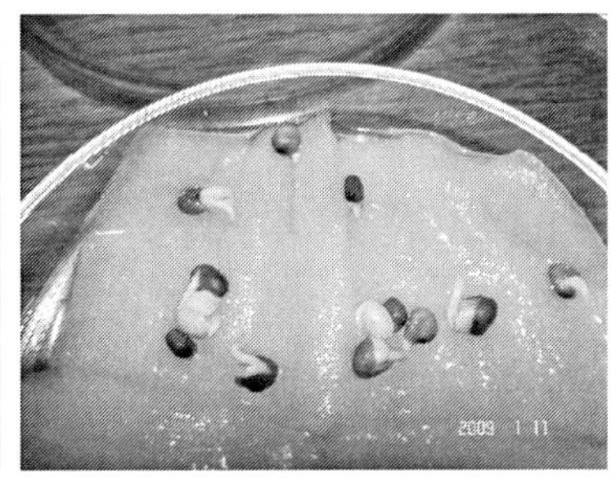

図1　電気刺激の有無によるカイワレ大根の発芽の比較
（左：プラズマ照射なし，右：あり）[29]

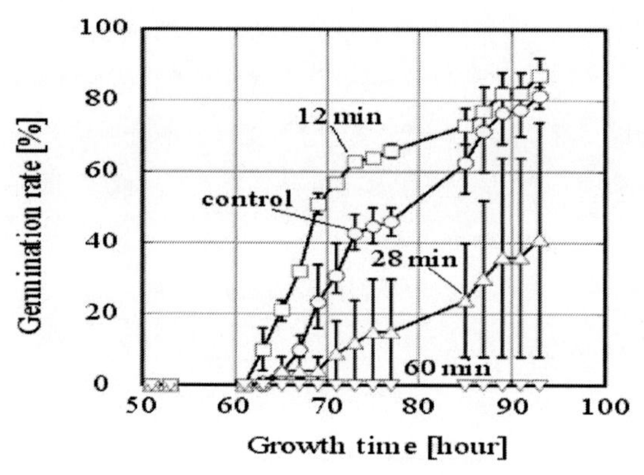

図２　パルス放電処理時間を変化させたときの栽培時間と発芽率の関係[30]

ことはなかった。このことから，植物種子に放電を適度な時間暴露すれば発芽は促進され，放電を過度な時間暴露すれば発芽は抑制されることがわかる。これらの効果は，グラジオラスなど，多くの種類での報告がある。メカニズムとしては，雰囲気ガスを変えると効果に大きな開きが出ることから，放電で生じた硝酸系イオン（NO_2^-，NO_3^-）や活性酸素種により植物性ホルモンであるアブシジン酸の分解や，細胞内での転写の活性化が誘導され，発芽が促進されると考えられる[5,31]。

4.4　水中プラズマを用いた植物の生育促進

植物の生長促進への高電圧およびプラズマの利用は，①植物生育場の大気環境改善，②土壌や液肥などの培地の環境改善，③植物への直接による活性化に分けられる。高電圧やプラズマの効果として，培地やハウス内の病原菌や生長阻害菌の不活性化や，植物そのものに作用して生長速度を変えるものがある。生長阻害菌や植物に作用するものも，電界や電流，高電圧によって生じたイオン（O_2^-，NO_2^-，NO_3^-など）や化学的活性な粒子（OH，O，N，O_3，H_2O_2など）などがある[5]。

植物が伸びている環境に高電圧を印加すると，植物の先端などにコロナ放電が発生し，電流が流れる。これらは電流の大きさによって，植物の生長に異なる影響を与える。一般に，10 μA 以上では植物体および葉の破壊が起こる。10 nA～1 μA では，イオンによる乾燥などの影響で，葉の障害や生育の抑制などの負の効果が表れる。10^{-15} A～1 nA では，成長促進や青果物の収量増加などの正の効果が表れ，10^{-16} A 以下では効果は表れない[4]。日本でも，澁澤らによって1920年頃，トウモロコシ，ソバ，えんどう，小麦，ごぼう，大豆，ネギ，大根などに，21 kV の交流電圧を，植物の先端から 25 cm 離して，1日4時間程度印加して，1～8割程度の増収を報告している[12]。電気栽培に関する様々な試みがなされ，適度な電界で生長が促進されることなどが報告されている。白らは，トマトの成長点付近に，+18 kV の直流高電圧を印加し，イオン濃度を 14×10^6 cm^{-3} とすることで，比較区の収量 49 kg に対して，139.4 kg と，285%の増

図3　プラズマ照射時間を変えた時のコマツナの生長の変化
（左から，照射なし，10分照射，20分照射）[32]

収となることを報告している[15]。

液肥や土壌などの培地にプラズマを照射することで，イオン（O_2^-，NO_2^-，NO_3^-など）や化学的活性種（OH，O，N，O_3，H_2O_2など）が発生し，培地に入りこむ。これらの一部は，植物の生育を促進または抑制する働きがある。一例として，図3に，コマツナの栽培のために循環させる水（蒸留水）に，磁気圧縮型のパルス電源を用いて，毎日10分もしくは20分ほど水中プラズマを発生させ，コマツナの生育を比較したものを示す[32]。栽培期間は28日である。栽培は赤玉土壌で行い，肥料は鶏糞である。図より，水中放電により，生育が促進されていることがわかる。28日間の栽培後収の乾燥重量を比較した結果，比較区の0.011 gに対して，10分間および20分間のプラズマ照射で，それぞれ0.044 gおよび0.076 gとなる。これらは比較区の3.9倍および6.6倍の収量増加に相当する。放電で水中に発生する硝酸イオンは，10分間および20分間の照射に対して0.65 ppmおよび1.6 ppmであった。

図4に，コマツナを28日間栽培した後の葉の葉緑素の窒素濃度を，色素計によりSPAD（Soil and Plant Analyzer Development）値として評価したものを示す。葉に含まれる窒素含有量が，プラズマ照射により増加する様子が確認できる。硝酸イオンは，一般に窒素系肥料として，植物の根より吸収される。吸収された窒素イオンは葉まで移動して葉緑素の働きを強め，その結果，光合成が活発になり，生育が促進されることがわかる。図5に，硝酸イオンを放電で発生する量と等量の濃度で水に混ぜ込み，プラズマを印加したものと同様に栽培したときの生長の様子を示す。プラズマにより生成される硝酸イオンと等量の硝酸を与えることで，生長速度はプラズマ照射時とほぼ等しくなる。このことより，プラズマで生成された硝酸イオンが生長促進に寄与したことがわかる。またプラズマを照射することで，水中の一般生菌数も，対数値で5.72 CFU/mLから1.85 CFU/mLと大きく減少した。これはプラズマ照射により，植物の病気に対するリスク

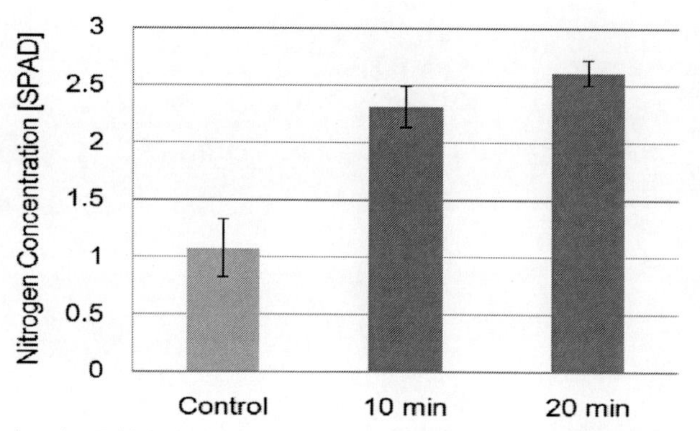

図4　プラズマ照射時間を変えた時のコマツナの葉緑素中の窒素含有量の変化[32]

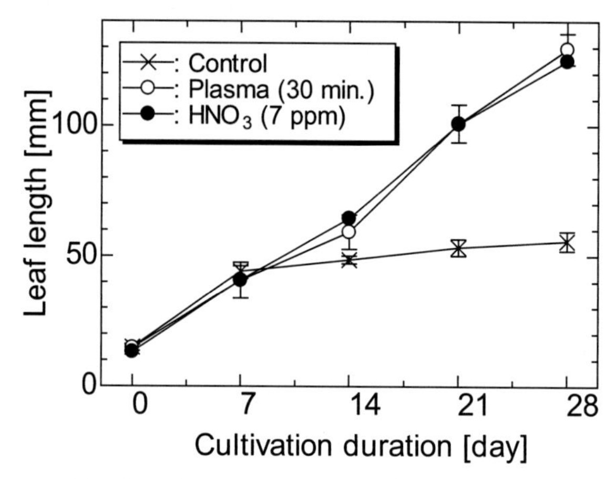

図5　硝酸を添加時のコマツナの生長の時間変化[32]

を軽減できることを示している[32]。

4.5　担子菌の子実体形成―キノコ生産性向上

きのこの増産に高電圧を用いる技術開発も，古くから研究開発が行われている。図6に，電圧印加前後の，きのこ菌糸の変化の様子を示す。菌糸に電界が加わると，菌糸の内部が負電位を持つためクーロン力や，誘電分極などによる力がかかる。このため，菌糸が動き，その一部は木の繊維との間のせん断応力などにより，断裂など損傷を受ける（矢印部）。これらはキノコへの刺激として働き，膜状菌糸やキノコ原基の形成などを引き起こす。このメカニズムについては，菌糸が分泌する疎水性タンパク質（ハイドロホビン）の，ポリメラーゼ連鎖反応（PCR）を用いた解析などで確認できる[24]。

キノコ菌糸が十分に成長したホダ木や菌床（おが粉を固めたもの）にパルス電圧を印加することで，上記のメカニズムで子実体（キノコのかさ）形成を促進できる。図7に，シイタケのホダ

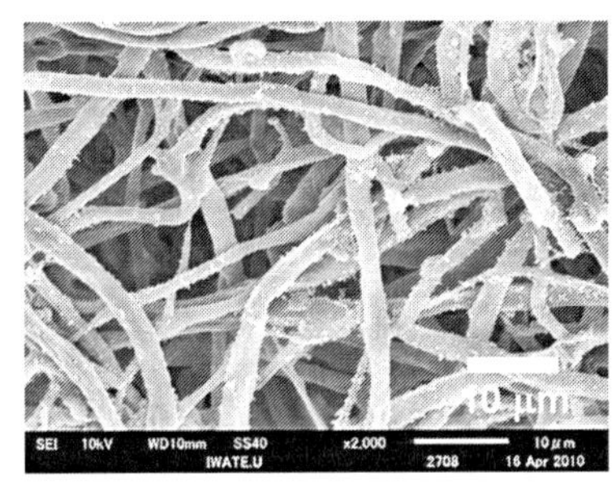

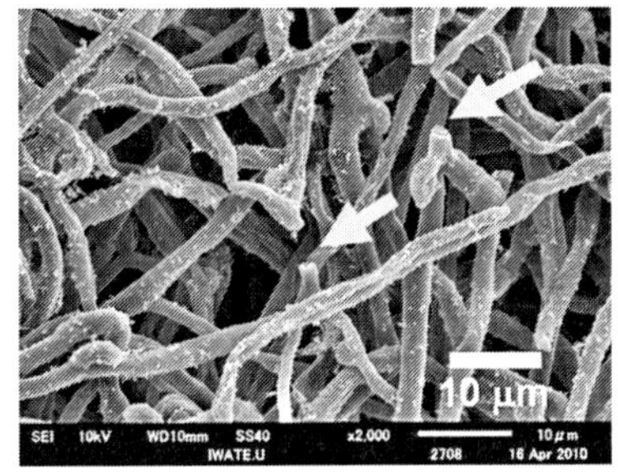

図6　電圧印加前後の菌糸の電子顕微鏡写真
(左：高電圧印加なし，右：あり)[24]

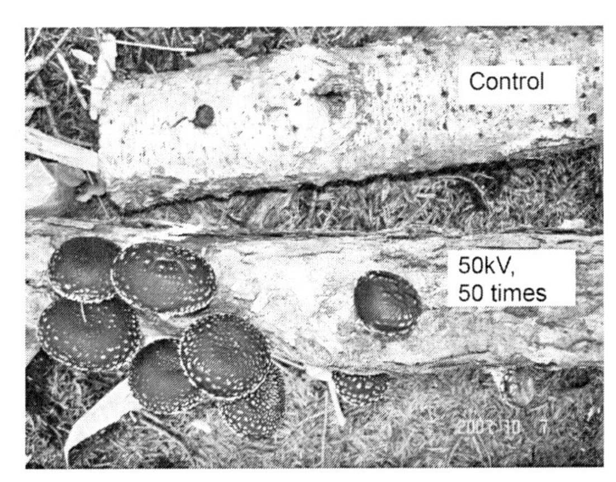

図7　電気刺激の有無によるシイタケ生育の比較
(上：高電圧印加なし，下：あり)[24]

木にパルス高電圧を加え，子実体形成の違いを観察した結果を示す[24]。写真より，電気刺激を施したホダ木に，数多くのシイタケが確認できる。図8に，ホダ木1本当たりのシイタケの収穫量の比較を示す。ホダ木は長さ 90 cm であり，ホダ木の木口面に釘を約 7 cm 打ち込み，一方をパルス電源の出力に接続して，一方を接地した。パルス電圧の印加条件は，電圧印加なし（図中 control と表示），50，90，125 kV × 1 回，50 kV × 50 回印加とした。縦軸は各条件におけるホダ木1本当たりの収穫量を表し，4シーズン分の収量の合計である。全体を見ると 50 kV × 50 回印加条件において最も収穫量が多く，印加なしの条件の約 1.9 倍となる。電圧印加の条件中では 125 kV で収穫量が最も少なく，電気刺激に適した電圧の大きさがあることがわかる。

図9に，4シーズン目の子実体収穫の時間変化を示す。0日は収穫開始日を示す。縦軸は，図8に示す4シーズン目の総収量を 100%として，各日数における収量の総収量に対する割合になる。4シーズン目の総収量は，印加なし，50，100，125 kV の条件でホダ木1本当たり 60，111，90，89 g である。図より，50 kV および 100 kV の電圧を印加したホダ木は，電圧を印加しないものより早い時期で多くの割合を収穫できていることがわかる。15 日目の収穫は，control で

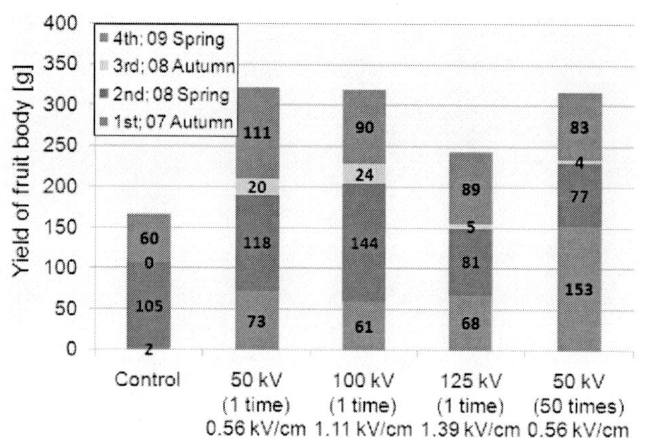

図8　印加電圧条件によるシイタケ収量の変化[24)]

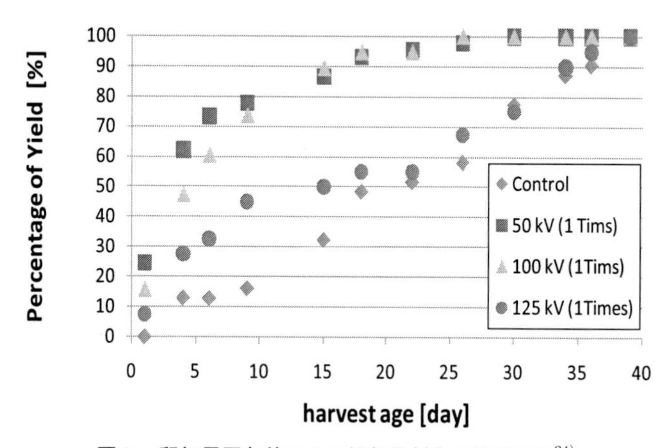

図9　印加電圧条件による総収量割合の経時変化[24)]

50%に対して50 kV印加では86%となっている。その他，ナメコ，クリタケ，タモギダケ，マンネンタケ，はたけシメジなど，いろんなキノコで効果がみられること[24,33)]，浸水刺激など別の刺激との組み合わせで，さらに大きな効果が得られることなども，明らかになっている。

4.6　高電圧を用いた鮮度保持

青果物や食品を長時間放置すると，腐敗細菌，真菌，酵母など微生物によって，有機物が分解される，腐敗が起こる。このため，青果物や食品の鮮度を長時間にわたり保つためには，腐敗菌の不活性化および殺菌が必要になる。一般的な保存法に，冷蔵・冷凍保存や，凍結乾燥（レトルト処理），煮沸殺菌，薬剤殺菌，燻製・発酵処理などがある。高電圧を用いた腐敗菌の不活性化や殺菌の場合，一般には，パルス高電界により，腐食菌の細胞膜に穴をあける（電気穿孔法）などを利用する。例えば，果汁など液状食品では，数十 kV/cm の電界を，パルス幅は数十～数百μs のパルス幅で，数 kHz の繰り返し周波数で印加することで，一般生菌数は減少する[34)]。こ

図10　電場の有無によるいちごの保存状態の差異[36)]

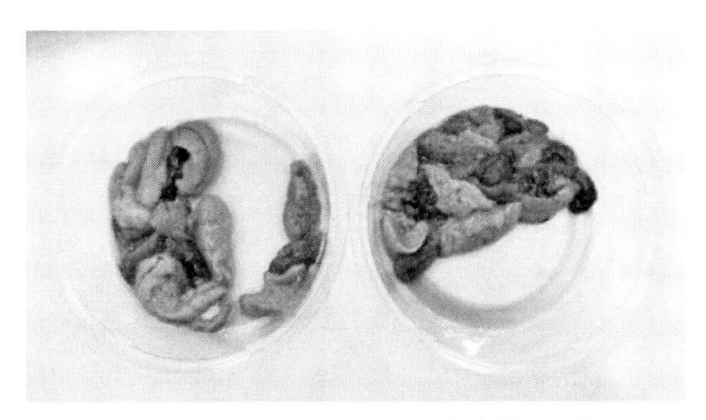

図11　電場の有無によるウニの保存状態の差異
(保存期間：7日間，左：電場あり，右：なし)[37)]

れらは，加熱など他の手法との併用で，格段に殺菌効果が高まる（ハードル効果）[35)]。

食品加工時のみではなく，一般生鮮食品の冷蔵保存時でも，交流電場による鮮度保持技術が用いられている。図10に，いちごの保存状態を交流電場の有無で比較した結果を示す。保存温度は，電場なしは5℃，ありは9℃である。実験では，交流50 Hz，10 kV出力のトランスを組込んでいる市販品の保存庫（氷感庫；フィールテクノロジー）を用いた。図より，電場なしのいちごは，5日後よりカビが発生し，写真のように10日後だと，かなりカビが広がっている。交流電場ありでは，カビの発生は確認できない[36)]。

電場を用いた鮮度保持は動物細胞に対しても適用が可能である。図11に，ウニのチルド保存（－2℃）時における電場の有無で比較したものである[37)]。電場なしでは腐食に伴い生じるドリップが見られる。官能評価を行ったところ，平均して0.5ポイントほど，電圧印加時のものが高くなる。またウニの細胞膜からの漏えいタンパク量を，電場の有無で比較したものを図12に

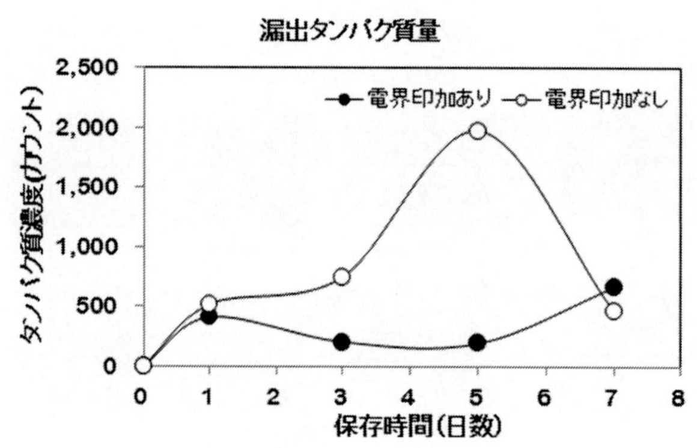

図12　ウニの保存期間とドリップタンパク量の変化[37]

示す。漏えいタンパク量は，紫外線吸収により測定した。図より，電圧を印加することで漏えいタンパク量が減少している様子がわかる。詳しいメカニズムは，まだ明らかにされていないが，細胞膜のタンパク質の二次構造の変化や，LDH酵素活性などの計測を通して，メカニズムの解明が進められている[38]。

4.7　おわりに

農業・水産分野への高電圧・プラズマの利用として，植物の発芽・生長への直接刺激による制御，植物の生育を取り巻く環境制御による生育改善，また得られた農産物や水産物の鮮度保持についてまとめた。各応用とも，多くの研究報告がなされており，また近年の半導体素子技術の進歩から，電源もコンパクトになり，適用事例も増えている。データは蓄積されているが，バイオメカニズムに対するパルス電界の関わりについては，不明な点が多い。今後，分野を超えた連携により，メカニズムの解明が望まれる。

文　　献

1）浅川芳裕，日本は世界5位の農業大国，講談社（2010）
2）舩津保浩ほか，食べ物と健康Ⅲ　食品加工と栄養，三共出版（2014）
3）津志田藤二郎，食品と劣化，光琳（2013）
4）L. E. Murr, *Nature*, **207**, 177（1969）
5）重光司，プラズマ・核融合学会誌，**75**(6)，659（1999）
6）高木浩一，電学論A，**130**(10)，963（2010）
7）内野敏剛，平成26年電気学会全国大会講演論文集，1-S7-1（2014）
8）内野敏剛，プラズマ・核融合学会誌，**90**(10)，605（2014）
9）重光司ほか，電力中央研究所研究報告，U91906（1992）

10）岩元睦夫ほか，生物・環境産業のための非熱プロセス事典，サイエンスフォーラム（1997）
11）水野彰，プラズマ・核融合学会誌，**75**(6)，649（1999）
12）渋澤元治ほか，電學雑誌，**47**(473)，1259（1927）
13）菅沼浩敏ほか，電中研報告，481019（1982）
14）柴田桂太，電學雑誌，**52**(529)，618（1932）
15）白希尭ほか，静電学誌，**8**(5)，339（1984）
16）内野敏剛，プラズマ・核融合学会誌，**75**(6)，678（1999）
17）梅津勇，静電学誌，**22**(1)，6（1998）
18）浅野和俊，静電学誌，**8**(3)，182（1984）
19）水野彰，プラズマ・核融合学会誌，**75**(6)，666（1999）
20）名倉章裕ほか，静電学誌，**16**(1)，59（1992）
21）本杉朝太郎ほか，茶業技術研報，12，59（1955）
22）吉冨均ほか，農機誌，**43**(3)，487（1981）
23）齋藤達也ほか，電学論 A，**134**(6)，430（2014）
24）K. Takaki *et al.*, *Microorganisms*, **2**(1), 58 (2014)
25）植村邦彦，静電気学会誌，**31**(2)，57（2007）
26）松本通ほか，鳥取県産業技術センター研究報告，**15**，17（2012）
27）吉水守，オゾン年鑑 93-94 年度版，第1部　13章　魚類養殖および栽培漁業でのオゾンの利用，リアライズ社（1992）
28）白樫了ほか，機械の研究，**68**(1)，53（2016）
29）高木浩一，伝熱，**51**(216)，64（2012）
30）神子沢隆志ほか，電気学会パルスパワー研究会資料，PPT-09-31，53（2009）
31）林信哉ほか，平成26年電気学会全国大会，1-S7-3，S7-9（2014）
32）K. Takaki *et al.*, *Journal of Physics: Conference Series*, **418**, 012140 (2013)
33）K. Takaki *et al.*, *Acta Physica Polonica A*, **115**, 1062 (2009)
34）S. Min *et al.*, *IEEE Trans. Plasma Sci.*, **35**(1), 59 (2007)
35）清水潮，食品微生物の科学，食品微生物Ⅰ　基礎編，幸書房（2005）
36）高木浩一，ケミカルエンジニアリング，**58**, 897 (2013)
37）T. Ito *et al.*, *J. Adv. Oxid. Technol.*, **17**(2), 249 (2014)
38）T. Okumura *et al.*, *IEEE Trans. Plasma Sci.*, **45**(3), 489 (2017)

5　植物への大気圧プラズマジェット照射の効果

金澤誠司*

プラズマの植物への応用として，プラズマを植物の種子へ照射することにより，発芽やその後の生長を促進できるということが報告されている[1~3]。これはプラズマに含まれる活性酸素や活性窒素などのラジカルが成長ホルモンの分泌への刺激となることが一因していると考えられている。活性酸素はDNA損傷を引き起こすが，植物の場合には，損傷を受けた細胞の分裂を止めて異常なDNAを封じ込め，細胞を肥大化させる作用が明らかになっている[4]。その他にもプラズマによる表面改質が水分の補給を助けたり，除菌作用がカビの除去や消毒としての効果を及ぼしていることなどが考えられる。また，プラズマは照射せずに，生育環境に電界を印加するだけでも生長の促進や抑制が確認されている[5,6]。

植物内部では外的ストレスに適応するための複雑な制御ネットワークが形成されており，発芽率の向上や生長促進効果のメカニズムの解明は，さらに今後の研究によるところが大きい。いずれの場合にも適度な刺激が重要である。したがって，プラズマの照射や高電圧（または高電界）の印加は，俗な言い方をすれば，毒にも薬にもなる，ということである。ここでは，主に筆者が行った研究から，植物への大気圧プラズマジェットの照射とその効果について紹介していく。

これまでのところプラズマ処理が試みられている植物は，イネ，トウモロコシ，コムギ，オートムギ，ダイズ，ポテト，カラシナ，ベニバナ，ケイト，シャジクソウ，ソバ，ヒヨコマメ，ルピナス，トマト，ホウレンソウ，パプリカ，レタスなどがあり，それらの種子へのプラズマ照射の効果が調べられている。

ここで取り上げる植物としては，全ゲノム配列が解析されているモデル植物であるシロイヌナズナ（学名：*Arabidopsis thaliana*）と，種子が比較的大きくて短時間で生長するカイワレ大根（学名：*Raphanus sativus L.*）の二つについて，プラズマ照射の効果を見ていく。

5.1　植物処理用プラズマ源

植物の発芽率向上や生長促進に使用されるプラズマ源としては，これまでのところ低圧で発生するものが多い。プラズマの発生方式としては，高周波プラズマ（主に周波数13.56 MHz）が多いが，マイクロ波プラズマなども使用されている。いずれのプラズマ源においても植物の種子に接触するプラズマの温度は60℃以下に設定される。ガスには必ず酸素が含まれることが発芽や生長を促進するうえでは必須であるが，ヘリウム（He）プラズマのような希ガスによる処理もある。処理雰囲気のガス圧力は10^{-2}～150 Paと範囲が広く，電力は15～500 W（ただし，試料との距離や真空容器の大きさによりプラズマの密度などは異なってくる），処理時間は1分程度から2時間を越えるような条件もあり，プラズマの発生と処理条件には幅がある。

＊ Seiji Kanazawa　大分大学　理工学部　創生工学科　電気電子コース　教授

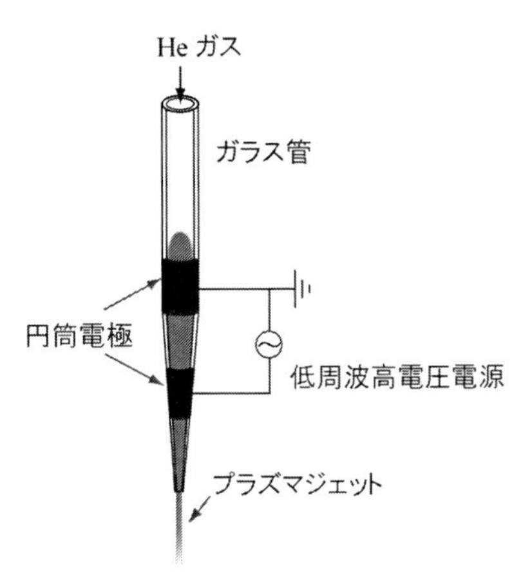

図1　大気圧プラズマジェットの概略図

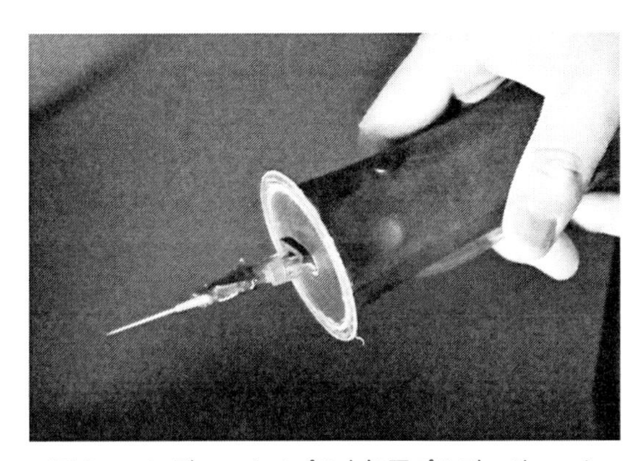

図2　ハンディータイプの大気圧プラズマジェット

一方，大気圧プラズマは真空容器を必要としないため簡便であり，近年その使用が増えている。発生方式はバリア放電やプラズマジェットが多く用いられている。

ここで紹介するプラズマ源は大気圧プラズマジェットである。大気圧プラズマジェットは誘電体バリア放電の変形であるが，空気中の自由空間へプラズマを取り出せるため，任意形状の処理対象にプラズマを照射できる特徴がある。図1は大気圧プラズマジェットを発生させるための装置の構造である。ガラス管やプラスチックチューブのような誘電体（絶縁物）に電極を取り付け，管内にヘリウム（He）ガスのような放電し易いガスを供給して，低周波の高電圧を印加すると電極間でプラズマが発生し，そのまま管の外に噴出する。図2は装置内に電池で駆動できる電源を納めたハンディータイプのプラズマジェットである。ここでは低周波の交流高電圧電源（20 kHz，6 kV_{0-p}）により He ガスをプラズマ化している。プラズマの温度は手でも触れられる程度の低温である。図3は空気中へ噴出するプラズマジェットの発光スペクトルである。ヘリウムのスペクトルの他に窒素分子の N_2 2nd positive system（$C^3\Pi_u \rightarrow B^3\Pi_g$）と 1st negative system（$B^2\Sigma_u^+ \rightarrow X^2\Sigma_g^+$），水素原子のバルマー系列（Hα，Hβ）と原子状酸素（O）及びヒドロキシラジ

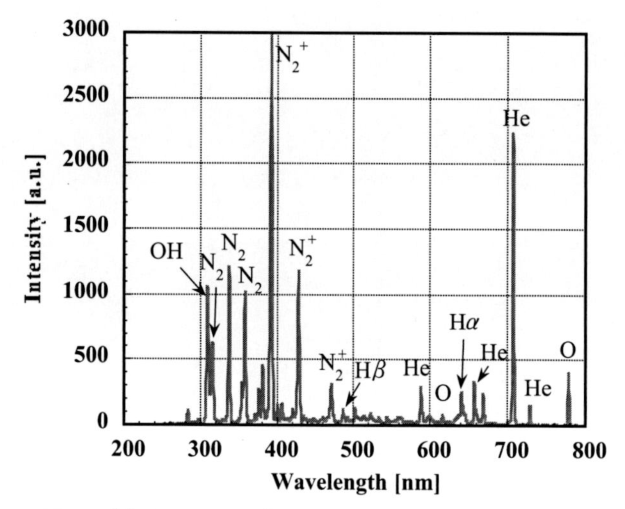

図3　大気圧ヘリウムプラズマジェットの発光スペクトル

カル（·OH）のスペクトルが観測される。これはヘリウムプラズマジェットの周囲にある空気が巻き込まれて解離・励起されるためである。プラズマ周辺には発光スペクトルにかからない活性酸素や活性窒素などのラジカルも生成しており，プラズマ照射される種子には高速の電子やイオン，ラジカル，電界，光（紫外線）が物理化学的な刺激を与えている。

5.2　シロイヌナズナへのプラズマ照射

実験に用いたシロイヌナズナの種子は，春化処理（Vernalization）を1週間施したのち，人工気象器の中で約2か月間生育を行った。春化処理とは植物に低温処理を施すことにより花成を促進することである。シロイヌナズナは長日植物に分類されるため人工気象器内の環境は長日条件（明16時間/暗8時間）とし，温度は生長に最も適しているとされる22 ± 1℃に設定した。図4にシロイヌナズナの種子と，4週間後と6週間後のシロイヌナズナの生長の様子を示す。このようにシロイヌナズナは，小型であり花茎の高さは30 cm程度である。世代時間は，約2ヶ月と短く，一つの個体から数百もの種子を得ることができる。

植物の最終的なサイズは農学的にも生態学的にも重要な関心事であるため植物の生長解析にはさまざまなパラメーターが考案されている[7]。もっとも身近な生長解析のパラメーターは葉面積である。そこで測定時期は，葉面積が最大となる発芽4週間後とした。測定は，シロイヌナズナを真上から撮影した写真から葉の部分だけを抽出し，この部分を二値化処理して葉面積を計測した（図5）。

まず最初は，発芽前の種子にプラズマ照射を行い，その後の発芽や生長への影響を調べた。プラズマ照射は春化処理前の種子と春化処理後の種子に対して行った（図6）。さらに，これらとは別に発芽後の小さな葉に対してもプラズマの照射を試みた。プラズマ照射の時間は，1，2分程度の短時間では効果（処理した試料の葉面積と未処理の試料の葉面積の有意差）は見られな

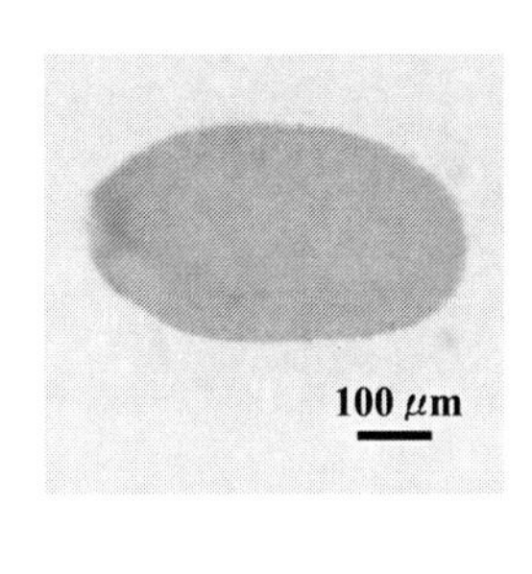

図４　シロイヌナズナの種子と播種から４週間後と６週間後の生長の様子

図５　シロイヌナズナの葉面積測定の手順
（左より，真上からの撮影画像，葉の部分を抽出した画像，葉の部分を二値化した画像）

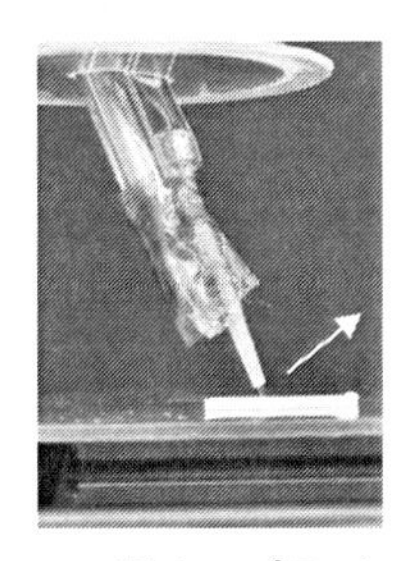

図６　プラズマジェットによる植物種子の処理

未照射（Control）　5 cm

春化処理前の種子にプラズマ照射

春化処理後の種子にプラズマ照射

発芽後の葉にプラズマ照射

図7　プラズマジェットによるシロイヌナズナへの作用（生育4週間後）

かった。低圧酸素プラズマで処理する研究では，30分ほどのプラズマ照射で生長促進効果が得られると報告されている[8]。図7は30分処理した場合の結果である。また，葉面積を t 検定により統計的に評価した結果を図8に示す。未照射のControl群に比べて春化処理後にプラズマ照射すると生長促進効果が現れていることがわかる。種子の休眠は外部からの刺激から種子を保護する機能があるので，春化処理を行って休眠が解除された種子では，大気圧プラズマジェットによる効果が現れたと考えられる。

古閑らは多数の電極を並列化したスケーラブル誘電体バリア放電装置を開発し，シロイヌナズナの種子へのプラズマ照射を行っている[9]。図9は栽培開始から収穫時期までのシロイヌナズナの幹の長さの時間変化を示す。全ての生育段階でプラズマによる生長促進効果が現れている。Controlと比較して収穫時期は11%早く，個々の種の重量は12%増加，種の数も39%増加し，収穫した種の全重量は56%増加という結果を得ている。

また，発芽後の葉へのプラズマ処理（プラズマ照射時間は1分）は，植物を枯らしてしまう作用があることもわかる（図7）。これは植物体内に取り込まれた活性酸素が細胞中の脂質を酸化して，生理代謝機能に障害を起こすためと思われる。

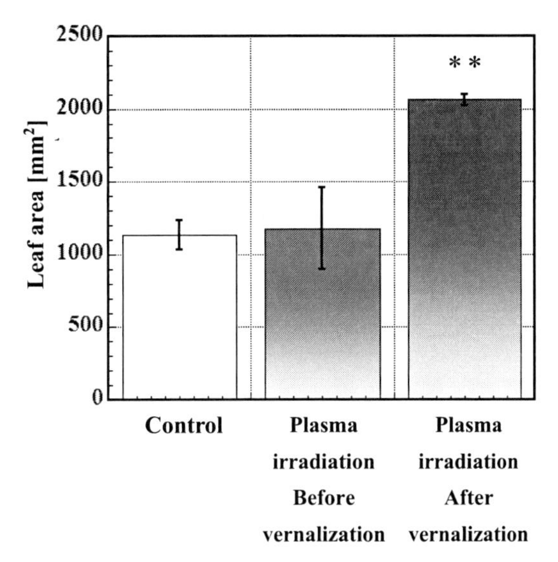

図８　シロイヌナズナの葉面積の比較（発芽４週間後，＊＊：P＜0.01 by t-test）

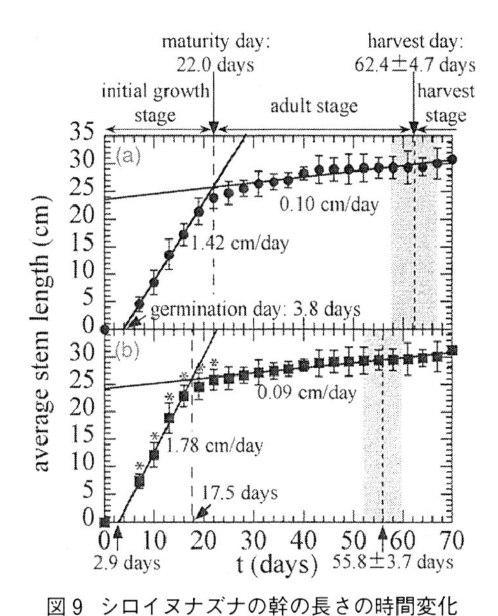

図９　シロイヌナズナの幹の長さの時間変化
(a)プラズマ未照射（control），(b)プラズマ照射（＊：P＜0.05 by t-test）
（K. Koga *et al.*, "Simple method of improving harvest by nonthermal air plasma irradiation of seed of *Arabidopsis thaliana* (L.)," *Applied Physics Express*, **9**, 016201（2016））

発芽後のプラズマ処理の影響をさらに詳しく調べるためには植物の光合成に着目することが有用である。植物細胞内の葉緑体内にあるクロロフィルは，光合成のために光を吸収するが，その光エネルギーは全て使われることはなく，使われなかったエネルギーは熱として放散される以外に，クロロフィル蛍光として放出される。光合成に関係する光化学系Ⅱ（Photosystem Ⅱ，PS Ⅱ）

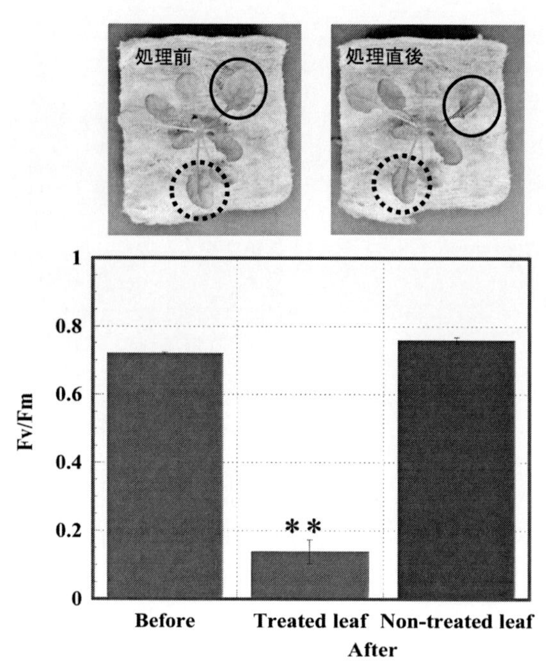

図 10　シロイヌナズナの葉へのプラズマ照射の効果（＊＊：P ＜ 0.01 by t-test）
（写真：実線の丸で囲んだ葉はプラズマ照射，破線の丸で囲んだ葉はプラズマ未照射）

への影響をクロロフィル蛍光が反映するため，クロロフィル蛍光（光化学系Ⅱでは，685 nm と 695 nm に蛍光発光する）を測定することで植物の健康状態がわかる。この目的のためにはパルス変調蛍光測定（Pulse Amplitude Modulated Fluorescence Diagnostic，PAM）[10] を行い，PS II の最大光化学量子収率である Fv/Fm を評価する。ここで暗順応後の蛍光を F_0，Flash（閃光）を照射したときの蛍光を Fm とすると，Fv はその差をとって $Fv = Fm - F_0$ から求め，Fv/Fm は量子収率となる。全ての光エネルギーが光化学反応に使われる場合は，Fv/Fm は 1 になるが，実際の健康な植物でも 0.8 程度である。Fv/Fm が低いほど健康状態が悪くなっていることを示す。発芽 3 週間後のシロイヌナズナの葉にプラズマを 30 秒照射したときの結果を図 10 に示す。プラズマ照射された葉の処理直後の Fv/Fm は 0.1 程度で，照射時間を 10 秒とすると 0.5，1 分ではほぼ 0 であった。生長した葉へのプラズマ処理は照射部分にのみ作用が及び，未照射部へは影響しない。また，一度 Fv/Fm が低下した葉については，その後時間経過しても Fv/Fm の値が回復することはなく，枯れていく。したがって，生長した植物へのプラズマ照射は，農薬を使用しない雑草の除去などに利用できる可能性がある。図 11 は葉の表皮の電子顕微鏡（SEM）写真を示す。処理後の葉の表皮には穿孔が見られる。元素分析からはカルシウム，カリウム，リン，硫黄，塩素などの無機塩類の流失が観測され，壊死（ネクローシス）を引き起こしていることが示唆される。

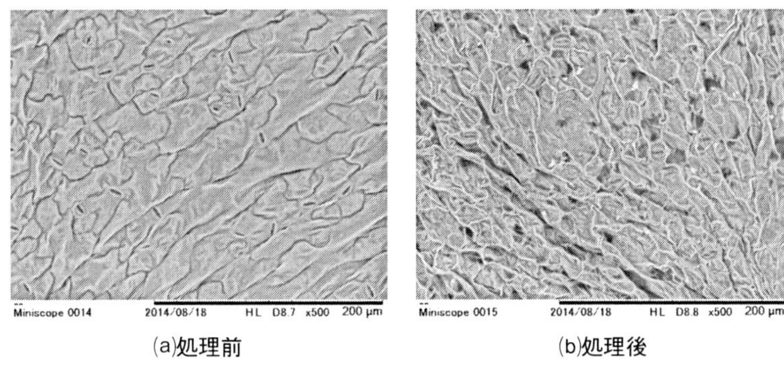

(a)処理前　(b)処理後

図11　シロイヌナズナの葉の表皮の SEM 写真

5.3　カイワレ大根へのプラズマ照射

カイワレ大根はアブラナ科に属し，種子が発芽した直後は胚軸と2枚の子葉が開いた状態となる。通常はスプラウト（穀物・豆類・野菜の種子を人為的に発芽させた新芽）食材としてよく食されるものである。このカイワレ大根は暗発芽種子と呼ばれ，発芽に必要な水や適当な温度があっても光があると発芽が抑制される植物である。カイワレ大根は生長速度が速いため実験試料としてもよく用いられている。

実験に用いたカイワレ大根の種子は，事前に3時間水に漬けておいたもの（水浸漬：Water Immersion）と，何も処理をしていないものを使用した。その後，大気圧 He プラズマジェットをカイワレ大根の種子に照射した。照射間距離は2 mm とし，照射時間は10分とした。比較のために，未処理のもの（Control）と，プラズマジェットをだけを照射したもの，水浸漬後にプラズマジェットを照射したもの，水浸漬だけのものの4通りで生育した。生育は室内の暗所にて18 ± 1℃の環境で行った。

シロイヌナズナの生長は葉面積で評価したが，カイワレ大根のような葉がほとんどない試料では，葉面積で生長評価はできない。カイワレ大根は乾燥重量や，茎や根の長さなどが生長評価に使用されている。ここでは，播種から4日後と7日後のカイワレ大根の茎の長さを測定し，未処理の Control 群と t 検定により比較することで，それぞれの生長を評価した。図12に7日後のカイワレ大根の成長の様子を，図13にはそのときの茎の長さを示す。水浸漬後にプラズマジェットを照射したものは Control 群と比較して t 検定から統計的有意差が見られた。また水浸漬したものと比較しても有意差があることが確認された。したがって，プラズマジェットによる生長への促進効果が見られた。

カイワレ大根の生育は，吸水期，発芽始動期，成長期の段階を踏む。そのなかで発芽の際は貯蔵物質であるデンプンを分解してエネルギーを得るためにグルコース（ブドウ糖）を生成する過程がある[11]。そこで，プラズマジェットが種子中のデンプンの分解過程に与える影響を調査するために種子中のグルコース濃度を調べた。測定はグルコースオキシダーゼ法[12]を用いて行った。酵素グルコースオキシダーゼによりグルコースは O_2 と H_2O のもとで，グルコン酸と過酸化水素

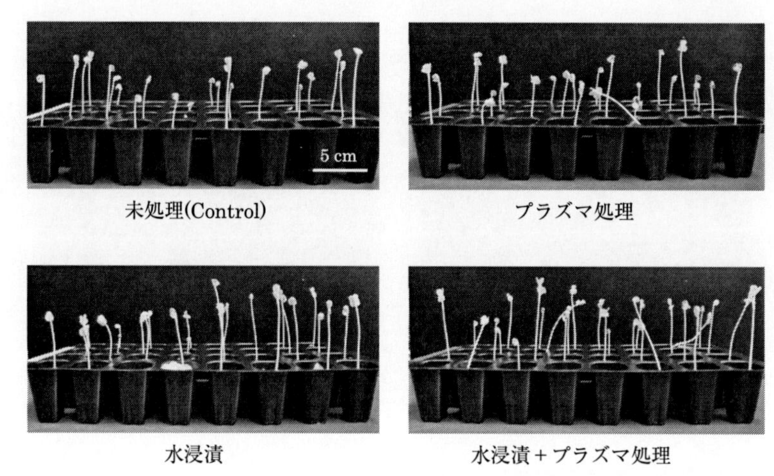

図12　プラズマジェットによるカイワレ大根への作用（播種から7日後）

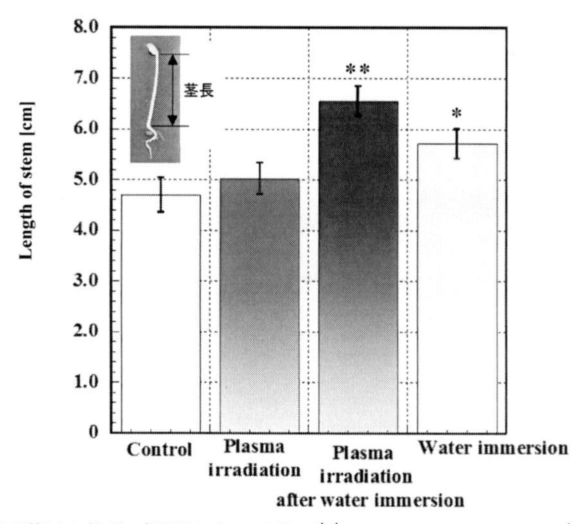

図13　カイワレ大根の茎長の比較（播種から7日後，**：P＜0.01 by t-test，*：P＜0.05 by t-test）

(H_2O_2) になる。H_2O_2 を酵素ペルキシダーゼの存在下で還元型色素と反応させ，酸化型色素を生成し，その色素の透過率を測定することで間接的にグルコース濃度を測定することができる。この還元型色素に4-アミノアンチピリンとフェノールを使用し，赤色のキノン色素を生成して透過率を測定した。図14に一例として濃度を変えたグルコース溶液の呈色の様子を示す。このキノン色素は505 nm付近に透過率のピークを持つので，505 nmの透過率と，あらかじめ作成した検量線から種子中のグルコース濃度を求めることができる。表1に4通りの条件で処理した種子のグルコース濃度を示す。水浸漬後にプラズマジェットを照射した種子では内部のグルコース濃度が高く，図13で示したカイワレ大根の茎長との間に相関があることがわかる。水浸漬とプラズマの併用がデンプンの分解を促進し，生長促進のためのエネルギー源を生み出しているも

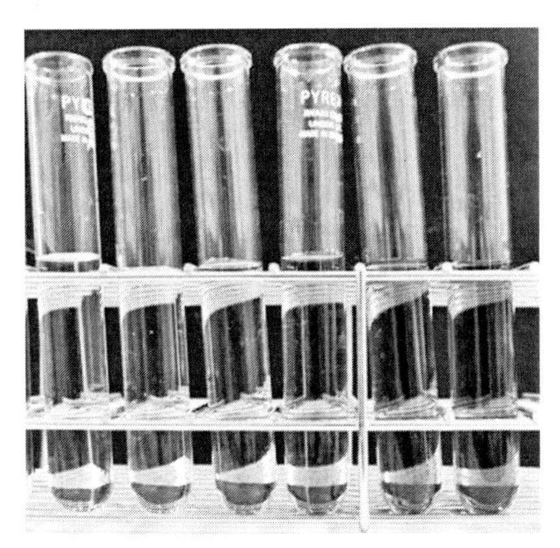

図14　グルコース溶液の呈色の様子（左から右へ，濃度が濃くなる）

表1 カイワレ大根の種子中のグルコース濃度の比較

種子の処理方法	グルコース濃度[μM]
未処理（Control）	156 ± 17
プラズマ処理	166 ± 13
水浸漬＋プラズマ処理	187 ± 5**
水浸漬	157 ± 12

（**：P＜0.01 by t-test）

のと推察される。

林らはカイワレ大根の長さと種子細胞内のチオール量との間によい相関があることを見つけている[13]。チオールは抗酸化成分であり，細胞内では3つのアミノ酸からなるグルタチオンが自らのチオール基を用いて活性酸素を還元して消去することが知られている。

5.4　植物へのプラズマ照射の作用メカニズム

種子は発芽阻害物質（休眠促進物質）によって休眠状態にある。発芽は休眠状態の解除（休眠打破）することであり，そのためには果皮や種皮中に含まれる発芽阻害物質が効力を失うか，これを物理的に除去することが必要となる[14]。H_2O_2は，発芽阻害物質の活性を減少させる手頃なものであり，実際，小麦や大麦などの種子をH_2O_2処理すると発芽率が向上することが知られている。プラズマは発芽阻害物質をエッチングなどの物理作用で取り除くことやラジカル反応による化学的作用で除去する作用があると考えることができる。実際プラズマ処理した種子のSEM観察では表面形態の変化が確認されている[9]。

種子の表面の状態が変わることとして，プラズマ照射により表面が疎水性から親水性への変化すること（濡れ性の向上）で水とのなじみがよくなり，それにより取水量が増加して生育が速く

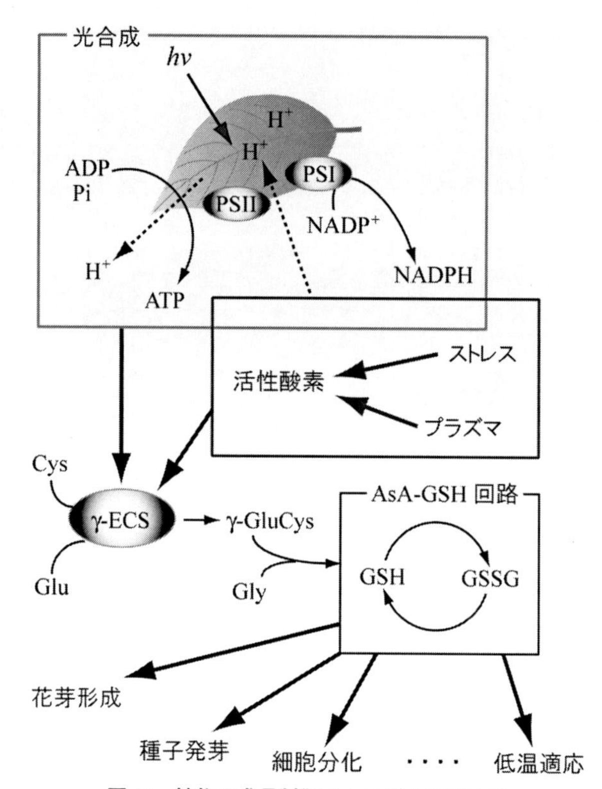

図 15　植物の成長制御メカニズムの概念図

活性酸素によって抗酸化物質グルタチオン（GSH）の合成が促進され，さらにそこからいろいろな成長制御が同時に調整されて，最終的に成長促進が起きる機構の概念図。図中の太い矢印は制御する側とされる側の関係を示し，細い矢印は代謝の流れ，点線の矢印は物質の移動を示す。AsA-GSH：アスコルビン酸－グルタチオン回路（活性酸素の消去を担う回路），ATP：アデノシン三リン酸，ADP：アデノシン二リン酸、Pi：リン酸，H^+：プロトン，PSⅠ：光化学系Ⅰ，PSⅡ：光化学系Ⅱ，$NADP^+$，NADPH：ニコチンアミドアデニンジヌクレオチドリン酸，（光合成の電子伝達物質），GSSG：酸化型グルタチオン，Cys：システイン，Glu：グルタミン酸，γ-ECS：γ-グルタミルステインシンテターゼ，γ-GluCy：γ-グルタミルシステイン，Gly：グリシン（小川健一："活性酸素で植物が元気に成長する" 化学と生物，**40**，752（2002）を一部改変）

なることがあげられる。空気をベースガスとしたプラズマ中に存在する活性種，$O(^3p)$，$O(^1D)$，$O_2(^1\Delta g)$，N，NO が表面状態の改質に寄与し，さらにオゾン（O_3）の持つ殺菌力は，微生物や菌を駆除する作用がある。特に，長期間にわたり保存される種子には防かび剤や農薬などの化学成分が表面を覆っていることがあり，発芽を阻止する要因となっている。プラズマ処理はこれらの成分を分解除去できるので，発芽を補助する作用にもなる。さらに・OH，H_2O_2，O_2^- が酸化ストレスを与え，その他の刺激（熱など）との相乗効果が成長ホルモンの分泌を促しているのではないかとも考えられている[15]。

逆にフッ化炭素プラズマを種子に照射することで表面を疎水性にして発芽を遅らせる試みもある。フッ素系のラジカルには物質をエッチングする作用があり，さらに CF_x からなる官能基が表面に取り込まれることが知られている[16]。

最後にプラズマが植物体内でどのような生理学的機構で発芽や生長の促進に寄与していくのか，一つの考えられるメカニズムをまとめる（図15）。一般に種子発芽の際，活性酸素が生成することは植物の分野では広く知られている[14]。植物においては，光化学反応によりATPやNADPHオキシダーゼが生じる。NADPHは活性酸素をつくる酵素であり，そのトリガーの一つが通常は環境ストレスである。プラズマによる刺激は，外部から気孔や膜を通して入り込むと考えることができる。この酸化ストレスに適応するためにγ-グルタミルステインシンテターゼ（γ-ECS）による触媒反応で抗酸化物質であるグルタチオン（GSH）が合成される。グルタチオンは自らのチオール基を用いて活性酸素を還元して消去する。さらにグルタチオンは発芽制御から，細胞分裂の制御，花芽形成など植物の生長全般を制御する。逆に，外部刺激が光合成を阻害するとグルタチオンの合成速度が低下し花芽形成は遅延する。全体として，図15に示される複雑なネットワークが形成されていることになる。

このようにプラズマによる植物への影響については促進と抑制の制御が可能であり，今後のさらなる研究の進展によりその機序解明や新たな効果の発現を期待したい。そして，将来の食料やバイオ燃料の増産などのための技術として貢献できることを希望している。

文　　献

1) A. E, Dubinov *et al.*, *IEEE Transactions on Plasma Science*, **28**, 180 (2000)
2) 高木浩一，電学論A，**130**，963（2010）
3) L. K. Randeniya, G. J. J. B. de Groot, *Plasma Processes and Polymers*, **12**, 608 (2015)
4) S. Adachi *et al.*, *Proceedings of the National Academy of Sciences of the United State of America*, **108**, 10004 (2011)
5) 重光司，プラズマ・核融合学誌，**75**，659（1999）
6) C. J. Eing *et al.*, *IEEE Transactions on Dielectrics and Electrical Insulation*, **16**, 1322 (2009)
7) 長嶋寿江，低温科学，**67**，113（2009）
8) S. Kitazaki *et al.*, *Japanese Journal of Applied Physics*, **51**, 01AE01 (2012)
9) K. Koga *et al.*, *Applied Physics Express*, **9**, 016201 (2016)
10) 園地公毅，低温科学，**67**，507（2009）
11) 旭正，植物生理学4　代謝Ⅱ，p. 157，朝倉書店（1981）
12) 中村道徳ほか，澱粉・関連糖質実験法　生物科学実験法19，p. 41，学会出版センター（1986）
13) 林信哉ほか，電学誌，**132**，705（2012）
14) 小川健一，化学と生物，**40**，752（2002）
15) S. Kitazaki *et al.*, *Current Applied Physics*, **14**, S149 (2014)
16) J. C. Volin *et al.*, *Crop Science*, **40**, 1706 (2000)

6　細胞膜輸送に対するプラズマ刺激の効果

金子俊郎*1，佐々木渉太*2，神崎　展*3

6.1　はじめに

細胞への遺伝子導入は，医学や生物学の中心テーマである遺伝子機能解析やiPS細胞作製，遺伝子治療等に欠かせない必須の技術であるが，従来の遺伝子導入法においては細胞生存率が低いことや装置が高価であること等の課題が存在している。また，がん治療等のためのドラッグデリバリーシステムにおいては，がん細胞に到達した抗がん剤を細胞内に高効率に導入する手法が求められている。

これに対して，大気圧非平衡（低温）プラズマを細胞へ照射する手法は，治療用の遺伝子や抗がん剤等の薬剤分子を，細胞損傷を抑え高効率に細胞内に導入できる可能性が報告され[1~5]，新たな薬剤分子導入技術として期待されているが，導入機序が不明であることから実用化には至っていない。従って，低侵襲で高効率に薬剤分子を細胞に導入する手法を実現するためには，薬剤分子が細胞膜を透過するメカニズム，すなわち細胞膜輸送機序を解明する必要がある。

大気圧非平衡プラズマを細胞が存在している溶液に照射した場合，プラズマ中の荷電粒子（電子，イオン）や励起種・活性種，紫外線等が溶液に降り注ぎ，電界・電流・圧力等の物理的刺激や溶液中に生成される活性種による化学的刺激を形成する（図1）。本節では，これら物理的刺激と化学的刺激の多次元刺激が細胞膜輸送に相乗的に寄与すると考え，プラズマを生細胞へと照射し，薬剤分子導入に対する効果を調べた結果について述べる[6~10]。

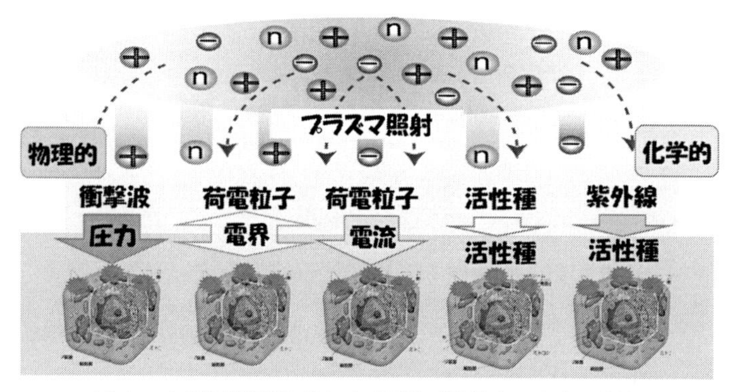

図1　大気圧非平衡プラズマ照射が形成する多次元刺激

＊1　Toshiro Kaneko　東北大学　大学院工学研究科　電子工学専攻　教授
＊2　Shota Sasaki　東北大学　大学院工学研究科　電子工学専攻　博士後期課程
＊3　Makoto Kanzaki　東北大学　大学院医工学研究科　医工学専攻　准教授

6.2　プラズマ照射による薬剤分子導入

細胞懸濁溶液にプラズマを照射する実験装置を図2(a)に示す。ガラス管外側に巻かれた円筒状電極間で生成された低温ヘリウムプラズマを，薬剤分子を模擬した蛍光物質YOYO-1（分子量1270）をあらかじめ混合したマウス繊維芽細胞（3T3L1細胞）の懸濁溶液に対して様々な条件下で照射した。このとき，細胞懸濁溶液に対してプラズマを直接照射する方式（直接照射）とリン酸緩衝生理食塩水（PBS）にプラズマ照射した溶液を用いて細胞を懸濁する間接的な方法（間接照射）の2通りでYOYO-1導入効率及び細胞生存率を評価した。非膜透過性蛍光物質であるYOYO-1は細胞内導入に伴い，DNAと選択的に結合し緑色蛍光強度が増加する。また，プラズマ照射後にLIVE/DEAD Stainを使用し，死細胞のみの赤色蛍光強度を増加させることで，生死判定を行う。

接着している細胞にプラズマを作用させる場合は，図2(b)に示すような電極配置を用いて，細胞が存在している溶液に対してプラズマ照射を行った。

プラズマを照射した浮遊細胞の蛍光図（YOYO-1及びLIVE/DEAD Stain）と明視野図を図3(a)に示す。比較対象として，プラズマ未照射（コントロール）の場合と薬剤導入法として最も良く使用されているエレクトロポレーションの処理後に観測した結果も合わせて示す。エレクトロポレーション法の場合，既に問題点として指摘されているように，LIVE/DEAD Stainによって多数の細胞が染色され，死細胞が多く検出されていることが分かる。これに対して，プラズマ照射法は，非常に高い生存率を保ちながら，エレクトロポレーション法と同等の導入量と導入効率であることが明らかとなった。このように，従来法では困難とされていた高導入効率・高生存率の両立がプラズマによって実現可能である。次にまた，接着細胞へプラズマ照射した時の典型的な蛍光図（YOYO-1）と明視野図を図3(b)に示す。直径2mm程度のプラズマを培養ディッシュの中心部分にのみ照射し，その照射された領域と約5mm程度離れた領域の細胞の様子を観察したところ，プラズマが照射されている領域でのみ，YOYO-1が導入されていることが分かった。すなわち，プラズマ照射法は，高導入効率・高生存率を両立するとともに，局所的な導入も可能

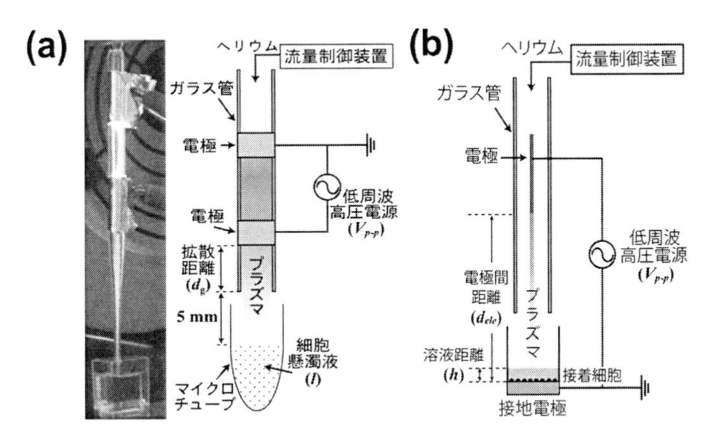

図2　(a)浮遊細胞及び(b)接着細胞に対するプラズマ照射装置

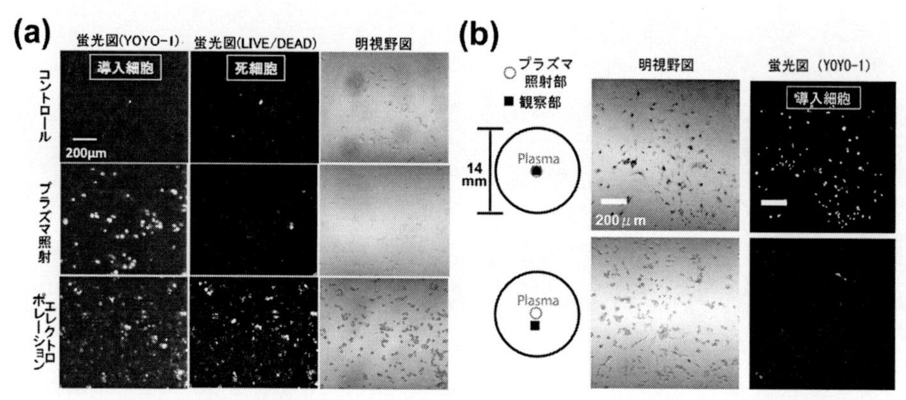

図3　大気圧プラズマ照射した(a)浮遊細胞及び(b)接着細胞の典型的な蛍光図と明視野図

であり，副作用を低減した新しいドラッグデリバリーシステムへの応用が期待できる。

6.3　細胞膜輸送を促進する最適なプラズマ刺激量

プラズマ照射によって実現された，高効率・低侵襲を両立する薬剤分子導入の作用機序を明らかにするため，浮遊細胞に対するプラズマ直接照射における導入効率及び細胞生存率の照射時間依存性を調べた結果を図4に示す。導入効率は，プラズマ照射時間が5秒程度で極大値を持ち，10〜15秒程度で一旦減少するが，さらに長時間のプラズマ照射により再び上昇するという特異的な振る舞いをすることが分かる。この導入効率の特異的振る舞いは，プラズマ照射による細胞への刺激が細胞膜輸送を活性化したためであるが，短時間領域（〜5秒）において導入効率が極大値を有する現象は，細胞膜輸送において最適な刺激量が存在することを示唆している。一方，細胞生存率は，照射時間が60秒程度までは非常に高い値（>90%）を維持しており，顕著な細胞損傷は確認されていない。これらの結果から，プラズマによる薬剤分子導入においては，細胞に損傷を与えない数秒程度の短時間のプラズマ照射で細胞膜輸送を活性化する十分な刺激を与えることができ，そのため低侵襲で高効率の導入を実現できることが分かった。

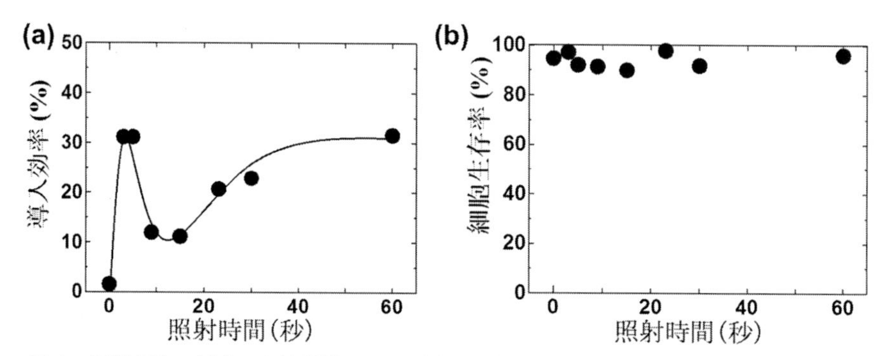

図4　浮遊細胞に対する直接照射における(a)導入効率及び(b)細胞生存率の照射時間依存性
（電源電圧：7.8 kV，拡散距離：73 mm）

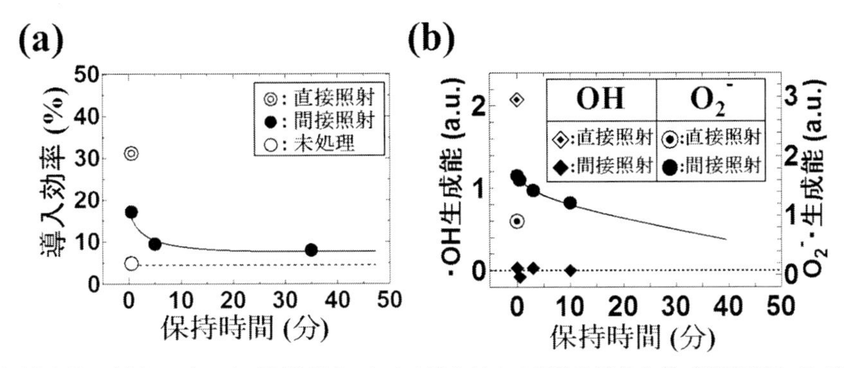

図5　(a)浮遊細胞に対するプラズマ間接照射における導入効率の保持時間依存性（電源電圧：7.8 kV，拡散距離：73 mm，照射時間：5 s），(b) ESR 測定による OH，O_2^- ラジカル生成能の保持時間依存性

6.4　プラズマ促進細胞膜輸送における促進因子の同定

大気圧プラズマを細胞に直接照射した場合，電界・電流や対流・衝撃波等の物理的刺激，紫外線等の光刺激，活性種等の化学的刺激が複合的に作用すると考えられる。一方で，間接照射，すなわちプラズマ照射した溶液を細胞に添加した場合は，活性種等の化学的刺激に限定される。プラズマ照射後の溶液中反応について推測すると，プラズマ照射に伴って溶液中には多種多様の活性種が生成されるが，その後は再構成過程を辿る，すなわちより安定な活性種へと変化していくことが予想される。この時，プラズマ照射後の経過時間（保持時間）によって，活性種組成を制御できると考えられる。従って，細胞膜輸送促進因子の同定に向けて，プラズマ直接照射と間接照射における導入効率の比較とともに，導入効率の保持時間依存性も調べた（図5(a)）。

また，不安定な活性種として知られる OH ラジカル及び O_2^- ラジカル生成能について，スピントラップ剤（CYPMPO）を併用した ESR（電子スピン共鳴）法によって調べた結果を図5(b)に示す。ここで，プラズマ間接照射における保持時間は，プラズマ照射終了から，細胞を懸濁するまでもしくはスピントラップ剤を加えるまでの時間と定義している。図5が示すように，直接照射は間接照射に比べ導入効率が高いこと，直接照射でのみ非常に反応性が高い OH ラジカルを供給可能であったことが分かる。さらに間接照射の場合，保持時間が長くなるにつれて，導入効率・O_2^- ラジカル生成能がどちらも同程度の時間オーダーで減少していくことが明らかとなった。また，図5(a)で示されている，1時間以上経過しても残存する数%の導入効率向上は，H_2O_2 の寄与であることが同濃度の試薬調製 H_2O_2 溶液で再現できたことにより確かめられている[8]。以上から細胞膜輸送促進因子は，OH ラジカル等のプラズマ直接照射のみで作用する“直接照射因子”，プラズマ照射後数分の時間オーダーで失活していく“短寿命活性種”，30分以上残存する長寿命活性種に分類され，短寿命活性種としては O_2^- ラジカル，長寿命活性種としては H_2O_2 が非常に有力である。

前述したように，プラズマ直接照射の場合，物理的刺激と化学的刺激が“直接照射因子”とし

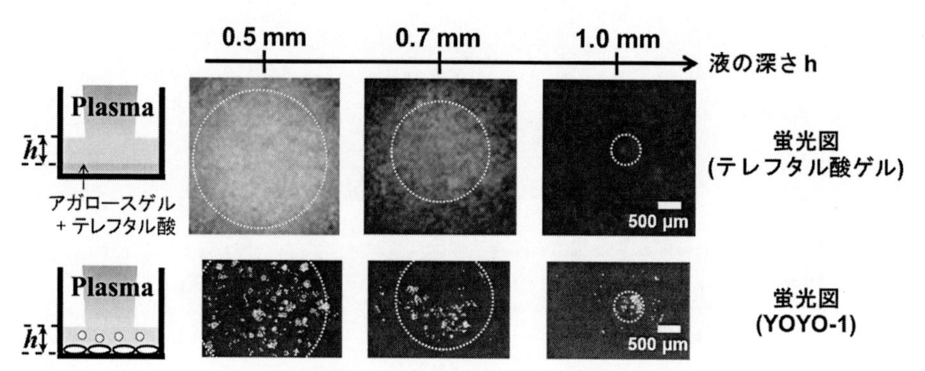

図6　各液厚みにおけるプラズマ直接照射による OH ラジカル供給及び YOYO-1 導入細胞の 2 次元分布

て複合的に作用しうる。さらに，間接照射とは異なって，プラズマ作用の空間分布を持つことが特徴的である。しかしながら，浮遊細胞に対するプラズマ照射では，プラズマ照射中の細胞の位置情報は評価時には失われる。そこで，培養ディッシュの底面に接着している細胞に対して，プラズマ直接照射することで，細胞膜輸送促進因子の空間分布を調べた。接着している 3T3L1 細胞に対して，YOYO-1 を混合した生理食塩水を添加した後，プラズマ直接照射を行い，YOYO-1 導入細胞の 2 次元分布を調べた。この時，液量によって液厚み（h）を制御した（表面張力及びガス圧を無視して計算）。また，OH ラジカルによって蛍光物質に変化するテレフタル酸を，あらかじめアガロースゲルに混合したゲルプローブを作製し，同様に液厚みを制御した生理食塩水で浸して，プラズマ直接照射を行うことで，OH ラジカル供給量の 2 次元分布を調べた。これらの OH ラジカル供給量と YOYO-1 導入細胞の 2 次元分布図を図 6 に示す。

図 6 が示すように，OH ラジカル供給及び YOYO-1 導入細胞の 2 次元分布は，液厚みの増加に伴って，急激に範囲が縮小していくことが観測された。さらに，それらの 2 次元分布が概ね一致したことから，数ある直接照射因子の中でも OH ラジカルは非常に有力な因子であるといえる。また，OH ラジカルを検出するテレフタル酸ではなく，多く酸化物を検出するヨウ素デンプン試薬を用いると，このような中心極大分布ではなくドーナツ型分布をとることを観測しており，活性種の種類によって異なる 2 次元分布を有することも明らかになっている[9]。

これらの結果から，高効率・低侵襲を両立する薬剤分子導入を実現したプラズマの作用は，OH ラジカルや O_2^- ラジカル等の短寿命活性種が適切量・短時間に供給されたためであると考えている。プラズマ直接照射においては，生理食塩水中に多量の荷電粒子が流入し，溶液の電位が著しく上昇することを確認している[6]。従って，プラズマ生成活性種等の化学的刺激に加え，電界等の物理的刺激も重畳して作用している可能性があり，これについては今後のさらなる検証が必要である。

6.5　プラズマ間接照射が誘導する細胞膜輸送の詳細な作用機序

細胞は，物理的刺激あるいは化学的刺激を，非常に精密に感受する複雑な仕組みを有している

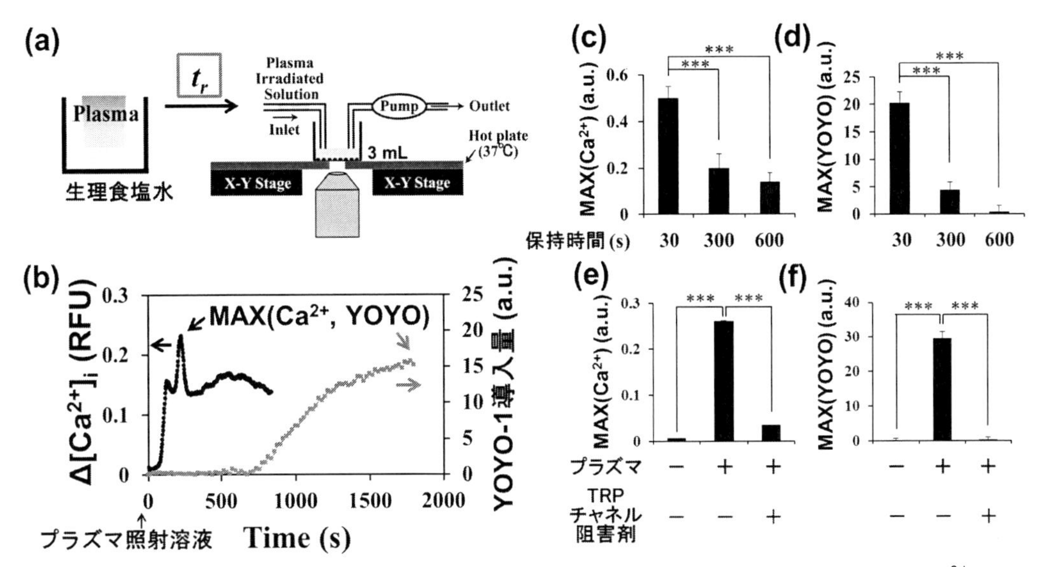

図7　プラズマ間接照射（プラズマ照射溶液添加）後の細胞内カルシウムイオン濃度（$[Ca^{2+}]_i$）とYOYO-1導入量の還流系ライブイメージング測定

(a)実験系概略　(b)典型的な $[Ca^{2+}]_i$ と YOYO-1 導入量の時間推移　(c), (e) $[Ca^{2+}]_i$ 上昇量と(d), (f) YOYO-1 導入量に対する(c), (d)保持時間と(e), (f) TRP チャネル阻害剤の効果（エラーバー：標準誤差（SE）, ***$p < 0.001$）

ことが知られている。そこで，まずはプラズマ間接照射を用いて，作用を活性種に限定した状態で，詳細な作用機序解明を試みた。この時，プラズマ生成活性種と細胞の状況を考えてみると，その第一接触点は細胞膜上にある。細胞膜には，脂質二重層のみならず，多くの膜たんぱく質が存在しており，その中でも受容体は様々な外界の刺激を受け，シグナル物質へと情報を変換する仕組みを有する。細胞は刺激を受けてから，こうした情報変換を経て，増幅作用を持つ非常に複雑な連鎖反応「カスケード」を経て，大きな反応を誘導する。プラズマ生成活性種の細胞に対する作用を明らかにするためには，こうしたカスケードの中でも可能な限り上流側を同定することが重要だと考え，細胞膜上の受容体に着目すると同時に，上流シグナルの1つであるカルシウムイオン Ca^{2+} シグナルに着目した[11]。

実験では，細胞が生きたままの応答をリアルタイムに観測するために，還流系ライブイメージングを採用した。プラズマを照射した生理食塩水（プラズマ照射溶液）を添加した（プラズマ間接照射）後の細胞内カルシウムイオン濃度（$[Ca^{2+}]_i$）と YOYO-1 導入量を時間発展計測した実験系概略図を図7(a)に，典型的な時間推移を図7(b)示す。また，$[Ca^{2+}]_i$ 及び YOYO-1 導入量の最大値について，保持時間依存性と受容体阻害剤依存性を図7(c)〜(f)に示す。

図7(b)に示すように，プラズマ間接照射（プラズマ照射溶液を添加）後，カルシウム応答は比較的早い時間で起こるのに対して，YOYO-1 輸送は遅い応答であることが分かる。すなわち，プラズマ生成活性種を何らかの受容体が Ca^{2+} シグナルに変換し，カスケードを経て YOYO-1 輸送を誘導していることが推測される。さらに，YOYO-1 輸送は，プラズマ間接照射からおよ

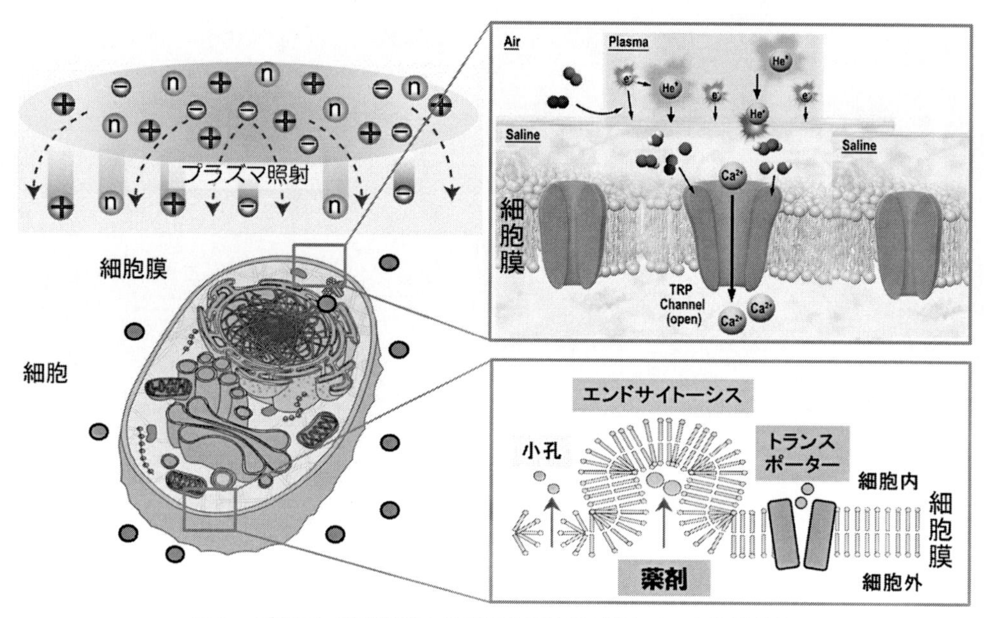

図８　プラズマ照射溶液中の短寿命活性種が惹起する細胞膜輸送

そ 10 分後に始まり，30 分後まで継続する遅い細胞膜輸送であることが明らかとなり，エンドサイトーシス等の飲食作用が関連している可能性が示唆される。図 7(c)，(d)から，このカルシウム応答及び YOYO-1 輸送はどちらも，保持時間が長くなるにつれて，効果が弱くなっていくことが明らかとなった。この結果は，カルシウム応答と YOYO-1 輸送の関連を示唆すると同時に，これら細胞応答を惹起したプラズマ生成活性種は溶液中にて数分オーダーで減少していく短寿命活性種であることを意味する結果である。さらに，図 7(e)，(f)から，細胞膜上に存在するイオンチャネル型受容体の１種である一過性受容器電位（Transient Receptor Potential；TRP）チャネルの阻害剤を添加すると，カルシウム応答と YOYO-1 輸送のどちらも非常によく抑制されることが明らかとなった。すなわち，プラズマ生成活性種が惹起するカルシウム応答と YOYO-1 輸送は，TRP チャネルを介在した細胞応答であることを示しており，プラズマ生成活性種が TRP チャネルを活性化し，変換された Ca^{2+} シグナルが YOYO-1 の細胞膜輸送を惹起したと考えている（図８）。

このように，プラズマが生成する過渡的な活性種は，細胞の機能を調節できる可能性がある。ここでは，薬剤を模擬した YOYO-1 輸送の促進を示したが，他の様々な生体応答も例外ではない。実際，細胞内への Ca^{2+} 流入は，筋収縮，細胞分化，増殖，細胞死をはじめとした様々な細胞応答のトリガとなることが知られている。その中でも，TRP チャネルを介したカルシウム流入は様々な細胞において重要な役割を担っており，例えば神経細胞においては，我々が痛みや熱さ・冷たさ，味覚を感じるセンサーとして働いているといわれている[12)]。今回示した，プラズマ生成活性種と TRP チャネルの関係は，プラズマを用いた新たな生体機能制御を考えるうえで，重要な指針の１つになると考えられ，今後のプラズマ医療応用のさらなる発展に期待したい。

6.6 おわりに

大気圧非平衡プラズマ照射による薬剤分子（遺伝子，抗がん剤，等）の低侵襲・高効率細胞内導入法確立に向けた，細胞膜輸送の機序解明を目指した研究について紹介した。細胞に対してプラズマ直接照射した場合，荷電粒子による電界・電流や衝撃波による圧力等の物理的刺激に加え，OH ラジカルや O_2^- ラジカル等の短寿命活性種や長寿命活性種（H_2O_2）の複数の化学的刺激が複合的に細胞膜輸送に作用し，薬剤分子の導入を促進した結果が得られている。さらに，活性種に作用を限定した場合，薬剤分子の細胞内導入は，数分程度で失活する短寿命活性種によって引き起こされた，TRP チャネルが介在する細胞膜輸送が促進された結果生じていることが明らかとなった。物理的損傷を引き起こさず，細胞が元来有する生理的活性を活用した本手法は，低侵襲・高効率細胞内導入法確立に向けて大きく寄与すると期待される。

しかしながら，物理的刺激を含めたプラズマ刺激が細胞膜のどこに作用して，薬剤分子がどの経路を通って細胞内に導入されたのか，詳細な細胞膜輸送機序はまだ不明な部分が多く残されており，今後の研究の進展が望まれている。

文　献

1) Y. Ogawa, N. Morikawa, A. Ohkubo-Suzuki, S. Miyoshi, H. Arakawa, Y. Kita, and S. Nishimura, *Biotech. Bioeng.*, **92**, 865 (2005)
2) M. Leduc, D. Guay, R. L. Leask, and S. Coulombe, *New J. Phys.*, **11**, 115021 (2009)
3) M. Jinnno, and S. Satoh, *J. Plasma Fusion Res.*, **91**, 788 (2015)
4) M. Jinno, Y. Ikeda, H. Motomura, Y. Kido, and S. Satoh, *Arch. Biochem. Biophys.*, **605**, 59 (2016)
5) D. Xu, B. Wang, Y. Xu, Z. Chen, Q. Cui, Y. Yang, H. Chen, and M.G. Kong, *Sci. Rep.*, **6**, 27872 (2016)
6) S. Sasaki, M. Kanzaki, and T. Kaneko, *Appl. Phys. Express*, **7**, 026202 (2014)
7) T. Kaneko, S. Sasaki, Y. Hokari, S. Horiuchi, R. Honda, and M. Kanzaki, *Biointerphases*, **10**, 029521 (2015)
8) S. Sasaki, M. Kanzaki, Y. Hokari, K. Tominami, T. Mokudai, H. Kanetaka, and T. Kaneko, *Jpn. J. Appl. Phys.*, **55**, 07LG04 (2016)
9) S. Sasaki, R. Honda, Y. Hokari, K. Takashima, M. Kanzaki, and T. Kaneko, *J. Phys. D. Appl. Phys.*, **49**, 334002 (2016)
10) T. Kaneko, S. Sasaki, K. Takashima, and M. Kanzaki, *J. Clin. Biochem. Nutr.*, **60**, 3 (2017)
11) S. Sasaki, M. Kanzaki, and T. Kaneko, *Sci. Rep.*, **6**, 25728 (2016)
12) D. E. Clapham, *Nature*, **426**, 517 (2003)

7　プラズマ照射に対する生体応答

栗田弘史*

7.1　はじめに

プラズマは，高速電子と気体分子との衝突に伴う電離により生じ，反応性に富んだ粒子（イオン，ラジカル，電子，光）から構成される。特にバイオ関連分野で利用されているのは，大気圧や液中での低温プラズマである。大気圧低温プラズマは電子温度のみが高くイオンや中性粒子の温度が低い非熱平衡プラズマであり，熱をほとんど発生しないが，反応性の高い活性種を生成できるという特徴を有している。大気圧低温プラズマの医療・バイオへの応用の方向性として，比較的古くから行われている殺菌・滅菌，医療材料の表面改質・表面処理，そして抗腫瘍効果，止血，臓器癒着防止など臨床応用の3つに大別されると考えられる[1~5]。さらに農業・水産分野への応用も含めると，材料改質を除いてこれらに共通するのは，照射対象が生物であるということである。一括りに生物といっても，殺菌の対象である微生物から，多数の細胞・組織・器官から構成されるヒトまで様々であるが，その最小単位が細胞である点で共通している。本稿では，プラズマ照射に対する生体応答の解明に向けた筆者らの取り組みについて，解析手法を概説しながら紹介する。

7.2　プラズマ照射に対する生体応答における多階層性

プラズマ照射に対する生体応答機構を考える際，図1に示すような生物学的階層性の概念が重要である。例として「プラズマ照射による抗腫瘍効果」をシステムとして考えると，システムの入力がプラズマ照射であり，腫瘍の縮小が出力である。出力側から見ていくと，腫瘍は多数のがん細胞の集合体であり，個々の細胞は，核やミトコンドリアなどの細胞内小器官から構成され，さらにこれらを構成する核酸（DNA，RNA），タンパク質，脂質のほか，糖やアミノ酸，イオンなどを内包している。そしてこれらは生体を構成している分子の中で割合が一番多い水に溶解している。一方，入力である大気圧低温プラズマはイオンやラジカルなどを生成し，これらが窒素・酸素などプラズマ周辺の気体分子と反応し，多種多様な活性種などを生成する。次にこの気

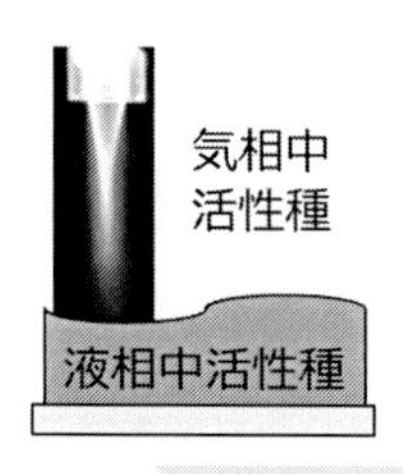

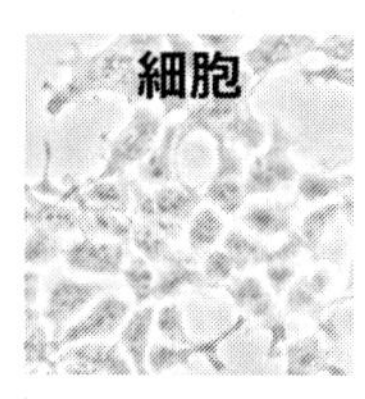

図1　プラズマ－生体相互作用と生物学的階層性

＊ Hirofumi Kurita　豊橋技術科学大学　大学院工学研究科　環境・生命工学系　助教

相中活性種が，多くの場合は生体組織に直接接触する前に細胞や組織を取り囲む液体表面に到達し，液中に取り込まれたり，新たな活性種を生成したり，液中の成分と反応したりする[6,7]。さらにこれらは細胞膜や細胞壁といった細胞の内外を隔てる障壁に到達する。主にリン脂質で構成される細胞膜では，活性種や反応生成物が膜損傷を引き起こしたり，一部は細胞内部に侵入して生体分子に影響を与えたりすると考えられる。そして細胞はストレスに晒されたと認識してその種類と程度に応じて細胞内のシグナル伝達を経て様々な応答を示し，その一つが抗腫瘍効果の要因と考えられているアポトーシス（プログラム細胞死）である。細胞死が生じると結果として細胞増殖が抑制されるので腫瘍が縮小するのである。

筆者の研究グループでは，大気圧プラズマ照射の作用メカニズムを分子レベル・細胞レベル・個体レベルの各階層で解析している。細胞以上の階層では，生命科学分野で従来用いられているモデル生物が有用であり，具体的な検討対象として，核酸－タンパク質複合体であるウイルス（ウイルスは遺伝情報とそれを覆うキャプシドと呼ばれるタンパク質の殻で構成され，宿主細胞がないと自己複製できないので半生物と呼ばれることがある），モデル微生物として最もポピュラーな大腸菌，枯草菌芽胞，真核細胞の代表的なモデル生物である酵母，個体のモデルとして線虫を用い，様々なモデルに対して検討している。

7.3　溶液中に生成される活性種とその計測

プラズマ照射によってイオンやラジカル種・励起種などが生成され，これらの気相中での計測に多くの研究者が取り組んでいるが，ここでは生物的作用に実質的に関連する，プラズマ照射によって溶液中に生成する様々な活性種とその計測方法について記述する。プラズマ照射によって生成する活性種として，ヒドロキシル（OH）ラジカル，スーパーオキシド（O_2^-），ヒドロペルオキシラジカル（HO_2），一重項酸素（$^1O_2$），オゾン（O_3），過酸化水素（H_2O_2），一酸化窒素（NO），二酸化窒素（NO_2）などがあるが，これらを総称して，活性酸素種（Reactive Oxygen Species：ROS），あるいは活性窒素種（Reactive Nitrogen Species）も含めて RONS（Reactive Oxygen and Nitrogen Species）という。

水溶液中に生成する RONS 計測には，電子スピン共鳴，蛍光プローブ，紫外吸収分光，比色などの方法が有効であり，それぞれに一長一短がある。比較的活性が強く溶液中での寿命が短い OH ラジカルや，スーパーオキシドの計測には電子スピン共鳴が有効である[8~10]。スピントラップ剤と呼ばれる化合物と組み合わせて計測することでラジカルの同定・定量が可能であるが，装置が大型・高価であるという欠点がある。また，活性種と反応することで蛍光強度が増大する蛍光プローブを用いた計測も可能である[10,11]。この方法では電子スピン共鳴と異なり，迅速・簡便・比較的安価な装置で計測が可能である。例えばテレフタル酸を用いた OH ラジカルの計測が行われている[11]。しかし，使用する蛍光プローブによっては pH 依存性があったり，様々な活性種と反応して蛍光増大を示したりすることがあり，注意を要する。比較的酸化力が弱く，寿命の長い活性種には紫外吸収分光や比色法が有効である。溶液中過酸化水素，亜硝酸イオン，硝酸

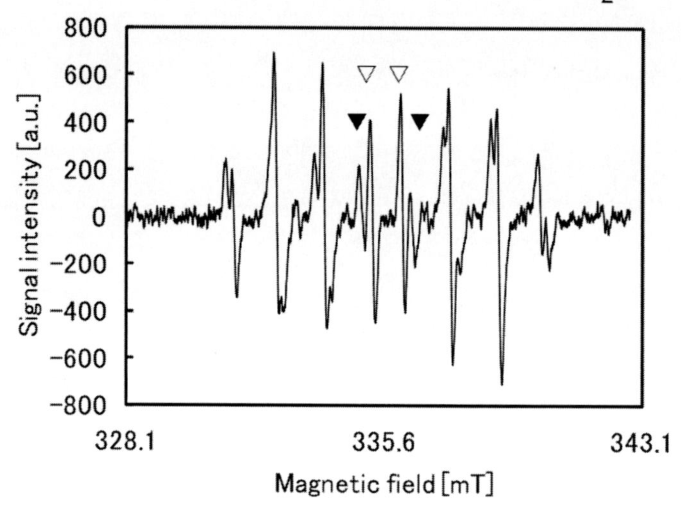

図２　電子スピン共鳴とスピントラップ剤による活性種の検出

イオンは紫外域に特徴的な光吸収ピークを示すことから，紫外吸収分光では定量的かつリアルタイム分析が可能である[12~14)]。しかし，核酸・タンパク質や細胞培養液の成分も紫外域に光吸収ピークを示すことがあるため，脱イオン水（純水）での測定が基本である。また，これらの長寿命 RONS の重要性は生命科学分野で古くから指摘されていることもあり，様々な試薬メーカーから蛍光プローブ・発色試薬が入手できる。筆者らも，溶液中に OH ラジカル，スーパーオキシドが生成していることを電子スピン共鳴測定によって示し（図２），過酸化水素，亜硝酸イオン，硝酸イオンの生成とプラズマ照射条件との関連を報告している[15)]。

7.4　生体分子損傷

細胞内の生体高分子として，糖，核酸（DNA，RNA）・タンパク質・脂質などがあり，なかでも DNA は遺伝情報の伝達などを担う重要な生体分子である。細胞内の DNA が酸化ストレスなどによって損傷を受けると，糖修飾・鎖切断などを起こすことが知られている。細胞内の DNA 鎖切断には１本鎖切断（Single Strand Break：SSB）と２本鎖切断（Double Strand Break：DSB）がある。SSB は DSB より高頻度で起こるが，正確に修復される。一方，DSB は SSB の場合よりも強い酸化ストレスなどを受けたときに生じる。DSB は生体内に複数の修復経路があるにも関わらず，修復に伴う遺伝情報の変化や修復不能を起こしやすく，突然変異や細胞死を起こしやすい。これらのことから，DNA 損傷は細胞の生死を分ける重大な現象である。また，生体内の RONS は DNA 鎖切断を誘発し，がんをはじめとする疾患を引き起こすことが知られている。上記のような生体分子としての重要性を鑑みて，プラズマ照射によって生じる DNA 損傷が研究対象となってきた[16)]。

プラズマ照射によって生じるDNA損傷の解析は，DNA溶液に対してプラズマを照射してその後に解析するものと，プラズマ照射した細胞内に生じたDNA損傷の解析に大別される。前者の解析のほとんどはゲル電気泳動によるものである。生体分子の分析手法として最もオーソドックスであるゲル電気泳動は，核酸がその鎖長に応じた荷電を有する性質を利用しており，移動度は分子量の大きいものほど小さく，小さいものほど大きい。このとき，プラスミドDNAと呼ばれるおよそ2,000から3,000塩基対の環状DNAを用いるとDNA切断がゲル電気泳動で容易に検出できる。ゲル電気泳動は極めて一般的な手法であるが，通常30～40分程度の泳動時間を要し，さらにDNA可視化のための染色，ゲルのイメージングのプロセスを要する。

筆者らは，より迅速な計測を目的としてゲル電気泳動によらないDNAの分析手法を検討してきた[17,18]。その一つが，5'末端を蛍光物質で，3'末端を消光物質で修飾した，ステムループ構造をとりうるオリゴヌクレオチド（Molecular Beacon：MB）を利用した，蛍光プローブによるRONS検出の迅速・簡便さとDNA損傷特異性を兼ね備えた方法である[19]。二重らせん構造を形成するステム部位が切断されると，それまで近接していた蛍光物質と消光物質が分離し，蛍光増大が生じる（図3）。この蛍光増大はDNA損傷を反映しており，迅速かつ定量的計測が可能であると考えた。プラズマジェットを所定の印加電圧・照射時間でDNA溶液に照射し，照射後の溶液の蛍光強度を測定したところ，蛍光強度は照射時間依存的に有意に増大し，その時間変化率は放電電力に比例した。また，照射距離依存性はOHラジカル生成特性とよく一致し，DNA切断の要因の一つがOHラジカルであることが考えられる。MBを用いた方法では，前述の方法と比較すると計測時間が圧倒的に短く，RONS反応性蛍光プローブと同じように扱うことが可能である。一方，生じたDNA切断がSSBかDSBかを区別することはできないが，電気泳動で観察されたDNA切断のほとんどがSSBであったことを考えると，ここで観察した蛍光増大は

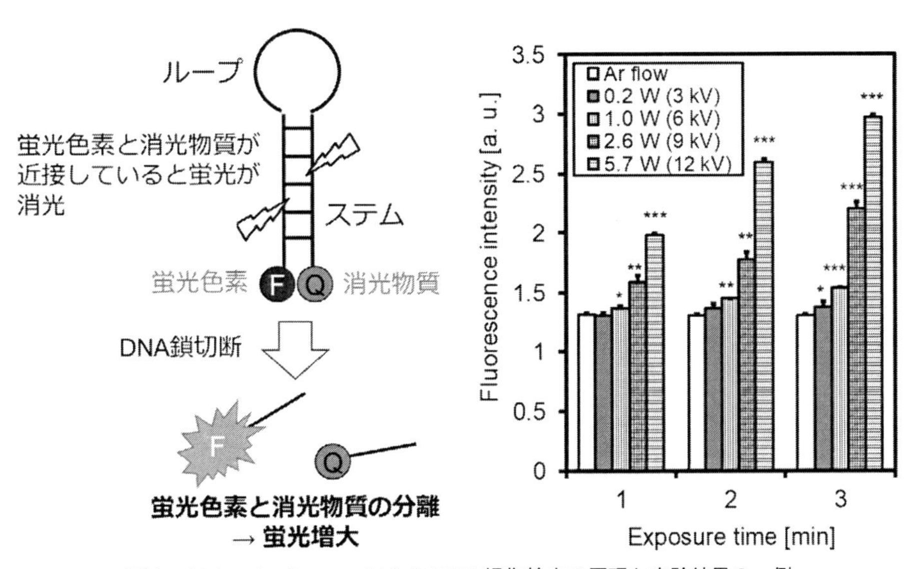

図3　Molecular BeaconによるDNA損傷検出の原理と実験結果の一例

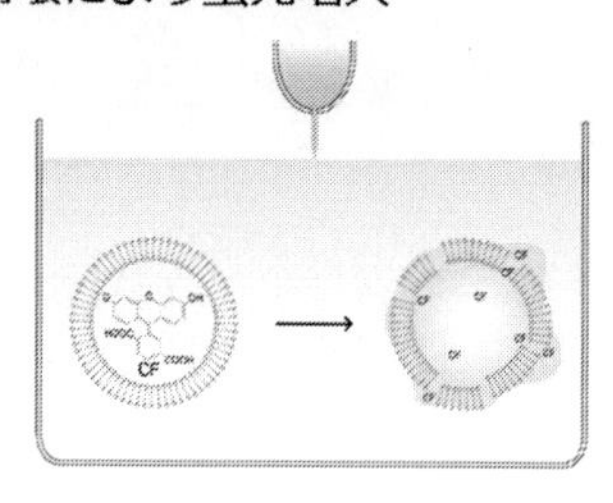

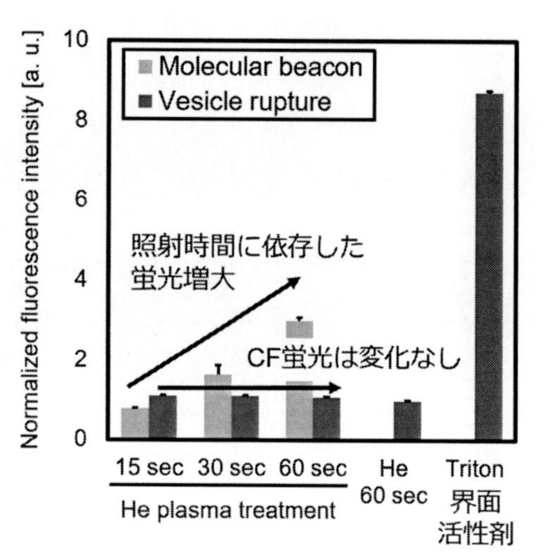

図4　Molecular Beacon を内封したベシクルへのプラズマ照射とベシクル崩壊の検出

SSB によるものであると考えるのが妥当である。

このように，筆者らはプラズマ照射による DNA 損傷機構の解明を目指して研究を進めてきたが，ここまではあくまでも DNA 溶液への照射であり，細胞内に生じる DNA 損傷とは大きな乖離がある。そこでリン脂質の分子集合体（ベシクル）を用いた人工細胞モデルに注目した。細胞膜は脂質やタンパク質などの生体分子から構成されるが，その基本構造はリン脂質からなる二分子膜である。リン脂質分子は水になじみやすい部分（親水性頭部基）と水とは混ざりにくい部分（疎水性尾部）の両方を持つ両親媒性分子である。合成リン脂質を用いると人工的に細胞膜モデルを構築することができ，本研究ではこのベシクルに MB を内封させてプラズマ照射した。その結果，MB をベシクルに内封させても DNA 溶液への照射と同様に DNA 切断が生じたにも関わらず，ベシクルが崩壊していないことが明らかになった（図 4）[20]。これは人工細胞モデルを崩壊しないプラズマ照射でもその内部に DNA 切断因子が侵入していることを意味する。プラズマ照射による脂質の過酸化などによって細胞膜の流動性が変化したり，小孔が生じたりしていることが報告されているが[21~23]，この場合の DNA 切断因子の特定やその細胞膜透過機構の解明には至っていない。多種多様な分子で構成される実際の細胞では得ることが難しい知見が，単純な人工細胞モデルを用いるボトムアップアプローチで明らかになったと考えている。

7.5　ウイルスの不活化

バクテリオファージは大腸菌などの原核生物に特異的に感染するウイルスの一種である。バクテリオファージは自己の複製のための数個の遺伝子を持つ 2 本鎖，あるいは 1 本鎖 DNA 分子（ときに RNA）と核酸を包むコートタンパク質あるいはキャプシドのみで構成されており，非常に単純な構造を持つ。バクテリオファージには λ，T4，M13 など様々な種類が存在し，その大きさは 25～200 nm である。バクテリオファージは遺伝子数が少なく，増殖も容易にできるため，分子生物学の分野で広く用いられている。DNA・タンパク質それぞれの損傷がプラズマによるウイルス不活化にどのように寄与するかを検討した。バクテリオファージ粒子の不活化は，タンパク質とゲノム核酸両方のダメージの総体として，宿主菌への感染価の減少として表わされる。一方，試験管内パッケージング法と呼ばれる方法を用いると，バクテリオファージのコートプロテイン中に内包されているゲノム核酸を人為的に交換することができ，同様にコートプロテインも交換することができる。プラズマ処理を行ったファージからゲノム核酸を抽出し試験管内パッケージングを行うことでコートタンパク質を更新したファージを得る。プラズマ処理ファージにはゲノム核酸とタンパク質いずれにも損傷がある可能性があるが，コートタンパク更新ファージには核酸の損傷のみが受け継がれる。両者の相対的な感染率を比較することで，ファージ不活化におけるゲノム核酸損傷およびタンパク質損傷の寄与を調べることができる。大腸菌を宿主とし，2本鎖DNAをゲノムとするλファージで測定を行ったところ，プラズマで不活化したλファージにおいてDNAのダメージは非常に小さかったことが電気泳動で確認されたことから，コートタンパク質のダメージが不活化の主な原因であることが判明した（図5左）[24]。また，プラズマによるペプチド結合の切断はほとんど起こらなかったことから，アミノ酸残基の酸化などによる不可逆的な変性がタンパク質ダメージの主体であると思われる。さらに，インフルエンザウイルスやノロウイルスなどと構造の類似したφX174ファージにおいても同様の結果が観察された[22]。次に1本鎖DNAファージであるM13ファージや1本鎖RNAファージであるMS2ファージについて解析したところ，ファージの減衰曲線と抽出したゲノム核酸の減衰曲線のグラフはほとんど同じものになった（図5右）[25]。すなわち，プラズマによるM13ファージやMS2ファージの不活化の主な要因はゲノム核酸のダメージであることが分かった。λファージは2本

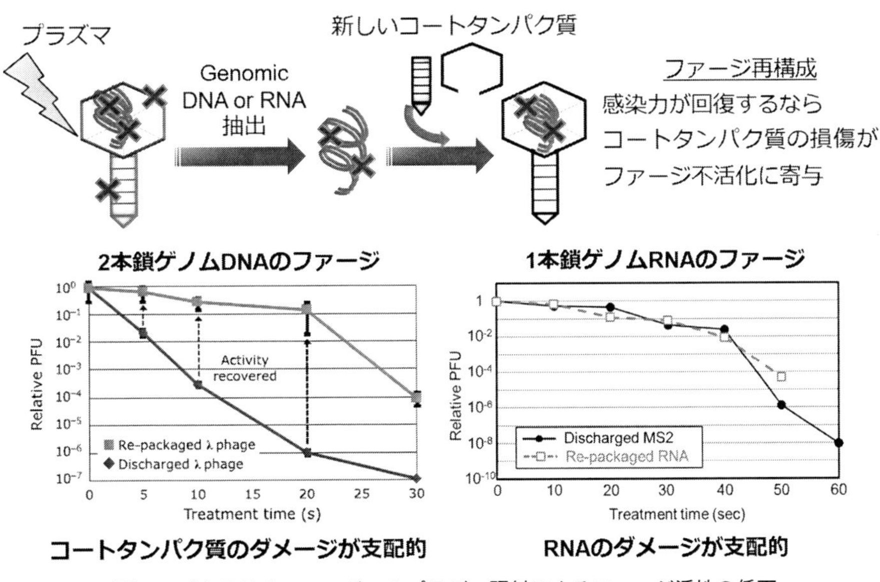

図5　バクテリオファージへのプラズマ照射によるファージ活性の低下

鎖DNAを持ち，そのダメージは宿主菌体内で効率よく修復されるのに対し，M13ファージやMS2ファージの1本鎖ゲノム核酸のダメージはほとんど修復されないためであることが考えられる。

7.6 枯草菌芽胞の不活化

芽胞形成菌として滅菌の指標菌とされ，研究対象として広く用いられている枯草菌（*Bacillus subtilis*）を実験検体として用いた。枯草菌芽胞はコア，内膜，細胞壁，コルテックス，外膜，スポアコート，外被などから形成され，熱，乾燥，放射線などの物理的刺激，様々な化学薬品や殺菌剤に対して強い抵抗性を持っている。枯草菌はゲノム解析が進んでおり，芽胞を形成するタンパク質遺伝子が既に同定されているため，芽胞外層を構成するタンパク質遺伝子に緑色蛍光タンパク質（GFP）遺伝子を融合することで，芽胞外層の異なる部位にGFPを発現させることができる。また，放電プラズマはGFPを不可逆的に失活することが可能である。異なる部位にGFPが局在する枯草菌芽胞に放電プラズマを照射すると，GFP失活の速さや程度が異なると考えられ，それらと芽胞不活化との関係を調査することで，放電プラズマによる枯草菌芽胞の不活化過程の解析ができると考えた。

検体として，GFPを発現しない野生型，CotZ（外被），CotA（スポアコート），YhcN（コルテックス〜内膜），SspB（コア）それぞれのタンパク質にGFPを融合した5種類の枯草菌株を使用した。溶液に懸濁したこれらの株を誘電体バリア放電に曝露したところ，CotZおよびCotAは芽胞不活化前にGFPが失活した。YhcNでは芽胞不活化前にGFP失活が始まるが，芽胞不活化後も完全には失活しなかった。SspBは芽胞不活化後にGFP失活が始まった。以上の結果から，放電プラズマの影響が枯草菌芽胞の外被，スポアコート，コルテックスに到達しても一部または全部が生存可能であることが確認された（図6）。また，コアに放電プラズマの影響が到達する

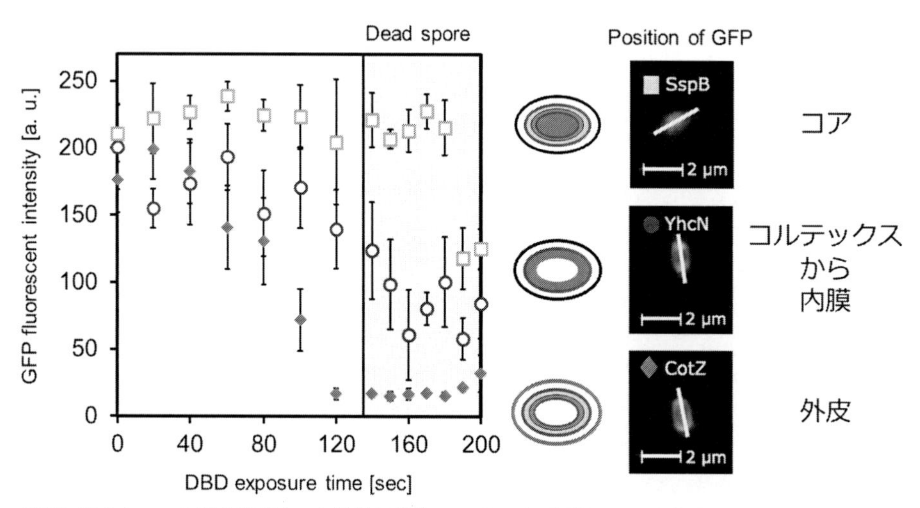

図6　外層に蛍光タンパク質を発現させた枯草菌芽胞へのプラズマ照射による生存率低下と蛍光タンパク質の失活

前に不活化していたことから，コアよりも外側の層へのダメージが枯草菌芽胞において致命的であることが示唆された。これらの結果は，コルテックスとコアの間の内膜が芽胞不活化において重要であることを示唆する。また，放電プラズマは芽胞のタンパク質層の外側から徐々に均一に影響を与えており，放電照射後の芽胞外形にも変化は確認されなかったため，主な不活化要素は局所的な破壊ではないことが示唆された。以上のことから，放電プラズマが生成するラジカルなどの活性種が時間と共に徐々に均一に枯草菌芽胞内部に浸透していき，内膜に到達することで枯草菌芽胞は不活化することが示唆された[26)]。

7.7　出芽酵母へのプラズマ照射と細胞応答

出芽酵母は真核生物のモデル生物として広く利用されてきた。出芽酵母を研究することにより，真核細胞の基本的性質について知ることができ，その真核生物の中にヒトも植物も含まれるため，出芽酵母で明らかになった分子機構は，どの真核生物にもおおむね当てはめることができる。我々は，特定の遺伝子発現を制御するプロモーター配列をレポーター遺伝子の上流に連結し，そのレポーター遺伝子の産生物の活性を測定する方法[27)]で出芽酵母へのプラズマ照射の影響を解析した。解析した遺伝子の一つは，DNA の前駆体合成の際に重要な働きをする酵素であり，DNA 合成において主要な役割を果たすリボヌクレオチドレダクターゼ（Ribonucleotide Reductase：RNR）である。RNR 活性は細胞周期および DNA 損傷チェックポイント機構により高度に制御され，細胞内のデオキシリボヌクレオチド濃度を最適に保つことにより，遺伝的忠実性の保持に不可欠な役割を果たしている。DNA に損傷が加わり修復が必要になると，これらの DNA 修復遺伝子が活性化され，修復タンパク質の量が増大し，修復が開始される。もう一つは熱ショックタンパク質（Heat Shock Proteins：HSPs）で，これは熱などの環境ストレスに応答して発現するタンパク質である。HSP は熱以外のストレス応答にも関与し，浸透圧や酸化ストレスなどにより発現する。HSP は DNA 修復タンパク質ではないが，プラズマによる細胞損傷

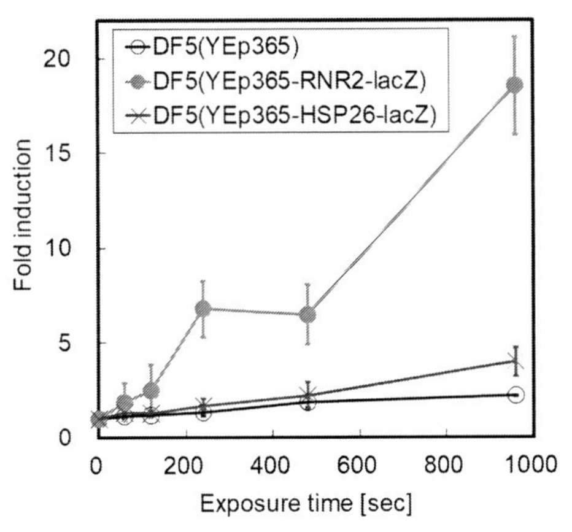

図7　アルゴンプラズマジェット照射による出芽酵母 DNA 損傷の検出

(DNA 損傷を含む) に反応することが考えられる。この出芽酵母を滅菌水に懸濁し, アルゴンまたはヘリウムをキャリアガスとしてプラズマ照射したところ, 熱ショックタンパク質の著しい発現上昇は観察されなかったが, RNR 活性は最大で 20 倍近く上昇した (図 7)。対照として, 代表的な DNA アルキル化剤である MMS (Methyl Methanesulfonate), 過酸化水素, 紫外線照射などによる DNA 損傷の検出も行ったが, プラズマジェット照射は MMS や紫外線, 過酸化水素と同様に高い DNA 損傷を引き起こすことを示した[28]。また, 致死量に満たないプラズマジェット照射でも DNA 損傷は起こっており, 大気圧低温プラズマは突然変異誘発性や発癌性などの変異原性を有する可能性が示唆された。プラズマ照射によって生成される濃度の過酸化水素投与よりも明らかに高い RNR 活性がプラズマ照射によって観察されており, プラズマ照射によって生成される活性種が大きな要因になっていると考えられる。

7.8 おわりに

本稿では, プラズマと生体との相互作用に関連する筆者らの取り組みについて紹介した。これらを通じて, プラズマが気相および水溶液中の化学反応を誘起して活性種を生成し, 細胞壁・細胞膜に損傷を与え, 活性種が内部に侵入して生体高分子に影響を及ぼし, その結果として細胞死などの細胞応答を示すというフレームワークが, 多様なモデルにおいて共通していることが明らかになってきた。この分野の研究は日進月歩であり, 照射時間や印加電圧などを変化させたときの細胞生存率変化など, プラズマの外部パラメータを変化させたときの単純な照射効果の計測のみならず, 大気圧低温プラズマの内部パラメータの計測や細胞内パスウェイ解析などが行われるようになり, プラズマ理工学と生命科学・医科学の連携が進展してこの分野の研究は高度化してきている。しかし, 依然として未解明の現象が残されていたり, 新たな現象が次々と発見されたりしている。このことから, 臨床応用という点では十分に安全性を担保した治療法として確立されるにはさらにデータの蓄積が不可欠であると考えられるが, 未知の可能性も秘めているともいえる。今後はプラズマでなければ実現できないこととそうでないことの切り分けや, 既存技術との組み合わせなどが必要になってくると思われ, メカニズムの理解はますます重要になると考えられる。

文　　献

1) G. Fridman *et al.*, *Plasma Processes and Polymers*, **5**, 503 (2008)
2) M. G. Kong *et al.*, *New Journal of Physics*, **11**, 115012 (2009)
3) M. Leduc *et al.*, *New Journal of Physics*, **11**, 115021 (2009)
4) T. von Woedtke *et al.*, *Physics Reports*, **530**, 291 (2013)

5) M. Keidar, *Plasma Sources Science and Technology*, **24**, 033001 (2015)
6) P. J. Bruggeman *et al.*, *Plasma Sources Science and Technology*, **25**, 053002 (2016)
7) D. B. Graves, *Journal of Physics D: Applied Physics*, **45**, 263001 (2012)
8) A. Tani *et al.*, *Applied Physics Letters*, **100**, 254103 (2012)
9) H. Tresp *et al.*, *Journal of Physics D: Applied Physics*, **46**, 435041 (2013)
10) H. Uchiyama *et al.*, *PloS ONE*, **10**, e0136956 (2015)
11) S. Kanazawa *et al.*, *Plasma Sources Science and Technology*, **20**, 034010 (2011)
12) Y. H. Kim *et al.*, *Plasma Chemistry and Plasma Processing*, **34**, 457 (2014)
13) E. Szili *et al.*, *Journal of Physics D: Applied Physics*, **48**, 202001 (2015)
14) J.-S. Oh *et al.*, *Journal of Physics D: Applied Physics*, **49**, 304005 (2016)
15) H. Kurita *et al.*, *MRS Advances*, **2**, 987 (2017)
16) K. Arjunan *et al.*, *International Journal of Molecular Sciences*, **16**, 2971 (2015)
17) H. Kurita *et al.*, *Applied Physics Letters*, **99**, 191504 (2011)
18) H. Kurita *et al.*, *Japanese Journal of Applied Physics*, **53**, 05FR01 (2014)
19) H. Kurita *et al.*, *Applied Physics Letters*, **107**, 233508 (2015)
20) E. Szili *et al.*, *Journal of Physics D: Applied Physics*, DOI: 10.1088/1361-6463/aa7501, Accepted (2017)
21) R. Tero *et al.*, *Applied Physics Express*, **7**, 077001 (2014)
22) Y. Suda *et al.*, *Japanese Journal of Applied Physics*, **54**, 03DF05 (2016)
23) R. Tero *et al.*, *Archives of Biochemistry and Biophysics*, **605**, 26 (2016)
24) H. Yasuda *et al.*, *Plasma Processes and Polymers*, **7**, 301 (2010)
25) Y. Tanaka *et al.*, *IEEE Transactions on Industry Applications*, **50**, 1397 (2014)
26) A. Mizuno, *Journal of Clinical Biochemistry and Nutrition*, **60**, 12 (2017)
27) K. Ichikawa *et al.*, *Journal of Biochemistry*, **139**, 105 (2006)
28) 山口広輝ほか，静電気学会誌，**35**(1)，8 (2011)

8　大気圧プラズマによるバイオディーゼル燃料無毒化

松浦寛人*

8.1　はじめに

バイオディーゼルは，ガソリン燃料の枯渇と環境適応型液体燃料への要望から注目されている代替燃料である。一般に，穀類や植物の油に多く含まれるトリグリセリド（あるいはトリアシルグリセロール）を触媒環境下でメタノールとエステル交換反応を起こすと脂肪酸メチルエステルとグリセリンが得られる。これからグリセリンを分離精製して得られる液体燃料は，はじめにディーゼルエンジンの燃料として使われた歴史的経緯から，バイオディーゼルと呼ばれる。今日，ひまわり，菜種，大豆，椰子を原料としてバイオディーゼルが生産されているが，これらの原料は食用可能で家庭や食品産業で主に消費されているため，将来のディーゼル燃料の大量生産に供するには問題がある。特に現在のバイオディーゼル生産コストの大部分を原料費が占めているため，安価で安定供給できる原料が強く求められている。

中南米を原産地とするジャトロファ・カルカス（和名：南洋油桐）は，5～8mの低木で，大航海時代にアフリカやアジアの熱帯および亜熱帯地方に広まった。その種子に多量の油分が含まれていること，乾燥気候に強いこと，食用には適さないことなどから，軽油代替のバイオディーゼル燃料の原料として注目を集めている。また，油の搾りかすは家畜の飼料としての需要がある。しかし，ジャトロファオイルに含まれるフォルボールエステルは非常に強い発がん促進作用を持ち，バイオディーゼル精製過程で洗浄水を通して環境に放出されるという懸念がある[1,2]。逆に，ジャトロファオイルより得られるフォルボールエステルに富んだ抽出物は殺虫剤として利用されている[3]。ジャトロファオイルの利用が促進されるにつれて，その無害化法の開発は関心を集めてきたが，通常の化学プロセスは260℃を超える高温が必要で現実的ではない。強力なガンマ線照射がフォルボールエステルの分解作用があることは報告されていたが，我々は誘電体バリア放電で生成された大気圧プラズマジェットが有用なツールとなることをはじめて実証し，その分解プロセスについても検討を行った[4]。

8.2　フォルボールエステル

フォルボールエステルは，4環式のジテルペン化合物であるフォルボールの2つの水酸基が脂肪酸とエステル結合した誘導体である。12, 13位にエステル結合した12-デカノ酸，13-酢酸フォルボールジエステル（TPA）は合成されたものが市販されており，発がんモデルなどの様々な研究において，試薬として用いられている。TPAはホルボール-12-ミリスタート-13-アセタート（PMA）とも呼ばれる。本研究では和光純薬工業から購入した分析グレードのPMA標準試薬をメタノールで希釈し，100 mg/Lの標準溶液を調整し，実験に供した。

我々の研究グループでは，ジャトロファ・カルカスの種子からフオルボールエステルをメタ

* Hiroto Matsuura　大阪府立大学　研究推進機構　放射線研究センター　教授

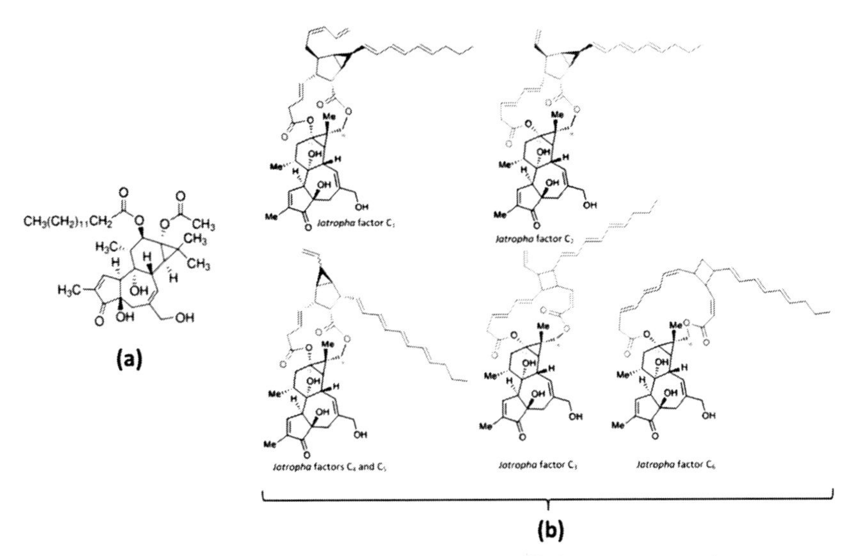

図1　PMA(a)およびジャトロファカルカスの種子から抽出されたフォルボールエステル（C_1，C_2，C_3，$C_{4\&5}$，C_6）(b)の分子構造[6)]

ノールで溶媒抽出し，シリカゲルクロマトグラフ法を用いて精製し，更に分配クロマトグラフを用いて6成分の13-，16-ジオキシフォルボールエステルを単離した。PMAと6成分の13-，16-ジオキシフォルボールエステル（C_1，C_2，C_3，$C_{4\&5}$，C_6，但し$C_{4\&5}$は光学異性体であり分離はできていない）を図1に示す。高速液体クロマトグラフ（HPLC）による抽出液の分析では，これら6成分の他に多数の異性体が含まれていることを明らかにした。本実験では，シリカゲルクロマトグラフ法を用いて精製した異性体を含む混合物（以下，ジャトロファフォルボールエステルJPEと称する）のメタノール溶液を実験に供した。

8.3　プラズマ源

文献4)の研究で用いた誘電体バリア放電（DBD）プラズマ源を図2に示す。この種のプラズマ源は広く研究され，様々な分野で利用されている[7~12)]。動作ガスはヘリウムで，ガスと電極との間の誘電体バリアとして働くガラス管の中を流される。管の外壁には，高電圧電極および接地電極の役割を果たす2つの銅バンドが巻かれている。高圧電極にはロジー電子の高圧電源LHV-13ACが接続され，およそ10 kVを印加するとガラス管内で放電が起こり，管出口から数センチのプラズマジェットが放出される。

図2のプラズマ源（ここではA型電極と呼ぶ）では，高圧電源の出力制限のためにヘリウム以外のガスでのプラズマ生成はできない。高電圧を印加する電極を針状にしてガラス管内部に設置すると電極周りの電界集中効果のため，極めて低い電圧でコロナ放電が発生し，少し電圧を上げると電極端から伸びたジェットが形成される[5)]。この新しい電極配位（B型電極と呼ぶ）を用いると，ヘリウムプラズマの他にアルゴンプラズマの安定した生成が可能となった。

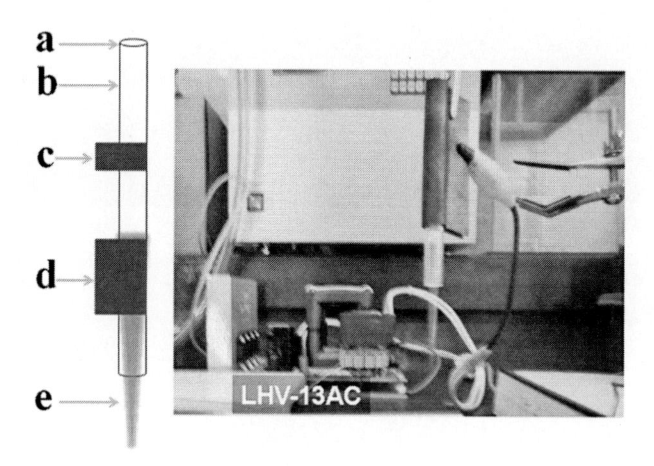

図2　DBD プラズマ源

(a)ガス供給入口（He, 3 L/min），(b)誘電体バリアとなるガラス管（長さ 15 cm，内径 5 mm），(c)接地電極，(d)高電圧電極（A 型電極），(e)プラズマジェット

8.4　PMA のプラズマ分解

サンプル溶液中のフォルボールエステルの濃度はフォトダイオードアレイ（PDA）と自動サンプルインジェクターを備えた島津製作所製高速液体クロマトグラフィ（Prominence HPLC）システムを用いて分析した。分析カラムは Shim-pack XR-ODSII（2.0 mmi.d × 75 mm），移動相には水（A）とアセトニトリル（B）を使用した。分析条件は以下の通りである。50：50（A：B）で 5 分間保持し，次の 10 分間で 75：25（A：B）に，更に 5 分間で 100：0（A：B）に展開し，2 分保持した。カラム温度は 35℃，注入量は 5 μL とした。検出波長は UV 280 nm である[13]。

1 mL の PMA サンプル液あるいはジャトロファフォルボールエステル液を入れた小型ビーカー（2 mL）の上面から，A 型電極で生成されたプラズマジェットで直接照射した。処理時はジェット下部にサンプル溶液を設置し，液面と放電部の間にストリーマーが形成される間隔を保った。15 分の照射で HPLC/UV クロマトグラムでのフォルボールエステルのピークが消失することが確認された。そこで，分子構造のシンプルな PMA の希薄サンプル（10 mg/L）の分解過程と中間生成物を詳細に調べた。

メタノール溶液中の PMA のプラズマ処理による分解過程が図 3 に示されている。PMA 濃度は処理時間と共に減少し，分解効率は増加している。このような分解パターンは類似の研究でも報告されている[14,15]。

PMA 濃度は(1)，(2)式で近似される[14]。

$$C/C_0 = e^{-k \cdot t} \tag{1}$$

$$-\ln(C/C_0) = k \cdot t \tag{2}$$

ここで，C_0 は初期の PMA 濃度（mg/L）；C は処理後の PMA 濃度（mg/L）；k は PMA の分

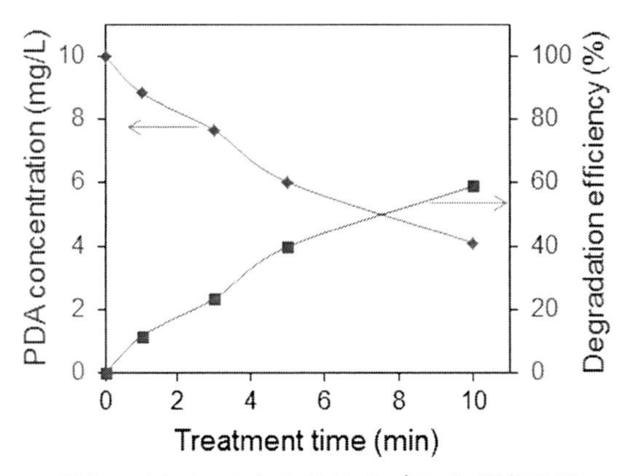

図3　メタノール中のPMAのプラズマ誘起分解

解定数（s^{-1}）；tは処理時間（min）である。$-\ln(C/C_0)$を時間tに対してプロットし最小自乗フィティングすることにより，PMA分解過程が，定数$k = 1.53 \times 10^{-3}\ s^{-1}$の擬1次反応速度式に従うことが確認された。この$k$の値からPMAの99％分解を達成する処理時間（$D_{0.99}$）が次式より計算できる。

$$D_{0.99} = (\ln 100)/k \qquad (3)$$

今回の実験条件では，50分の処理時間がPMAの99％分解に必要であるとわかった。

図4に示すように，大気圧プラズマ処理後にはPMAメタノール液のHPLCクロマトグラムに中間生成物のピークが観測された。質量スペクトルの測定より，この中間生成物がPMAより32だけ質量数が大きく，プラズマ内の高速電子が液面の水分子との反応で生成する活性酸素ラジカル[16,17]の作用で生成された2個のエポキシドと推定された。いったん炭素環に酸素原子が結合し，その後分解が進むものと推察される。この中間性生物はフォルボールエステルのゆっくりとした自己酸化過程においても生成されることが報告されている[18]。

実用段階のジャトロファオイルの生成プラントでは洗浄水へのフォルボールエステルの混入が問題視されている。そこで，水溶液中にフォルボールエステルの原液を混合して調整したサンプルに対するプラズマ処理実験を行った。15分のプラズマ照射でシャトロファフォルボールエス

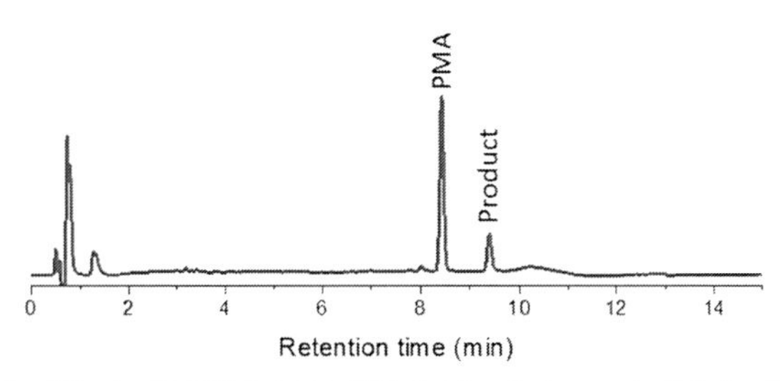

図4　10分のプラズマ処理後のPMA溶液のHPLCクロマトグラム（波長250 nm）

テルはほぼ分解されたが，PMA 水溶液は 16％程度の分解にとどまっている。そこでプラズマ源をＢ型電極に変更し，分解効率の向上を図った。

8.5 プラズマ源の改良と放電ガスの影響

プラズマ電極を変更した効果はガラス管出口の分光測定で評価した。用いた分光システムは，分光計（Maya2000 Pro，Ocean Optics），光ファイバー（P400-2-UV-VIS，Ocean Optics），ピンホールアイリス（穴半径：1 φ）からなる簡易なもので，測定されたスペクトルはソフトウエア（OPwave+，Ocean Photonics）によって，200～1,100 nm の波長の関数としてパソコンに保存される。積分時間と時間平均数は，それぞれ 20 秒と 2 回であった。A 型およびＢ型電極で生成されたヘリウムプラズマの，波長 309 nm 周りの OH^* 線強度は，印加電圧がおよそ半分（つまり電力では 4 分の 1）であるにもかかわらず，Ｂ型電極のプラズマからの信号は A 型と同程度かそれ以上であった。ヘリウムガス流量は共通であるが，Ｂ型電極のガラス管出口サイズを A の半分に絞っていたため，外気の巻き込みが大きいことが理由のひとつと考えられる。

Ｂ型電極で印加電圧を上げるとアルゴンプラズマの生成も可能になる。図 5 は同様に OH^* 線強度に対する動作ガスの影響を比較したものである。アルゴンプラズマの場合，ヘリウムより 3 倍以上の水酸基ラジカルが生成されうることを示している。これは，アルゴンの方が放電を起こしにくく，アルゴンプラズマ中には高エネルギー電子が豊富にあるためと考えられる。これは，放電電力の増加を考慮しても，フォルボールエステルの分解にアルゴンを利用することの優位性を示している。しかし，OH^* は寿命が極めて短く，気相中に生成されたものが，液中に移送されて分解作用を起こすとは考えにくい。

図 6 は，同じ電極Ｂのプラズマ源を用いて液中に生成された，比較的長寿命の過酸化水素濃度の比較を示す。プラズマ照射後に時間を置くと，液中に生成された水酸基ラジカルも再結合し

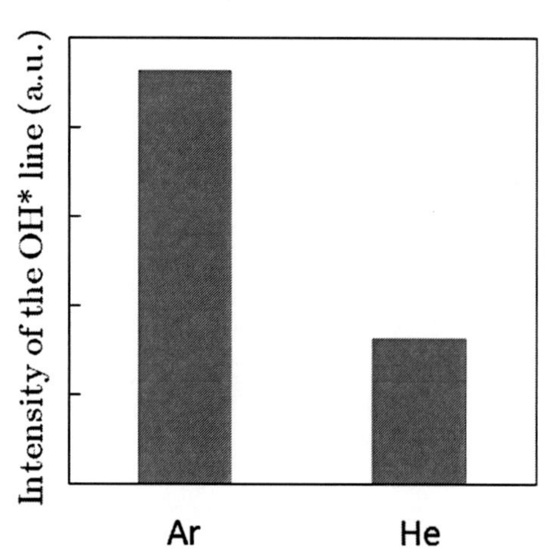

図 5　Ｂ型電極を用いた DBD プラズマ源で生成されたアルゴンおよびヘリウムジェット出口での OH^* 線強度の比較

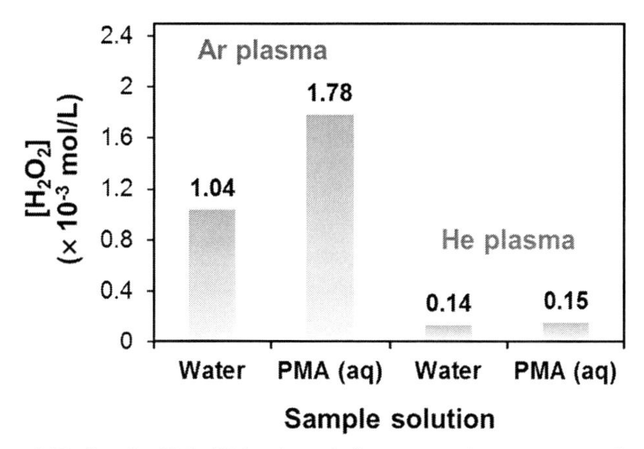

図6　コロナ支援プラズマ装置（電極B）で生成したアルゴン／ヘリウムプラズマ照射で溶液中に形成された過酸化水素濃度

PMA（aq）は phorbol 12-myristate 13-acetate の水溶液を示す

て過酸化水素に変わっていると考えられ，過酸化水素の量は KI 比色法で定量化できる[19]。動作ガス流量は窒素換算で 1 L/min，プラズマ照射時間は 5 分であった。PMA を含んだ水溶液では，PMA ないしは媒体のアルコールが測定精度を劣化させる可能性があるので，純水への照射も行った。この結果よりヘリウムに比べてアルゴンの方がラジカル生成がおよそ 10 倍も多いことが示されている。

電極 B を用いた PMA の分解実験では，ヘリウムプラズマではわずか 5 分の照射で電極 A で 15 分照射したのと同程度の分解が得られ，アルゴンプラズマでは 5 分で 32％の分解を達成した。現在，この処理時間は接地電極およびその直下のガラス管のジュール加熱で制限されているが，電極の改良により克服し完全分解を達成できると期待できる。なお，接地電極の温度は常時モニターし，150℃を超えないようにしている。ガス温度はこれより更に低いため，フォルボールエステルの分解が熱的に助長されている可能性は排除できる。

8.6　プラズマ誘起紫外線の効果

これまでに見たように水溶液中では難分解性の PMA もプラズマ源の改良によりラジカル生成を最適化し，分解効率を向上できる。しかし，ジャトロファフォルボールエステル（JPE）が PMA に比べて容易に分解できる理由は当初明らかではなかった。文献調査により，紫外線をフォルボールエステル分解に用いた研究を見出したため，図7のような比較実験を行った。紫外線透過性の容器に単独抽出が可能となった JPE の水溶液サンプルを入れ，プラズマジェット照射を側面（間接照射）および上部（直接照射）から行った。5 分間のアルゴンプラズマ処理を行うと，直接照射のみならず，気相からのラジカル輸送や水面での電子衝突がない間接照射でも完全に JPE は分解された。我々のグループでは，市販の高圧水銀ランプからの紫外線でも JPE は分解されるが，PMA はまったく分解されないことを確認した。

図7　JPE 水溶液サンプルに対するアルゴンプラズマの間接照射（左）と直接照射（右）の比較

そのため，JPE の分解には紫外線が少なからず寄与しているが，紫外線が直接液中にラジカルを生成するという可能性はあまり重要でないと結論付けられる。図1に示されているように，JPE などには，二重結合を含んだ長い側鎖がありこれが紫外線の吸収に寄与していると思われる。なお，電極 A で生成したヘリウムプラズマを用いた間接照射実験でも，JPE のある程度の分解は認められるものの，アルゴンに比べて劣っていた。このため，紫外線源としてのプラズマの最適化の余地が，JPE の処理に対しても残っている。

文　　献

1) G. Goel, H. P. S. Makkar, G. Francis and K. Becker, *Int. J. Toxicol.*, **26**(4), pp. 279-288 (2007)
2) R. K. Devappa, H. P. S. Makkar and K. Becker, *Biomass and Bioenergy*, **34**(8), pp. 1125-1133 (2010)
3) R. K. Devappa, M. A. Angulo-Escalante, H. P. S. Makkar and K. Becker, *Ind. Crops Prod.*, **38**, pp. 50-53 (2012)
4) S. Kongmany, H. Matsuura, M. Furuta, S. Okuda, K. Imamura and Y. Maeda, *J. Phys. Conf. Ser.*, **441** (2013)
5) H. Matsuura, Y. Onishi, S. Kongmany, M. Furuta, K. Imamura, Y. Maeda and S. Okuda, *Plasma Medicine*, **4**(1-4), pp. 29-36 (2014)
6) K. Imamura *et al.*, 2011 Proc. Conf. on Annual Meeting of Environmental Chemistry (Fukuoka: Japan) p. 186 (2011)
7) M. Teschke, J. Kedzierski, D. Korzec and J. Engemann, *IEEE Trans. Plasma Scince*, **33**(2), pp. 310-311 (2005)
8) H. Kuwahata, K. Kimura and I. Mikami, *e-Journal Surf. Sci. Nanotechnol.*, **9**, pp. 442-445 (2011)
9) Y. Takemura, N. Yamaguchi and T. Hara, *Jpn. J. Appl. Phys.*, **47**(7), pp. 5644-5647 (2008)
10) S. J. Kim, T. H. Chung, S. H. Bae and S. H. Leem, *Appl. Phys. Lett.*, **97**(2), p. 023702 (2010)

11) J. L. Walsh and M. G. Kong, *Appl. Phys. Lett.*, **91**(22), p. 221502 (2007)
12) Y. L. Wu, J. Hong, Z. Ouyang, T. S. Cho and D. N. Ruzic, *Surf. Coatings Technol.*, **234**, pp. 100-103 (2013)
13) H. Makkar, J. Maes, W. D. Greyt and K. Becker, *J. Am. Oil. Chem.*, Soc., **86**, pp. 173-181 (2009)
14) H.-H. Cheng, S.-S. Chen, K. Yoshizuka and Y.-C. Chen, *J. Water Chem. Technol.*, **34**(4), pp. 179-189 (2012)
15) J. Feng, Z. Zheng, Y. Sun, J. Luan, Z. Wang, L. Wang and J. Feng, *J. Hazard. Mater.*, **154**(1-3), pp. 1081-1089 (2008)
16) H. M. Joh, S. J. Kim, T. H. Chung and S. H. Leem, *AIP Adv.*, **3**(9), p. 092128 (2013)
17) B. Jiang, J. Zheng, S. Qiu, M. Wu, Q. Zhang, Z. Yan and Q. Xue, *Chem. Eng. J.*, **236**, pp. 348-368 (2014)
18) R. Schmidt and E. Hecker, *Cancer Res.*, **35**, pp. 1375-1377 (1975)
19) A. E. Alegria, Y. Lion, T. Kondo and P. Riesz, *J. Phys. Chem.*, **93**, 4908 (1989)

プラズマ産業応用技術

—表面処理から環境，医療，バイオ，農業用途まで—

2017年7月28日　第1刷発行

監　　修　大久保雅章　　　　　　　　　　（T1053）

発 行 者　辻　賢司

発 行 所　株式会社シーエムシー出版

東京都千代田区神田錦町1－17－1

電話 03(3293)7066

大阪市中央区内平野町1－3－12

電話 06(4794)8234

http://www.cmcbooks.co.jp/

編集担当　福井悠也／為田直子

〔印刷　尼崎印刷株式会社〕

ISBN978-4-7813-1256-9　C3054　¥84000E